高职机械类
精品教材

机械设备电气控制及PLC基础

JIXIE SHEBEI DIANQI KONGZHI
JI PLC JICHU

主　审　　凌有铸

主　编　　彭　伟　单启兵

参加编写　吴仲超　张首峰
　　　　　　彭　举

中国科学技术大学出版社

内 容 简 介

　　本教材是编者根据几十年的教学经验和企业工作经验,针对三年制高职院校职业技术教育的特点编写的。全书共分 11 章,包括动力系统,常用继电器-接触器控制电气,PLC 的基本结构、基本指令、功能指令以及相应的各种编程方法。本教材在内容编写上打破传统、独具一格,条理清晰、讲解详细、易于自学。

　　本教材可供高职机械和机电类专业学生使用,也是高职教师、西门子 S7-200 PLC 用户很好的参考书籍。

图书在版编目(CIP)数据

机械设备电气控制及 PLC 基础/彭伟,单启兵主编. —合肥:中国科学技术大学出版社,2014.5

ISBN 978-7-312-03449-7

Ⅰ.机…　Ⅱ.①彭…②单…　Ⅲ.①机械设备-电气控制-教材 ②PLC 技术-教材
Ⅳ.①TH-39 ②TM571.6

中国版本图书馆 CIP 数据核字(2014)第 073180 号

出版	中国科学技术大学出版社
	安徽省合肥市金寨路 96 号,230026
	http://press.ustc.edu.cn
印刷	安徽省瑞隆印务有限公司
发行	中国科学技术大学出版社
经销	全国新华书店
开本	787 mm×1092 mm　1/16
印张	19.75
字数	505 千
版次	2014 年 5 月第 1 版
印次	2014 年 5 月第 1 次印刷
定价	35.00 元

前　　言

　　PLC 是一门实践性、应用性较强的技术,需要边学习边实训。学校只有建有大量的 PLC 成套实训设备的配套实训室,才能给学生提供一个必备的学习条件。

　　要学好本课程,就要能让学生相对轻松地快速入门,并产生学习 PLC 技术的兴趣。面面俱到、讲究形式的教材或中规中矩的教学方法,只能使高职学生,尤其是机械类高职学生在学习 PLC 的初期就产生畏惧情绪,甚至是知难而退,失去学习 PLC 的兴趣。

　　现今我国仍是制造业大国,且面临着产业结构的调整。要不断提高全体人民的生活水平,企业就面临着劳动力成本的不断上升,因此大量采用生产效率高的自动化新设备已成为趋势。大部分生产设备都与 PLC 有关,因而需要大量的精通 PLC 控制的从业人员。在学校没有打下基础,而工作后再自学 PLC 是相当困难的。这些是学生学习 PLC 的动力。

　　本教材主要适用于机械类或机电类高职学生,针对其专业的课程设置而确定教材的学习内容。教材分为上篇和下篇。上篇主要以继电器-接触器控制电路为核心,介绍了开关控制设备、电动机运行等动力系统和电气控制基本电路、机床控制电路等控制系统;下篇主要以 PLC 梯形图编程为核心,介绍了 PLC 的基本结构、基本指令、功能指令以及相应的各种编程方法。

　　本教材以西门子公司的 S7-200 系列小型 PLC 的部分内容为主要讲授对象,不涉及升级版的 S7-300/400 PLC 的内容。主要原因是机械类高职学生的计算机和电气知识基础相对较弱,分配的学时数也不是很多,很难全面学习和掌握。作为学生的 PLC 入门教材,本教材具有以下几点特色:

　　① 注重细致的说明,尤其是大量采用分解图形说明,就像拿着地图指路,清晰、易懂,易于自学。

　　② 在内容编排的顺序上,打破传统的章节题目束缚,以学生当前知识为基础,以使学生易懂为原则。

　　③ 内容选择的原则是以机械类高职学生为教学对象,注重结合上篇学生所熟悉的控制电路,适当增加机械设备的控制内容。

　　④ 具有强大的编写队伍。参加编写人员的结构特点是:主编皆为国家示范院校的主力教师,既有有 30 多年教学经验、编写过多部教材和书籍的,又有在大型钢厂从事多年复杂系统 PLC 控制、指导学生参加全国 PLC 技能大赛多次获奖的;既有长期工作在大型国企一线或设计部门的人员参编,又有对新技术接受快、对学习 PLC 有深刻体会的新生代参编。优势互补、特色鲜明。

　　本书由安徽水利水电职业技术学院彭伟、单启兵老师担任主编。彭伟老师统稿并编写了第 4 章、第 7 章、第 8 章、第 9 章；单启兵老师编写了第 6 章；国家电网安徽省电力公司蚌埠供电公司吴仲超编写了第 3 章、第 10 章；中国机械设备工程股份有限公司张首峰编写了第 1 章、第 2 章；彭举编写了第 5 章、第 11 章。本书由安徽工程大学凌有铸教授担任主审。在编写过程中，合肥金德电力设备制造有限公司、合肥力宏科技有限责任公司及安徽水利水电职业技术学院余承辉教授等给予了大力支持和帮助，在此一并表示感谢。

由于编者水平有限，书中难免有不当或错误之处，恳请各位专家、老师和同学及时批评指正。邮箱地址：ahsypw83@126.com。

编　者

目　　录

上篇 机械设备电气控制技术

第一章　低压供配电

第一节　电力系统概述

根据能量守恒定律,电力用户消耗的电能,是由发电厂(站)将其他形式的能量转化成电能并通过远距离输送才到达用户电力设备的。

发电厂(站)是通过发电机将自然界中蕴藏的各种形式的能源转换为电能的工厂,包括火力发电厂、水力发电站、原子能发电站以及太阳能、风力、地热、潮汐能等发电厂(站)。

变配电所是变电所和配电所的统称。变电所是通过变压器、母线、进出线等设备接受电能、改变电压和分配电能的场所,是联系发电厂和电能用户的中间枢纽。没有变压器,只能接受和分配电能的场所称为配电所(室)。

发电机发出的电能经过若干次升压和若干次降压,送至用电设备,输送的功率 $S \propto UI$。在输送同样功率的情况下,升压变压器升压是为了减小电流,从而减少输电线路的功率(电能)损耗和电压损耗。但电压等级越高,投资越大,所以并不是电压越高越经济,要根据所要输送的功率(容量)、输送的距离选择采用最经济的电压等级。所以我们看到的是:输送的功率越大,输送的距离越远,采用的电压等级越高;反之,降压变压器降压说明高压侧输送的总功率被分配到低压侧若干条低压分支线路上,各分支线路输送的功率小、距离短。最终要把电压降到与用电设备相同的电压等级,才能给用电设备供电。

电力线路是把发电厂、变电所和电能用户的电气设备联系起来的纽带,由它来完成输送电能和分配电能的任务。电力线路是输电线路和配电线路的总称。将从发电厂的发电机经过多次升压把电能送到负荷中心(变电所)的线路称为输电线路,将从负荷中心(变电所)经过多次降压把电能送到电能用户的用电设备的线路称为配电线路。

可见,由各种电压等级的输配电线路将各种类型的发电厂的发电机、升/降压变电所(站)的变压器和电能用户的用电设备联系起来的发电、输电、变电、配电和用电的整体,称为电力系统。电力系统中,不包括发电机和用电设备的部分,称为电力网。电力系统中,以降压变压器低压侧额定电压为 230/400 V、线路电压等级为 380 V 为标志的低压供配电网络,包括母线、低压配电线路、开关设备及用电设备等,称为低压供配电系统。

电能"产供销"的特点是:电能无法大量存储,发电、供电、用电是同时完成的。整个电力网的交流电是一个频率 f。当电能供过于求时,频率上升;当电能供不应求时,频率下降。总电力负荷是在变化的,电力系统就是根据频率来调节总发电功率达到供求平衡的,使频率在 50 Hz 上下波动。

同一电压等级的电力网中,各处的电压并不完全相等,这是由于线路上存在电压损耗的缘故。电压损耗大小与线路传输的功率大小、功率因数高低、线路长短及单位长度的阻抗大小有关。

电力系统中,所有线路都是经过开关设备控制通断的,开关断开负荷线路时,会产生电弧。

第二节　电气设备中的电弧问题

电弧问题涉及正确认识开关设备、操作开关设备等运行安全的问题,尤其是涉及人身安全的大问题,应引起重视。通过学习电弧等开关的知识,掌握正确的操作规程,确保生产设备的动力供给,同时能够避免产生谈"弧"色变的畏惧心理,安全生产。

一、概述

电弧是绝缘介质被击穿而形成的电子流动,其特点是光亮很强、温度很高。电弧的产生对供电系统的安全运行有很大影响。首先,电弧延长了电路开断的时间。在开关断开电路时,开关触头上的电弧电流维持了电路中电流的导通。尤其是在开关分断短路电流时,电弧就延长了短路电流通过电路的时间,使短路电流危害的时间延长,这可能对电路设备造成更大的损坏。其次,电弧的高温可能烧损开关的触头,烧毁电气设备及导线电缆,还可能引起电路的弧光短路,甚至引起火灾和爆炸事故。此外,强烈的弧光可能损伤人的视力,严重的可使人眼失明。因此,开关设备在结构设计上就要保证操作时电弧能够迅速地熄灭,所谓开关设备的断流能力就是指开关设备熄灭电弧的能力。因此,在讲述开关设备之前,有必要先简介电弧产生与熄灭的原理、灭弧的方法以及对电气触头的要求。

二、电弧的产生

1. 产生电弧的根本原因

开关触头在分断电流时之所以会产生电弧,根本原因在于触头本身及触头周围的介质中含有大量游离的电子。这样,当分断的触头之间存在着足够大的外施电压时,就有可能强烈电离而产生电弧。

2. 产生电弧的游离方式

产生电弧的游离方式有以下 4 种:

(1) 热电发射

当开关触头分断电流时,开关动、静触头的接触面积由大变小,通过接触面的电流密度由小变大,阴极表面由于大电流逐渐收缩集中而出现炽热的光斑,温度很高,因而使触头表面分子中外层电子吸收足够的热能而发射到触头间隙中去,形成自由电子。

(2) 高电场发射

当开关触头分断电流时,开关动、静触头之间的间隙由小变大,电源电压加在间隙两端形成电场。在开关触头分断之初,开关动、静触头之间的间隙距离很小,因而电场强度很大。

在这种高电场产生的电场力的作用下,触头表面的电子可被强拉出来,使之进入触头间隙,形成自由电子,也称为强电场发射电子。

(3) 碰撞游离

当触头间隙存在着足够大的电场强度时,其中的自由电子以相当大的动能向阳极移动,在移动过程中碰撞到触头周围的绝缘介质(中性质点),就可能使中性质点中的电子游离出来,从而使中性质点变成带电的正离子和自由电子。当绝缘介质的分子或原子从外界获得的能量超过某一数值时,原子的外层电子有一个或几个完全脱离原子核的束缚而形成互相独立的能导电的带电质点,即自由电子和正离子。这个过程称为原子游离。游离过程所需要的能量称为游离能。这些获得动能而游离出来的带电质点在电场力的作用下,继续参加碰撞游离,结果使触头间介质中的离子数越来越多,形成"雪崩"现象。当离子浓度足够大时,绝缘介质被击穿而产生电弧。

(4) 热游离

电弧的温度很高,表面温度达 3 000～4 000 ℃,弧心温度可高达 10 000 ℃。在这样高的温度下,电弧中的中性质点获得热能可游离为正离子和自由电子(据研究,一般气体在 9 000～10 000 ℃时发生游离,而金属蒸气在 4 000 ℃左右即发生游离),从而进一步加强了电弧中的游离。

上述几种游离方式的综合作用,使得开关触头在带电开断时产生电弧并得以维持。

在热发射电子、强电场发射电子、碰撞游离电子和热游离电子的过程中,强电场发射电子是产生电弧的主要条件。随着开关动、静触头之间的间隙由小变大,电源电压加在间隙两端形成的电场由强变弱,此时电弧已不是依靠强电场发射电子,而是依靠热游离电子得以维持,即主要依靠热游离使触头间隙的绝缘介质成为"导体"而导电。同时,在电弧高温作用下,触头阴极表面继续发射电子。在热游离和热电发射共同作用下,电弧继续维持炽热燃烧,即维持电弧电流导通。

三、电弧的熄灭

1. 熄灭电弧的条件

要使电弧熄灭,必须使触头间电弧中的去游离率大于游离率,即使其中离子消失的速率大于离子产生的速率。

2. 熄灭电弧的去游离方式

熄灭电弧的去游离方式有以下 2 种:

(1) 正、负带电质点的"复合"

复合就是正、负带电质点重新结合为中性质点。这与电弧中的电场强度、温度及电弧截面等有关。电弧中的电场强度越弱,电弧的温度越低,电弧截面越小,则带电质点的复合越强。此外,复合与电弧接触的介质性质也有关。

(2) 正、负带电质点的"扩散"

扩散就是电弧中的带电质点向周围介质中扩散开去,从而使电弧区域的带电质点减少。扩散的原因,一是电弧与周围介质的温度差,另一是电弧与周围介质的离子浓度差。扩散也与电弧截面有关。电弧截面越小,离子扩散也越强。

上述带电质点的复合和扩散,都使电弧中间的离子数减少,即使去游离增强,从而有助于电弧的熄灭。

3. 交流电弧的熄灭

熄灭电弧就是要创造和利用有利于熄灭电弧的条件,使电弧熄灭后不再复燃。由于交流电流每半个周期要经过零值一次,而电流过零时,电弧将暂时熄灭。电弧熄灭的瞬间,弧隙温度骤降,热游离中止,去游离(主要为复合)大大增强。这时弧隙虽然仍处于游离状态,但阴极附近空间差不多立刻获得很高的绝缘强度。因此交流电弧的熄灭,可利用交流电流过零时电弧要暂时熄灭这一特点来实现。特别是低压开关的交流电弧,显然是比较容易熄灭的。因为低压开关的动、静触头间隙变大后,一旦电弧电流过零,电弧将暂时熄灭,就没有足够的电场强度使电弧熄灭后再复燃。

4. 低压开关电器中常用的灭弧方法

低压开关电器中常用的灭弧方法仅列举以下几种:

(1) 速拉灭弧法

迅速拉长电弧,可使弧隙的电场强度骤降,缩短了触头间强电场存在的时间,减少了强电场发射的电子数量;同时弧隙的电场强度骤降,使离子的复合迅速增强,从而加速电弧的熄灭。

(2) 冷却灭弧法

降低电弧的温度,可使电弧中的热游离减弱,正、负离子复合增强,有助于电弧加速熄灭。

(3) 吹弧灭弧法

利用电动力来吹动电弧,使电弧加速冷却,同时拉长电弧,降低电弧中的电场强度,使离子的复合和扩散增强,从而加速电弧的熄灭。

(4) 长弧切短灭弧法

由于电弧的电压降主要降落在阴极和阳极上(阴极电压降又比阳极电压降大得多),而弧柱(电弧的中间部分)的电压降是很小的,因此如果利用金属片将长弧切割成若干短弧,则电弧上的电压降将近似地增大若干倍。当外施电压小于电弧上的电压降时,电弧就不能维持而迅速熄灭。

(5) 狭沟灭弧法

使电弧在固体介质所形成的狭缝或狭沟中燃烧。由于电弧的冷却条件改善,从而使电弧的去游离增强,同时介质表面带电质点的复合也比较强烈,从而使电弧加速熄灭。

在现代的电气开关设备中,常常根据具体情况综合地利用上述某几种灭弧法来达到迅速灭弧的目的。

四、对电气触头的基本要求

电气触头是开关电器中极其重要的部件。开关电器工作的可靠程度,与触头的结构和状况有着密切的关系。为了更好地理解开关电器的结构原理,应先了解对电气触头的基本要求。

(1) 满足正常负荷的发热要求

正常负荷电流(包括过负荷电流)长期通过触头时,触头的发热温度不应超过允许值。因此,触头必须接触紧密良好,尽量减小或消除触头表面的氧化层,尽量降低接触电阻。

（2）具有足够的机械强度

触头能经受规定的通断次数而不致发生机械故障或损坏。

（3）具有足够的动稳定度和热稳定度

在可能发生的最大的短路冲击电流通过时,触头不致因电动力作用而损坏;并在可能最长的短路时间内通过短路电流时所产生的热量,不致使触头过度烧损或发生熔焊现象。

（4）具有足够的断流能力

开关电器应具有足够的熄灭电弧的能力,而开关触头应具有足够的承受电弧的能力。为了保证触头在闭合时尽量减少触头电阻,而在通断时又使触头能经受电弧高温的作用,因此有些开关的触头分为工作触头和灭弧触头两部分。工作触头采用导电性好的铜(或镀银)触头,灭弧触头则采用耐高温的铜钨等合金触头。接通电路时,灭弧触头先合,承受电弧;工作触头后合,电流主要由工作触头通过。切断电路时,工作触头先断,电流继续通过灭弧触头;灭弧触头后断时,电弧基本上在灭弧触头间产生,不致使工作触头烧损。

第三节　低压电气设备

低压电气设备,指供配电系统中 1 000 V 或 1 200 V 及以下的电气设备。本节只介绍常用的低压熔断器、刀开关、接触器和低压断路器等,着重介绍接触器和低压断路器。无论新型低压电气设备的外形、结构、性能如何变化,其最基本的原理并无多少改变,所以了解电气设备的基本原理是基础的、必要的。

一、低压熔断器

熔断器(文字符号为 FU)是一种保护电器,其基本结构应包括熔管(外壳)、熔管内的工作熔体(俗称保险丝)及熔管内的填料(增强灭弧能力)。

低压熔断器的功能,主要是用来实现低压配电系统的短路保护,有时也能用来实现过负荷保护。当用电设备或线路及配电设备发生短路故障时,高出用电设备或线路及配电设备额定电流几十倍以上的短路电流流过串联在其首端的熔断器,熔体瞬间熔断,切断短路电流,使短路故障点与电源隔离,短路电流消失,使流过短路电流的线路和电气设备避免了长时间流过短路电流而被损坏,把熔断器的这种作用称为熔断器的短路保护功能;当用电设备或线路及配电设备的实际电流 I 连续超过其额定电流 I_N 达一定时间(如 10 s 以上)时,称为过负荷。按过负荷的严重程度分为正常过负荷和事故过负荷。当用电设备或线路出现事故过负荷时,熔断器熔体延时熔断,切断事故过负荷电流,避免线路和电气设备被损坏,把熔断器的这种作用称为熔断器的过负荷保护功能。可见,熔断器是在线路中人为设置的相对薄弱环节,熔体在发生短路或过负荷时熔断,起保护线路和电器设备的作用。

（一）常用的低压熔断器

低压熔断器的种类及其产品系列很多,下面仅选择几种常用的类型作介绍。

1．插入式熔断器

插入式熔断器又称瓷插式熔断器,常用为 RClA 系列,如图 1.1 所示。它由瓷底座的空腔与瓷插件凸出部分所构成的灭弧室、静触头、动触头、熔体等组成。60 A 以上的熔断器瓷底座空腔内衬有编制石棉垫,以帮助熄弧。这种熔断器结构简单、价格低廉、更换熔体方便,所以广泛应用在 500 V 以下的电路中,用来保护照明线路及小容量电动机,其额定电流为 5～200 A。

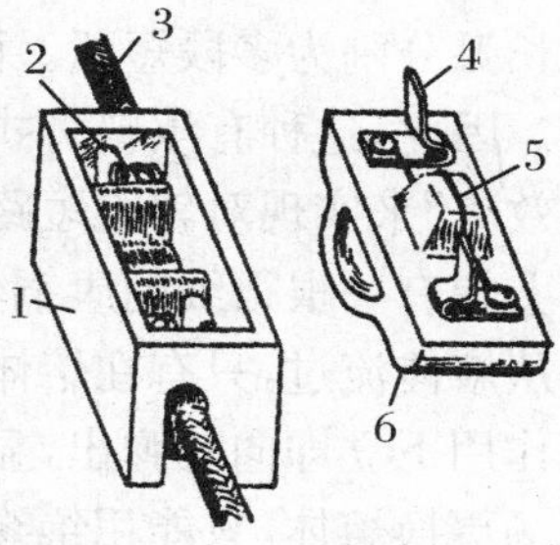

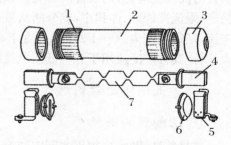

图 1.1　插入式熔断器
1. 瓷底座;2. 静触头;3. 导线;
4. 动触头;5. 熔体;6. 瓷插件

2．螺旋式熔断器

螺旋式熔断器的结构如图 1.2 所示。它由瓷底座、瓷管和螺旋瓷帽等组成。瓷底座上装有上下接线端子;瓷管内装有熔丝且管中充满石英砂,熔丝的两端焊在瓷管两端的导电金属端盖上,其上端盖中有一个红点,为熔断指示器,当熔丝熔断时,熔断指示器弹出脱落,透过瓷帽上的玻璃观察孔可以检视。熔丝熔断后,只要更换瓷管即可。瓷管内用石英砂作填料,利用的就是狭沟灭弧原理。

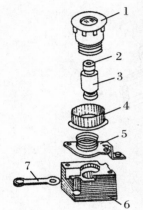

图 1.2　螺旋式熔断器
1. 瓷帽;2. 熔断指示;3. 熔管;4. 瓷套;5. 上接线端;6. 底座;7. 下接线端

螺旋式熔断器广泛应用于工矿企业低压配电系统、机械设备的电气控制系统中作短路和过负荷保护。常用型号有 RL6 等,其额定电流为 5～200 A。RLS 系列螺旋式快速熔断器,主要用作晶闸管整流器件及其成套装置的短路和过负荷保护。

3．RM 型封闭管式熔断器

RM 型熔断器结构如图 1.3 所示。它由纤维熔管、熔体、触刀、刀座等组成。熔体由锌片或铜片冲制成变截面的熔片,在通过短路电流时,熔体首先在狭窄部分熔断,由于宽阔部分跌落,迅速拉长电弧,使短路电弧加速熄灭;在通过过负荷电流时,由于电流加热时间较长,窄部散热较好,所以在宽窄之间的斜部熔断。此外,在产生电弧时,纤维熔管的内壁将有极少部分纤维物质因电弧烧灼而分解出大量高压气体,压迫电弧,加强离子的复合,从而也可改善灭弧性能。

RM 型封闭管式熔断器具有分断能力较强、灭弧速度较快的特点,再加上工作安全可靠和更换方便的优点,所以它主要用于工矿企业低压成套配电设备和电动机上作为短路和过负荷保护。常用型号有 RM10 等,其额定电流为 15～600 A。

4．RT 型有填料封闭管式熔断器

RT 型熔断器结构如图 1.4 所示。它主要由瓷熔管、栅状铜熔体和触头底座等几部分组成。熔管是由用高频电瓷制成的波形方管,两端用盖板压紧,管内放有熔体,填有石英砂。熔体采用紫铜箔冲制

图 1.3　RM 型封闭管式熔断器
1. 黄铜圈;2. 纤维熔管;3. 黄铜帽;4. 触刀;5. 刀座;6. 特种垫圈;7. 熔体

的网状多根并联形成的熔片,中间部位有“锡桥”,装配时将熔片围成笼状,以充分发挥填料

与熔体接触的作用。这样既可均匀分布电弧能量而提高分断能力,又可使管体受热比较均匀而不易使其断裂。栅状铜熔体具有引燃栅,由于引燃栅的等电位作用,可使熔体在短路电流通过时形成多根并联电弧。同时,熔体又具有变截面小孔,可使熔体在短路电流通过时又将长弧分割为多段短弧。而且所有电弧都在石英砂中燃烧,可使电弧中的正负离子强烈复合。因此,这种有填料管式熔断器的灭弧断流能力很强。熔体中段的"锡桥",是利用其"冶金效应"来实现对较小短路电流和过负荷电流的保护。熔断指示器是个机械信号装置,指示器上焊有一根很细的康铜丝,它与熔体并联,在正常情况下,由于康铜丝电阻很大,电流基本上从熔体流过,只有在熔体熔断之后,电流才转到康铜丝上,使它立即熔断,而指示器便在弹簧作用下立即向外弹出,显出醒目的红色信号。这种熔断器的主要缺点是熔体熔断后无法现场更换熔体,只能用绝缘手柄来装卸熔断器的可动部件进行整体更换,见图 1.4(b)。

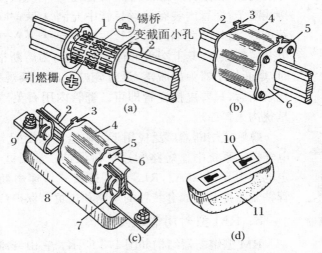

图 1.4 RT 型有填料封闭管式熔断器

1. 栅状铜熔体;2. 触刀;3. 扣栓;4. 瓷熔管;5. 熔断指示器;6. 盖板;

7. 弹性触座;8. 瓷质底座;9. 接线端子;10. 扣眼;11. 绝缘拉手手柄

有填料封闭管式熔断器种类很多,我国传统产品为 RT0 型熔断器,还有 RT14、RT15 等系列产品,其分断能力强,使用安全。另外,还有一种 NT 型系列低压高分断能力的熔断器,熔管为高强度陶瓷,内装优质石英砂,熔体采用优质材料。其功率消耗小、分断能力高、特性稳定、限流性能好、体积小,能分断从最小熔化电流至其额定分断能力(120 kA)之间的各种电流,额定电流为 50~1 250 A。由于有填料高分断能力熔断器的保护性能好和断流能力大,因此其被广泛应用于各种低压电气线路和配电装置中作为短路和过负荷保护。

(二)低压熔断器的选择

1. 熔断器的选择

选择熔断器时,应根据实际安装地点的工作条件及环境条件不同,选择不同结构形式的熔断器。选择熔断器应满足下列 3 个条件:

① 熔断器的额定电压必须大于或等于安装点电路的额定电压。

② 熔断器的额定电流不得小于它所安装熔体的额定电流。

③ 熔断器应满足被保护设备对断流能力的要求。

　　熔断器的额定电压代表着它能够承受的电压水平,熔断器运行必须满足绝缘条件。

　　熔断器的额定电流,是指熔断器长期工作的最大允许电流,其大小取决于熔断器的散热条件。熔体的额定电流,是指熔体长期工作而不熔断的最大电流。应根据工作电路具体情况来选择某一种额定电流的熔体装入熔断器内。

　　熔断器的断流能力是指在某种电压下其熄灭电弧的能力,即熔断器在额定电压下的最大分断电流(kA)。

2. 熔体的选择

　　熔体的选择应根据被保护的对象和需要实现的保护功能进行,同时还需考虑与其所在的线路配合、与其前后级熔断器之间配合,以满足可靠性和选择性。

　　(1) 熔体额定电流的选择条件

　　① 对照明、电热等负载电路,熔体的选择条件为

$$I_{N,FE} \geqslant I_{30} \tag{1.1}$$

式中:$I_{N,FE}$ 为熔体的额定电流;I_{30} 为熔断器所在线路的计算电流(应近似等于线路实际最大负荷电流)。

　　② 对电动机负载电路。

　　对于单台电动机的电路(支线),熔体的选择条件为

$$I_{N,FE} \geqslant (1.5 \sim 3.5) I_{N,M} \tag{1.2}$$

式中:$I_{N,M}$ 为电动机的额定电流。

　　对于多台电动机的电路(干线),熔体的选择条件为

$$I_{N,FE} \geqslant (1.5 \sim 3.5) I_{N,Mm} + K_\sum \sum I_{N,i} \tag{1.3}$$

式中:$I_{N,Mm}$ 为电路中起动电流与额定电流之差为最大的那台电动机的额定电流;$\sum I_{N,i}$ 为电路中其他所有设备的额定电流之和;$K_\sum$ 为电路中其他所有设备的同时系数,一般取0.7~1。

　　式(1.2)和式(1.3)中系数(1.5~3.5)的取值,应综合考虑电动机的起动电流倍数、起动持续时间、熔断器的保护特性、过负荷保护特点等因素,既要确保电动机起动时熔体不能熔断,又要确保电动机过负荷(支线)或电路过负荷(干线)时熔体必须熔断。因此,电动机起动时间越长(重载起动)或起动越频繁,式中系数取值越大。

　　(2) 熔体额定电流的校验条件

　　① 熔体额定电流还应与被保护线路相配合。熔体额定电流既不能选小,也不能选大。不允许出现因过负荷或短路引起绝缘导线或电缆过热起燃而熔断器熔体不熔断的事故,因此熔体额定电流还应满足条件

$$I_{N,FE} \leqslant K_{OL} I_{al} \tag{1.4}$$

式中:I_{al} 为绝缘导线或电缆的允许载流量(详见本章第五节式(1.7));K_{OL} 为绝缘导线或电缆的允许短时过负荷系数。

　　若熔断器仅作短路保护,对电缆和穿管绝缘导线,K_{OL} 取2.5;对明敷设绝缘导线,K_{OL} 取1.5;若熔断器除作短路保护外,还兼作过负荷保护时,K_{OL} 可取1;对有爆炸性气体区域内的线路,则 K_{OL} 应取0.8。

　　② 前后级熔断器之间的选择性配合。供配电系统中,尤其在低压供电系统中,常见前后两级都装设熔断器,则同样要求前后级熔断器熔体熔断时间满足电流保护选择性要求。即在线路发生故障时,靠近故障点的熔断器最先熔断,切除故障部分,从而使系统的其他部

分迅速恢复正常运行。违反选择性,将造成停电范围扩大。

下面介绍两种简便快捷的校验方法:

① 一般只有前一级熔断器的熔体额定电流大于后一级熔断器的熔体额定电流 2~3 级以上,才有可能保证动作的选择性。

② 实验结果表明,如果能保证前后两级熔断器之间熔体额定电流之比为 1.5~2.4,就可以保证有选择性的动作(熔断)。

综上所述,熔断器熔体的选择既要满足选择条件,又要满足校验条件。正确地选择熔断器,恰当地选择熔体,才能实现迅速、可靠和有选择地切除故障电路,确保非故障电路正常运行和防止事故扩大。

二、刀开关

刀开关(文字符号为 QK)种类繁多、结构简单、应用广泛,但只能手动操作。根据其熄弧能力可分为隔离开关(文字符号为 QS)和负荷开关(文字符号为 QL)。低压隔离开关在大电流的低压电路检修时起隔离作用,也可以用来接通和断开小电流电路。低压负荷开关有灭弧能力,可接通和分断额定电流。负荷开关常与熔断器串联配合使用,正常通断操作由负荷开关完成,当电路发生短路或严重过负荷故障时,由熔断器自动切断电路,以确保电路安全运行。

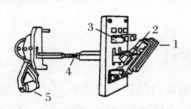

刀开关都由底座,导电的动、静触头和外壳等部分组成。底座常用绝缘材料(陶瓷或胶木)制成。静触头是由铜材料制成的有夹持力和弹性的插座。动触头是由铜材料制成的闸刀。

图 1.5 为带连杆操作的刀开关,连杆操作安全省力。额定电流在 400 A 以下的采用单刀片;而额定电流在 400 A 及以上的大电流刀开关则采用双刀片,即有主、副两个刀片,用弹簧紧固在一起。副刀片又称速断刀片,它有速断分离、迅速灭弧和保护主刀片的作用,即当主刀片断开至一定

图 1.5 带连杆操作的刀开关
1. 主刀片;2. 速断刀片;3. 夹座;
4. 连杆;5. 手柄

角度后,作为弧触头的副刀片才能被弹簧快速拉开。副刀片经长期使用被电弧烧损后,可以更换新的。

刀开关在安装时,要求垂直安装,静触头在上接电源,动触头在下接负载。各种刀开关的最大额定电流不同,如有 60 A、100 A、1 500 A 之分。

三、接触器

本书通篇所介绍的电气控制(含 PLC 控制)电路就是以接触器为用电设备的控制开关,所以牢固掌握接触器的结构、原理及其各元件的图形符号,对接触器在控制电路中的应用至关重要。

接触器(文字符号为 KM)是利用电磁铁来控制其触头通断的一种电动低压开关。它操作方便、动作迅速,灭弧能力强。接触器能够接通和断开正常负荷电流,可以频繁和远距离电动操作(无手动操作装置);接触器与继电器、熔断器等配合可实现自动控制及过电流(短路)、过负荷、过电压、欠电压保护。因此,接触器广泛应用于电动机及其他电力负荷的控制。

接触器按操作电源分有：交流接触器和直流接触器。下面仅介绍交流接触器的结构和工作原理。

（一）交流接触器的结构

交流接触器的结构如图1.6所示，它由电磁系统、触头系统和灭弧装置3部分组成。

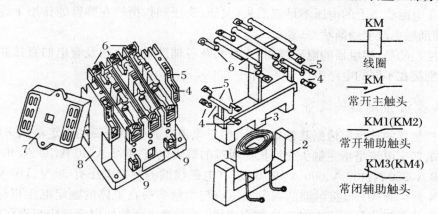

图1.6　交流接触器的结构和符号

1. 电磁线圈；2. 静铁心；3. 衔铁；4. 常开辅助触点；5. 常闭辅助触点；6. 主触头；7. 灭弧罩；8. 外壳；9. 电磁线圈接线端子

1. 电磁系统

电磁系统包括电磁线圈与铁心两部分。铁心又分为静铁心与动铁心（衔铁）。衔铁受弹簧弹力和电磁力的双重作用，其运动轨迹，根据接触器容量的大小，也有直动式与转动式两种。大容量的都为转动式。为了减小交流接触器吸合后产生的振动和噪声，常在铁心端面的局部装上铜短路环。

2. 触头系统

触头系统包括主触头与辅助触点两部分。小容量接触器主触头采用直线运动式的桥式触头；大容量接触器主触头采用转动式的指式触头。主触头的接触面积大，并配有灭弧装置，允许通断的电流较大（可达上千安），主要用来接通和断开三相主电路。辅助触点均采用桥式触点，其额定电流较小，一般为5A（故不称触头而称触点）。辅助触点常用来接通和断开控制、信号等电路。

3. 灭弧装置

灭弧罩是交流接触器的灭弧装置，它由陶瓷或石棉水泥制成。其内部结构可以实现纵向切割电弧（粗弧分成细弧）或横向切割电弧（长弧分成短弧），并将电弧产生的高温传导出去，起到灭弧的作用。

（二）交流接触器的工作原理

交流接触器的衔铁与主触头的动触头、辅助触点的动触头为一刚性整体。

电磁线圈未通电时（称为常态），3对主触头处于断开状态，4对辅助触点分别处于2种状态。4对辅助触点中2对处于断开状态，称为常开辅助触点，2对处于闭合状态，称为常闭辅助触点,可根据具体情况需要,选择辅助触点使用。

当在电磁线圈上加上电压时,磁力线使衔铁磁化,静铁心与动铁心(衔铁)之间产生相互吸引的电磁力。当所加电压足够时(如加上额定电压),作用在衔铁上的电磁力将克服作用在衔铁上的弹簧阻力,使衔铁吸合,带动主触头闭合,接通工作电路,同时带动常闭辅助触点断开、常开辅助触点闭合,改变控制电路和信号电路状态。

当加在电磁线圈上的电压不足或消失(欠压、失压)时,衔铁在弹簧的作用下返回,主触头断开,辅助触点改变通断状态(复归)。

值得注意的是,接触器的电磁线圈、主触头及各辅助触点之间没有电的直接联系,因此它们可分别接在不同的电路中。

(三)交流接触器的选择

交流接触器的选择应根据其额定电压、额定电流及其电磁线圈的额定电压来确定。交流接触器的额定电流是指主触头允许长期通过的最大电流,有 5 A、10 A、20 A、40 A、60 A、100 A、150 A、250 A、400 A、600 A 共 10 级;其电磁线圈的额定电压有 36 V、110 V、220 V、380 V 共 4 种。所选交流接触器的额定电压应与主触头所在电路的额定电压相符,其额定电流应大于或等于主触头所在电路的额定电流,其电磁线圈的额定电压应与操作电源额定电压相符。

接触器的具体应用技术详见第三章电动机的基本控制电路。

四、低压断路器

低压断路器(文字符号为 QF)是一种多功能的自动开关。从操作功能上看,配置不同功能的元件,低压断路器可实现手动通断、电动通断和自动通断操作,但不宜连续频繁地进行通断操作;从灭弧能力上看,低压断路器不仅能切断负荷电流,而且还能切断短路电流;从保护功能上看,配置不同功能的脱扣器,低压断路器可对线路、电气设备实现过电流、过负荷和欠压、失压等保护。

(一)低压断路器的结构原理

低压断路器的原理接线如图 1.7 所示。其主要结构由触头系统、灭弧装置、保护系统和操作机构组成。低压断路器的主触头一般由耐弧合金(如银钨合金)制成,采用灭弧栅片灭弧,能快速及时地切断高达数十倍额定电流的短路电流。主触头的通断是受自由脱扣器控制的,而自由脱扣器又受操作手柄或其他脱扣器的控制。

自由脱扣机构(由图中 2、3、4、5 构成)是一套连杆机构。当操作手柄手动合闸(有些断路器可以电动合闸),即主触头 1 被合闸操作

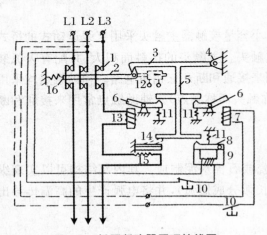

图 1.7 低压断路器原理接线图

1. 触头;2. 锁键;3. 搭钩;4. 转轴;5. 连杆;6、8. 衔铁;
7. 分励脱扣器线圈;9. 欠电压脱扣线圈;10. 按钮;
11、16. 弹簧;12. 合闸电磁铁;13. 过电流脱扣器线圈;
14. 热脱扣器双金属片;15. 加热电阻丝

机构闭合后,锁键 2 被搭钩 3 挂住,即自由脱扣机构将主触头锁在合闸位置上。当操作手柄手动跳闸或其他脱扣器动作时,使搭钩脱开(脱扣),弹簧 16 迫使主触头 1 快速断开,称为断路器跳闸。

为扩展功能,除手动跳闸和合闸操作机构外,低压断路器可配置电磁脱扣器(即过电流脱扣器、分励脱扣器、欠电压脱扣器)、热脱扣器、辅助触点、电动合闸操作机构等附件。若具有保护功能的脱扣器为微机控制,实现智能化保护,则称这种断路器为智能型断路器。

过电流脱扣器(由图中 13、6、11 构成,三相都有配置,图中只画了一相)的线圈 13 与主电路串联。当电路发生短路时,短路电流流过线圈 13 产生的电磁力迅速吸合衔铁 6 左端,衔铁 6 右端上翘,经杠杆作用,顶开搭钩 3,从而带动主触头断开主电路(断路器自动跳闸)。所以,在断路器中配置过电流脱扣器,短路时实现过电流保护功能。

热脱扣器(由图中 14、15 构成)的热元件(加热电阻丝)15 与主电路串联。对三相四线制电路,三相都有配置,对三相三线制电路,可配置两相。当电路过负荷时,热脱扣器的热元件发热使双金属片 14 向上弯曲(详见第三章热继电器),经延时推动自由脱扣机构动作,断路器自动跳闸。所以,在断路器中配置热脱扣器,实现过负荷保护功能。

欠电压脱扣器(由图中 9、8、11 构成)的线圈与电源电路并联。当电源电压正常时,衔铁 8 被吸合;当电路欠电压(包括其所接电源缺相、电压偏低和停电)时,弹簧力矩大于电磁力矩,衔铁释放,也使自由脱扣机构迅速动作,断路器自动跳闸。

在断路器中配置欠电压脱扣器,实现欠电压保护功能,主要目的是用于电动机的控制。

分励脱扣器(由图中 7、6、11 构成)的线圈 7 一般与电源电路并联,也可另接控制电源。断路器在正常工作时,其线圈 7 无电压。若按下按钮 10(详见第三章),使线圈 7 通电,衔铁 6 带动自由脱扣机构动作,使主触头断开,称为断路器电动跳闸。按钮与断路器安装在同一块低压屏上,可实现断路器的现场电动操作;按钮远离断路器,安装在控制室的控制屏(台)上,可实现断路器的远方电动操作。所以,在断路器中配置分励脱扣器,主要目的是为了实现断路器的远距离控制。

辅助触点(图中未画出)是断路器中配置的辅助附件。其原理与交流接触器的辅助触点一样,主要目的是用于断路器主触头通断状态的监视、联动其他自动控制设备等等。

操作手柄主要用于手动跳闸和手动合闸操作,还要以备检修之用。

电动合闸操作机构(详细介绍略)可实现远距离电动合闸,一般容量较大的低压断路器才配置。

（二）常用的低压断路器

低压断路器按灭弧介质分类,有空气断路器和真空断路器等;按用途分类,有配电用断路器、电动机保护用断路器、照明用断路器和漏电保护断路器等。配电用低压断路器按保护性能分类,有非选择型和选择型两类。供配电用按结构形式分类,有装置式和框架式两大类。

1. 装置式低压断路器

装置式低压断路器又称塑料外壳式断路器,其主要特征是有一个采用聚酯绝缘材料模压而成的外壳,所有机构和导电部分都装在这个封闭型外壳内,仅在壳盖中央露出操作手柄,供手动操作之用。DZ10 型塑料外壳式断路器曾被广泛应用,其剖面结构图如图 1.8 所示。

塑料外壳式低压断路器种类繁多，国产型号有 DZX10、DZ15、DZ20 等，引进技术生产的有 H、T、3VE、3WE、NZM、C45N、NS、S 等型。此外还生产有智能型塑料外壳式断路器如 DZ40 等型。

塑料外壳式断路器常用于低压配电柜（箱）中，作配电线路、电动机、照明电路及电热器等设备的电源控制开关及保护，也可作电动机的不频繁起动之用。

2. 框架式低压断路器

框架式低压断路器又称万能式断路器，一般有一个带绝缘衬垫的钢制框架，所有部件均敞开地安装在这个框架底座上。DW10 型万能式断路器曾被广泛应用，其结构图如图 1.9 所示。

万能式低压断路器常用的型号有：DW16（一般型）、DW15、DW15HH（多功能、高性能）、DW45（智能型），另外还有 ME、AE（高性能型）和 M（智能型）等系列。

万能式低压断路器容量较大，可装设较多种脱扣器，辅助触头的数量也较多，主要用于配电网络的总开关和保护。

（三）低压断路器的选择

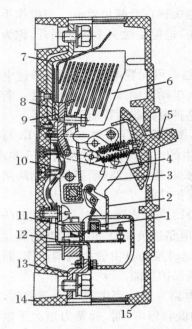

图 1.8　DZ10 型塑料外壳式低压断路器

1. 牵引杆；2. 锁键；3. 搭钩；4. 连杆；5. 操作手柄；6. 灭弧室；7. 引入线和接线端子；8. 静触头；9. 动触头；10. 可挠连接条；11. 电磁脱扣器；12. 热脱扣器；13. 引出线和接线端子；14. 塑料底座；15. 塑料盖

低压断路器结构本身具有保护的功能，因此，低压断路器的选择，不仅要满足选择电气设备的一般条件，而且还要满足正确实现过电流、过负荷及欠电压等保护功能的要求，并且还应考虑是否选择电动跳、合闸操作机构。

低压断路器各种保护还必须满足选择性、迅速性、灵敏性和可靠性等 4 个基本要求。

（1）低压断路器过电流脱扣器的选择

过流脱扣器的额定电流 $I_{\text{N,OR}}$ 应大于或等于线路的计算电流 I_{30}，以确保低压断路器长期通过正常工作电流时，过流脱扣器的线圈不至于损坏。在实际应用低压断路器时，需要整定过流脱扣器的动作电流（整定原则略）。

（2）低压断路器热脱扣器的选择

热脱扣器的额定电流 $I_{\text{N,TR}}$ 应大于或等于线路的计算电流 I_{30}，以确保热脱扣器的安全。

（3）低压断路器型号规格的选择与校验

选择低压断路器应满足的所有条件归纳

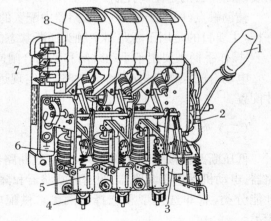

图 1.9　DW10 型万能式低压断路器

1. 操作手柄；2. 自由脱扣机构；3. 失压脱扣器线圈；4. 过电流脱扣器弹簧调节螺母；5. 过电流整定值指示器；6. 过电流脱扣器线圈；7. 辅助触点；8. 灭弧罩

如下：

① 低压断路器的额定电压应不低于安装处的额定电压。

② 低压断路器的额定电流应不低于它所安装的脱扣器额定电流。

③ 低压断路器的类型应符合安装条件、保护性能的要求，并应确定操作方式，即选择断路器的同时应选择其操作机构。

④ 低压断路器还应满足安装处对断流能力的要求，即必须对低压断路器进行断流能力的校验：

（a）对动作时间在 0.02 s 以上（短路后 1 个周期以后）的断路器（DW 系列），其极限分断电流 I_∞ 应不小于通过它的最大三相短路电流周期分量有效值 $I_{k,max}^{(3)}$。

（b）对动作时间在 0.02 s 及以下（短路后 1 个周期以内）的断路器（DZ 系列），其极限分断电流 I_∞ 或 i_∞ 应不小于通过它的最大三相短路冲击电流 $I_{sh}^{(3)}$ 或 $i_{sh}^{(3)}$。

第四节　互　感　器

一、概述

互感器包括电压互感器（文字符号为 TV）和电流互感器（文字符号为 TA），从基本结构和工作原理来说，互感器就是一种特殊变压器。采用互感器的主要目的，就是把高电压变成低电压或把大电流变成小电流，以便用于测量、保护、控制和信号电路。

互感器的主要作用如下：

（1）降低参数，减少成本

通过电压互感器把高电压变成低电压及通过电流互感器把大电流变成小电流，使接在互感器二次侧的仪表、继电器等二次设备的额定电压、额定电流等参数降低。即降低了二次设备的绝缘要求、缩小了二次设备的体积和安装空间。换言之，扩大了仪表、继电器等二次设备的应用范围，即二次设备通过互感器可以反映任意高的电压、任意大的电流，从而减少了二次设备的制造成本和运行费用。

（2）隔离高压，利于安全

通过互感器使仪表、继电器等二次设备与高压主电路绝缘，既可避免主电路的高电压直接引入仪表、继电器等二次设备，有利于人身安全和二次设备安全，又可防止仪表、继电器等二次设备的故障直接影响主电路正常运行，提高一次电路的安全性和可靠性。

（3）统一标准，利于交流

为实现标准化，一般要求电压互感器二次侧额定电压为 100 V、电流互感器二次侧额定电流为 5 A。这就是说，所有厂家生产的交流二次设备及配件都必须规格统一，便于生产厂家批量生产和销售，便于设计人员选型配套，便于产品用户采购、安装、备用和更换。

二、电压互感器

（一）电压互感器的基本结构原理

电压互感器的基本结构原理图如图 1.10 所示。它的结构特点是：一次线圈匝数很多，

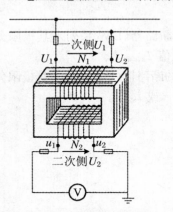

而二次线圈匝数很少，相当于降压变压器。工作时，一次线圈并联在一次电路中，而二次线圈并联仪表、继电器等二次设备的电压线圈。因此，一次线圈的额定电压应选择与其所并联的一次电路额定电压相等，而二次线圈的额定电压一般为 100 V。由于这些电压线圈的阻抗很大，所以电压互感器工作时，其二次线圈接近于空载状态，即电压互感器一次、二次线圈的电流很小。

根据变压器工作原理，电压互感器的一次电压 U_1 与其二次电压 U_2 之间有下列关系：

$$U_1 \approx (N_1/N_2) U_2 \approx K_u U_2 \qquad (1.5)$$

图 1.10　电压互感器的基本结构原理图

式中：N_1、N_2 为电压互感器一次、二次线圈匝数；K_u 为电压互感器的电压比，一般表示为其额定一次、二次电压之比，亦为其一次、二次线圈匝数之比，即 $K_u = U_{1N}/U_{2N} = N_1/N_2$。

（二）电压互感器的接线方式

电压互感器在三相电路中常见的接线方式如图 1.11 所示，图左侧为分相画出的接线图，右侧为主接线图（一次电路图）。其中图 1.11(a) 为 2 个单相电压互感器接成 V/V 形的接线；图 1.11(b) 为 3 个单相电压互感器接成 Y_0/Y_0 形的接线。

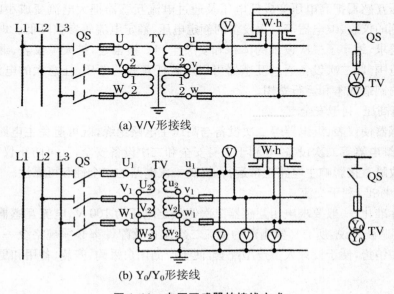

(a) V/V形接线

(b) Y_0/Y_0形接线

图 1.11　电压互感器的接线方式

（三）电压互感器的使用注意事项

电压互感器在使用时应注意以下事项：

① 电压互感器在工作时，其二次侧不得短路。

② 电压互感器二次侧有一端必须接地。

③ 电压互感器在接线时要注意其端子的极性。

三、电流互感器

（一）电流互感器的基本结构原理

电流互感器的基本结构原理图如图 1.12 所示。它的结构特点是：一次线圈匝数很少，且一次线圈导体相当粗；而二次线圈匝数很多，导体较细。工作时，一次线圈串接在一次电路中，而二次线圈则与仪表、继电器等二次设备的电流线圈相串联，形成一个闭合回路。因此，一次线圈的额定电流应选择大于或等于其所串联的一次电路额定电流，而二次线圈的额定电流一般为 5 A。由于这些电流线圈的阻抗很小，所以电流互感器工作时，其二次回路接近于短路状态。某些形式的电流互感器，利用一次电路导体直接穿过其铁心，通电导体中电流变化引起铁心中磁通变化，二次线圈感应出二次电流，即一次电路导体代替了一次线圈（相当于匝数为 1）。

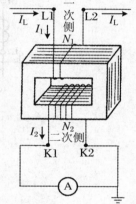

图 1.12　电流互感器的基本结构原理图

由图 1.12 可见，一次电路中的负荷电流 I_L 大小与是否串接电流互感器无关，因 I_L 流过的是电流互感器的一次线圈，又被称为电流互感器的一次电流 I_1。根据磁势平衡原理，电流互感器的一次电流 I_1 与其二次电流 I_2 之间有下列关系：

$$I_1 \approx (N_2/N_1)I_2 \approx K_i I_2 \qquad (1.6)$$

式中：N_1、N_2 为电流互感器一次、二次线圈匝数；K_i 为电流互感器的电流比，一般表示为其额定一次、二次电流之比，亦为其二次、一次线圈匝数之比，即 $K_i = I_{1N}/I_{2N} = N_2/N_1$。

（二）电流互感器的接线方式

电流互感器在三相电路中常见的接线方式如图 1.13 所示。其中图 1.13（a）为一相式接线；图 1.13（b）为两相 V 形接线；图 1.13（c）为两相电流差接线；图 1.13（d）为三相星形接线。

（三）电流互感器的使用注意事项

电流互感器在使用时应注意以下事项：

① 电流互感器在工作时，其二次侧不得开路。

② 电流互感器二次侧有一端必须接地。

③ 电流互感器在接线时要注意其端子的极性。

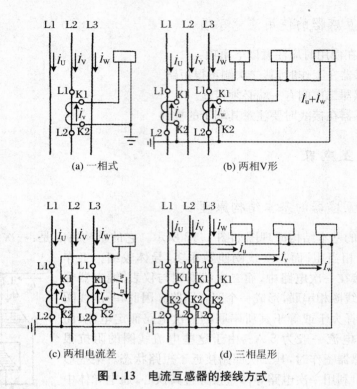

(a) 一相式　　　　　　　(b) 两相V形

(c) 两相电流差　　　　　(d) 三相星形

图 1.13　电流互感器的接线方式

第五节　低压供配电线路

低压供配电线路是企业供配电系统的重要组成部分,其主要任务是输送和分配电能。

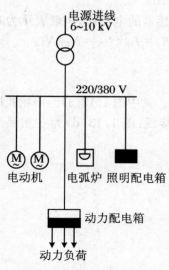

图 1.14　低压放射式接线

一、低压供配电线路的接线方式

企业低压供配电线路的基本接线方式可分为放射式、树干式和环式。

1. 放射式接线

图 1.14 是低压放射式接线。由低压母线经开关设备引出若干条线路,直接供电给容量大或负荷重的低压用电设备或配电箱。这种接线方式的优点是某条引出线发生故障时互不影响,供电可靠性较高;缺点是所用开关设备和导线较多。

2. 树干式接线

图 1.15 是低压树干式接线。其中图 1.15(a)为低压母线放射式配电的树干式。由变压器低压侧母线引(放射)出

多条干线与车间母线连接,再由车间母线上引出分支线给车间的用电设备供电。这种接线方式所用开关设备和导线较少,但干线发生故障时,由此干线上引出的分支线上的用电设备都受影响,可供供电容量小且分布比较均匀的用电设备组采用。图 1.15(b)为链式接线。这种接线是一种变形的树干式接线,用电设备距离近,且容量均较小的次要用电设备组采用。

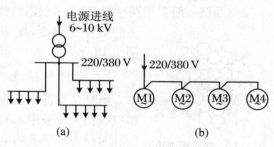

图 1.15 低压树干式接线

3. 环式接线

图 1.16 是环式接线。由图可见,它是将企业内各车间变电所的低压侧用低压联络线连接起来构成的。这种接线方式供电可靠性较高,任一段线路故障或检修,一般只是暂时停电或不停电,经切换操作后就可恢复供电。它可使电能损耗和电压损耗减小,但保护装置及其整定配合比较复杂,所以通常也多采用开环运行。

应当指出,实用中选择接线方式时,应当综合分析,根据具体情况进行选择。

二、低压供配电线路的结构

低压供配电线路按结构形式分,有架空线路、电缆线路以及室内(车间)线路。

(一)低压架空线路的结构

架空线路由导线、电杆、绝缘子和线路金具等主要元件组成,如图 1.17 所示。架空线路相对电缆线路而言,成本低、投资少,安装方便,易于发现和排除故障等,所以架空线路在过去应用相当广泛。

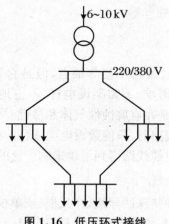

图 1.16 低压环式接线

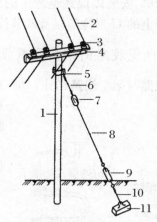

图 1.17 低压架空线路结构示意图

1. 电杆;2. 导线;3. 绝缘子;4. 横担;
5. 拉线抱箍;6. 上把;7. 拉线绝缘子;8. 腰把;9. 花篮螺丝;10. 底把;
11. 拉线底盘

1. 架空线路的导线

架空线路一般采用裸导线,且为多股铝绞线(LJ)。在机械强度要求较高和 35 kV 及以上的架空线路上,则多采用钢芯铝绞线(LGJ),其横截面结构如图 1.18 所示。

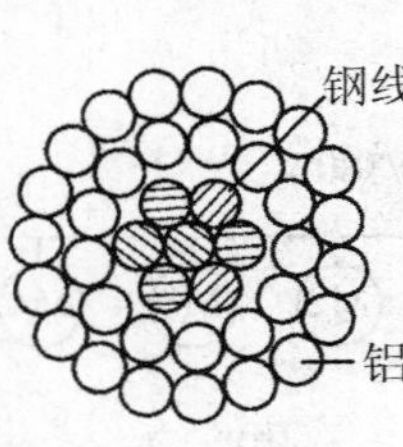

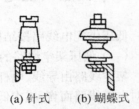

图 1.18　钢芯铝绞线
截面示意图

2. 电杆和拉线

电杆是支持导线的支柱,以保证导线对地有足够的距离。低压架空线路大多采用水泥杆。

对受力不平衡的电杆,如终端杆、转角杆、耐张杆等,往往要装拉线,以平衡电杆上的作用力,防止电杆倾倒。拉线的结构如图 1.17 所示。

3. 横担和线路绝缘子

横担安装在电杆的上部,用来固定绝缘子。绝缘子又称瓷瓶。线路绝缘子用来将导线固定在绝缘子上,绝缘子又固定在横担上,并使导线与电杆绝缘,而导线相间绝缘距离由绝缘子位置确定。因此对绝缘子既要求具有一定的电气绝缘强度,又要求具有足够的机械强度。

低压配电线路的直线杆上一般采用低压针式绝缘子或低压瓷横担;耐张杆上应采用低压蝴蝶式绝缘子。图 1.19 给出针式及蝴蝶式的外形图。

4. 低压架空线路金具

线路金具是用来连接导线、安装横担和绝缘子的金属附件。如图 1.20 所示。低压架空线路金具包括安装针式绝缘子的直脚或弯脚、安装蝴蝶式绝缘子的穿心螺钉、将横担或拉线固定在电杆上的 U 形抱箍以及调节拉线松紧的花篮螺丝等。

(a) 针式　　(b) 蝴蝶式

图 1.19　低压架空线路绝缘子

(二)电缆线路的结构及敷设方式

电缆线路与架空线路相比,具有成本高,投资大、维修不便等缺点,但是它具有运行可靠、不易受外界影响、不需架设电杆、不占地面、不碍观瞻等优点,特别是在有腐蚀性气体和易燃、易爆的场所,不宜架设架空线路时,只能敷设电缆线路。在现代化的城市、工厂中,电缆线路得到了越来越广泛的应用。

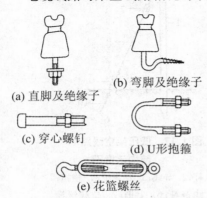

(a) 直脚及绝缘子　　(b) 弯脚及绝缘子

(c) 穿心螺钉　　(d) U形抱箍

(e) 花篮螺丝

图 1.20　低压架空线路金具

1. 电力电缆

电缆是一种特殊的导线,在几根(或单根)绞绕的绝缘导电芯线外面,统包有绝缘层和保护层。保护层又分内护层和外护层。内护层用以直接保护绝缘层,而外护层用以防止内护层免受机械损伤和腐蚀。

塑料绝缘的低压电力电缆主要有聚氯乙烯绝缘电缆和交联聚乙烯绝缘电缆。交联聚乙烯绝缘电缆如

图 1.21 所示。交联聚乙烯绝缘多芯电缆有
2 芯、3 芯、4 芯和 5 芯等 4 种，导电芯线用
交联聚乙烯绝缘，用聚氯乙烯作为内护层，
其外为钢丝或钢带构成的钢铠层和聚氯乙
烯外护套。

2．电缆线路的敷设方式

企业中常见的电缆敷设方式有：

① 直埋电缆，其示意图如图 1.22
所示；

② 敷设在电缆沟中，其示意图如图
1.23 所示；

③ 架空电缆，一般搭建电缆桥架敷设。

（三）车间配电线路的结构及敷设

车间线路包括室内和室外两种配电线
路。室内（车间建筑内）配电线路大多采用

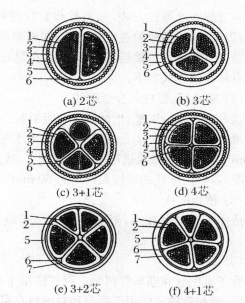

(a) 2 芯　　　(b) 3 芯

(c) 3+1 芯　　　(d) 4 芯

(e) 3+2 芯　　　(f) 4+1 芯

图 1.21　1kV 及以下交联聚乙烯绝缘电力电缆结构图

绝缘导线，但配电干线则采用裸导线，少数采用电缆。室外配电线路指沿车间外墙或屋檐敷
设的低压配电线路，都采用绝缘导线，也包括车间之间用绝缘导线敷设的短距离的低压架空
线路。

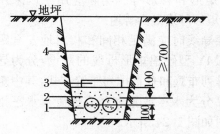

图 1.22　电缆直接埋地敷设
1. 电力电缆；2. 砂；3. 保护盖板；4. 填土

1．绝缘导线

芯线外包以绝缘材料的导线称为绝缘导线。按芯
线导电材料分，有铜芯和铝芯绝缘导线；按芯线结构
分，有单股和多股绞线；按绝缘材料分，有橡皮绝缘的
和塑料绝缘导线；按芯线外有无保护层分为无保护层
和有保护层绝缘导线。

塑料绝缘导线的绝缘性能好，耐油和抗酸碱腐蚀，
价格较低，且可节约大量橡胶和棉纱，因此在室内明敷
和穿管敷设中应优先选用塑料绝缘导线。但塑料绝缘

在低温时要变硬发脆，高温时又易软化，因此室外敷设宜优先选用橡皮绝缘导线。

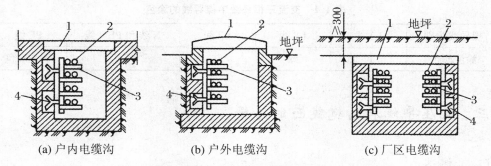

(a) 户内电缆沟　　　(b) 户外电缆沟　　　(c) 厂区电缆沟

图 1.23　电缆在电缆沟内敷设
1. 盖板；2. 电缆；3. 电缆支架；4. 预埋铁件

绝缘导线的敷设方式,分明敷和暗敷两种。明敷是导线直接或在管子、线槽等保护体内,敷设于墙壁、顶棚的表面及桁架、支架等处。暗敷是导线在管子、线槽等保护体内,敷设于墙壁、顶棚、地坪及楼板等内部,或者在混凝土板孔内敷线等。

具体布线方式如下:

(1) 瓷夹板、瓷柱和瓷瓶配线

这种方式是沿墙壁、桁架或天花板明敷。瓷夹板布线适用于用电量较小和干燥的场所,导线截面在 10 mm² 以下;瓷柱布线适用于用电量较大的干燥或潮湿的场所,导线截面在 25 mm² 以下;瓷瓶布线适用于布线量较大,线路较长或潮湿的场所。易触及的地方,宜采用管内配线,管内配线的导线截面可为 50 mm² 以上。

(2) 槽板配线

适用于用电量较小,要求美观的干燥场所或易触及的地方,导线截面一般在 6 mm² 以下。

(3) 穿管配线

管子有钢管和塑料管两种。钢管适用于易受机械损伤的场合,但不宜用于有严重腐蚀的场所;塑料管除不能用于高温和对塑料有腐蚀的场所外,其他场所均可采用。

(4) 钢索配线

用钢索横跨在车间或构架之间,一般用于厂房和露天场所。

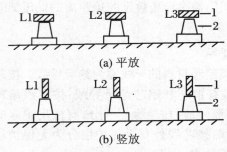

图 1.24　水平排列的矩形母线
1. 硬铝矩形母线;2. 绝缘子

2. 裸导线

车间内的配电裸导线通常采用硬导线,其截面形状有圆形、矩形和管形等。实际应用中以采用 LMY 型硬铝矩形母线最为普遍。

在敷设裸导线时应满足相间和相对地安全距离的要求。LMY 型硬铝矩形母线的敷设,分为导线之间水平排列布置和垂直排列布置方式,其中矩形导线本身又分为水平放置和竖直放置。水平排列布置示意图如图 1.24 所示。

为了识别裸导线相序,以利于运行维护和检修,交流三相系统中的裸导线应按表 1.1 所示涂色。裸导线涂色不仅可用来辨别相序,而且还能防腐蚀和改善散热条件。

表 1.1　交流三相系统中裸导线的涂色

裸导线类别	L1 线	L2 线	L3 线	N 线和 PEN 线	PE 线
涂漆颜色	黄	绿	红	淡蓝	黄绿双色

三、低压导线和电缆截面的选择

(一)概述

为了保证供电系统安全、可靠、优质、经济地运行,选择导线和电缆截面时必须满足下列条件：

① 发热条件。导线和电缆在通过正常最大负荷电流时产生的发热温度，不应超过其正常运行时的最高允许温度。

② 电压损耗条件。导线和电缆在通过正常最大负荷电流时产生的电压损耗，不应超过正常运行时允许的电压损耗。

③ 机械强度条件。导线截面不应小于其最小允许截面。电压越高，跨距越大，其最小允许截面越大；对于电缆，不必校验其机械强度。

对于绝缘导线和电缆，还应满足工作电压的要求。

另外，对于电缆还需校验其短路热稳定度；对于硬导线还需校验其短路动稳定度。

（二）按发热条件选择导线和电缆的截面

电流通过导线或电缆时，要产生电能损耗，使导线发热。裸导线的温度过高时，会使接头处的氧化加剧，增大接触电阻，使之进一步氧化，如此恶性循环，最后可发展到断线。而绝缘导线和电缆的温度过高时，可使绝缘加速老化甚至烧毁，或引起火灾。因此，导线或电缆的正常发热温度不得超过其额定负荷时的最高允许温度。

按发热条件选择三相系统中的相线截面时，可把发热条件转换成电流条件。即应使其允许载流量 I_{al} 不小于通过相线的正常最大负荷电流（即计算电流 I_{30}），即

$$I_{al} \geqslant I_{30} \tag{1.7}$$

所谓导线的允许载流量，就是在规定的环境温度条件下，导线能够连续承受而不致使其稳定温度超过允许值的最大电流。

按发热条件选择三相四线制系统中的中性线截面时，若三相负荷基本对称，则取相线截面的 50%；若三相负荷严重不对称，或从三相四线制线路引出的单相线路，则中性线截面取与相线截面相同。

第六节　低压供配电系统

根据电力负荷对供电可靠性的要求、负荷性质、负荷大小、负荷数量、负荷位置等众多因素，再从技术、经济角度考虑，最终确定一个最佳变电所主结线方案。

一、电力负荷的分级及其对供电的要求

（一）电力负荷的分级

根据电力负荷对供电可靠性的要求及中断供电造成的损失或影响的程度，按国标规定，将电力负荷分为三级：

1. 一级负荷

将如中断供电将造成人身伤亡或者将在政治、经济上造成重大损失的负荷称为一级负荷。中断供电将发生中毒、爆炸和火灾等情况的负荷，应视为特别重要的一级负荷。

2．二级负荷

将如中断供电将在政治、经济上造成较大损失的负荷称为二级负荷。例如中断供电将发生重大设备损坏、大量产品报废、重点企业大量减产等。

3．三级负荷

将所有不属于上述一级、二级负荷的一般电力负荷称为三级负荷。

（二）各级电力负荷对供电电源的要求

1．一级负荷对供电电源的要求

由于一级负荷属重要负荷，如中断供电造成的后果十分严重，因此要求由两个电源供电，当其中一个电源发生故障时，另一个电源不应同时受到损坏。特别重要的负荷，还必须另外增设应急电源。例如独立的发电机组、独立的专用馈电线路、蓄电池或干电池。

2．二级负荷对供电电源的要求

二级负荷也属重要负荷，要求由两回路(不一定在同一电源的两条线路)供电，供电变压器也应有两台(不一定在同一变电所)。当其中一回路或一台变压器发生常见故障时，二级负荷应不致中断供电，或中断后通过电路切换能迅速恢复供电。

3．三级负荷对供电电源的要求

对供电电源的要求越高，要付出的投资和运行费用也就越大。由于三级负荷为不重要的一般负荷，因此它对供电电源无特殊要求。

二、小型变电所的主电路图

主电路图是用来宏观描述供配电系统概况的，主电路图是表示系统中的电能输送和分配路线的电路图，亦可称为主结线图，或称一次电路图、一次结线图。而用来表示控制、指示、测量和保护一次电路及其设备运行的电路图，则称为二次电路图，或称二次回路图。

主结线图是由一次设备的图形符号和文字符号组成的。一般画一相代表三相电路，只有电路中三相不相同时，才在局部电路中分别画出三相电路；三相四线制电路的零线和所有接地线单独画。根据主结线图的使用目的，所画主结线图可简单、可详细。通过主结线图能够获得哪些信息呢？下面结合图例说明。

只装有一台主变压器的小型变电所主结线图，如图 1.25 所示。

装有两台主变压器的小型变电所主结线图，如图 1.26 所示。

（1）电源进线

图 1.25 和 1.26 中每个变电所只有一路 6 kV 或 10 kV 电源进线，影响了变电所供电可靠性。

（2）主变压器

主变压器 T 用来改变电压、输送电能。通过主结线图可知主变压器的型号、台数、单台容量和总容量，及其连接组别和高、低压侧电压，即电压比(详见图 1.27)。

图 1.25 为只装有一台主变压器的变电所主结线图。当主变压器需停电检修或发生故障时，整个变电所要停电，其供电可靠性低于装有两台主变压器的变电所。

如果变电所只有一路电源进线，一般只用于三级负荷。如果变电所低压侧有联络线与其他变电所相连,则可用于二、三级负荷。

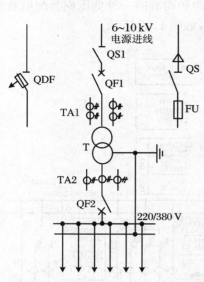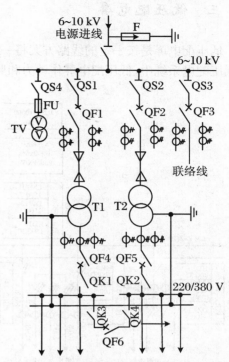

图1.25 一台主变压器的小型变电所主结线图 　　图1.26 两台主变压器的小型变电所主结线图

图1.26为主结线适用于装有两台及以上主变压器或具有多路高压出线的变电所主结线图。其供电可靠性较高。任一主变压器检修或发生故障时,通过切换操作,可很快恢复整个变电所的供电。但在高压母线或电源进线检修或者发生故障时,整个变电所都要停电。因此,可供二、三级负荷。如果有与其他变电相连的低压或高压联络线,则供电可靠性可大大提高,可供一、二级负荷。

（3）变压器出线

变压器低压侧出线上一般装有容量较大的低压断路器QF作为负荷的总控制开关和保护电器。低压侧电流互感器TA2一般配置三相,用于三相或单相电气测量。

（4）母线

母线（文字符号为W或WB）又称汇流排,是配电装置中用来汇集和分配电能的导体。母线分为软母线和硬母线。软母线通常采用软裸导线（LJ或LGJ）,安装在室外;硬母线通常采用硬铝导线（硬铝排LMY）,安装在室内的开关柜顶部。低压母线通常采用单母线制,见图1.25;低压母线上如果有两路或多于两路的电源进线,则采用单母线分段制,见图1.26。

（5）低压母线出线

如图1.27为小型变电所的主结线图。通过主结线图可以看出,有多少路低压配电出线,有哪些送电对象,用什么开关控制,出线采用导线还是电缆,其截面多大,各路负荷容量是多少,是否简单、是否详细等等。

三、低压配电屏

低压配电屏是按一定的线路方案将一次、二次设备组装而成的一种低压成套配电装置。在低压配电系统中,低压配电屏作动力和照明配电之用,如图 1.27 所示。

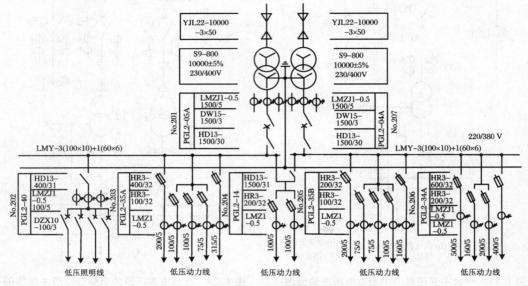

图 1.27　某车间变电所主结线图

低压配电屏按结构形式分为固定式和抽屉式两大类。固定式低压配电屏又有单面操作和双面操作两种。双面操作式为离墙安装,屏前屏后均可维修,占地面积较大,在屏数较多或二次接线较复杂且需经常维修时,可选用此种形式。单面操作式为靠墙安装,屏前维护,占地面积小,在配电室面积小的地方宜选用,这种屏目前较少生产。抽屉式低压配电屏的特点是馈电回路多、体积小、检修方便、恢复供电迅速,但价格较贵。一般中小型企业多采用固定式低压配电屏。

(一) 固定式低压配电屏

固定式低压配电屏主要有 PGL 型、GGL 型和 GGD 型。

PGL 型低压配电屏,为室内安装的开启式双面维护的低压配电屏,主要为 PGL1 和 PGL2 型。PGL1 型配电屏中的低压断路器采用 DW16 型(取代 DW10 型)、DZ10 型;PGL2 型配电屏中的低压断路器分别采用 DW15、DZX10 型。

以图 1.27 中采用的 PGL2-05A 型低压配电屏(No.201)为例,来说明组装低压配电屏的主要一次设备。配电屏顶部安装有硬母线 LMY—3(100×10)+1(60×6)(3 根相线截面为 100×10 mm^2 和 1 根零线截面为 60×6 mm^2);上部安装有三相隔离开关 HD13—1 500/30 型(额定电流为 1 500 A);中部安装有三相低压断路器 DW15—1 500/3 型(额定电流为 1 500 A);下部安装有三相电流互感器 LMZJ1—0.5、1 500/5 型(额定电压为 0.5 kV、额定电流为 1 500 A、电流比为 1 500/5);为安装方便,底部一般采用电缆作引出线。但变压器低压侧额定电流很大,作为低压电源的总配电屏,一般采用硬铝排作引出线与变压器低压侧连接,其截面取值与低压硬母线相同。

如果所选开关为体积小的 DZ10 型或 DZX10 型低压断路器,则一个低压配电屏可安装有几个三相低压断路器,控制几路出线。例如,图 1.27 中采用的 PGL2-40 型低压配电屏(No.202),屏中安装有 4 个 DZX10 型低压断路器,控制 4 路低压照明出线。

PGL 型低压配电屏结构设计合理,电路配置安全,防护性能好。PGL 屏的母线安装在屏后骨架上方的绝缘框上,母线上还装有防护罩,可防止母线上方坠落金属物而造成母线短路事故的发生。PGL 屏具有完善的保护接地系统,提高了防触电的安全性。PGL 屏线路方案也较合理,除了有主电路外,对应每一主电路方案还有一个或几个辅助电路方案,便于用户选用。图 1.28 为 PGL 型低压配电屏外形示意图。

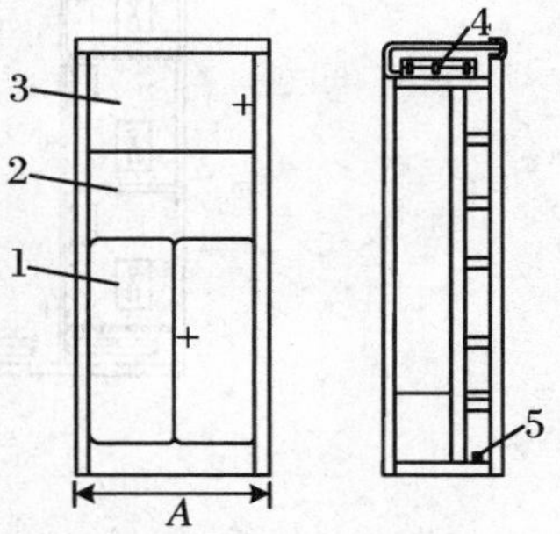

GGL 型低压配电屏,是封闭式结构,其低压断路器采用断流能力更大的 ME 型。

GGD 型低压配电屏,为封闭式结构,其低压断路器主要采用 DW15 型。GGD 屏具有分断能力高,动热稳定性好,结构新颖、合理,电气方案切合实际,系列众多,适用性强,防护等级高等特点。GGD 屏是本着安全、经济、合理、可靠的原

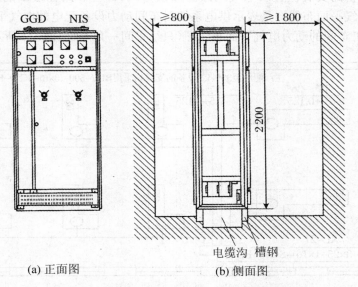

(a) 正面图　　(b) 侧面图

图 1.28　PGL 型低压配电屏外形示意图

1. 门;2. 操作手柄板;3. 测量仪表板;
4. 三相母线;5. 中性线绝缘子

则,于 20 世纪 90 年代设计的新型配电屏,可作为更新换代的产品使用。图 1.29 为 GGD 型低压配电屏外形示意图。

GGD　NIS

≥800　　≥1 800

2 200

电缆沟　槽钢

(a) 正面图　　　　　(b) 侧面图

图 1.29　GGD 型低压配电屏外形示意图

(二)抽屉式低压配电屏

抽屉式低压配电屏是由薄钢板结构的抽屉及柜体组成的。主要电器安装在抽屉或手车内,当遇单元回路故障或检修时,将备用抽屉或小车换上便可迅速恢复供电。目前常用的低压配电屏有 BFC 型、GCS 型、GCK 型、GCL 型、UKK 型等。图 1.30 为 GCS 型低压配电屏

外形示意图。

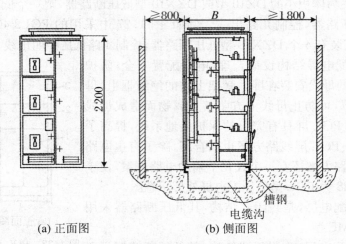

(a) 正面图   (b) 侧面图

图 1.30 GCS 型低压配电屏外形示意图

四、车间动力电气平面布线图

电气平面布线图,就是在建筑平面图上,应用国家标准规定的有关图形符号和文字符号,按照电气设备的安装位置及电气线路的敷设方式、部位和路径绘出的电气布置图。其中,车间动力电气平面布线图是表示供电系统对车间动力设备配电的电气平面布线图。

某机械加工车间的动力电气平面布线图(只绘车间一角)如图 1.31 所示。

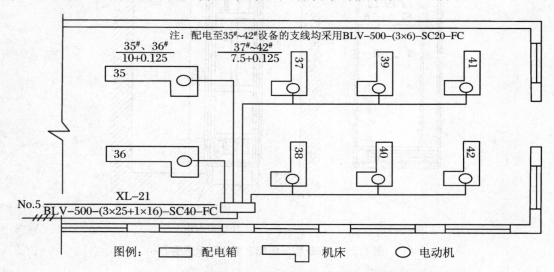

图 1.31 某机械加工车间(一角)的动力电气平面布线图

1. 用电设备的标注

由图 1.31 可以看出,平面布线图上必须表示出所有用电设备的位置,依次对设备编号,并注明设备的容量。用电设备标注的格式为

$$\frac{a}{b} \quad 或 \quad \frac{a+c}{b+d} \tag{1.8}$$

式中：a 为设备编号；b 为设备的额定容量（单位为 kW）；c 为线路首端熔体或低压断路器脱扣器的电流（单位为 A）；d 为标高（单位为 m）。图 1.31 中 35#～42# 用电设备（机床用电动机）的标注采用了式（1.8）的格式（c 值未标）。35#、36# 机床用电动机额定功率为 10 kW，标高为 0.125 m；37#～42# 机床用电动机额定功率为 7.5 kW，标高也为 0.125 m。

2. 电源引入线和配电支线的标注

标注的格式为

$$d(e \times f) - g \quad 或 \quad d(e \times f)h - g \tag{1.9}$$

式中：d 为导线型号；e 为导线根数；f 为导线截面（单位为 mm²）；g 为导线敷设方式；h 为穿线管代号及管径。

如果很多配电支线的型号规格和敷设方式相同，则可在图上统一注明。例如在图 1.31 上统一标注的 BLV-500 - (3×6) - SC20 - FC（旧图中采用汉语拼音缩写的旧代号标注，即旧图中标注为 BLV-500 - (3×6) - G20 - DA），就表示从配电箱至 35#～42# 用电设备（机床用电动机）的各配电支线，统一采用了额定电压为 500 V 的铝芯塑料绝缘导线（型号为 BLV-500），3 根相线截面为 6 mm²，穿内径为 20 mm 的焊接钢管，沿地板暗敷设。

3. 配电设备的标注

在电气平面布线图上，还必须表示出所有配电设备的位置，同样要依次编号，并标注其型号规格。配电设备一般标注的格式为

$$a \frac{b}{c} \quad 或 \quad a - b - c \tag{1.10}$$

当需要标注引入线时，则配电设备的标注格式为

$$a \frac{b - c}{d(e \times f) - g} \tag{1.11}$$

式中：a 为设备编号；b 为设备型号；c 为设备的额定容量（单位为 kW）；d、e、f、g 的含义与式（1.9）的符号含义相同。

图 1.31 中电力配电箱及其电源引入线的标注采用了式（1.11）的格式。设备编号为 No.5 的电力配电箱，型号为 XL-21，额定容量为 21 kW；其电源引入线采用了型号为 BLV-500、额定电压为 500 V、3 根 25 mm²（相线）和 1 根 16 mm²（零线）的铝芯塑料绝缘导线，穿内径为 40 mm 的焊接钢管，沿地板暗敷设。

4. 开关和熔断器的标注

在平面布线图上，对开关和熔断器也要进行标注。其标注格式为

$$a \frac{b}{c/i} \quad 或 \quad a - b - c/i \tag{1.12}$$

当需要标注引入线时，开关、熔断器的标注格式为

$$a \frac{b - c/i}{d(e \times f) - g} \tag{1.13}$$

式中：a 为设备编号；b 为设备型号；c 为设备的额定电流（单位为 A）；i 为开关整定的动作电流（单位为 A）或熔体的额定电流（单位为 A）。d、e、f、g 的含义与式（1.9）的符号含义相同。

五、建筑物配电系统

（一）概述

建筑物配电系统是指从总配电箱（或配电室）至各层分配电箱或各层用户单元开关之间的供电线路系统。配电系统的设计图是在考虑了设计项目、设备装置状况、用电负荷性质和装机容量等因素，并统一考虑了电气平面图设计后设计而成的，从图中可看出配电系统形式、线路敷设方式、开关电器设备和导线的型号规格等。

配电室及配电箱应设置在负荷中心，以最大限度地减小导线截面，降低电能损耗。单相支线的供电范围一般不超过 30 m，三相支线不超过 80 m，其每相电流以不超过 20 A 为宜。支线截面一般应在 $1.0 \sim 4.0 \ mm^2$ 范围之内，最大不能超过 $6.0 \ mm^2$。在三相供电线路中，单相用电设备应均匀地分配到三相线路，应尽可能做到三相平衡，不要两个单相支路共用一根零线。在确定了室内灯具、插座、开关、配电箱等的数量与位置后，根据建筑物内部的情况，设计出从配电箱到各用电设备供电敷设线路的具体方案，作为进行室内配线施工的技术依据。

（二）配线的技术要求

室内配线不仅要使电能的传送可靠，而且要使线路布置合理、整齐、安装牢固，符合技术规范的要求。内线工程不能破坏建筑物的强度和损害建筑物的美观。在施工前就要考虑好排水管道、热气管道、风管道以及通信线路布线等的位置关系。

室内配线技术要求如下：

① 使用的导线其额定电压应大于线路的工作电压，导线的绝缘应符合线路的安装方式和敷设的环境条件。导线截面应能满足供电和机械强度的要求。

② 配线时应尽量避免导线有接头，因为往往由于导线接头漏电而引发各种事故。必须有接头时，应采用压接或焊接。导线连接和分支处不应受到机械力的作用。穿在管内的导线，在任何情况下都不能有接头。因为导线接头接触电阻大，长期发热易使接头处导线氧化，接触电阻更大，更易发热，直至烧断，而管内的导线断线不便检修。必要时应尽可能地把接头放在接线盒或灯头盒内。

③ 当导线穿过楼板时，应设钢管或塑料管加以保护，管子长度应从离楼板面 2 m 高处到楼板下出口处为止。

④ 明配线路在建筑物内应水平或竖直敷设。水平敷设时，导线距地面不小于 2.5 m。垂直敷设时，导线距地面不应小于 2 m，否则应将导线穿管以作保护，防止机械损伤。

⑤ 导线穿墙要用瓷管，瓷管两端的出线口，伸出墙面不小于 10 mm，这样可防止导线和墙壁接触，防止墙壁潮湿时产生漏电现象。导线过墙用瓷管保护，除穿向室外的瓷管应一线用一根瓷管外，同一回路的几根导线可以穿在同一根瓷管内，但管内导线的总面积（包括绝缘层）不应超过瓷管内截面的 40%。

当导线沿墙壁或天花板敷设时，导线与建筑物之间的距离一般不小于 10 mm。在通过伸缩缝的地方，导线敷设应稍微松弛。钢管配线，应装设补偿装置，以适应建筑物的伸缩。

⑥ 当导线互相交叉时，为避免碰线，在每根导线上应套上塑料管或其他绝缘管，并须将套管固定。

（三）建筑物供配电系统举例

1. 采用配电箱的配电系统

图 1.32 是某工厂职工住宅楼一个 6 层单元的配电系统图。该大楼首层为商店；2～6 层为一梯 3 户的住宅。电源电压 380/220 V，采用 TN-S 系统（详见 1.36），即三相五线制。首层设一个三相电度表单独计费，每户设有单相电度表，住宅用三相总电度表设在二层配电箱内。楼梯灯为公用，电费计在总表上，由单元内全楼层住户分摊。

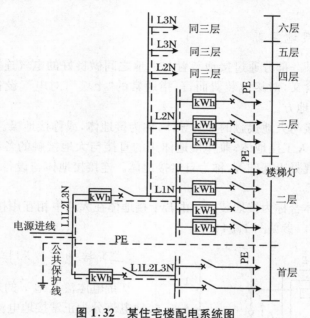

图 1.32　某住宅楼配电系统图

图中 L1、L2、L3 分别表示三相电源的 L1 相线、L2 相线、L3 相线，N 表示零线，PE 表示公共保护线。由图 1.32 可见，PE 线应进入商店和住宅楼的每一个电源插座；L1 相电源引入二层住宅及公用楼梯灯，L2 相电源引入三、四层住宅，L3 相电源引入五、六层住宅；因此，三相电源的负荷基本对称。图中还应标注导线型号及根数（参见图 1.31），但此图未标注。

2. 采用配电柜的配电系统

高层建筑用电负荷量大，照明负荷和动力负荷都较多，应考虑设配电室。配电室内配电柜个数较多时，可以参考图 1.33 设计配电系统图。

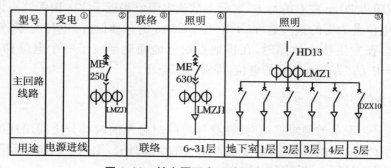

图 1.33　某大厦配电系统图（局部）

第七节 安 全 用 电

一、电气装置的接地

（一）接地与接地装置

把电气设备的某一部分通过接地装置与大地之间做良好的电气连接，称为接地。这里所谓的"地"有两层含义，对接地装置而言，指通常的"土壤"；对电气设备而言，指电气上的"地"，即电位为零的地方。

埋入地中并直接与大地接触的金属导体，称为接地体，或称接地极。专门为接地而人为装设的接地体，称为人工接地体；兼作接地体用的直接与大地接触的各种金属构件、金属管道及建筑物的钢筋混凝土基础等，称为自然接地体。连接接地体与设备、装置接地部分的金属导体，称为接地线。

接地线与接地体合称为接地装置。由若干接地体在大地中相互用接地线连接起来的一个整体，称为接地网。参见图 1.34。

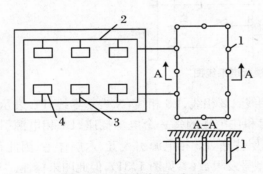

图 1.34　接地装置示意图
1. 接地体；2. 接地干线；3. 接地支线；4. 电气设备

（二）接地电流和接地电阻

从带电体流入地下的电流称为接地电流，接地电流分为正常接地电流和故障接地电流。

接地电流流入地下以后，自接地体向大地四周作半球形流散，接地电流又称为流散电流。流散电流在土壤中遇到的全部电阻叫做流散电阻。由于接地体和接地线的电阻很小，接地电阻就是流散电阻，主要是接地体与土壤的接触电阻。不同电力装置要求的工作接地电阻值不同，小至 $0.5\ \Omega$，大到 $30\ \Omega$。

由于是半球形的球面，距接地体越远，球面越大，散流电阻越小。试验表明，在距单根接地体或接地故障点 20 m 左右的地方，实际上散流电阻已趋近于零。因而这点以远各点之间无电位差，设电位差为零的这些地方（半径大于 20 m 的球体以外）电位为零，则称为电气上的"地"。因此，在发生接地故障时，在接地点附近地面就形成了一个电位梯度分布，如图 1.35 所示。图中 U_E 为带电外壳的电位，即对"地"电压。

（三）接触电压和跨步电压

接触电压是指设备的绝缘损坏时，在身体可同时触及的两部分之间出现的电位差。例如人站在发生接地故障的设备旁边，手触及设备的金属外壳，则人手与脚之间所呈现的电位差，即为接触电压，见图 1.35 中的 U_{tou}。

　　跨步电压是指在发生接地故障时,在接地点附近行走,两脚之间所出现的电位差,如图1.35 中的 U_{step}。在带电的断线落地点附近及雷击时防雷装置泄放雷电流的接地体附近行走时,同样也会出现跨步电压。跨步电压的大小与离接地点的远近及跨步的长短有关,越靠近接地点及跨步越长,跨步电压越大。通常离接地点达 20 m 以远时,跨步电压为零。

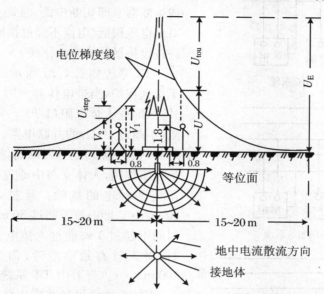

图 1.35　单根垂直接地体的流散场和地面电位分布

（四）接地的种类

（1）工作接地

工作接地是为保证电力系统和设备达到正常工作要求而进行的一种接地,例如电源中性点的接地、防雷装置的接地等。

（2）保护接地

保护接地是为保护人身安全,将电气设备故障后可能带电的外露可导电部分接地。如电气设备的金属外壳,钢或钢筋混凝土构架、杆塔,停电检修的电路以及互感器的铁心和副边接地。

（五）保护接地的形式

我国 220/380 V 低压配电系统,广泛采用电源中性点直接接地的运行方式,而且引出有中性线（代号 N）、保护线（代号 PE）或保护中性线（代号 PEN）。

保护接地的形式有 2 种:

① 电气设备的外露可导电部分经各自的接地线（PE 线）单独直接接地,这种接地形式在我国过去习惯称为"保护接地",现在属于 TT 和 IT 系统。

② 电气设备的外露可导电部分经公共的 PE 线或 PEN 线接地,这种接地形式在我国习惯称为"保护接零",现在属于 TN 系统。

低压配电系统,可分为 TN 系统、TT 系统和 IT 系统。TN 系统、TT 系统属于三相四线制系统,IT 系统属于三相三线制系统。

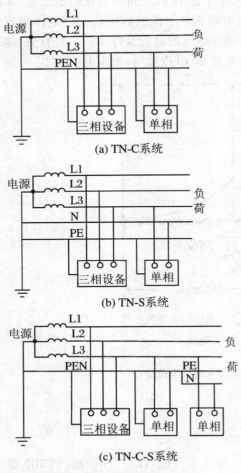

(a) TN-C 系统

(b) TN-S 系统

(c) TN-C-S系统

图 1.36　低压配电的 TN 系统

TN 系统如图 1.36 所示,又可分为 TN-S 系统、TN-C 系统和 TN-C-S 系统。当被保护的设备在其绝缘损坏,使设备外壳带电(带电体碰壳)时,通过 PE 线或 PEN 线形成单相短路,断路器或熔断器立即切断电路,且碰壳时,设备外壳的对地电压很低(电流不经过接地体),低于人体允许持续接触的安全电压(50 V)。

TT 系统如图 1.37 所示。由于电气设备作了接地保护,当带电体碰壳时,若人触及到设备外壳,形成人体电阻(1 700~7 000 Ω)与接地电阻(不超过 10 Ω)的并联电路。人体电阻加上鞋子的绝缘电阻可达数万欧姆,接地电阻起到很好的分流作用,人体支路中通过的电流很小,从而避免了触电的危险。通过人体安全电流为 30 mA·s,即电流不超过 30 mA(50Hz),且触电时间不超过 1 s;通过人体电流达到 50 mA·s 时,对人就有致命危险;而"致命电流"仅为 100 mA·s。若采用 TT 系统的接地电阻不够小,当被保护的设备在发生单相接地故障(带电体碰壳,电流经过接地体),且设备外壳上的对地电压超过人体允许持续接触的安全电压时,则应采用 TN 系统。所以必须注意:同一低压系统中,不能同时采用两种保护接地形式。

IT 系统如图 1.38 所示。它与 TT 系统不同的是,其电源中性点不接地或经 1 000 Ω 阻抗接地,且通常不引出中性线。

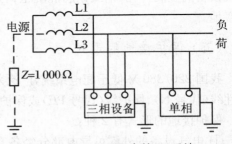

图 1.37　低压配电的 TT 系统　　　　图 1.38　低压配电的 IT 系统

（六）接地装置的敷设

　　人工接地体有垂直埋设和水平埋设两种基本结构形式。最常用的垂直接地体为直径 50 mm、长 2.5 m 的钢管。为了减小外界温度变化对流散电阻的影响,埋入地下的接地体,其顶面埋设深度不宜小于 0.6 m。

当土壤电阻率 ρ 偏高（如 $\rho \geqslant 300\ \Omega \cdot m$）时，为降低接地装置的接地电阻，可采取以下措施：

　① 采用多支线外引接地装置。

　② 若地下较深处 ρ 较低，可采用深埋式接地体。

　③ 局部进行土壤置换处理，换以 ρ 较低的黏土或黑土，参见图 1.39 所示；或者进行土壤化学处理，填充以降阻剂（炉渣、木炭、石灰、食盐、废电池等），参见图 1.40 所示。

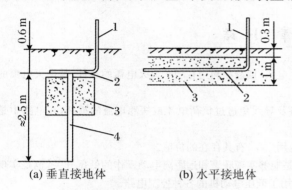

(a) 垂直接地体　　　　　(b) 水平接地体

图 1.39　土壤置换处理

1.引下线；2.连接扁钢；3.黏土；4.钢管

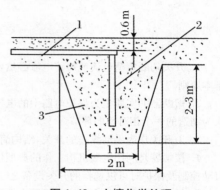

图 1.40　土壤化学处理

1.扁钢；2.钢管；3.降阻剂

二、安全用电措施

现代人的生活方式离不开电能，但如果使用不当，也会发生人身伤亡和设备损坏事故并造成经济损失。必须注意安全用电，确保人身安全。

　1．人体触电的类型

人体触电可分为单相触电、两相触电、跨步电压触电、高压电击（电弧）触电和雷击触电。

　2．防止人体触电的措施

防止人体触电的措施如下：

　① 严格执行安全用电的规章和制度。如定期检修和试验制度、执行工作票和操作票制度等。

　② 采取多种安全技术措施。例如：采用安全电压；对带电体设置足够的安全距离；在运行的电气设备周围设置屏护；悬挂警示标志；采用保护接地；安装漏电保护装置。

　③ 建立安全用电机构。应配备安全用电专职人员，检查安全用电的规章和制度的执行，监督安全技术措施落实，开展安全用电知识教育，提高人们对安全用电的认识，防止触电事故的发生。

　3．漏电保护装置

在电气设备或线路发生漏电或接地故障时，漏电保护装置能在人未触及之前切断电源；即使人体触电，如果能在极短的时间（0.1 s）内切断电源，也能减轻电流对人体的伤害，还可以防止因漏电引起的火灾事故。

最常用的是直动式电流型漏电保护装置，其工作原理都是采用零序电流互感器作为起动元件,经中间环节控制断路器跳闸。零序电流互感器由铁心和一次、二次侧线圈组成。一次侧线圈即为穿过铁心的输电导线,二次侧线圈绕在铁心上。正常运行时,单相(相线和零线)或三相(三相三线或三相四线)导线的电流产生的磁通在零序电流互感器铁心内合成为零,二次线圈无感应电流输出;当有人触电或设备(线路)漏电时,由于漏电电流是穿过铁心却经大地返回至电源的,零序电流互感器铁心内合成磁通不为零,即为漏电电流产生的磁通,其二次线圈就有感应电流输出(称为零序电流),起动中间环节使断路器切断电源,达到保护的目的。

本 章 小 结

1. 开关切断负荷电流或短路电流必然要产生电弧,创造和利用有利于熄灭电弧的条件,是熄灭电弧的基本原则。

2. 熔断器的实质是为保护电路中的电气设备及导线免遭过负荷电流或短路电流的损坏,在电路中是人为制造的一个相对薄弱环节。

3. 刀开关作为手动操作的开关,结构简单、应用广泛,有其存在的价值。

4. 接触器是利用电磁机构工作的典型代表,是能够实现频繁和远距离电动操作的低压开关,也是实现自动控制及保护时可供选择的开关设备之一。常用于低压电动机的各种控制电路。

5. 低压断路器作为多功能的低压自动开关,最大特点是不仅能够切断短路电流,而且自身还可具备过电流、过负荷和欠电压等保护功能。

6. 采用互感器的主要目的,就是把高电压变成低电压或把大电流变成小电流,以便用于测量、保护、控制和信号电路。

7. 架空(软裸)导线、电缆、绝缘导线、硬裸导线各有特色,适用于不同的场所。

8. 低压配电屏作为低压成套配电装置应用于低压配电系统中,作动力和照明配电之用。

9. 变电所的主电路图能够系统地描述变电所的整体概况,从变压器的台数、容量、高低压侧电压、电源进线、负荷出线、母线到开关柜、各种电气设备、导线的型号、参数等等,一目了然。

10. 局部的配电系统图配合电气平面布线图,则不仅能够描述各种电气设备、导线的型号、参数及数量等,而且能够反映其具体空间位置、敷设方式等。

11. 保护接地是安全用电的技术措施之一,接地电阻的控制关系到安全用电的质量。严格执行安全用电的规章和制度是安全用电的关键。

习　　题

1. 叙述开关触头间电弧产生与熄灭的原因及其过程。通常采用哪几种方法灭弧?

2. 在低压配电系统中,低压熔断器的主要作用是什么?

3. RT 型有填料封闭管式熔断器中,熔管内充满石英砂有什么作用? 熔体上的"锡桥"有什么作用? 如何直观地判断熔管内的熔体是否熔断?

4. 根据刀开关熄灭电弧的能力,刀开关可分为隔离开关和负荷开关,它们各自有何作用?

5. 叙述接触器的结构、工作原理。接触器具有哪些控制和保护功能?

6. 叙述低压断路器的基本结构、工作原理。低压断路器可具有哪些控制和保护功能?

7. 互感器的主要作用是什么? 电压互感器和电流互感器基本结构和工作原理有何异同? 其在使用时的注意事项有哪些? 为什么? 如何选择电压互感器的变压比和电流互感器

的变流比?

8. 企业低压供配电线路的基本接线方式有哪些?

9. 何为低压架空线路? 低压电力电缆有何特点? 电缆线路有哪些敷设方式? 室内配电线路采用的绝缘导线有哪些敷设方式? 室内配线具体布线方式有哪几种?

10. 选择导线和电缆截面必须满足哪些条件? 如何按发热条件选择导线和电缆的截面?

11. 电力负荷为何分级? 各级电力负荷对供电电源有何要求?

12. 何为电气主结线图? 主结线图有何作用?

13. 什么叫低压成套配电装置? 低压配电屏按结构形式分为哪几大类? 低压配电屏上可装配哪些电气设备?

14. 什么叫电气平面布线图? 电气平面布线图应该怎样读?

15. 什么是建筑物配电系统? 室内配线有哪些技术要求?

16. 接地的含义是什么? 接地装置包括哪几部分?

17. 解释下列名词:接地电流;接地电阻;接触电压;跨步电压;工作接地;保护接地。

18. 如何区别低压配电系统中的中性线、保护线和保护中性线?

19. 接地装置的敷设有哪些要求? 降低接地装置的接地电阻有哪些措施?

20. 安全用电的主要措施有哪些? 漏电保护装置结构原理及作用是什么?

第二章　电动机的运行

第一节　概　　述

在"电工技术基础"课程中,我们已经学习了变压器、电动机内容,对电动机的结构、原理、性能等有所了解。本章从运行使用的角度重新介绍电动机。

一、电动机的接线

以三相鼠笼式电动机的接线为例。

三相异步电动机定子三相绕组一般有六个引出端 U_1、U_2、V_1、V_2、W_1 和 W_2。它们与机座上接线盒内的接线柱相连,根据需要可接成星形(Y)或三角形($\triangle$),如图2.1所示。也可将六个接线端接入控制电路中施行星形与三角形的换接。小型电动机多接成星形,出厂前已接好(已在机内将 U_2、V_2、W_2 接在一起),只能看到 U_1、V_1、W_1 三个端子。

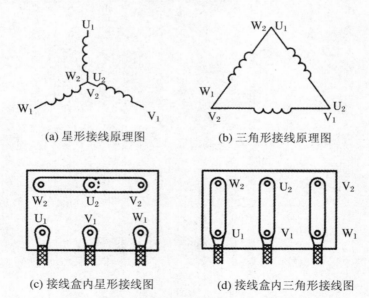

(a) 星形接线原理图　　　　　(b) 三角形接线原理图

(c) 接线盒内星形接线图　　　(d) 接线盒内三角形接线图

图 2.1　三相异步电动机的接线

如果不按电动机铭牌上的接线方式要求接线,把标注 Y 接线的电动机接成了$\triangle$接线,把标注$\triangle$接线的电动机接成了 Y 接线,通电后有什么后果?

二、电动机的旋转

三相交流电是有相序的,如 A、B、C 相序,即出现最大电压峰值的顺序依次是 A、B、C 相。三相交流电接在电动机定子线圈上,电动机定子产生旋转磁场。最大电压峰值在圆形排列的定子导体上出现的顺序不同,导致定子产生磁场旋转的方向不同。所以,将 A、B、C 三相电源导线任意接在电动机的接线盒内三个端子上,通电后电动机向某一个方向旋转。若固定一个端子不动,将另外两个端子的电源线拆下,对调后再接上,电动机会反转。

三、电动机的转速

电动机的转速 n_2 与旋转磁场的转速 n_1、负载大小及电压高低有关。旋转磁场的转速 n_1 与交流电的频率、电动机的磁极对数有关。

旋转磁场的转速(又称同步转速)n_1:

$$n_1 = \frac{60 f_1}{P} \text{ (r/min)} \tag{2.1}$$

式中:P 为磁极对数;f_1 为交流电的频率。

我国的电源标准频率为 $f_1 = 50$ Hz,因此不同磁极对数的电动机所对应的旋转磁场转速也不同,分别如表 2.1 所示。

表 2.1　磁极对数与磁场转速

磁极对数 P	1	2	3	4	5	6
n_1(r/min)	3 000	1 500	1 000	750	600	500

显然,改变电源交流电的频率 f_1,就改变了 n_1,从而改变了 n_2,到达变频调速的目的。

电动机的电磁转矩 T:

$$T \propto U_1^2 \tag{2.2}$$

式中:U_1 为机端电压。

电动机的电磁转矩要克服机械负载阻力矩才能转动,电动机的电磁转矩与电压的平方成正比,说明电动机对电源电压要求很高。当加在电动机机端的电压降为额定电压的 70% 时,电动机转矩下降了一半。当电压过低时,会造成带满负载的电动机转速下降甚至因"闷车"而烧毁(无保护时)。即转子上的转矩远小于负载转矩而停转,但定子磁场旋转不会停止,磁力线切割转子导体的速度加大,导体感应电动势及电流增大,导致定子电流增大,最终发热过大使温度升高而烧毁电动机。无论电动机转速下降严重,还是"闷车",都会使相对切割速度加大,导致电流增大,烧毁。

电压过高,可能击穿电动机绝缘;即使未超过绝缘极限,电压过高,也会导致电流增大,烧毁。可见,电源电压过高或过低,对电动机都是危害。

第二节　三相异步电动机的起动

本节要求理解为何选用不同的起动方法比如何实现不同的起动方法更重要。

一、电动机起动性能

电动机接通三相电源后,开始起动,转速逐渐增高,一直到达稳定转速为止,这一过程称为起动。

异步电动机的起动性能,包括起动电流、起动转矩、起动时间以及起动设备的经济性和可靠性等,其中比较重要的是起动电流和起动转矩。

(1) 起动电流

鼠笼式电动机的起动电流:

$$I_{st} = (4 \sim 7) I_{1N} \tag{2.3}$$

绕线式电动机的起动电流:

$$I_{st} = (2 \sim 3) I_{1N} \tag{2.4}$$

电动机起动初始,$n_2 = 0$,旋转磁场以最大的相对转速切割转子绕组。此时转子的感应电动势及其产生的转子电流也最大,该时段定子绕组中感应出很大的起动电流 I_{st},鼠笼式电动机 I_{st} 为额定电流 I_{1N} 的 4～7 倍。

(2) 起动转矩

电动机的起动电磁转矩仍与电压的平方成正比。当电压过低时,动力矩下降严重,过低的电压会使电动机无法起动。

(3) 起动时间

完成电动机的起动过程所需的时间称为起动时间 t_{st}。一般情况下 $t_{st} = 2 \sim 8\,s$。相同情况下,空载、轻载所需的起动时间短,重载、满载所需的起动时间长。

由于起动过程很短,且在起动过程中电动机不断地加速,电流在下降,表明定子绕组中通过很大的起动电流的时间并不长,如果不是很频繁的起动,不会使电动机因过热而损坏。

二、电动机起动对供配电系统的影响

变压器作为电源向负载供电,不允许沿途的供电线路电压损耗超过额定电压的 5%。

过大的起动电流会使电源内部及供电线路上的电压降比例增大,导致电动机机端电源电压下降,从而影响了并联在同一线路的其他负载的正常工作。例如,使附近照明灯亮度减弱,使邻近正在工作的异步电动机的转矩减小等。机端电源电压下降,也可能会影响电动机自身的起动。例如,导致起动时间过长,对邻近负荷影响时间就过长;甚至导致电动机自身无法起动。

在生产过程中,电动机经常要起动、停车,其起动性能优劣对生产有很大的影响,所以,要考虑电动机的起动性能,选择合适的起动方法至关重要。

简而言之，小型电动机起动电流引起的电压损耗比例很微小，所以起动时不必采取任何措施；大型电动机起动电流引起的线路电压损耗比例很大，会导致机端电源电压严重下降，必须采取措施降低起动电流。

三、三相鼠笼式异步电动机的起动

1. 直接起动

直接起动也称全压起动，这种方法是在定子绕组上直接加上额定电压来起动。

电动机是否允许直接起动，应通过计算来判断。根据经验可知，如果电源的容量足够大，而电动机的额定功率又不太大，例如电源变压器容量一般应大于电动机容量 25 倍，则电动机的起动电流在电源内部及供电线路上所引起的电压降较小，对邻近电气设备的影响也较小，此时便可采用直接起动。

一般中小型机床上的电动机，其功率多数在 10 kW 以下，通常都可采用直接起动。

直接起动的优点是设备简单，操作便利，起动过程短，因此只要电网的情况允许，应尽量采用直接起动。

2. 降压起动

这种方法是在起动时利用起动设备，使加在电动机定子绕组上的电压 U_1 降低，此时磁通 Φ 随 U_1 成正比地减小，其转子电动势 E_2、转子起动电流 I_{2st} 和定子电路的起动电流 I_{1st} 也随之减小。由于电动机的电磁转矩与电压的平方成正比，所以在降压起动时，起动转矩也大大降低了。因此，这种方法仅适用于电动机在空载或轻载情况下的起动。

常用的降压起动方法有：定子电路串接电阻起动、Y-△起动、自耦变压器起动、软启动器起动 4 种。

（1）定子电路串接电阻起动

临时在定子电路串接电阻，起动时起动电流要在电阻 R 上产生电压降，即利用电阻 R 临时与电动机分压，加到电动机两端的电压减小，使起动电流减小。起动完成后，短接电阻 R，使电动机恢复额定电压长期运行。

（2）Y-△起动

这种方法仅适合电动机铭牌上要求是△接线的电动机。

以低压电动机起动为例，电源线电压为 380 V，要求电动机是△接线，每相绕组的额定电压为 380 V。电动机 Y-△起动电路如图 2.2 所示。起动时先把它改接成星形，使加在绕组上的电压降低到额定值的 $1/\sqrt{3}$，为 220 V，因而 I_{1st} 减小。

起动接近完成时，即等待转子转速接近额定转速时，通过开关通断把它改接成三角形，使它恢复在额定电压下长期运行。

显然，根据电工技术知识，利用这种方法起动时，其输出功率和起动转矩只有直接起动时的 1/3。

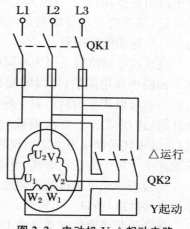

图 2.2　电动机 Y-△起动电路

（3）自耦变压器起动

利用自耦变压器，副边输出电压低于电源电压，且可以调节输出电压大小。自耦变压器起动电路如图 2.3 所示。先用自耦变压器副边输出的较低电压起动电动机，起动完成后，自耦变压器退出起动电路，电动机恢复全压运行。

容量较大的鼠笼式电动机，尤其是铭牌上要求是 Y 接线的大容量电动机，要采用自耦变压器起动。

（4）软启动器起动

软启动器是一种集电机软起动、软停车、多种保护功能于一体的新颖电动机控制装置。它的主要构成是串接于电源与被控电动机之间的三相反并联晶闸管及其电子控制电路。

利用软启动器，控制其内部晶闸管的导通角，使电动机输入电压从零以预设函数关系逐渐上升，直至起动结束，赋予电动机全电压，即为软启动。软起动器实际上是调压器。在软起动过程中，电压由零慢慢提升到额定电压，电动机起动转矩逐渐增加，转速也逐渐增加。

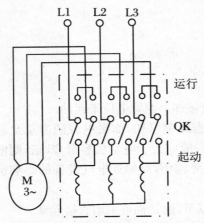

图 2.3　自耦变压器起动电路

软启动的特点是：由过去过载冲击电流不可控制变成为可控制，并且可根据需要调节启动电流的大小。全过程都不存在冲击转矩，而是平滑地启动运行。

四、绕线式电动机的起动

绕线式电动机是通过在转子电路中接入电阻来进行起动的，其起动电路如图 2.4 所示，利用电阻限制转子电流，从而降低定子电流的作用，但并没有因此降低机端电压。起动前将起动变阻器从 0 Ω 调至最大值的位置，当接通定子上的电源开关，转子开始慢速转动起来，随即把变阻器的电阻值逐渐减小到零位，使转子绕组短接，电动机就进入工作状态。电动机切断电源停转后，还应将起动变阻器调回到阻值最大的起动位置，为下一次起动做好准备。

绕线式电动机转子串入不同电阻时的机械特性不同。转子回路串联电阻后，可以增加起动转矩，如果串入的电阻适当就可以使起动转矩等于最大转矩，以获得较好的起动性能，这很适合于要求满载起动工作的机械（如起重

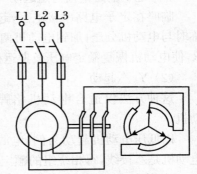

图 2.4　绕线式电动机起动电路

机）。采用转子串电阻方法不仅能增大起动转矩，同时还能减小起动时的转子电流，也就相应地减小了定子的起动电流，可谓一举两得。

尽管绕线式电动机的起动性能较好，但鼠笼式电动机由于具有构造简单、价格便宜、工作可靠等优点，所以在不需要大的起动转矩的生产机械上通常还是采用鼠笼式电动机。

在降压起动遇到起动转矩不够时，可以采用结构复杂、价格偏高的绕线式电动机。

第三节　三相异步电动机的调速

有些机械在工作中需要调速,例如,金属切削机床需要按被加工金属的种类、切削工具的性质等来调节转速。此外,在起重运输机械在快要停车时,应降低转速,以保证工作的安全。

用人为的方法,在同一负载下,使电动机的转速从某一数值改变为另一数值,以满足工作的需要,这种情况称为"调速"。

由转差率 $S = (n_1 - n_2)/n_1$ 可知,电动机的转速 n_2 与同步转速 n_1 之间的关系为

$$n_2 = (1 - S)n_1 = (1 - S)60f_1/P \tag{2.5}$$

因此,可以通过改变电源频率 f_1、转差率 S 和磁极对数 P 等方法来调节异步电动机的转速。

(1) 改变电源频率 f_1

电力网的交流电频率为 50 Hz,因此用改变 f_1 的方法来调速,就必须有专门的变频设备,以便对电动机的定子绕组供给不同频率的交流电。

将交流电源输入至变频器,变频器的输出不但改变频率而且同时改变电压。目前,由于变频技术的发展,变频调速的应用已日益广泛。

(2) 改变转差率

改变转子电路的电阻 R_2,可以实现改变转差率调速,也就是说,在绕线式电动机的转子电路中,接入一个调速变阻器(起动变阻器不可代用),便可用它来进行调速。

(3) 改变定子绕组的磁极对数 P

用这种方法来调速时,定子的每相绕组都必须由两个相同的部分所组成,这两部分可以串联也可以并联。在串联时其磁极对数是并联时的两倍,而转子的转速则为并联时一半。由于定子绕组的磁极对数只能成对的改变,所以转速也只能整倍数来调节。

绕组的磁极对数可以改变的电动机称为"多速电动机"。较常见的是双速电动机。如果定子上装有两套独立的绕组,而且其中一套绕组按照上述方法进行操作可产生两种磁极对数,因此总共有 3 种同步转速,即为三速电动机。

由于上述调速方法比较经济、简便,故常用在金属切削机床上或其他生产机械上,来代替笨重的变速箱。

本　章　小　结

1. 电动机的两种接线方式有很大差别。接成星形(Y)或三角形($\triangle$),每相绕组承受的电压以及电动机的功率和转矩都不一样。不能错误接线导致电动机损坏。

2. 电动机的转动方向取决于交流电源输入电动机的相序。

3. 电动机的电磁转矩与电压的平方成正比,转速与频率成正比,变频调速应用最广泛。

4. 异步电动机的起动性能,主要包括起动电流、起动转矩、起动时间。

5. 三相鼠笼式异步电动机分为全压起动和降压起动。大、中型电动机起动电流引起的线路电压损耗比例很大,会导致机端电源电压严重下降的严重后果,所以需要降压起动。

　　6. 尽管绕线式电动机的起动性能较好,但价格高于鼠笼式异步电动机。

习　　题

　　1. 电动机定子铁心和转子铁心的主要作用是什么?

　　2. 三相异步电动机的磁极数或极对数越多,定子产生的旋转磁场的转速越高,对吗?

　　3. 变频调速就是利用变频器改变三相正弦交流电的频率来改变电动机定子旋转磁场的转速,变频器输出频率 f 越低,三相异步电动机转子转速越低,对吗?

　　4. 什么是电动机的额定功率? 什么是电动机的额定电流? 何谓电动机的过载能力?

　　5. 电动机铭牌上要求的接线方式为 Y 接线,如果错接成了△接线,通电后有什么后果? 铭牌上要求是△接线的电动机,若错接成了 Y 接线,通电后什么后果?

　　6. 对单方向连续运行的电动机,如果发现电动机的转动方向不符合要求,如何处理?

　　7. 叙述鼠笼式电动机的起动电流与额定电流的关系;绕线式电动机呢?

　　8. 三相异步电动机的转矩与机端电压是什么关系?

　　9. 三相异步电动机的起动时间与电动机负载是什么关系? 起动时间范围一般是多少?

　　10. 低压供配电系统中,线路的额定电压是多少? 降压变压器低压侧的额定电压是多少? 叙述用电设备的端口实际电压与负荷总电流的关系。

　　11. 在什么情况下,电动机可以采用直接起动? 在什么情况下,电动机需要采用降压起动? 为什么?

　　12. 采用 Y-△降压起动的条件是什么? 叙述降压起动的利弊。

　　13. 大型重载起动的电动机,采用何种方式起动最有利?

　　14. 什么是电动机的低电压保护? 为什么电动机运行时要进行低电压保护? 电动机的电源停电时,为什么要自动断开控制电动机的开关或接触器?

第三章 常用电气控制电路

学习电气控制技术,首先要学习电气控制电路中常用的各种继电器和主令电器,了解其结构原理、用途,牢记其图形符号和文字符号。只有掌握了采用接触器控制的电动机控制电路的基本环节,才能读懂简单的实际电气控制电路图。本章重点介绍电动机常用的几种继电器-接触器基本控制电路,最后列举部分电气控制实用电路。

第一节 继 电 器

继电器是一种由输入物理量控制的开关电器,其触头接在控制或保护电路中,当输入到继电器的物理量变化且达到某一整定值时,触头的状态发生预定的阶跃变化,并保持变化后的状态,即触头由"闭合"状态变为"断开"状态或由"断开"状态变为"闭合"状态,以引起控制或保护电路的通断状态改变。继电器的输入量可以是电压、电流等电量,也可以是温度、压力等非电量;输出量是触头的动作状态。

一、电磁式继电器

电磁式继电器(通用文字符号为 K,图形符号应用详见本章第三节)要求输入量为电压或电流,其结构和工作原理与电磁式接触器相似,由电磁机构和触头系统构成。但有以下区别:

① 触头容量小。不需灭弧装置,不能用来接通和断开主电路,常称为触点,以示区别。

② 设有调节装置。即可改变释放弹簧松紧或改变磁路(衔铁常开状态)气隙大小,以改变整定值。

③ 继电器按功能分为起动继电器(电压继电器、电流继电器)、中间继电器、时间继电器、信号继电器等。起动继电器需对输入的电压或电流进行逻辑判断,其他继电器与接触器一样要求输入额定电压或额定电流。

④ 继电器的输入值达到其整定值时,一般其衔铁会迅速动作,但某些时间继电器和某些中间继电器的衔铁却延时动作;衔铁动作时,一般其触点也瞬时动作,但某些时间继电器的触点却延时动作。

电磁式继电器的结构形式主要有 3 种:螺管式、直动式及转动式,如图 3.1 所示。每种结构都包括线圈 1、铁心 2、可动衔铁 3、止挡 4、触头(触点)5 及反作用弹簧 6。

当电磁铁的线圈接上电压 U_k 或线圈中通过电流 I_k 时,在导磁体中就立即产生磁通 Φ,该磁通经过电磁铁的导磁体、空气隙和衔铁而形成闭合磁路。由于可动衔铁在磁场中被磁化,产生电磁力 F_{em} 及电磁力矩 M_{em}。增加电压或电流,则电磁力及电磁力矩增加,当电磁力矩作为动力矩大于或等于弹簧所产生的反作用力矩 M_{ra}(忽略摩擦阻力矩)时,衔铁吸合,带动触点可靠接通。弹簧被固定在某一位置后,弹簧起始所产生的反作用力(力矩)一定,则能够使衔铁吸合的最小电压或电流称为对应该弹簧位置时继电器的吸合电压 U_o 或吸合电流 I_o。若调整弹簧固定点的位置,改变反作用力(力矩),则自然改变了吸合电压或吸合电流值的大小。整定弹簧位置,称为整定吸合电压或吸合电流值。

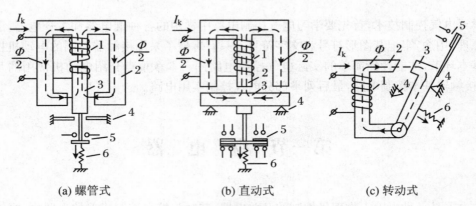

(a) 螺管式　　　　　　　　(b) 直动式　　　　　　　　(c) 转动式

图 3.1　电磁式继电器的结构形式
1. 线圈;2. 铁心;3. 可动衔铁;4. 止挡;5. 触头;6. 反作用弹簧

　　假设线圈输入值被固定为 U_o 或 I_o,磁势不变,衔铁吸合过程中磁路空气隙减小,磁阻减小,产生磁通 Φ 却自动增加,电磁力矩 M_{em} 增加;衔铁吸合过程中弹簧被拉长,反作用力矩 M_{ra} 也增加;但电磁力矩 M_{em} 的增加量大于反作用力矩 M_{ra} 的增加量,所以衔铁起动后能够始终保持电磁力矩 M_{em} 大于反作用力矩 M_{ra},直到衔铁完全吸合。衔铁吸合后多余的动力矩 $\Delta M = M_{em} - M_{ra}$,称为剩余力矩。当实际输入电压或电流大于吸合整定值时,剩余力矩更大,剩余力矩使继电器的触头闭合更牢靠。

　　在衔铁释放过程中,弹簧力矩作为动力矩,电磁力矩作为反作用力矩。当衔铁在吸合位置时,当输入线圈的电压或电流略低于 U_o 或 I_o 时,仍有剩余力矩,衔铁不会释放;当输入线圈的电压或电流降低至某一值时,剩余力矩降至为 $\Delta M = 0$,弹簧力矩才能克服电磁力矩使衔铁释放。将能够使衔铁释放的最大电压或电流称为继电器的释放电压 U_r 或释放电流 I_r。即当输入线圈的电压或电流等于或小于释放电压 U_r 或释放电流 I_r 时,继电器衔铁释放。

(一) 电磁式电压继电器

　　电磁式电压继电器(文字符号为 KV)的电压线圈特点是:匝数多、导线细、阻抗大、电流小,常由绝缘性能好的电磁线绕制而成。

　　电磁式电压继电器在电力拖动控制系统中起电压保护和控制作用。按线圈所接电压种类分为交流电压继电器和直流电压继电器。按吸合电压大小又可分为过电压继电器和欠电压继电器。

1. 交流过电压继电器

　　线圈在额定电压时,衔铁不产生吸合动作,仍处于释放状态。只有当线圈电压大于或等于某一电压整定值(整定值高于其额定电压)时衔铁才吸合,称此吸合电压为过电压继电器

的动作电压 U_{op}。衔铁吸合后,当电路电压降低到继电器释放电压时,衔铁才返回释放状态,称此释放电压为过电压继电器的返回电压 U_{re}。其电压返回系数为

$$K_{re} = \frac{U_{re}}{U_{op}} < 1 \tag{3.1}$$

交流过电压继电器在电路中起过电压保护作用,其动作电压调节范围为$(1.05\sim1.2)U_N$。

2. 欠电压继电器

欠电压继电器的吸合电压低于其额定电压,而释放电压则更低。欠电压继电器常用于监视电路电压是否正常。当电路电压正常时,衔铁一直处于吸合状态,其触点一直处于某种状态(如常闭触点一直处于断开状态);当电路电压低于或等于某一电压整定值时,衔铁释放,其触点状态发生变化(如常闭触点闭合),发出欠电压信息,称欠电压继电器动作,即称此释放电压为欠电压继电器的动作电压 U_{op}。当电路电压又恢复正常时,衔铁又返回吸合状态,称欠电压继电器返回,即称能使欠电压继电器返回的最低电压为其返回电压 U_{re}。其电压返回系数为

$$K_{re} = \frac{U_{re}}{U_{op}} > 1 \tag{3.2}$$

(二) 电磁式电流继电器

电磁式电流继电器(文字符号为 KA)的电流线圈特点是:匝数少、导线粗、阻抗小,常由扁铜带或粗铜线绕制而成。

电磁式电流继电器在电力拖动控制系统中起电流保护和控制作用。按线圈所接电流种类分为交流电流继电器和直流电流继电器。按吸合电压大小又可分为过电流继电器和欠电流继电器。

1. 过电流继电器

正常工作时,所接电路电流直接流过继电器线圈或经电流互感器变流后流过继电器线圈,衔铁不吸合。一般来说,当电路出现超过继电器的额定电流 I_N 达一定值时,衔铁才被吸合,从而带动触头动作。称此吸合电流为过电流继电器的动作电流 I_{op}。同理,其返回电流 $I_{re} < I_{op}$,返回系数 $K_{re} < 1$。在电力拖动控制系统中,常采用过电流继电器来保护电路的过电流。通常,交流过电流继电器的动作电流(吸合电流)$I_{op} = (1.1\sim3.5)I_N$,直流过电流继电器动作电流(吸合电流)$I_{op} = (0.75\sim3)I_N$。

2. 直流欠电流继电器

所谓欠电流继电器是指吸合电流小于其额定电流 I_N 的继电器。正常工作时,流过电磁线圈的负载电流大于继电器的吸合电流,衔铁处于吸合状态。当负载电流降低至继电器释放电流时,则衔铁释放,使触点动作。例如,直流电动机励磁回路断线将会产生直流电动机飞车等严重后果,利用欠电流继电器监视励磁回路。当回路断线时,继电器衔铁释放,其常闭触点闭合或常开触点断开,最终控制断开直流电动机电源。同理,称其释放电流为动作电流 I_{op}。直流欠电流继电器动作电流(释放电流)$I_{op} = (0.1\sim0.2)I_N$,返回电流(吸合电流)$I_{re} = (0.3\sim0.65)I_N$,返回系数 $K_{re} > 1$。

(三) 电磁式中间继电器

电磁式中间继电器(文字符号为 KM)属电压型继电器,对动作参数没有特殊要求,所以

弹簧没有调节装置。即要求输入额定电压,但允许有较大的电压误差时,衔铁也能吸合,输入线圈的电压为零时,衔铁能够可靠释放。

中间继电器的结构特点是:

① 增加触点数量,增大触点容量。即中间继电器的触点对数多,触点容量大,常用来扩展前级继电器的触点数量或触点容量。

② 若在铁心顶部或根部套上铜质短路环(原理参见图 3.1 中套筒),中间继电器的动作或返回将带有短延时(0.4~0.8 s)功能。

二、时间继电器

继电器的感测元件在感受外界命令信号后,才使执行部分动作,称这类继电器为时间继电器(文字符号为 KT,图形符号应用详见第三节)。按其动作原理可分为电磁阻尼式、空气阻尼式、电动机式和晶体管式等;按延时方式可分为通电延时型和断电延时型两种。

(一)电磁阻尼式时间继电器

在直流电压继电器(JT18 系列)的铁心柱上套装一个铜或铝的套筒,便成为电磁阻尼式时间继电器,如图 3.2 所示。

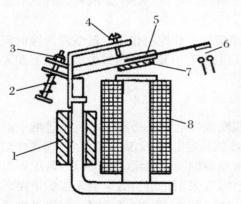

图 3.2　直流电磁阻尼式时间继电器

1. 阻尼套筒;2. 释放弹簧;3. 调节螺母;4. 调节螺钉;
5. 衔铁;6. 触点;7. 非磁性垫片;8. 电磁线圈

1. 套筒的作用

由电磁感应定律可知,在线圈接通(或断开)直流电源时,主磁通增加(或减小),将在铜或铝套筒内产生感应电动势及感应电流。感应电流产生的感应磁通阻碍主磁通的变化,使主磁通增加(或减小)减缓,从而使衔铁吸合(或释放)磁通值的时间延长。衔铁延时吸合(或释放),则触点也延时动作。

2. 延时时间的整定

在直流电磁继电器磁路中加上套筒,无论线圈是通电还是断电,在套筒作用下都能产生延时作用。但当衔铁处于打开位置时,由于气隙大、磁阻大、磁通小,阻尼套筒的作用小,因此,线圈通电延时不显著,一般只有 0.1~0.5 s。而当衔铁处于吸合位置时,磁通大,阻尼套筒作用大,因此,线圈断电获得的释放延时比较显著,可达 0.3~5 s。在电力拖动自动控制系统中,通常采用线圈断电延时,其延时长短可通过改变衔铁吸合后的气隙大小,即改变非磁性垫片厚度或改变释放弹簧的松紧程度来调节。

在直流电路中,衔铁吸合后,磁阻已固定,磁路的磁通已稳定。当线圈断电时,从稳定磁通降到释放磁通值的时间也一定,即延时时间固定。

若减小非磁性垫片厚度,即减小磁路气隙,减小磁阻,稳定磁通增加,则当线圈断电时,从稳定磁通降到释放磁通值的时间必然长,即整定的延时时间加长。但由于磁路在正常工作时已趋于饱和,所以在气隙大小不同时,衔铁吸合后的稳定磁通变化不大,即延时时间的增大受到限制。

改变释放弹簧的松紧程度即改变释放磁通值,因而可调节延时时间。若释放弹簧愈松,释放磁通值也越小,则当线圈断电时,从稳定磁通降到释放磁通值的时间即释放延时就越长。但是,释放弹簧的调节范围是有限的,况且释放弹簧调得太松,将导致衔铁不能释放,所以最大延时也是有限度的。

电磁阻尼式时间继电器的优点是:结构简单、运行可靠、寿命长、允许通断次数多。缺点是:仅适用于直流电路,若用于交流电路需加整流装置;应用时仅能取其在断电时获得延时,且延时时间较短,延时精度不高,限制了它的应用。常用的电磁阻尼式时间继电器是 JT18 系列的。

(二) 空气阻尼式时间继电器

空气阻尼式时间继电器是利用空气阻尼的原理来获得延时的。它主要由继电器主体部分和延时部分组成。继电器主体是一个具有 4 个瞬时动作触点(图中未画出)的控制继电器。延时部分由延时机构、延时动作触点及传动构件 3 个部分构成。延时机构包括波纹状气囊、排气阀门、具有细长环形槽的延时片、调时旋钮及动作弹簧等。

图 3.3 为 JS23 系列通电延时型时间继电器的结构图。其中图 3.3(a)为电磁线圈处于断电状态,衔铁释放,阀杆 8 上移,压缩波纹气囊 6 与阀门弹簧 7,阀门打开,推出气囊内空气,为通电延时作准备。当继电器线圈通电后,衔铁因被吸而下移,阀门关闭,纹状气囊在衔铁和动作弹簧 5 的作用下有伸长的趋势,但延缓了衔铁下移的速度。此时外界空气在气囊内外压力差的作用下经过滤气片 2,并通过延时片的延时环形槽渐渐被吸入气囊并使气囊伸长。当气囊缓缓伸长到能使衔铁吸合时,延时动作触点动作。从继电器线圈通电,到延时动作触点动作的这段时间即为延时时间。

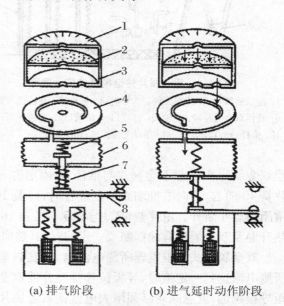

(a) 排气阶段　　　　(b) 进气延时动作阶段

图 3.3　JS23 系列通电延时型时间继电器结构图
1. 钮牌号;2. 滤气片;3. 调时旋钮;4. 延时片;5. 动作弹簧;
6. 波纹状气囊;7. 阀门弹簧;8. 阀杆

空气阻尼式时间继电器可做成通电延时型和断电延时型两种,具有结构简单、延时范围较大,不受电源电压及频率波动的影响,价格较低等特点,但延时精度较低,一般用于对延时精度要求不高的场合。JS23 系列时间继电器延时范围可选 0.2～30 s 或 10～180 s。

对于延时要求不高的场合,一般选用电磁阻尼式或空气阻尼式时间继电器;对于延时要求较高的,可选用电动机式或电子式时间继电器。

三、热继电器

双金属片式热继电器(文字符号为 FR,图形符号详见第三节)是利用所测电流通过发热元件产生的热量,使双金属片(检测元件)受热弯曲而推动机构动作的一种继电器。热继电器按相数分为单相式、两相式和三相式 3 种;按复位方式分为自动复位(触点断开使所测电流消失后,触点能自动返回至原来位置)和手动复位 2 种。

图 3.4 为双金属片热继电器结构示意图。所谓双金属片,是将两种线膨胀系数不同的金属片用机械压碾方式使之形成一体。双金属片受热后产生线膨胀,由于两层金属的线膨胀系数不同,且两层金属又紧密地压合在一起,因此,使得双金属片向线膨胀系数小的一侧弯曲,由双金属片弯曲产生的机械力经传动机构使触点动作。

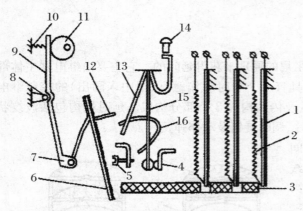

图 3.4 双金属片热继电器结构示意图

1. 主双金属片;2. 发热元件;3. 导板;4. 触点;5. 复位调节螺钉;
6. 补偿双金属片;7、8. 轴;9. 杠杆;10. 压簧;11. 电流调节凸轮;
12. 推杆;13、15. 片簧;14. 手动复位按钮;16. 弓簧

双金属片的加热方式有直接加热、间接加热、复式加热和电流互感器加热等多种。直接加热是把双金属片当作发热元件,让所测电流直接通过。间接加热是让所测电流通过外加的加热元件(电热丝)产生的热量来加热双金属片。复式加热是将直接加热与间接加热相结合。电流互感器加热是指所测电流来自电流互感器的二次侧,多用于电动机容量大的场合。

如图 3.4 所示的热继电器采用复合加热,主双金属片 1 与加热元件 2 串联后接于三相电动机定子电路。当电动机过载时,过载电流使主双金属片受热向左弯曲,推动导板 3,向左推动补偿双金属片 6,补偿双金属片与推杆 12 固定为一体,它可绕轴 7 顺时针方向转动,推杆推动片簧 13 向右,当向右推动到一定位置时,弓簧 16 的作用力方向改变,使片簧 15 向左运动,常闭触点 4 断开。由片簧 13、片簧 15 与弓簧 16 构成一组跳跃机构,实现快速动作。由于发热升温及双金属片弯曲都需要一定的时间(热惯性),所以热继电器不是瞬时动作的继电器。

双金属片式热继电器所测电流越大,发热量越大,双金属片越弯曲,导板位移越多。当所测电流达到一定值时,导板位移推动补偿双金属片导致触点断开。调整双金属片的位置距导板越远,就意味着必须增大电流使双金属片弯曲更大才能触及补偿双金属片。旋转凸轮 11,改变杠杆 9 的位置,也就改变了补偿双金属片 6 与导板 3 之间的距离,即改变了热继电器的动作电流整定值。因此,凸轮 11 可用来调节热继电器的整定电流,一般能在发热元件额定电流的 66%～100% 范围内调节。

如果周围环境温度改变,也会引起主双金属片向左弯曲程度改变,这种环境温度的干扰必然导致热继电器的动作电流整定值不准确,采取弥补的措施是增设与主双金属片相同的补偿双金属片。如果周围环境温度升高,主双金属片向左弯曲程度加大,此时补偿双金属片也向左弯曲,使导板与补偿双金属片之间距离不变。这样,热继电器的动作特性将不受环境温度变化的影响,即补偿双金属片可在规定范围内补偿环境温度对热继电器的影响。

热继电器动作后,应在 2 min 内能可靠地手动复位。若要手动复位时,将复位调节螺钉 5 向左拧出,再按下手动复位按钮 14,迫使片簧 13 退回原位,片簧 15 随之往右跳动,使常闭触点 4 闭合。若要自动复位,应在继电器动作后 5 min 内能可靠地自动复位。此时,应将复位调节螺钉 5 向右旋转一定长度即可实现。

由于热继电器中发热元件有热惯性,在电路中不能做瞬时过载保护,更不能做短路保护,它主要用于电动机的过载保护(包括断相保护和三相电流不平衡运行的保护)及其他电气设备发热状态的控制。热继电器常与接触器组合成磁力起动器,用于电动机的控制和保护。

在有些电动机控制电路中,使用电机综合保护器(文字符号为 KH),其保护功能、调节范围、调节延时范围都好于 FR。

第二节　主　令　电　器

低压电器按其用途可分为控制电器、保护电器、执行电器;按动作性质可分为自动电器和非自动电器。自动电器有电磁铁等动力机构,按照指令、信号或参数变化而自动动作,使工作电路接通或断开,如接触器、低压断路器、继电器等;非自动电器没有动力机构,依靠人力或其他外力来接通或断开电路,如刀开关、转换开关、行程开关等。

常见的主令电器有按钮开关、转换开关、主令开关、行程开关等,主令电器主要用来切换控制线路。

一、按钮

按钮开关又称控制按钮,简称按钮(文字符号为 SB,图形符号详见第三节),是一种专门发号施令的主令电器,其结构简单、应用广泛,常用于远距离操纵接触器、继电器等电磁装置或用于信号电路和电气联锁电路中。

控制按钮一般由按钮帽、复位弹簧、触点和外壳等部分组成,其结构示意图如图 3.5 所示。常用按钮中触点的形式和数量为一对常开触点和一对常闭触点,但根据需要可装配成多达 6 对常开触点和 6 对常闭触点等形式。按下按钮时,先断开常闭触点,而后接通常开触点;而当松开按钮时,在复位弹簧作用下,常开触点先断开,常闭触点后闭合。

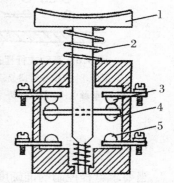

图 3.5　控制按钮结构示意图
1. 按钮帽;2. 复位弹簧;3. 常闭静触点;4. 动触点;5. 常开静触点

二、行程开关

行程开关(文字符号为 SQ,图形符号详见第三节)是反映运动物体行程而发出命令以控制其运动方向和行程长短的主令电器。行程开关是利用运动物体与其碰撞产生的机械动力而使其触点通断状态改变,若将行程开关安装于机械行程的途中或终点处,用以限制其行程,则称其为限位开关或终端开关。

（一）直动式行程开关

直动式行程开关的结构和动作原理与按钮相同,又称按钮式行程开关,其结构原理如图 3.6 所示。但直动式行程开关不是用手按,而是由运动部件上的挡块移动碰撞。它的缺点是触点分合速度取决于运动部件的移动速度,若移动速度太慢,触点因分断太慢而易被电弧烧蚀,故不宜用在移动速度低于 0.4 m/min 的运动部件上。

（二）滚轮式行程开关

滚轮式行程开关又称滑轮式行程开关,是一种快速动作的行程开关,其结构原理如图 3.7 所示。当滚轮 1 受到向左的碰撞外力作用时,上转臂 2 向左下方转动,推杆 4 向右转动,并压缩右边弹簧 10,同时下面的小滚轮 5 也很快沿着擒纵件 6 向右滚动,小滚轮滚动又压缩弹簧 11,使此弹簧积蓄能量。当小滚轮 5 滚动越过擒纵件 6 的中点时,盘形弹簧 3 和弹簧 11 都使擒纵件 6 迅速转动,从而使动触点迅速地与右边静触点分开,减少了电弧对触点的烧蚀,并与左边的静触点闭合。因此,低速运动的部件上应采用滚轮式行程开关。

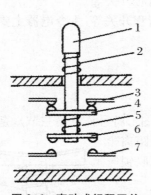

图 3.6　直动式行程开关

1. 顶杆;2. 复位弹簧;3、7. 静触点;
4、6. 动触点;5. 触点弹簧

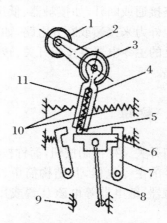

图 3.7　滚轮式行程开关

1. 滚轮;2. 上转臂;3. 盘形弹簧;4. 推杆;
5. 小滚轮;6. 擒纵件;7. 压板;8. 动触点;
9. 静触点;10、11. 弹簧

（三）微动开关

当要求行程控制的准确度较高时,可采用微动开关,它具有体积小、重量轻、工作灵敏等

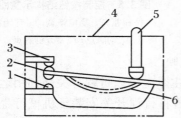

图 3.8　LX31 型微动开关结构示意图

1. 常开静触点;2. 动触点;3. 常闭静触点;
4. 壳体;5. 推杆;6. 弓簧片

特点,且能瞬时动作。图 3.8 为 LX31 型微动开关结构示意图,它采用了弯片状弹簧的瞬动机构。当开关推杆 5 在外力作用下向下方移动时,弓簧片 6 产生变形,储存能量并产生位移。当达到预定的临界点时,弹簧片连同桥式动触点 2 瞬时动作。当外力失去后,推杆在弹簧片作用下迅速复位,触点恢复原状。由于采用瞬动机构,触点换接速度将不受推杆压下速度的影响。可见,微动开关是具有瞬时动作和微小行程的灵敏开关。

（四）接近开关

为了克服有触点行程开关可靠性较差、使用寿命短和操作频率低的缺点，可采用无触点式行程开关即电子接近开关。接近开关是当运动的金属物体与其接近到一定距离时便发出接近信号，它不需施以机械力。由于电子接近开关具有电压范围宽、重复定位精度高、响应频率高及抗干扰能力强、安装方便、使用寿命长等特点，它的用途已远超出一般的行程控制和限位保护，在检测、计数、液面控制以及作为计算机或可编程序控制器的传感器上获得广泛应用。

三、主令开关与万能转换开关

主令开关与万能转换开关广泛应用在控制线路中，常用于需要多联锁的电力拖动系统。

（一）主令开关

主令开关又称主令控制器（文字符号为 SL），它的主要部件是一套（多组）接触元件，每组都围绕在方形轴线上依次排列，其中的一组如图 3.9 所示。具有一定形状的凸轮 1 和凸轮 2 固定在方形轴上，和静触点 7 相连的接线端子 8 上连接被主令开关所控制的线圈导线，桥形动触点 6 固定于能绕轴 3 转动的支杆 5 上。当旋转主令开关手柄即转动方形轴至某一固定角度时，使凸轮 1 的凸出部分推压小轮 4 并带动支杆 5，于是部分触点被打开。按照凸轮的形状不同，当旋转主令开关手柄至不同的固定位置时，可以获得触点闭合、打开的任意次序，从而达到控制多回路电路的要求。常用的主令开关有 LK14、LK15 和 LK16 型。

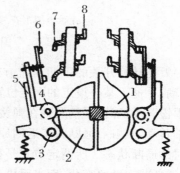

图 3.9 主令开关原理示意图
1、2. 凸轮；3. 动触点转动轴；4. 小轮；
5. 支杆；6. 动触点；7. 静触点；8. 接线端子

主令开关手柄在不同的固定位置时，其每对触点通断状态会发生变化，有两种表示所有触点在手柄不同位置时通断的方法。

一种表示触点通断的方法是直接在控制电路中标出，如图 3.10(a)所示。即在主令开关的触点图形符号（图中未标明静触点端子编号，却标注了回路编号）上画出几条垂直虚线，分别表示主令开关的位置状态，而在触点图形符号下方位置的竖线上画黑点，表示主令开关在该位置时该对触点为接通状态，不画黑点为断开状态。

另一种表示触点通断的方法是采用触点位置图表，如图 3.10(b)所示。图表中"×"表示触点为接通状态，"—"（或空白）表示触点为断开状态。

（二）万能转换开关

万能转换开关主要用于电气控制线路的转换、电气测量线路的转换以及电气设备的远控，也可用于不频繁起动的小容量三相感应电动机的控制。万能转换开关也是具有多档位、多触头的手动控制电器，它由接触系统、操作机构、转轴、手柄、定位机构等主要部件组成。万能转换开关的型号很多，常见的型号有 LW5 和 LW6 型。

　　LW5 系列万能转换开关适用于直流、交流 50 Hz、电压 500 V 及以下的电路,可作电气控制线路或仪表测量线路的转换开关及配电设备的远控开关;也可作为伺服电动机和容量为 5.5 kW 及三相交流电动机的起动、换向或变速开关。LW6 系列万能转换开关与 LW5 系列功能相似,额定电压及额定电流略小。

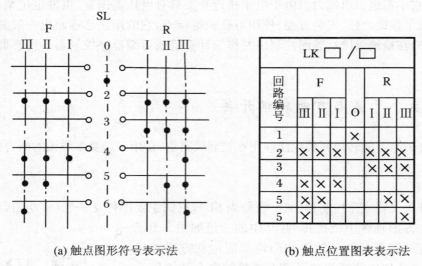

(a) 触点图形符号表示法　　　　　　(b) 触点位置图表表示法

图 3.10　主令开关触点通断状态

LK □/□						
回路编号	F			O	R		
	III	II	I	O	I	II	III
1				×			
2	×	×	×		×	×	×
3					×	×	×
4	×	×	×				
5	×	×				×	×
5	×						×

　　万能转换开关的手柄动作方式分为自复式和定位式两种。所谓自复式是指用手扳动(转动)手柄于某一设定的固定位置后,所有动触点随轴转动使部分触点通断状态发生变化;当手松开手柄时,手柄及轴在弹簧的作用下自动返回原位。根据触点形式不同,有些动触点随轴转动,其触点通断状态返回原位置状态,而有些动触点不随轴转动,仍保持在该固定位置时的通断状态。所谓定位式是指用手扳动手柄至某一设定的位置时,所有动触点随轴转动,通断状态随之变化,而当手松开后,手柄仍停留在该位置上,触点通断状态也不变化。

第三节　电动机的基本控制电路

　　电动机作为各类设备的动力装置,应根据设备运行的实际需要设计电动机的控制电路。在众多电动机控制电路中,包含着几种最基本的电动机控制电路。例如,点动控制、单向旋转控制、可逆旋转控制、自动往返运动控制等,还有按动作顺序控制、按时间顺序控制等。

　　由接触器控制的电动机电路分为电动机主控制电路和辅助控制电路,电动机电流经过的电路称为主控制电路(简称主电路),控制接触器主触头通断以控制电动机运行的电路称为辅助控制电路(简称控制电路)。

　　特别提示:初学者要分清各开关、主令电器、继电器、接触器等设备的文字符号,强记各种常开辅助触点、常闭辅助触点的图形符号,参见表 3.1。

表 3.1 低压电气设备文字符号和图形符号汇集

电气设备名称	文字符号	图形符号(部分)	备 注
熔断器	FU		符号之一
刀开关	QK	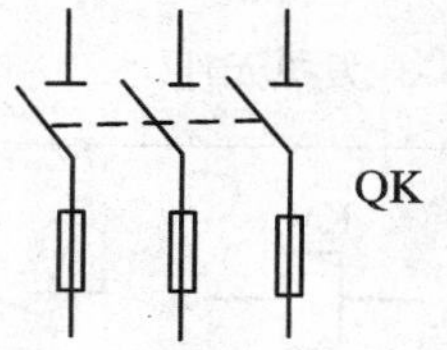	其中瓷底胶盖刀开关和刀熔开关中含熔断器
隔离闸刀	QS	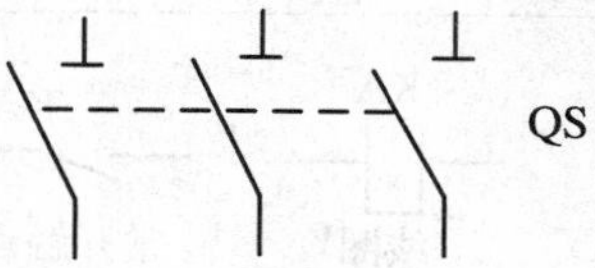	
接触器	KM	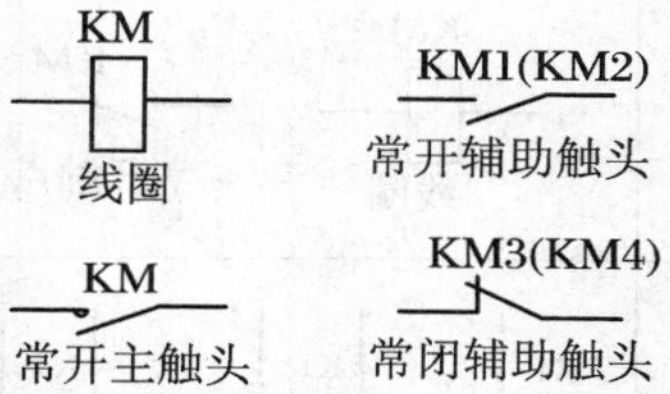	
低压断路器	QF	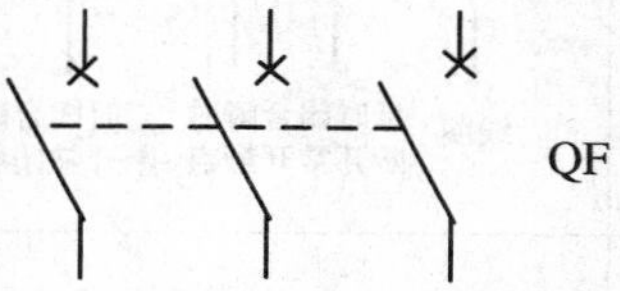	
电压互感器	TV	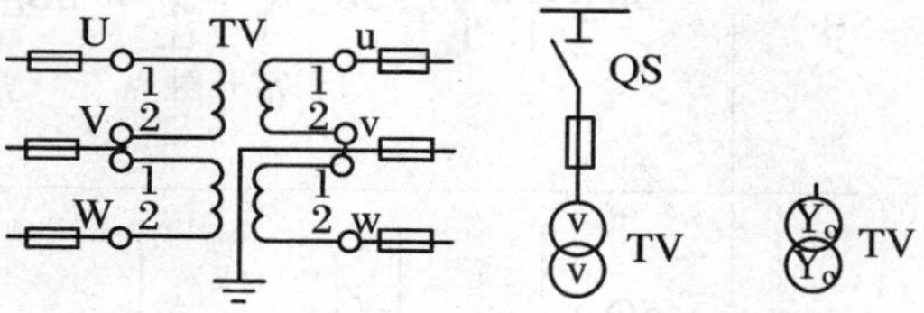	部分形式
电流互感器	TA	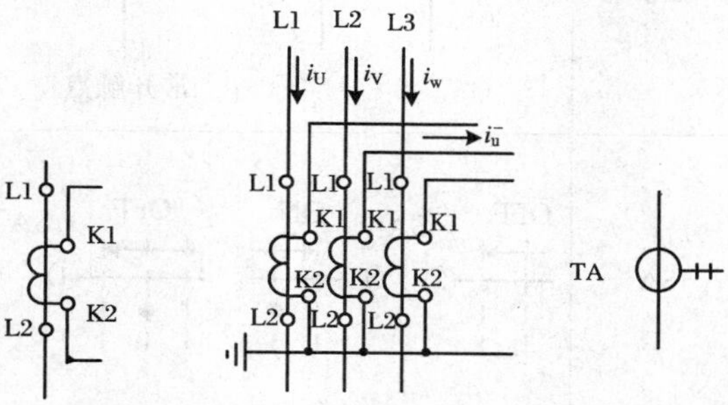	部分形式

电气设备名称	文字符号	图形符号（部分）	备　注
热继电器	FR	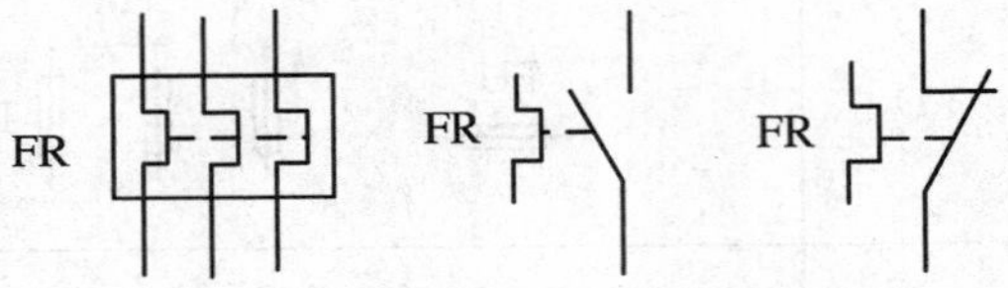 发热元件　　常开触点　　常闭触点	
电压继电器	KV	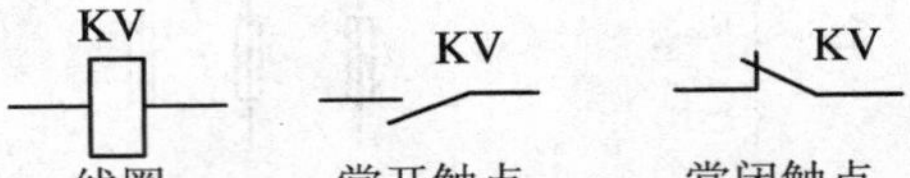 线圈　　　常开触点　　　常闭触点	本教材所有继电器线圈都用通用符号
电流继电器	KA	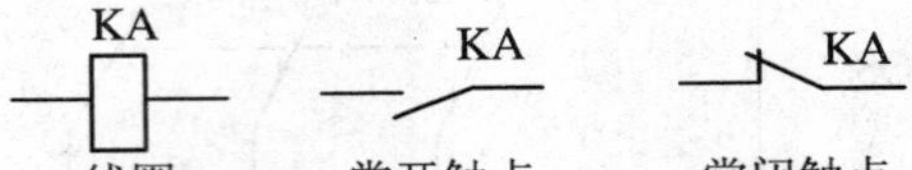 线圈　　　常开触点　　　常闭触点	
中间继电器	KM	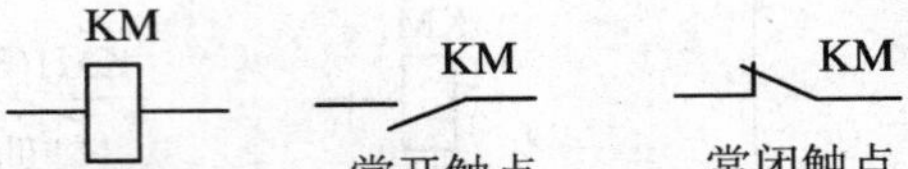 线圈　　　常开触点　　　常闭触点	文字符号与接触器重复
时间继电器	KT	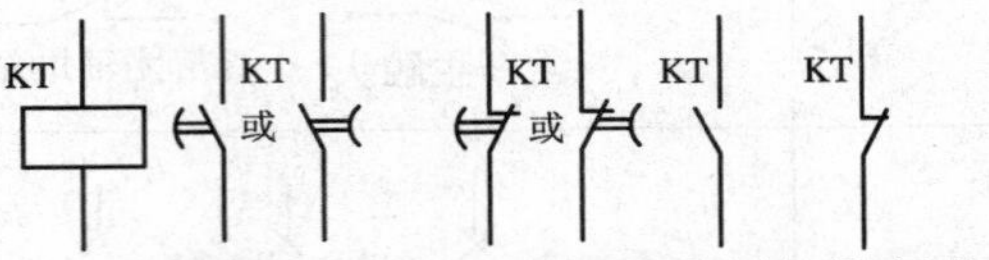 线圈　延时闭合瞬时　延时闭合瞬时　瞬时动作　瞬时动作 断开常开触点　断开常闭触点　常开触点　常闭触点	
按钮	SB	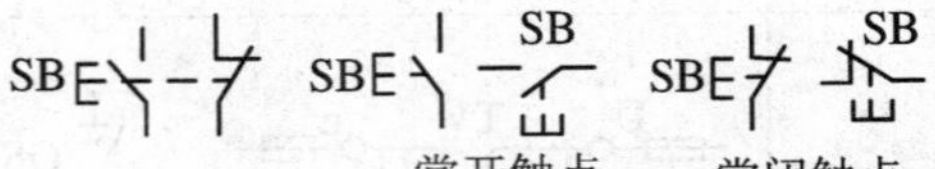 常开触点　　常闭触点	
行程开关	SQ	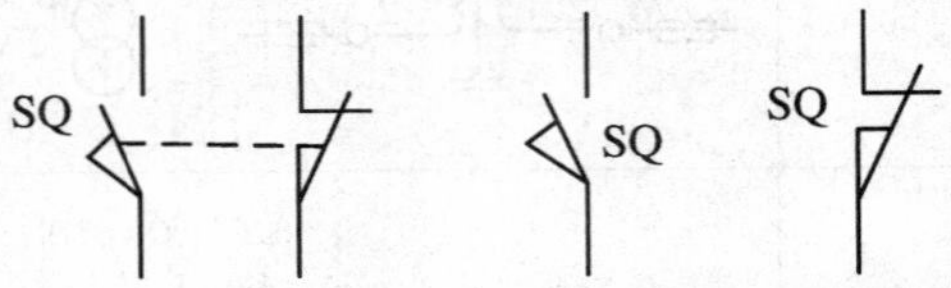 常开触点　　常闭触点	
万能转换开关	SA	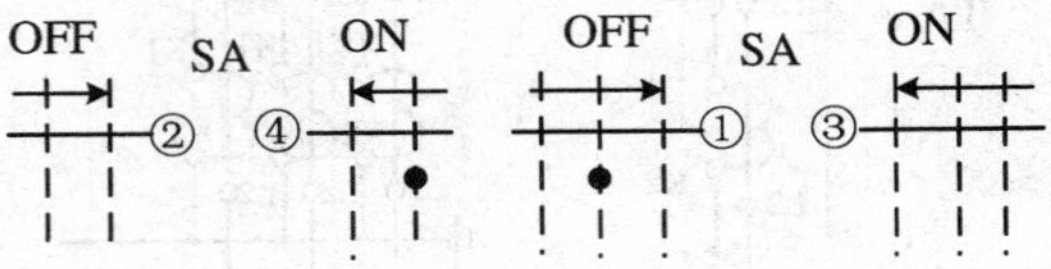	

一、点动控制电路

有些机械设备运行需要电动机作频繁的短暂运行,对这类电动机运行方式的控制称为点动控制。为了方便控制电动机做短暂运行而设计的控制电路如图 3.11 所示,它仅采用一个按钮开关的动合触点控制接触器线圈回路的通断。在电动机控制电路中,刀开关 QK(刀开关主要起隔离作用,本章图中都用 QS 代表闸刀)为电源开关,电动机长时间停止运行或整个电路中的电气设备检修时,需断开电源开关;熔断器 FU1、FU2 用于实现短路保护;接触器 KM 用于实现电动机电源的频繁通断;按钮 SB 作为主令开关,控制接触器主触头的通断。

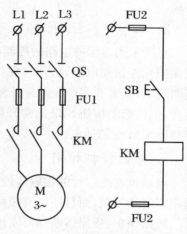

图 3.11　电动机点动控制电路

主控制电路中,电源电压经刀开关 QK 或 QS、熔断器 FU1、接触器主触头 KM 加在电动机上。辅助控制电路包括接触器 KM 线圈、按钮 SB(常开触点)及熔断器 FU2,实际上就是接触器 KM 的控制电路,其电源一般引自主电路,即在熔断器 FU1 之后且在接触器 KM 主触头之前引出电源,也可引自其他电源。

点动控制过程如下:按下按钮 SB 不松手,其常开触点闭合,接通接触器 KM 线圈回路,其主触头闭合,电动机直接起动并运行;松开按钮 SB,触点断开,线圈失电,其主触头断开,电动机停转。

二、单向连续旋转控制电路

当电动机需要连续运行时,则可在点动控制电路的基础上增加元件。为解决开机起动按钮 SB2 松手后其常开触点断开控制电路的问题,可在开机起动按钮 SB2 常开触点两端并联接触器 KM 的常开辅助触点,同时在控制电路中串联另一个停机按钮 SB1 的常闭触点。电动机在连续运行过程中可能过载,所以采用了热继电器 FR。将热继电器 FR 的三相或两相发热元件串联在电动机的主控制电路中,将热继电器 FR 的常闭触点串联在辅助控制电路中。电动机连续单向旋转的接触器控制电路如图 3.12 所示。

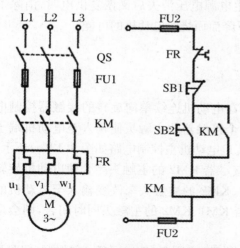

图 3.12　电动机单向旋转的接触器控制电路

1. 正常开机控制

合上电源开关 QS,接通控制电路电源。按下起动按钮 SB2,其常开触点闭合,接触器 KM 线圈通电,其主触头闭合,电动机接入三相交流电源直接起动;同时,其常开辅助触点闭合,与起动按钮

SB2 形成并联通路。当松开 SB2 时,其常开触点断开,但接触器 KM 常开辅助触点仍闭合,KM 线圈仍通电,其主触头仍闭合,电动机起动后可连续运行。只要 KM 线圈通电,KM 常开辅助触点始终闭合,而只要 KM 常开辅助触点仍闭合,KM 线圈就始终通电,这种依靠接触器自身辅助触点保持线圈通电的电路称为自保持电路,而这对常开辅助触点称为自保持触点。

2. 正常停机控制

对于采用自保持电路的控制电路,若要停机,就必须依靠串联在控制电路中的其他控制或保护元件切断电源,破坏自保持。当按下停止按钮 SB1 时,其常闭触点断开,接触器 KM 线圈断电,其常开主触头及常开辅助触点均断开,电动机停转;当松开 SB1 时,其常闭触点又闭合,但因起动按钮 SB2 的常开触点和接触器 KM 的常开辅助触点均已断开,不会再次使接触器 KM 线圈通电。

3. 事故停机控制

电动机连续运行的接触器控制电路,是最典型的电动机基本控制电路。不仅能够实现远距离电动控制,而且还具有短路保护、过载保护、欠压保护等保护功能。

短路保护:依靠熔断器可实现电动机及控制电路的短路保护。

过载保护:依靠热继电器 FR 可实现电动机的过载保护。当电动机长时间出现三相过载时,热继电器 FR 的发热元件使其常闭触点断开,切断辅助控制电路电源,破坏了自保持,使电动机停转。

欠压保护:依靠接触器可实现电动机电源欠压保护。若电动机辅助控制电路的电源引自主电路,当电动机运行中电源电压下降时,控制电路电源电压也相应下降。当电压下降至接触器线圈产生的电磁力不足以吸合其衔铁时,其常开主触头及常开辅助触点均断开,电动机停转,消除了因电源电压降低引起电动机电流加大而烧毁电动机的可能。当电动机运行中电源电压消失(失压)时,电动机停转。而当电源恢复供电时,电动机不会自行起动,消除了因电动机突然自行起动(如仅用刀开关 QK 控制的电路)造成的设备损坏和人员伤亡的可能;若是多台接触器控制的电动机并联运行,当发生电源电压消失后又恢复供电时,消除了出现多台电动机同时自行起动引起机端电压严重下降而而烧毁电动机的可能。

三、可逆旋转控制电路

当电动机需要正反两个方向连续运行时,则可在电动机连续单向旋转的接触器控制电路的基础上增加元件,通常采用两套控制设备。两个接触器的主触头使输入至电动机端子 U、V、W 的电压相序分别为 L1、L2、L3 和 L3、L2、L1,电动机主控制电路如图 3.13(a)所示。若接触器 KM1 的主触头闭合使电动机正转,那么接触器 KM2 的主触头闭合使电动机旋转的方向则为反转。即主电路由正反转接触器 KM1、KM2 的主触头来改变输入至电动机的电源相序,实现电动机的可逆旋转。显然,若接触器 KM1、KM2 的主触头同时闭合,则会形成 L1、L3 两相短路。

电动机的辅助控制电路即为两个接触器的控制电路,由图 3.13(b)可见,正转控制回路与反转控制回路并联,而停机按钮 SB3 和热继电器 FR 常闭触点为两回路共有,以节约元件。

提前考虑一下:对如图 3.13(b)所示的电路,当你按下正转开机按钮 SB1,电动机正转运

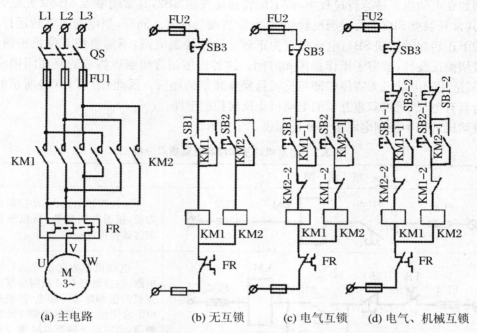

(a) 主电路　　　　(b) 无互锁　　　(c) 电气互锁　　(d) 电气、机械互锁

图 3.13　电动机正反转控制电路

行后，又按下反转开机按钮 SB2，会发生什么情况？

正常开停机操作过程：按下正转起动按钮 SB1，其常开触点闭合，接触器 KM1 线圈通电，其主触头闭合，电动机正转；同时，其常开辅助触点闭合，自保持。按下停机按钮 SB3 时，其常闭触点断开，接触器 KM1 线圈断电，其常开主触头及常开辅助触点均断开，电动机停转。按下反转起动按钮 SB2，其常开触点闭合，接触器 KM2 线圈通电，其主触头闭合，电动机反转；同时，其常开辅助触点闭合，自保持。即正确操作顺序为正转—停机—反转或反转—停机—正转。

图 3.13(b)所示的控制电路的缺陷是：当电动机运行后要改变旋转方向，发生忘记按下停机按钮 SB3 而直接换向的误操作时，即操作顺序为正转—反转或反转—正转，正反转接触器 KM1、KM2 线圈均通电，造成两相短路。因此，图 3.13(b)控制电路不能用于实际工作。

图 3.13(c)所示的控制电路是在图 3.13(b)控制电路的基础上增加了电气闭锁功能。将正反转接触器 KM1、KM2 的常闭触点 KM1-2、KM2-2 分别串接在对方的控制电路中，形成相互制约的控制，从而避免了发生上述误操作时造成电源两相短路的故障。例如当电动机正转运行时，接触器 KM1 常闭触点 KM1-2 始终断开反转控制回路，按下反转起动按钮 SB2 不起作用，即两接触器不可能同时通电。这种制约作用称为闭锁，由接触器或继电器常闭触点构成的制约称为电气闭锁。必须先按下停机按钮 SB3 使接触器 KM1 主触头断开停机且其常闭触点 KM1-2 闭合（断电返回）后，按下反转起动按钮 SB2 才起作用。同样，电动机反转运行时，如不先按下停机按钮 SB3，就无法使电动机正转。这种相互制约的关系称为电气互锁。因此，图 3.13(c)所示的控制电路为最基本的电动机正反转控制电路。

图 3.13(d)所示的控制电路是在图 3.13(c)所示的控制电路的基础上又增加了机械闭锁功能。将正反转按钮 SB1、SB2 的常闭触点 SB1-2、SB2-2 分别串接在对方的控制电路中，利用按钮被按下时具有"常闭触点先断，常开触点后合"的机械特性，避免两接触器同时通

电。例如在电动机正转运行过程中，按下反转起动按钮 SB2，其常闭触点 SB2-2 先断开正转回路，其常开触点 SB2-1 后接通反转回路，电动机改为反转。同样，当电动机反转运行时，可直接按下正转起动按钮 SB1，电动机改为正转。这种控制电路，不需要按下停机按钮，就可以直接切换正反转，节省了操作程序和时间。这种由按钮常闭触点构成的互相闭锁称为机械互锁，适用于电动机无需停稳即可反转且操作频繁的场所。因此，图 3.13(d)所示的控制电路为具有电气、机械双重互锁的电动机正反转控制电路。

电动机的基本控制电路重点分析如表 3.2 所示。

表 3.2　电动机的基本控制电路重点分析

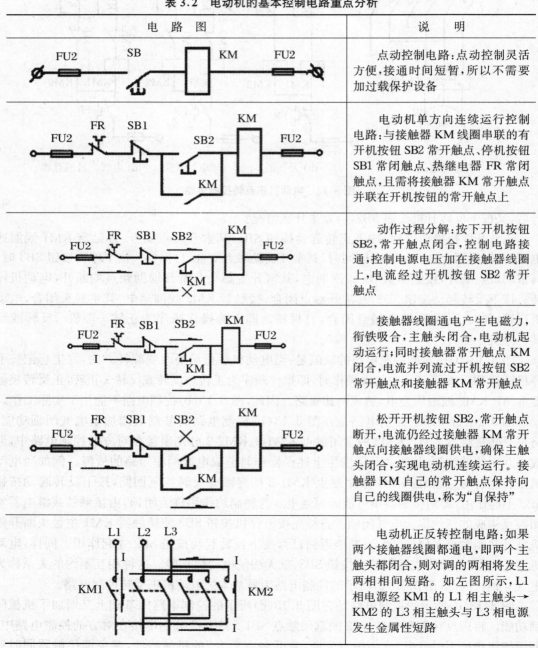

电　路　图	说　　明
	点动控制电路：点动控制灵活方便，接通时间短暂，所以不需要加过载保护设备
	电动机单方向连续运行控制电路：与接触器 KM 线圈串联的有开机按钮 SB2 常开触点、停机按钮 SB1 常闭触点、热继电器 FR 常闭触点，且需将接触器 KM 常开触点并联在开机按钮的常开触点上
	动作过程分解：按下开机按钮 SB2，常开触点闭合，控制电路接通，控制电源电压加在接触器线圈上，电流经过开机按钮 SB2 常开触点
	接触器线圈通电产生电磁力，衔铁吸合，主触头闭合，电动机起动运行；同时接触器常开触点 KM 闭合，电流并列流过开机按钮 SB2 常开触点和接触器 KM 常开触点
	松开开机按钮 SB2，常开触点断开，电流仍经过接触器 KM 常开触点向接触器线圈供电，确保主触头闭合，实现电动机连续运行。接触器 KM 自己的常开触点保持向自己的线圈供电，称为"自保持"
	电动机正反转控制电路：如果两个接触器线圈都通电，即两个主触头都闭合，则对调的两相将发生两相相间短路。如左图所示，L1 相电源经 KM1 的 L1 相主触头→KM2 的 L3 相主触头与 L3 相电源发生金属性短路

电 路 图	说 明
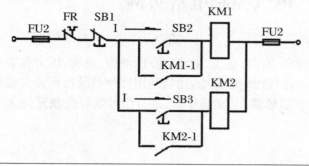	无互锁的控制电路:这种控制电路的特点是"各自为政",易发生冲突。当按下 SB2 开机后,设为电动机正转;若想电动机反转,忘记按下 SB1,直接按下 SB3,则 KM1 和 KM2 两个线圈都通电,两个主触头都处于闭合状态(在 KM1 闭合的基础上,KM2 又闭合),形成短路。 　　这种控制电路无法防止因误操作而造成的短路
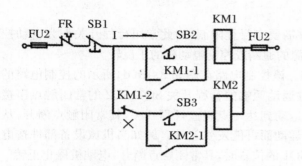	将 KM1 的常闭触点 KM1-2 串联到 KM2 的线圈回路上。当按下 SB2→KM1 线圈通电时,其常闭触点 KM1-2 断开;同时主触头和常开触点 KM1-1 闭合,主触头闭合使电动机起动运行,设为正转;常开触点 KM1-1 闭合,自保持。 　　此时,因常闭触点 KM1-2 已断开,即使按下 SB3,KM2 线圈也无法通电,称为"电气闭锁",从而避免了 KM1、KM2 两个线圈同时通电
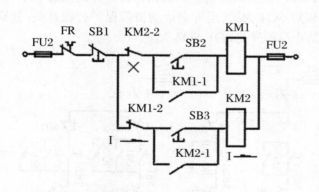	同理,将 KM2 的常闭触点 KM2-2 串联到 KM1 的线圈回路上。实现 KM2 线圈通电时,也禁止 KM1 线圈通电。这种"互相派出特务到对方搞破坏"的做法,称为"互相电气闭锁",简称"互锁"。但是,当线圈 KM1 断电后,KM1-2 闭合,解除闭锁,不影响 KM2 是否能通电,即不再继续禁止线圈 KM2 通电。此时,若按下 SB3,线圈 KM2 通电。同理,当线圈 KM2 断电后,KM2-2 闭合,解除闭锁
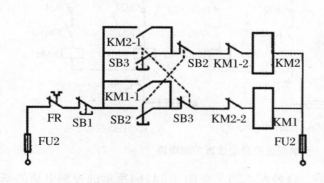	机械互锁和电气互锁电路:利用按钮被按下时具有"常闭触点先断、常开触点后合"的机械特性。当按下 SB2→电动机正转;此时,直接按下 SB3,其常闭触点先断,KM1 线圈失电→KM1-2 闭合;SB3 常开触点后闭合,KM2 线圈回路的两个断点已都闭合,所以 KM2 线圈通电。机械闭锁既避免两个线圈同时通电,又省掉操作停机按钮的程序。电动机需长时间停止工作时,才按下停机按钮。

第四节 电气控制电路实例

实际生产设备常常需要按顺序、位移、时间、电压、电流、速度、液位、温度、压力等要素进行自动控制。因此,在实际生产设备的电气控制电路中,通常利用接触器及行程开关或时间继电器、电流继电器、速度继电器、液位信号器、温度信号器、压力信号器等控制元件来实现自动控制。

一、自动往返控制电路

机械设备作直线往返运动的部件需要有行程限制,为此常用行程开关作为自动控制元件来控制部件运动的行程,即控制电源的通断或控制电动机的正反转。

图 3.14(b)为自动限位控制电路。该控制电路在图如 3.13(d)所示的控制电路的基础上又增加了行程开关。将固定在部件运动两端的行程开关 SQ1、SQ2 的常闭触点串接在控制电路中,利用部件上的撞块随部件运动到达端点碰撞行程开关,其常闭触点断开,从而使电动机停转,避免机械设备部件继续运动而可能发生意外。例如当机械设备部件按电动机正转时的移动方向运动至限位开关 SQ1 的位置时,其常闭触点断开,电动机停止正转。当按下反转起动按钮 SB2 时,电动机反转,部件作返回运动。在机械设备部件运动过程中,仍随时都可按下停机按钮 SB3 而停机。SQ3、SQ4 为正、反方向运动极限保护行程开关,分别固定在行程开关 SQ1、SQ2 的外侧,以防止行程开关 SQ1、SQ2 失灵。

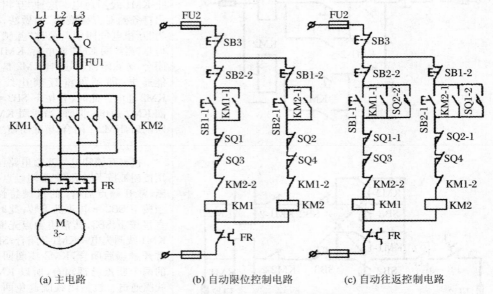

(a) 主电路　　　　　(b) 自动限位控制电路　　　　　(c) 自动往返控制电路

图 3.14　自动限位及自动往返控制电路

图 3.14(c)为自动往返控制电路。该控制电路是在图 3.14(b)所示的控制电路的基础上又增加了自动往返控制的功能。将电动机正反转自动限位并换向的行程开关 SQ1、SQ2

的常开触点 SQ1-2、SQ2-2 分别并联在对方的手动开机按钮 SB2、SB1 的常开触点 SB2-1、SB1-1 两端，以代替按钮自动开机，实现自动往返控制。

当按下正转起动按钮 SB1 时，电动机拖动运动部件前进。当前进至运动部件上的撞块压下换向行程开关 SQ1 时，其常闭触点 SQ1-1 先断开，电动机停转；其常开触点 SQ1-2 后闭合，反转接触器 KM2 通电，电动机由正转变为反转，拖动运动部件后退。当后退至运动部件上的撞块压下换向行程开关 SQ2 时，又使电动机由反转变为正转，拖动运动部件前进。如此循环往复，实现电动机可逆旋转自动控制，拖动运动部件实现自动往返运动。

用行程开关按运动部件的行程位置进行的控制，称为行程控制。行程控制是机械设备自动化和生产过程自动化中应用较广泛的控制方法之一。电动机自动往返运动控制电路重点分析如表3.3所示。

表 3.3　电动机自动往返运动控制电路重点分析

电 路 图	说 明
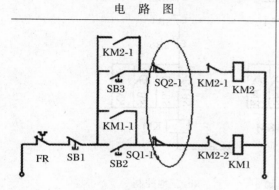	自动限位控制电路：利用行程开关 SQ1、SQ2 的常闭触点 SQ1-1、SQ2-1 代替停机按钮 SB1，按设置的行程（位置）自动停机，实现限位控制。 将行程开关的常闭触点 SQ1-1、SQ2-1 分别串联在正反转电路中。 例如：按下 SB2，电动机正转，被控物件右行，至放置 SQ1 的位置，碰撞使 SQ1-1 断开，停机。按下 SB3，电动机反转，被控物件左行，至放置 SQ2 的位置，碰撞使 SQ2-1 断开，停机
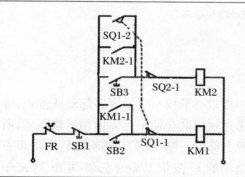	如果将行程开关 SQ1 的常开触点 SQ1-2 与反转按钮 SB3 并联，则当正转→右行→碰撞 SQ1 使常闭触点 SQ1-1 先断开时，正转停机；碰撞还接着使常开触点 SQ1-2 后闭合，代替 SB3 自动反转开机。当反转开始，被控物件左行时，刚离开 SQ1，则其常开触点 SQ1-2 就又断开，常闭触点 SQ1-1 又闭合，分别为下一次的反转和正转做好准备
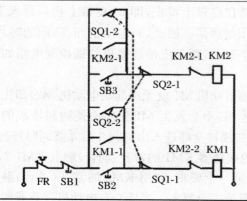	自动循环往返运动控制电路：将电动机正反转自动限位且换向的行程开关 SQ1、SQ2 用在正反转电路中。如左图所示，SQ1 的常闭触点和常开触点分别完成正转自动停机和反转自动开机；SQ2 的常闭触点和常开触点分别完成反转自动停机和正转自动开机。 当反转→左行→碰撞 SQ2 使常闭触点 SQ2-1 先断开时，反转停机；碰撞 SQ2 还接着使常开触点 SQ2-2 后闭合，代替 SB2 自动正转开机。形成自动循环往返运动，直至按下 SB1 停机

二、两地（或多地）控制电路

有些设备，为了操作方便，需要在两个地点或多个地点进行电气控制（如设备就地控制和中央控制室控制）。实现两地（或多地）控制的方法是：在甲、乙两地或甲、乙、丙三地分别安装开、停机按钮 SB1 及 SB2、SB3 及 SB4、SB5 及 SB6，将两地或三地的开机按钮 SB1、SB3、SB5 通过引线并联，将两地或三地的停机按钮 SB2、SB4、SB6 通过引线串联。两地或三地控制的电路如图 3.15 所示，这种方法也可用于由接触器控制的其他用电设备的电气控制。

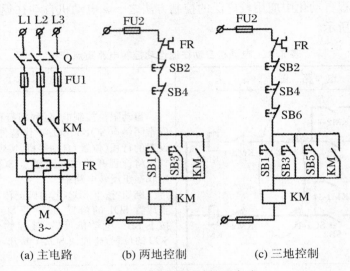

(a) 主电路　　　　(b) 两地控制　　　　(c) 三地控制

图 3.15　两地或三地控制电路

三、两台电动机的联锁控制电路

有些机械设备装有多台电动机，在生产运行中要求必须按一定的顺序起动或停止，才能满足生产要求或保证工作安全。例如，将两条皮带运输机联合使用可以增加运输距离，所运物料从进料漏斗落入由电动机 M2 拖动的 2# 皮带上部的一端（左端），物料随转动皮带右移至皮带的另一端（右端）落下，落入由电动机 M1 拖动的 1# 皮带上部的左端，并由 1# 皮带运至其右端落入出料漏斗。由于工艺上不允许物料在皮带上堆积，即 2# 皮带上物料落入 1# 皮带上时，1# 皮带必须在移动，以免形成物料堆积而洒落。因此，对电动机而言，起动时，需先起动 M1，后起动 M2；停车时，需先停 M2，后停 M1。两条皮带运输机联锁控制电路如图 3.16 所示。

图 3.16(b) 为联锁控制电路，仅能实现不起动电动机 M1 就无法起动电动机 M2，即先起动 M1 后才能起动 M2，且两台电动机只能同时停机，不会发生 M1 先停而使物料堆积的现象。当进料漏斗停止进料时，需等待两条皮带上的物料全部进入出料漏斗后才能同时停机。

图 3.16(c) 为联锁控制电路，利用控制 M1 的接触器 KM1 的常开（动合）触点 KM1-2 串入控制 M2 的接触器 KM2 的线圈电路中来实现第一个要求；利用 KM2 的常开（动合）触点 KM2-2 并联在 M1 的停机按钮 SB2 的两端来实现第二个要求。当任一台电动机过载或短路

时,两台电动机都会同时停机。接触器 KM1 和 KM2 的这种控制方式称为联锁控制,这两对常开触点 KM1-2 和 KM2-2 称联锁触点。这种使多台电动机按一定次序起动和停止的控制过程,可称为顺序(次序)控制,其控制电路也称为多台电动机顺序控制电路。

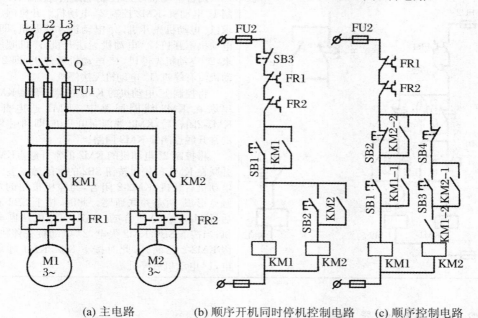

(a) 主电路　　　　　　(b) 顺序开机同时停机控制电路　　　(c) 顺序控制电路

图 3.16 顺序控制电路

多台电动机顺序控制电路重点分析如表 3.4 所示。

表 3.4　两台电动机顺序控制电路重点分析

电 路 图	说 　 明
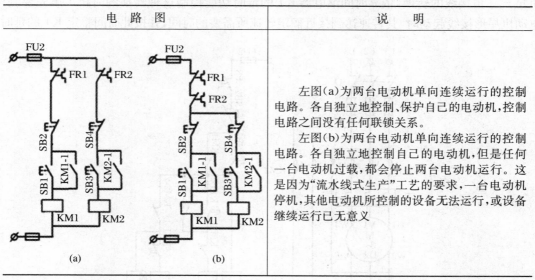	左图(a)为两台电动机单向连续运行的控制电路。各自独立地控制、保护自己的电动机,控制电路之间没有任何联锁关系。 左图(b)为两台电动机单向连续运行的控制电路。各自独立地控制自己的电动机,但是任何一台电动机过载,都会停止两台电动机运行。这是因为"流水线式生产"工艺的要求,一台电动机停机,其他电动机所控制的设备无法运行,或设备继续运行已无意义

电 路 图	说 明
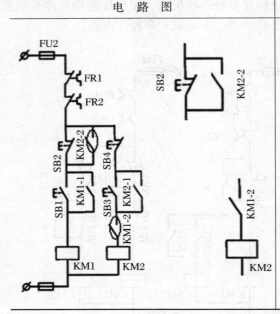	两台电动机顺序控制电路:接触器 KM1 控制 1# 电动机,KM2 控制 2# 电动机。开机顺序要求:1# 电动机先开机,2# 电动机才能开机,即 1# 电动机不开机,2# 电动机无法开机;停机顺序要求:2# 电动机先停机,1# 电动机后停机,即 2# 电动机没有停机,1# 电动机无法停机。 将控制 1# 电动机的 KM1 的常开触点 KM1-2 串联在 KM2 线圈回路中。KM1 通电开机,KM1-2 闭合后,KM2 才能通电开机,即利用 KM1 的常开触点闭锁 KM2 回路。 将控制 2# 电动机的 KM2 的常开触点 KM2-2 并联在 KM1 的停机按钮 SB2 的常闭触点上。2# 电动机后开机,KM2-2 闭合,与停机按钮的常闭触点形成 两条并联通路。此时,按下 SB2 断开后,KM2-2 仍是闭合的,KM1 回路无法断电停机;当按下 SB4,KM2 失电,2# 电动机先停机后,因 KM2-2 已断开,此时按下 SB2,KM1 才能失电,1# 电动机后停机

四、时间继电器控制电路

图 3.17 为 QX4 系列自动星-三角起动器电路图,适用于容量为 125 kW 及以下的低压三相鼠笼式电动机降压起动及运行。图中电路采用 3 个接触器 KM1、KM2、KM3 实现电动机星-三角接线的转换,依靠时间继电器 KT 的定时功能控制这种转换的时机。事先要测试电动机星形接线起动时,其转速达到接近额定转速所需的时间,并按此时间整定 KT 的延时。

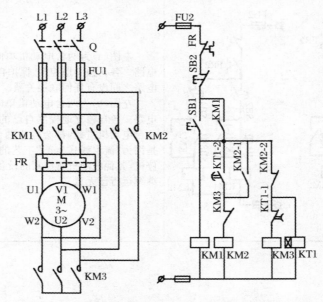

图 3.17 QX4 系列自动星-三角起动器电路

起动前，KM1、KM2、KM3、KT 等的线圈都处于失电状态。按下起动按钮 SB1，KM1、KM3 及 KT 同时通电，KM1、KM3 主触头闭合，电动机接成形接线，实现降压起动。当电动机转速达到接近额定转速时，KT 动作，其延时断开触点 KT1-1 先断开，KM3 主触头断开，辅助触点闭合，为 KM2 通电条件之一；其延时闭合触点 KT1-2 后闭合，KM2 通电，其主触头闭合，电动机转为三角形接线，进入正常运行；同时，KM2 辅助触点 KM2-1 闭合自保持，KM2-2 断开 KM3、KT 线圈回路，KT 线圈失电，其触点 KT1-1 返回闭合状态，KT1-2 返回断开状态。可见，KT 不仅起着定时作用，而且其两个状态相反的触点还起着实现 KM2 与 KM3 电气互锁的作用。

五、电流继电器控制电路

三相绕线式电动机起动时，为减小起动电流、提高起动转矩，转子绕组可通过滑环串接起动电阻，但要求在起动过程中逐渐切除起动电阻。

图 3.18 为三相绕线式电动机起动及运行控制电路。串接在三相转子绕组中的起动电阻，一般都接成星形。起动时，将全部起动电阻接入。随着起动的进行，起动电阻按时间原则或按电流原则依次被短接，在起动结束时，转子起动电阻全部被短接。如图 3.18 所示的起动电路就是按照电动机起动过程中转子电流变化来控制转子起动电阻的切除的。图中 KA1、KA2、KA3 为电流继电器，其线圈串接在电动机转子电路中，调节使它们的吸合电流相同、释放电流不同，且 KA1 释放电流最大，KA2 次之，KA3 最小。K 为具有延时闭合触点的中间继电器，KM1、KM2、KM3 为短接电阻接触器，KM4 为电动机电源控制接触器。

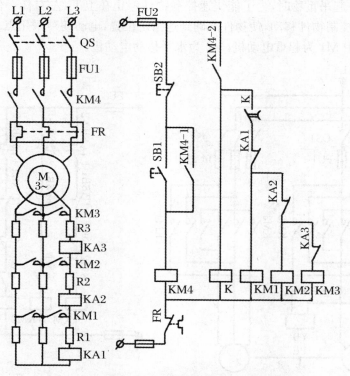

图 3.18 按电流原则短接起动电阻控制电路

合上电源开关 QS,按下起动按钮,接触器 KM4 通电并由 KM4-1 自保持,KM4 主触头闭合,电动机定子接通三相交流电源,转子串入全部电阻接成星形起动。同时 KM4-2 闭合,中间继电器 K 通电,其延时闭合触点短延时后闭合,但此时转子电流早已从零快速升至能使 KA1、KA2、KA3 吸合的电流值,其常闭触点全部断开,使 KM1、KM2、KM3 处于断电状态。随着电动机转速的升高,转子感应起动电流逐渐减小,当转子电流减小到 KA1 释放电流时,KA1 首先释放,其常闭触点闭合,使 KM1 通电,其主触头短接一段转子电阻 R1。由于转子电阻减小,转子电流上升,起动转矩加大,电动机转速加快上升,转子相对定子磁场的切割速度减小,这又使转子感应电流下降。当降至 KA2 释放电流时,KA2 也释放,其常闭触点闭合,又使 KM2 通电,其主触头短接第二段转子电阻 R2。于是转子电流再次上升,起动转矩加大,电动机转速继续升高,如此继续,直至转子电阻全部被切除,电动机起动过程才结束。可见,具有延时闭合触点的中间继电器 K 的作用是避免电动机未接入起动电阻而直接起动。即防止电动机刚起动时,电流继电器 KA1、KA2、KA3 尚未动作,KM4-2 瞬时闭合时,起动接触器 KM1、KM2、KM3 短接了所有起动电阻,从而造成电动机直接起动。

六、电动葫芦控制电路

电动葫芦是一种使用方便、结构简单的小型起重设备。按起重要求,被吊起的物件既要可以在竖直方向上下运动,又要能在水平方向左右移动。所以电动葫芦是由两个在结构上有相互联系的提升(升降)机构和移动机构所组成的。电动葫芦悬挂在横梁上,若横梁能依靠电动机实现前后移动,则该设备称为行车。

电动葫芦在起吊重物时,为了能快速控制物件停止在上下、左右任一位置,以便一边观察,一边间断性控制物件移动,使物件准确到达指定位置,电动葫芦采用点动控制电路,如图3.19 所示。图中 M1 为起重电动机,M2 为水平移动电动机。

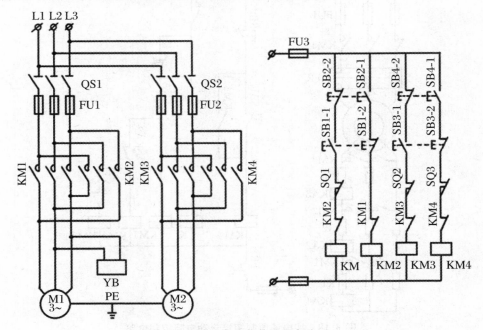

图 3.19　电动葫芦控制电路

当电动机断电停转而失去动力时,重物停留在空中,此时如何保证重物不会落下呢? 为解决停机后重物下滑的问题,电动葫芦提升机构还需采用电磁制动器(制动闸)YB。它在通电时,电磁力使制动闸脱离升降装置(松闸);失电时,强力弹簧使制动闸刹闸。

为了防止升降装置提升重物越位,发生意外事故,在提升控制回路中增设了一个限位开关 SQ1;同样,为了使左右水平移动不会越位,在其电动机控制电路中也增设了两个限位开关 SQ2 和 SQ3。

本 章 小 结

1. 电磁式继电器触点的通断状态始终取决于电磁力或电磁力距和弹簧反作用力或反力距的大小。电流继电器和电压继电器常用作起动元件,具有检测、逻辑判断并发出指令的功能;中间继电器的主要作用是增大触点容量和增加触点数量;时间继电器的主要作用是定时,分为通电延时型与断电延时型,不同型号的时间继电器的延时调节范围及最大延时时间不同。

2. 热继电器属于保护电器,其中双金属片式热继电器是利用所测电流使双金属片受热弯曲去推动杠杆而使触点动作的一种继电器。它主要用于电动机的三相过载和断相引起的两相过载保护及其他电气设备发热状态的控制。

3. 主令电器属于控制电器,主要用于电气控制电路中实现电动控制和自动控制。

4. 采用继电器－接触器控制的电动机基本控制电路,其基本控制环节有点动控制、连续运行控制、正反转控制等控制功能;其基本保护环节有短路保护、过载保护、欠压保护等保护功能。基本控制电路常采用串并联、自保持、电气或机械联动与闭锁等电气控制基本技术。

5. 实际电气控制技术常以电磁力、电动机、液压等为动力实现电气控制,电气控制电路常采用各种控制开关、各种继电器、各种信号器等传感器实现顺序(次序)、位移(行程)、时间、电压、电流、速度、液位、温度、压力等自动控制。

实 训

电气控制实训需设在电气控制实训室,在教师的指导下进行,且需要通电检验。一般实训由于采用的交流电源电压为 380 V,学生的人身安全必须要得到保障。通常的做法是在教学后期集中一周时间,统一实训。

下面推荐几种常用的电气控制图(图 3.20～图 3.27),让学生由简到繁、由浅入深地接线并掌握。让学生亲自动手的过程是必需的,教材、图纸的学习与动手实训都是不可缺的环节。

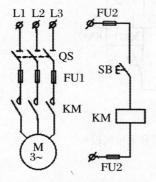

图 3.20　电动机点动控制电路

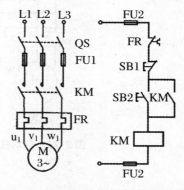

图 3.21　电动机单向旋转的控制电路

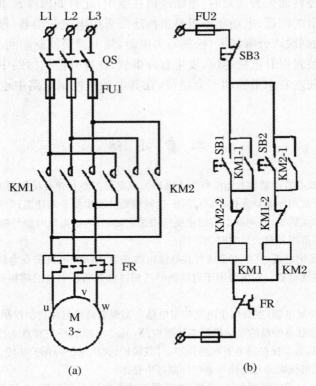

图 3.22 电动机正反转控制电路(电气闭锁)

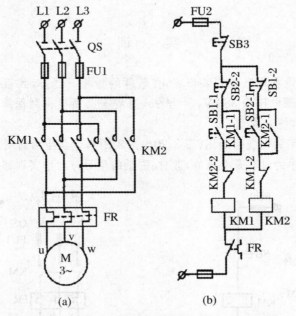

图 3.23 电动机正反转控制电路(电气和机械闭锁)

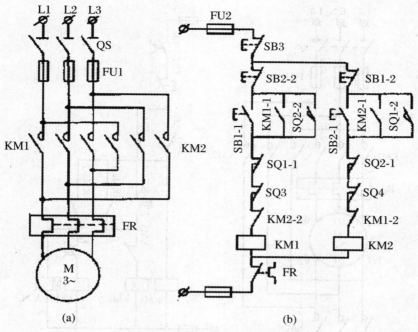

图 3.24 自动循环往返运动控制电路

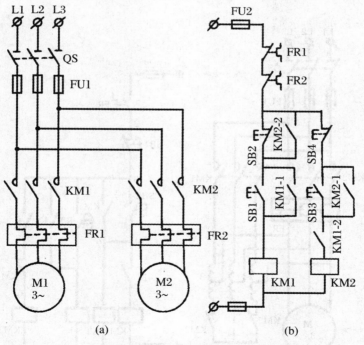

图 3.25 两台电动机顺序控制电路

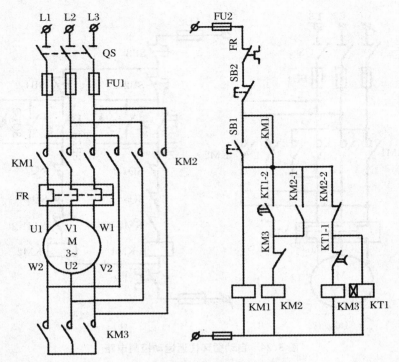

图 3.26 自动星-三角起动电路

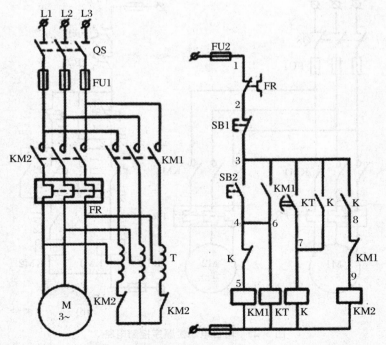

图 3.27 自耦变压器降压起动控制电路(K 为中间继电器,可用接触器替代)

习 题

1. 常见电磁式继电器有哪些？各有何特点？它们在电气控制电路中主要有哪些用途？怎样区分电压线圈与电流线圈？

2. 如何调整电压继电器和电流继电器的动作值？

3. 简述双金属片式热继电器的结构与工作原理。为什么热继电器不能做短路保护而只能做长期过载保护？

4. 常见的主令电器有哪些？行程开关的主要作用是什么？

5. 电动机基本控制电路有哪些基本控制环节？基本保护环节哪些基本控制方法？

6. 如图 3.28 所示的一些电路各有什么错误？工作时会出现什么现象？应如何改正？

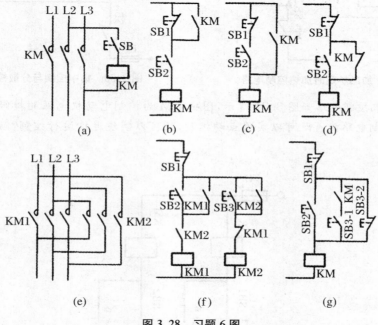

图 3.28 习题 6 图

7. 定时控制常由时间继电器来实现，如图 3.29 所示的加热炉定时加热控制电路。试叙述其动作过程。

8. 参考图 3.16 所示顺序控制电路，试按下列要求分别设计控制电路。

（1）要求 3 台电动机 M1、M2、M3 按一定顺序起动：即 M1 起动后 M2 才能起动；M2 起动后 M3 才能起动；停车时则同时停车。

（2）一条自动运输线有 2 台电动机，M1 拖动运输机，M2 拖动卸料机。要求：

① M1 先起动后，才允许 M2 起动；

② 既要能实现 M2 可以单独停止，M1 可不停，又要能实现 M2 先停止，经过一段时间后 M1 才自动停止；

③ 两台电动机均有短路、长期过载保护。

9. 图 3.30 为两台笼型感应电动机 M1、M2 的控制电路，能否实现 M1、M2 既可以分别起动和停止,又可以同时起动和停止? 试叙述其动作过程。

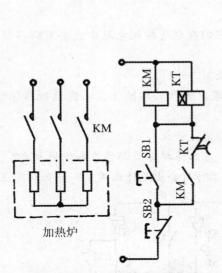

图 3.29　加热炉定时加热控制电路

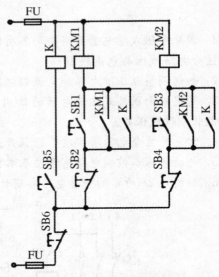

图 3.30　集中控制与分散控制电路

　　10. 电动机控制电路如图 3.31 所示,图中 KM 为控制电动机电源的接触器,K 为中间继电器。该控制电路能否既可以实现点动控制,又可以实现连续运行控制? 试叙述其动作过程。

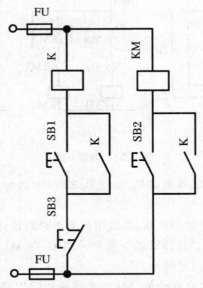

图 3.31　点动和连续运行分别控制电路

第四章　机床电气控制电路

机床电气控制电路是电气控制技术在机械加工设备的具体应用，只有对机床的运行要求有所了解，才能掌握机床电气控制电路。电气控制与机床紧密配合才能达到加工工艺要求，其特殊性在于有些机床的部分控制是依靠机械传动或液压传动来完成的，使人误认为电气控制图缺少部分电路。

本章列举 2 种机床的实际电气控制图，供初学者学习和练习，对控制电路不再作过多的解释。

第一节　普通车床的电气控制

车床是一种应用极为广泛的金属切削设备，用于对各种具有旋转表面的工件进行加工，如车削外圆、内圆、端面和螺纹等。除车刀之外，还可用钻头、铰刀和镗刀等刀具进行加工。

一、车床的控制要求

从车床加工工艺特点出发，对中、小型卧式车床的电气控制要求如下：

① 主轴电动机一般选用三相笼形异步电动机。为了保证主运动与进给运动之间的严格比例关系，只采用一台电动机来驱动。为了满足调速要求，通常采用机械变速，由车床主轴箱通过齿轮变速箱与主轴电动机的连接来完成。

② 为车削螺纹，要求主轴能够正、反向运行。对于小型车床，主轴正反向运行由主轴电动机正反转来实现；当主轴电动机容量较大时，主轴的正反向运行则靠摩擦离合器来实现，电动机只作单向旋转。

③ 主轴电动机的起动、停止能实现自动控制。一般中小型车床的主轴电动机均采用直接起动；当电动机容量较大时，通常采用 $Y/\triangle$ 降压起动。为实现快速停车，一般采用机械或电气制动。

④ 车削加工时，为防止刀具与工件温度过高，需用切削液对其进行冷却，为此设置有一台冷却泵电动机，驱动冷却泵输出冷却液，而带动冷却泵的电动机只需单向旋转，且与主轴电动机有连锁关系，即冷却泵电动机动作与否应在主轴电动机之后。当主轴电动机停车时，冷却泵电动机应立即停机。

⑤ 为实现溜板箱的快速移动，应由单独的快速移动电动机来拖动，即采用点动控制。

⑥ 电路应具有必要的短路、过载、欠压和失压等保护环节，并有安全可靠的局部照明和信号指示。

二、CA6140 型普通车床电气控制电路

CA6140 型普通车床电气控制电路如图 4.1 所示,电气元件表如表 4.1 所示。

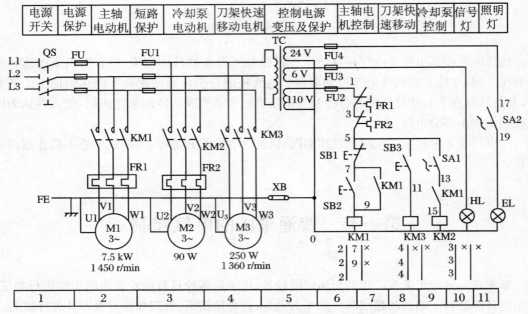

图 4.1 CA6140 型普通车床电气控制电路

表 4.1 CA6140 型车床电气元件表

符号	名称及用途	符号	名称及用途
M1	主轴电动机	SA1	控制冷却泵电动机开关
M2	冷却泵电动机	SA2	控制照明灯开关
M3	快速移动电动机	HL	信号灯
FR1	M1 的过载保护热继电器	TC	控制电源变压器
FR2	M2 的过载保护热继电器	EL	照明灯
KM1	控制主轴电动机接触器	FU1	主电路保护熔断器
KM2	控制冷却泵电动机接触器	FU2	控制电路保护熔断器
KM3	控制快速移动电动机接触器	FU3	信号灯电路短路保护熔断器
SB1	停止主轴电动机按钮	FU4	照明电路短路保护熔断器
SB2	起动主轴电动机按钮		
SB3	起动快速移动电动机按钮		

1. 主电路

M1 为主轴电动机,完成主轴主运动和刀具的纵横向进给运动的驱动。该电动机为不调

速的鼠笼式异步电动机,主轴采用机械变速,正反向运行采用机械换向机构。

M2 为冷却泵电动机,加工时提供冷却液,以防止刀具和工件的温升过高。

M3 为刀架快速移动电动机,可根据使用需要,随时手动控制起动或停止。

3 台电动机为接触器控制的单向运行控制电路。由于电动机 M1、M2、M3 容量都小于 10 kW,均采用全压直接起动。三相交流电源通过开关 QS 引入,接触器 KM1、KM2、KM3 的主触头分别控制 M1、M2、M3 的起动和停止。主轴正反向运行通过摩擦离合器实现。

M1、M2 为连续运动的电动机,分别利用热继电器 FR1、FR2 作过载保护;M3 为短期工作电动机,因此未设过载保护。总电路熔断器 FU 及各熔断器 FU1～FU4 分别对主电路、控制电路和辅助电路实行短路保护。

2. 控制电路

控制电路的电源为由控制变压器 TC 次级输出的 110V 电压。

(1) 主轴电动机 M1 的控制

M1 的控制采用具有过载保护全压起动控制的典型环节。按下起动按钮 SB2,接触器 KM1 线圈通电,KM1 的主触点闭合,主轴电动机 M1 起动。同时其常开辅助触头 KM1 (接在控制回路接线端子号为 7 和 9 的端子上)闭合自保持;同时其常开辅助触头 KM1 (13～15)闭合,作为 KM2 通电的控制条件。按下停止按钮 SB1,接触器 KM1 失电释放,电动机 M1 停转。

(2) 冷却泵电动机 M2 的控制

M2 的控制采用两台电动机 M1、M2 顺序联锁控制的典型环节,以满足生产要求。KM1 常开触点与开关 SA1 串联控制 KM2 线圈,使主轴电动机起动后,冷却泵电动机才能起动,也才需要起动;主轴电动机 M1 开机前,手动控制 SA1 闭合,当 M1 开机时,KM1 常开触点闭合,KM2 线圈通电,冷却泵自动投入。当主轴电动机停止运行时,冷却泵电动机也自动停止运行。从控制电路的功能上看,也可以在主轴电动机 M1 起动后,即在接触器 KM1 得电吸合的情况下,其常开辅助触头 KM1 (13～15)闭合后,手动合上开关 SA1,使接触器 KM2 线圈通电,冷却泵电动机 M2 手动起动。

(3) 刀架快速移动电动机 M3 的控制

M3 的控制采用点动控制。按下按钮 SB3,KM3 通电,其主触头闭合,对 M3 电动机实施点动控制。电动机 M3 经传动系统,驱动溜板带动刀架快速移动。松开 SB3,KM3 失电,电动机 M3 停转。

(4) 照明和信号电路的控制

控制变压器 TC 的副边分别输出 24 V 和 6 V 的安全电压,作为机床照明灯和信号灯的电源。EL 为机床的低压照明灯,由开关 SA2 控制;HL 为电源的信号灯。

单纯从当前控制角度看,普通车床电气控制电路非常简单。

第二节　摇臂钻床的电气控制

钻床是一种孔加工设备,可用来钻孔、扩孔、铰孔、攻丝及修刮端面等多种形式的加工。按用途和结构进行分类,钻床可分为立式钻床、台式钻床、多轴钻床、摇臂钻床及其他专用钻床等。在各类钻床中,摇臂钻床操作方便、灵活,适用范围广,具有典型性,特别适用于单件或批量生产带有多孔大型零件的孔加工,是一般机械加工车间常见的机床。

一、摇臂钻床的主要结构、运动形式及控制要求

(一) 摇臂钻床的主要结构

摇臂钻床主要由底座、内立柱、外立柱、摇臂、主轴箱及工作台等部分组成,如图 4.2 所示。

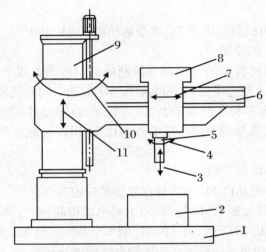

图 4.2　摇臂钻床结构及动作情况示意图

1. 底座;2. 工作台;3. 主轴纵向进给;4. 主轴旋转主运动;5. 主轴;
6. 摇臂;7. 主轴箱沿摇臂径向运动;8. 主轴箱;9. 内外立柱;10. 摇臂
回转运动;11. 摇臂垂直移动

内立柱固定在底座的一端,在它的外面套有外立柱,外立柱可绕内立柱回转 360°。摇臂的一端为套筒,它套装在外立柱上,并借助丝杆的正反转,可沿着外立柱作上下移动。由于丝杆与外立柱连成一体,而升降螺母固定在摇臂上,因此摇臂不能绕外立柱转动,只能与外立柱一起绕内立柱回转。主轴箱是一个复合部件,由主传动电动机、主轴和主轴传动机构、进给和变速机构、机床的操作机构等部分组成。主轴箱安装在摇臂的水平导轨上,可以通过手轮操作,使其在水平导轨上沿摇臂移动。

机床各主要部件的装配关系如下:

　　　　安装在　　　座落在　　　套在　　　套在　　　固定　　　固定　　　固定
主轴 ——→ 主轴箱 --→ 摇臂 --→ 外立柱 --→ 内立柱 ——→ 底座 ←—— 工作台 ←—— 工件

(--→ 表示用液压夹紧机构相连)

(二) 摇臂钻床的运动形式

当进行加工时,由特殊的夹紧装置将主轴箱紧固在摇臂导轨上,而外立柱紧固在内立柱

上,摇臂紧固在外立柱上,然后进行钻削加工。钻削加工时,钻头一边进行旋转切削,一边进行纵向进给,其运动形式为:

① 摇臂钻床的主运动为主轴的旋转运动。

② 进给运动为主轴的纵向进给。

③ 辅助运动有:摇臂沿外立柱垂直移动、主轴箱沿摇臂长度方向的移动、摇臂与外立柱一起绕内立柱的回转运动。

(三) 电气拖动特点及控制要求

① 摇臂钻床运动部件较多,为了简化传动装置,采用多台电动机拖动。例如 Z3040 型摇臂钻床采用 4 台电动机拖动,它们分别是主轴电动机、摇臂升降电动机、液压泵电动机和冷却泵电动机,都采用直接起动方式。

② 为了适应多种形式的加工要求,摇臂钻床主轴的旋转及进给运动有较大的调速范围,一般情况下多由机械变速机构来实现。主轴变速机构与进给变速机构均装在主轴箱内。

③ 摇臂钻床的主运动和进给运动均为主轴的运动,为此这两项运动由一台主轴电动机拖动,分别经主轴传动机构、进给传动机构实现主轴的旋转和进给。

④ 在加工螺纹时,要求主轴能正、反转。摇臂钻床主轴正、反转旋转一般采用机械方法实现。因此主轴电动机仅需要单向旋转。

⑤ 摇臂升降电动机要求能正、反转。

⑥ 内外主轴的夹紧与放松、主轴与摇臂的夹紧与放松可采用机械操作电气-机械装置、电气-液压或电气-液压-机械等控制方法实现。若采用液压装置,则备有液压泵电动机,拖动液压泵提供压力油来实现。液压泵电动机要求能正、反向旋转,并根据要求采用点动控制。

⑦ 摇臂的移动严格按照摇臂松开→移动→摇臂夹紧的程序进行。因此摇臂的夹紧与摇臂升降按自动控制进行。

⑧ 冷却泵电动机带动冷却泵提供冷却液,只要求单向旋转。

⑨ 电气拖动具有连锁与保护环节以及安全照明、信号指示电路。

二、液压系统工作简介

摇臂钻床采用先进的液压技术,具有两套液压控制系统,一套是操纵机构液压系统,由主轴电动机拖动齿轮输送压力油,通过操纵机构实现主轴正、反转、停车制动、空挡、预选与变速;另一套由液压泵电动机拖动液压泵输送压力油,实现摇臂的夹紧与松开,主轴箱和立柱的夹紧与松开。

(一) 操纵机构液压系统

该系统压力油由主轴电动机拖动齿轮泵送出,由主轴操作手柄来改变两个操纵阀的相互位置,使压力油作不同的分配,获得不同动作。操作手柄有上、下、里、外和中间 5 个空间位置,其中,上为"空挡",下为"变速",外为"正转",里为"反转",中间位置为"停车"。而主轴转速及主轴进给量各由一个旋钮预选,然后再操作主轴手柄。

主轴旋转时,首先按下主轴电动机起动按钮,主轴电动机起动旋转,拖动齿轮泵,送出压力油。然后操纵主轴手柄，扳至所需转向位置（里或外），于是两个操纵阀相互改变位置，使一股压力油制动摩擦离合器松开，为主轴旋转创造条件；另一股压力油压紧正转（反转）摩擦离合器，接通主轴电动机到主轴的传动链，驱动主轴正转或反转。

在主轴正转或反转的过程中，可转动变速旋钮，改变主轴转速或主轴进给量。

主轴停车时，将操作手柄扳回中间位置，这时主轴电动机仍拖动齿轮泵旋转，但此时整个液压系统为低压油，无法松开制动摩擦离合器，而在制动弹簧作用下将制动摩擦离合器压紧，使制动轴上的齿轮不能转动，实现主轴停车。因此主轴停车时主轴电动机仍在旋转，只是不能将动力传到主轴。

主轴变速与进给变速：将主轴操作手柄扳至"变速"位置，于是改变两个操纵阀的相互位置，使齿轮泵送出的压力油进入主轴转速预选阀和主轴进给量预选阀，然后进入各变速油缸。变速液压缸为差动液压缸，具体哪个液压缸上腔进压力油或回油，视所选择主轴转速和进给量大小而定。与此同时，另一油路系统推动拨叉缓慢移动，逐渐压紧主轴转速摩擦离合器，接通主轴电动机到主轴的传动链，带动主轴缓慢旋转（称为缓速），以利于齿轮的顺利啮合。当变速完成后，松开操作手柄，此时手柄在弹簧作用下由"变速"位置自动复位到主轴"停车"位置，然后再操纵主轴正转或反转，主轴将在新的转速或进给量下工作。

主轴空挡：当操作手柄扳向"空挡"位置时，压力油使主轴传动中的滑移齿轮处于中间脱开位置。这时，可用手轻便地转动主轴。

（二）夹紧机构液压系统

主轴箱、内外立柱和摇臂的夹紧与松开，是由液压泵电动机拖动液压泵送出压力油，推动活塞、菱形块来实现的。其中主轴箱和立柱的夹紧或放松由一个油路控制，而摇臂的夹紧或放松因要与摇臂的升降运动构成自动循环，因此由另一油路来控制。这两个油路均由电磁阀操纵。

图 4.3 是这套夹紧机构液压系统工作示意图。

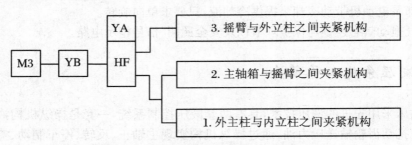

图 4.3　夹紧机构液压系统工作示意图

系统由液压泵电动机 M3 拖动液压泵 YB 供给压力油，由电磁铁 YA 和二位六通液压阀 HF 组成的电磁阀分配油压供给内外立柱之间、主轴箱与摇臂之间、摇臂与外立柱之间的夹紧机构。

图 4.4 是夹紧机构液压系统工作简图。

夹紧机构液压系统工作情况：

① YA 不通电时，HF 的（1—4）、（2—3）相通，压力油供给主轴箱、立柱夹紧机构，如这时 M3 正转，则液压使两个夹紧机构都夹紧（压下微动开关 SQ4）；否则，夹紧机构放松（SQ4 释放）（有的 Z3040 钻床已作改进，这两个夹紧机构可分别单独动作，也可同时动作）。

② 如 YA 通电时，HF 的（1—6）、（2—5）相通，压力油供给摇臂夹紧机构。如这时 M3 正转，使夹紧机构夹紧，弹簧片压下微动开关 SQ3，而 SQ2 释放。如 M3 反转，则夹紧机构放松，弹簧片压下微动开关 SQ2，而 SQ3 释放。

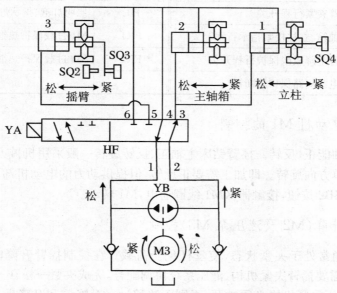

图 4.4 夹紧机构液压系统工作简图

可见，操纵哪一个夹紧机构松开或夹紧，既决定于 YA 是否通电，又决定于 M3 的转向。

三、Z3040 型摇臂钻床电气控制电路

Z3040 型摇臂钻床电气控制电路如图 4.5 所示。Z3040 摇臂钻床电气元件表如表 4.2 所示。

表 4.2 Z3040 摇臂钻床电器元件表

符　号	名称及用途	符　号	名称及用途
M1	主轴电动机	QS	总电源开关
M2	摇臂升降电动机	SA1	冷却泵电动机开关
M3	液压泵电动机	KT	摇臂升降延时控制时间继电器
M4	冷却泵电动机	YA	控制液压阀
KM1	主轴电动机起动接触器	SB1	主轴电动机停止按钮
KM2	控制摇臂升降电动机正转接触器	SB2	主轴电动机起动按钮
KM3	控制摇臂升降电动机反转接触器	SB3	摇臂升降电动机正转按钮
KM4	控制液压泵电动机正转接触器	SB4	摇臂升降电动机反转按钮
KM5	控制液压泵电动机反转接触器	SB5	主轴箱、立柱松开按钮
SQ1	摇臂上升极限保护行程开关	SB6	主轴箱、立柱夹紧按钮

符　号	名称及用途	符　号	名称及用途
SQ2	摇臂松开行程开关	T	控制变压器
SQ3	摇臂夹紧行程开关	HL	照明灯泡、指示灯泡
SQ4	主轴箱、立柱松紧指示行程开关	FR1	M1 过载保护热继电器
SQ5	摇臂下降极限保护行程开关	FR2	M3 过载保护热继电器
FU1	总电源短路保护熔断器		

（一）主轴电动机 M1 的控制

钻床要求主轴能正、反转。摇臂钻床主轴正、反转旋转一般采用机械方法实现。因此主轴电动机仅需要单方向旋转。即加工需要正反转，但提供动力的电动机却不需要，这是很特殊的地方。按动 SB2 按钮，接触器 KM1 线圈通电，M1 转动。

（二）摇臂升降（M2 及液压泵 M3）控制

摇臂静止时通常处于夹紧状态，使丝杆免受荷载。在控制摇臂升降时，除升降电动机 M2 需转动外，还需要摇臂夹紧机构、液压系统协调配合，完成夹紧→松开→夹紧动作。即摇臂升降过程中，液压夹紧机构必须松开，否则无法移动。升降前和升降后又必须夹紧，以免摇臂自重造成丝杠承受荷载。

摇臂升降工作过程控制：按下摇臂上升按钮 SB3（不松开），摇臂从夹紧→松开阶段→摇臂上升→上升到位后，松开 SB3，摇臂重新夹紧。包括起动 M3 反转，几个过程的转换主要靠微动开关、时间继电器的控制；摇臂下降控制与上升控制过程相似。微动开关 SQ1 和 SQ5 是摇臂升降限位开关，它们是当摇臂上升或下降到极限位置时被压下，常闭触头分断，使 KM2 线圈或 KM3 线圈失电。

摇臂升降的整个电路动作过程分析、读图略，请自行读图。

（三）主轴箱、立柱的松开和夹紧

由松开按钮 SB5 和夹紧按钮 SB6 控制的正反转点动控制电路。请自行分析电路的工作原理。

本 章 小 结

1. 电气控制技术应用于机床控制，其控制电路并不复杂。难点在于必须对所控制的机床加工工艺要求熟悉，对所控制的机床结构熟悉更有利于读图。所以，通过对几个经典控制电路的学习，基本了解机床控制电路。

2. 以 CA6140 型普通车床为代表，根据普通车床的结构和加工工艺要求，配置的电气控制电路相对简单，但控制电路完全取自实际电路图，而非教学电路图。

3. 以 Z3040 型摇臂钻床为代表，说明电气控制应与机床结构、操作紧密配合。摇臂钻床配置了液压控制系统，而液压系统的控制又有部分是依靠电气控制，因而使配置电气控制变得困难。但是正确配置的电气控制电路看上去也不是很难，只要按照摇臂钻床的操作过程读图，困难就会迎刃而解。

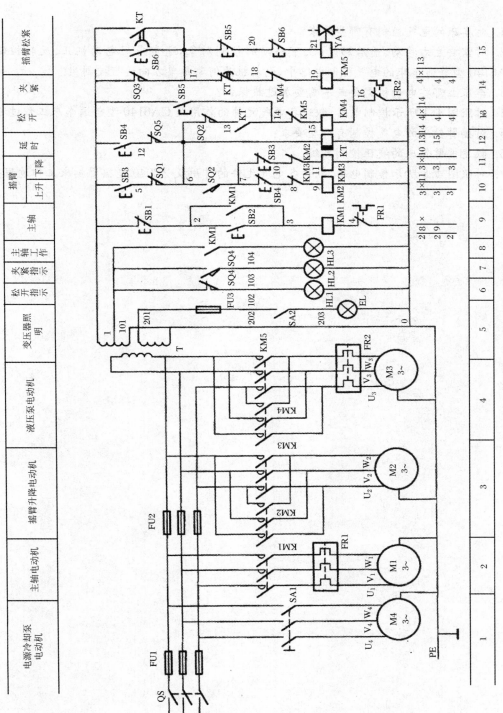

图 4.5 Z3040 型摇臂钻床电气控制电路

习　题

1. 对车床的电气控制有哪些要求?

2. 对需要左右移动、前后移动、上下移动的控制对象,通常采用电动机正、反转控制。在 CA6140 型普通车床的电气控制电路中,电动机为何都是单方向运行控制?

3. 车床上哪些电动机需要或不需要加过载保护?

4. 对照图 4.1 所示控制电路,叙述各电气元件的作用及 CA6140 型普通车床工作过程。

5. 对摇臂钻床的电气控制有哪些要求?

6. 叙述摇臂钻床的液压控制系统。

7. 对照图 4.5 所示控制电路,叙述各电气元件的作用及 Z3040 型摇臂钻床工作过程。

下篇　S7-200 PLC 基础

第五章　S7-200 PLC 的硬件与软件简介

本章为 PLC 的开篇介绍,对许多内容的全面、深入的理解,需要计算机知识为基础,同时也需要后续章节的内容支持。

第一节　PLC　概　述

一、PLC 的基本信息

可编程逻辑控制器简称 PLC(Programmable Logic Controller),早期主要用来代替继电器实现逻辑控制。自 1969 年美国数据设备公司(DEC)研制出现以来,随着技术的发展,这种采用微型计算机技术的通用工业控制装置的功能已经大大超过了"逻辑 Logic"控制的范围,因此,现在这种装置称作可编程控制器(Programmable Controller),本应简称 PC。但是为了避免与个人计算机(Personal Computer)的简称 PC 混淆,所以仍将可编程序控制器简称为 PLC。

百度百科给出了国际电工委员会(IEC)在 1985 年对 PLC 的定义:"PLC 是一种专门在工业环境下应用而设计的数字运算操作的电子装置。它采用可以编制程序的存储器,用来在其内部存储执行逻辑运算、顺序运算、计时、计数和算术运算等操作的指令,并能通过数字式或模拟式的输入和输出,控制各种类型的机械或生产过程。PLC 及其有关的外围设备都应按照易于与工业控制系统形成一个整体,易于扩展其功能的原则而设计。"

PLC 就是一种用程序来改变控制功能的工业控制计算机,它不仅控制功能强大,还有极强的通信功能。PLC 能够执行各种形式和各种级别的复杂控制任务,应用面广、使用方便,是工业控制的核心部分。

本教材以西门子公司的 S7-200 系列小型 PLC 为主要讲授对象。S7-200 具有极高的可靠性、强大的通信能力和丰富的扩展模块,可以用梯形图、语句表和功能块图 3 种语言来编程。它的指令丰富、指令功能强,易于掌握,操作方便,集成有高速计数器、高速输出、PID 控制器和 RS-485 通信/编程接口。由于它有极强的通信功能,在网络控制系统中也能充分发挥其作用。S7-200 以其极高的性价比,在国内占有很大的市场份额。

二、PLC 的基本结构

PLC 主要由 CPU 模块、输入模块、输出模块和编程装置组成,其控制系统示意图如图

5.1 所示。

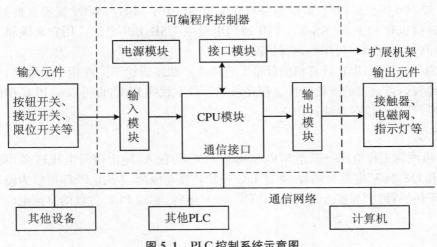

图 5.1　PLC 控制系统示意图

　　PLC 实质是一种专用于工业控制的计算机，其硬件结构基本上与微型计算机相同，基本构成如下。

1. CPU 模块

　　CPU 模块主要由微处理器（CPU 芯片）和存储器组成。在 PLC 控制系统中，CPU 模块相当于人的大脑和心脏，它不断地采集输入信号，执行用户程序，刷新系统的输出。存储器用来存储程序和数据。存放系统软件的存储器称为系统程序存储器。存放应用软件的存储器称为用户程序存储器。

　　CPU 按照 PLC 系统程序赋予的功能接收并存储从编程器键入的用户程序和数据；检查电源、存储器、I/O 以及警戒定时器的状态，并能诊断用户程序中的语法错误。当 PLC 投入运行时，首先它以扫描的方式接收现场各输入装置的状态和数据，并分别存入 I/O 映象区，然后从用户程序存储器中逐条读取用户程序，经过命令解释后按指令的规定执行逻辑或算数运算的结果送入 I/O 映象区或数据寄存器内。等所有的用户程序执行完毕之后，最后将 I/O 映象区的各输出状态或输出寄存器内的数据传送到相应的输出装置。如此循环运行，直到停止运行。

2. I/O 模块

　　输入（Input）模块和输出（Output）模块简称为 I/O 模块。它在 PLC 控制系统中，相当于人的眼、耳和手、脚的信息通道，是联系外部现场设备与 CPU 模块的桥梁。

　　现场输入接口电路有光耦合电路和微机的输入接口电路两种，它是 PLC 与现场控制的接口界面的输入通道。

　　现场输出接口电路由输出数据寄存器、选通电路和中断请求电路集成。通过现场输出接口电路，PLC 向现场的执行部件输出相应的控制信号。

　　输入模块用来接收（采集）输入信号，包括开关量输入模块和模拟量输入模块。

　　输出模块用来输出开关量或模拟量信号，有开关量输出模块和模拟量输出模块之分。

　　I/O 模块除了传递信号外，还有电平转换与隔离的作用，避免因外部电路故障而损坏 CPU 内部电路。

3．编程装置

在对 S7-200 进行编程时,应配备一台安装有 STEP 7-Micro/WIN 编程软件的计算机、一根连接计算机和 PLC 的 RS-232/PPI 通信电缆或 USB/PPI 电缆。用它来编辑、检查、修改用户程序,并监视用户程序的执行情况。

使用编程软件,可以在计算机的屏幕上直接生产和编辑梯形图或指令表程序,并且可以实现不同编程语言直接的互相转换。程序被编译后下载到 PLC,也可以将 PLC 中的程序上载到计算机,程序可以存盘或打印。

4．电源

CPU 模块的工作电压一般是 5 V,S7-200 PLC 的输入/输出信号电压较高,有 AC 220 V 电源型和 DC 24 V 电源型两种,通过 I/O 模块转换与隔离。小型 PLC 可以为输入电路和外部的电子传感器(例如接近开关)提供 DC 24 V 电源,驱动 PLC 负载的直流电源一般由用户提供。

三、PLC 的特点

PLC 具有以下 6 个鲜明的特点。

1．功能完善,组合灵活,扩展方便,实用性强

现代 PLC 所具有的功能及其各种扩展单元、智能单元和特殊功能模块,可以方便、灵活地组成不同规模和要求的控制系统,以适应各种工业控制的需要。以开关量控制为其特长;也能进行连续过程的 PID 回路控制;并能与上位机构成复杂的控制系统,如 DDC 和 DCS 等,实现生产过程的综合自动化。

2．使用方便,编程简单

采用简明的梯形图、逻辑图或语句表等编程语言,而无需计算机知识,因此系统开发周期短,现场调试容易。PLC 的运用能够做到在线修改程序,改变控制的方案而无需拆开机器设备。

3．安装简单,容易维修

PLC 可以在各种工业环境下直接运行,只需将现场的各种设备与 PLC 相应的 I/O 端相连接,写入程序即可运行。各种模块上均有运行和故障指示装置,便于用户了解运行情况和查找故障。PLC 还有强大的自检功能,这为它的维修提供了方便。

4．抗干扰能力强,可靠性高

隔离和滤波,是抗干扰的两大主要措施。对 PLC 的内部电源还采取了屏蔽、稳压、保护等措施,以减少外界干扰,保证供电质量。另外使输入/输出接口电路的电源彼此独立,以免电源之间的干扰。正确地选择接地地点和完善的接地系统是 PLC 控制系统抗电磁干扰的重要措施之一。PLC 能在不同环境下运行,可靠性十分强悍。为适应工作现场的恶劣环境,PLC 还采用密封、防尘、抗震的外壳封装结构。通过以上措施,保证了 PLC 能在恶劣环境中可靠工作,使平均故障间隔时间长,故障修复时间短。

5．环境要求低

PLC 的技术条件能在一般高温、振动、冲击和粉尘等恶劣环境下工作,能在强电磁干扰环境下可靠工作。这是 PLC 产品的市场生存价值。

6. 易学易用

PLC 是面向工矿企业的工控设备,接口容易,编程语言易于为工程技术人员接受。PLC 编程大多采用类似继电器控制电路的梯形图形式,易被不熟悉计算机但熟悉继电器控制系统的一般工程技术人员所理解和掌握。

梯形图作为语言实际上是一种面向用户的高级语言,编程软件将它编译成数字代码,然后下载到 PLC 去执行。

正因为 PLC 具有以上功能强大、性价比高等优点,PLC 已经广泛应用在机械、轻工、化工、冶金、电力、建材等各个工业行业。按其控制功能可分为:数字量逻辑控制、运动控制、闭环过程控制、数据处理、通信联网等。

四、PLC 技术发展方向

PLC 技术发展呈现了新的动向。

1. 产品规模向大、小两个方向发展

向规模大的方向发展:I/O 点数达 14 336 点、32 位微处理器、多 CPU 并行工作、大容量存储器、扫描速度高速化。

向规模小的方向发展:由整体结构向小型模块化结构发展,增加了配置的灵活性,降低了成本。

2. PLC 在闭环过程控制中应用日益广泛

过程控制是指对温度、压力、流量等连续变化的模拟量的闭环控制。PLC 通过模拟量 I/O 模块,实现模拟量(Analog)和数字量(Digital)之间的 A/D 转换和 D/A 转换,并对模拟量实行闭环 PID(比例-积分-微分)控制。其 PID 控制功能已经广泛地应用于塑料挤压成形机、加热炉、热处理炉、锅炉等设备,以及化工、机械等行业。

3. 不断加强通信功能

PLC 的通信包括 PLC 与远程 I/O 之间的通信、多台 PLC 之间的通信、PLC 与其他职能控制设备(例如计算机、变频器、数控装置)之间的通信。PLC 与其他职能控制设备一起,可以组成"集中管理、分散控制"的分布式控制系统。

4. 新器件和模块不断推出

高档的 PLC 除了主要采用 CPU 以提高处理速度外,还有带处理器的 EPROM 或 RAM 的智能 I/O 模块、高速计数模块、远程 I/O 模块等专用化模块。

5. 编程工具丰富多样,功能不断提高,编程语言趋向标准化

有各种简单或复杂的编程器及编程软件,采用梯形图、功能图、语句表等编程语言,亦有高档的 PLC 指令系统。

6. 发展容错技术

容错就是当由于种种原因在系统中出现了数据、文件损坏或丢失时,系统能够自动将这些损坏或丢失的文件和数据恢复到发生事故以前的状态,使系统能够连续正常运行的一种技术。采用热备用或并行工作、多数表决的工作方式。未来将会向更高的可用性、更卓越的

可维护性的具有容错技术的平台或容错服务器平台发展。

7. 追求软硬件的标准化

随着信息技术革新，PLC 产品从当初单纯的逻辑控制功能，经历网络化、系统化、集成化、智能化的不断演变，在技术融合，信息化与自动化叠加发展的大趋势下，PLC 将会容纳越来越多的先进技术和更全面的功能。信息技术领域的不断革新，PLC 新器件和模块不断推出，编程工具越来越丰富多样；云计算、网络通信技术的应用，催生运算速度更快、存储容量更大、更智能的 PLC 品种出现；从配套性上看，产品品种会更丰富、规格更齐全。因而改变各品牌各自为政，追求软硬件的标准化是大势所趋。

随着 PLC 功能不断强大，以及软硬件的标准化趋势，越来越多的企业将依托统一的软件平台，将 PLC 与其他产品组合，形成成套解决方案，以此满足工厂日益提高的集成度和融合度需求。各主流 PLC 厂商产品线日益完善，企业定位逐渐由产品供应商向方案提供商的方向转变，集成自动化概念以及对未来的智能化应用趋势愈加明确。

PLC 现已成为工业控制三大支柱（PLC、CAD/CAM、ROBOT）之一，以其可靠性高、逻辑功能强、体积小、可在线修改控制程序、具有远程通信联网功能、容易与计算机接口、能对模拟量进行控制、具备高速计数与位控等性能模块等优异性能，日益取代由大量中间继电器、时间继电器等组成的传统继电器-接触器控制系统，在各行各业得到广泛应用。PLC 应用深度和广度已经成为一个国家工业先进程度的重要标志之一。

第二节　PLC　硬　件

PLC 的硬件主要由中央处理器（CPU）、存储器、输入单元、输出单元、通信接口、扩展接口、电源等部分组成。其中，CPU 是 PLC 的核心，输入单元与输出单元是连接现场输入/输出设备与 CPU 之间的接口电路，通信接口用于与编程器、上位计算机等外部设备连接。

一、PLC 硬件结构组成

根据 PLC 硬件结构的不同，可以将 PLC 分为整体式和模块式两种。

对于整体式 PLC，所有部件都装在同一机壳内，其组成框图如图 5.2 所示；对于模块式 PLC，各部件独立封装成模块，各模块通过总线连接，安装在机架或导轨上，其组成框图如图 5.3 所示。无论是哪种结构类型的 PLC，都可根据用户需要进行配置与组合。

尽管整体式与模块式 PLC 的结构不太一样，但各部分的功能作用是相同的。

二、中央处理单元（CPU）

PLC 中所配置的 CPU 随机型不同而不同，常用有 3 类：通用微处理器（如 Z80、8086、80286 等）、单片微处理器（如 8031、8096 等）和位片式微处理器（如 AMD29W 等）。小型 PLC 大多采用 8 位通用微处理器和单片微处理器；中型 PLC 大多采用 16 位通用微处理器或单片微处理器；大型 PLC 大多采用高速位片式微处理器。

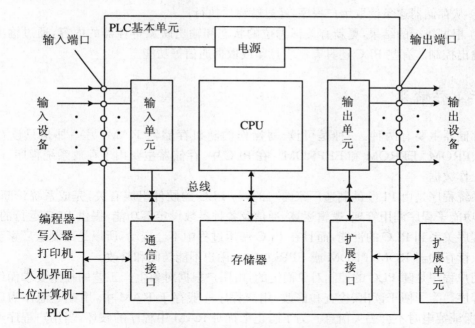

图 5.2　整体式 PLC 组成框图

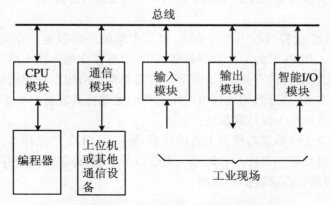

图 5.3　模块式 PLC 组成框图

目前,小型 PLC 为单 CPU 系统,而中、大型 PLC 则大多为双 CPU 系统,甚至有些 PLC 中多达 8 个 CPU。对于双 CPU 系统,一般一个为字处理器,一般采用 8 位或 16 位处理器;另一个为位处理器,采用由各厂家设计制造的专用芯片。字处理器为主处理器,用于执行编程器接口功能,监视内部定时器,监视扫描时间,处理字节指令以及对系统总线和位处理器进行控制等。位处理器为从处理器,主要用于处理位操作指令和实现 PLC 编程语言向机器语言的转换。位处理器的采用,提高了 PLC 的速度,使 PLC 能更好地满足实时控制要求。

在 PLC 中 CPU 按系统程序赋予的功能,指挥 PLC 有条不紊地进行工作,归纳起来主要有以下几个方面:

① 接收从编程器输入的用户程序和数据。

② 诊断电源、PLC 内部电路的工作故障和编程中的语法错误等。

③ 通过输入接口接收现场的状态或数据,并存入输入映象寄存器或数据寄存器中。

　　④ 从存储器逐条读取用户程序,经过解释后执行。

　　⑤ 根据执行的结果,更新有关标志位的状态和输出映象寄存器的内容,通过输出单元实现输出控制。有些 PLC 还具有制表打印或数据通信等功能。

三、存储器

　　存储器主要有两种:一种是可读/写操作的随机存储器 RAM,另一种是只读存储器 ROM、PROM 、EPROM 和 EEPROM。在 PLC 中,存储器主要用于存放系统程序、用户程序及工作数据。

　　系统程序是由 PLC 的制造厂家编写的,与 PLC 的硬件组成有关,完成系统诊断、命令解释、功能子程序调用管理、逻辑运算、通信及各种参数设定等功能,提供 PLC 运行的平台。系统程序关系到 PLC 的性能,而且在 PLC 使用过程中不会变动,所以是由制造厂家直接固化在只读存储器 ROM、PROM 或 EPROM 中,用户不能访问和修改。

　　用户程序是随 PLC 的控制对象而定的,由用户根据对象生产工艺的控制要求而编制的应用程序。为了便于读出、检查和修改,用户程序一般存于 RAM 中,用锂电池作为后备电源,以保证掉电时不会丢失信息。为了防止干扰对 RAM 中程序的破坏,当用户程序经过运行正常,不需要改变,可将其固化在只读存储器 EPROM 中。现在有许多 PLC 直接采用可以电擦除可保持的只读存储器 EEPROM 作为用户存储器,存储用户程序和需要长期保存的重要数据。

　　工作数据是 PLC 运行过程中经常变化、经常存取的一些数据。存放在 RAM 中,以适应随机存取的要求。在 PLC 的工作数据存储器中,设有存放输入输出继电器、辅助继电器、定时器、计数器等逻辑器件的存储区,这些器件的状态都是由用户程序的初始设置和运行情况而确定的。根据需要,部分数据在掉电时用后备电池维持其现有的状态,这部分在掉电时可保存数据的存储区域称为保持数据区。

　　由于系统程序及工作数据与用户无直接联系,所以在 PLC 产品样本或使用手册中所列存储器的形式及容量是指用户程序存储器。由于以前 PLC 提供的用户存储器容量不够用,现在许多 PLC 还提供有存储器扩展功能。

四、输入/输出单元

　　输入/输出单元通常也称 I/O 单元或 I/O 模块,是 PLC 与工业生产现场之间的连接部件。PLC 通过输入接口可以检测被控对象的各种数据,以这些数据作为 PLC 对被控制对象进行控制的依据;同时 PLC 又通过输出接口将处理结果送给被控制对象,以实现控制目的。

　　由于外部输入设备和输出设备所需的信号电平是多种多样的,而 PLC 内部 CPU 的处理的信息只能是标准电平,所以 I/O 接口要实现两种电平的转换。I/O 接口一般都具有光电隔离和滤波功能,以提高 PLC 的抗干扰能力。另外,I/O 接口上通常还有状态指示,工作状况直观,便于维护。

　　PLC 提供了多种操作电平和驱动能力的 I/O 接口,有各种各样功能的 I/O 接口供用户选用。I/O 接口的主要类型有:数字量(开关量)输入、数字量(开关量)输出、模拟量输入、模拟量输出等。

详细了解 I/O 模块,有助于学习 PLC 外部接线和编程。

（一）输入模块

常用的开关量输入接口按其使用的电源不同有 3 种类型:直流输入接口、交流输入接口和交/直流输入接口,其基本原理电路如图 5.4 所示。

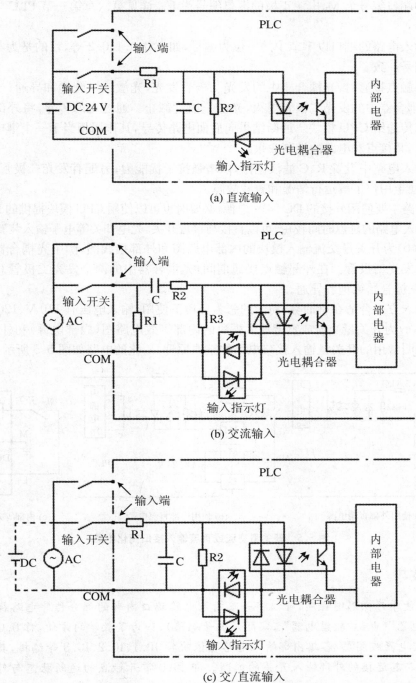

(a) 直流输入

(b) 交流输入

(c) 交/直流输入

图 5.4　开关量输入接口电路

图 5.4(a)为开关量直流输入模块的内部电路图和外部接线图,图中只画出了一路输入电路,输入电流为数毫安。

每路输入电路都有各自的电子电路,各个电子电路都有一个零电位点。将各个电子电路分成若干组,每组共用一个公共端 COM,简称 M,各组的电子电路 0 电位点与端口的 M 点连接,并进行编号:1M、2M、3M 等,所有公共端通过外部连接在一起,共用一个接地点。电源负极的端口编号为 M,电源正极的端口编号为 L。详见第六章第三节 PLC 外部接线的内容。

每路输入电路的端口以字节中的一位为编号,如 0.0、0.1、0.2 等,目的是为与其连接的内部电路编号一致。

当外部触点接通时,光耦合器中的发光二极管发光,光敏三极管饱和导通;当外接触点断开时,光耦合器中的发光二极管熄灭,光敏三极管截止。通过光的传导,将外部通断信号经内部电路传送给 CPU 模块。通断结果向后面电路传导,其作用相当于一个继电器线圈的通电与断电,其接点对电路的控制效果。

内部输入电路中设置 R、C 滤波电路,以增强抗干扰能力;另配有发光二极管,作为输入指示灯,以便于用户了解运行情况和查找故障。

输入回路主要使用外接的 DC 24 V 电源,必要时也可以使用 CPU 模块提供的 DC 24 V 电源。直流输入电路的延迟时间较短,可以直接与接近开关、光电开关等电子输入装置连接。

图 5.4(b)为开关量交流输入模块的内部电路图和外部接线图,图中光耦合器中采用两个反并联的发光二极管。在外部触点接通期间,光耦合器中的两个发光二极管总有一个在发光,光敏三极管始终饱和导通。

交流输入方式合适在有油雾、粉尘的恶劣环境下使用,输入电压有 110 V、120 V 两种。

图 5.4(c)为开关量交流或直流输入模块的内部等效电路图(内部电源)和外部接线图。为了方便说明常用的开关量输入接口电路的基本原理,简化的电路如图 5.5 所示。

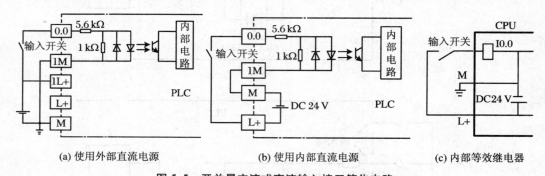

  (a) 使用外部直流电源   (b) 使用内部直流电源   (c) 内部等效继电器

图 5.5　开关量交流或直流输入接口简化电路

经验技巧

为了方便学习梯形图程序,可以将一路输入电路端口内部的部分传导电路视为一个输入"等效继电器"(也称"软继电器",实际是电子电路),如为了教学的方便,称 0.0 端口内接 I0.0"等效继电器线圈"。各路内部输入电路可依次按 I0.1、I0.2、I0.3 等编排,其线圈通电与否取决于与其连接的外部输入开关的通断。即 I0.0 常开触点的通断状态与外部输入开关的通断状态一致。

（二）输出模块

常用的开关量输出接口按输出开关器件不同有 3 种类型：继电器输出、晶体管输出和双向晶闸管输出，其基本原理电路如图 5.6 所示。继电器输出接口可驱动交流或直流负载，但其响应时间长，动作频率低；而晶体管输出和双向晶闸管输出接口的响应速度快，动作频率高，但晶体管输出只能用于驱动直流负载，晶闸管输出只能用于交流负载。

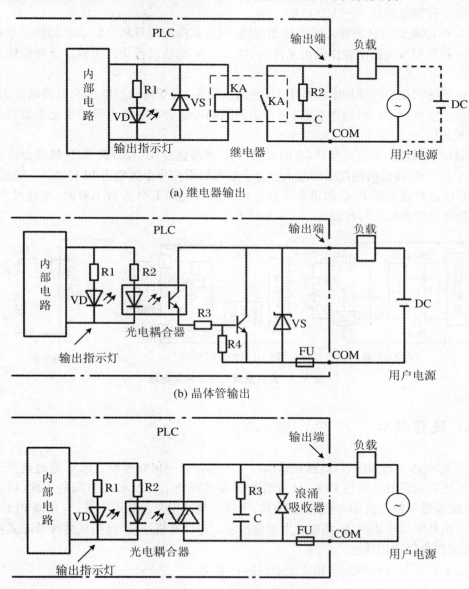

(a) 继电器输出

(b) 晶体管输出

(c) 双向晶闸管输出

图 5.6　开关量输出接口电路

输出电路一般分为若干组，对每一组的总电流也有限制。输出电流的额定值还与负载的性质有关。

图 5.6(a) 为继电器输出模块的内部电路图和交流或直流负载外部接线图，继电器输出

的简化电路如图 5.7 所示。继电器同时起隔离和功率放大作用,每一路只使用一对常开触点。与触点并联的 RC 电路和压敏电阻用来消除触点断开时产生的电弧。

图 5.6(b)是使用电力晶体管(GTR)的输出电路,只能驱动直流负载。使用场效应管(MOSFET)输出的简化电路如图 5.7 所示。PLC 输出信号送给内部电路中的输出锁存器,再经光耦合器送给场效应管,MOSFET 的饱和导通状态和截止状态相当于触点的接通和断开。图中的稳压管用来抑制关断过电压和外部的浪涌电压,以保护场效应管。场效应管输出电路的工作频率可达 20～100 kHz。

图 5.6(c)是双向晶闸管(GTO)输出电路,只能驱动交流负载。S7-200 的数字量扩展模块中有一种是用双向晶闸管作输出元件的 AC 230 V 的输出模块。每输出点额定输出电流为 0.5 A。

继电器输出模块的使用电压范围广,导通压降小,承受瞬时过电压和电流的能力较强,但是动作速度较慢,寿命(动作次数)有一定的限制。适合系统输出量的变化不是很频繁的场所优先选用。

场效应管模块用于直流负载,它的可靠性高、反应速度快、寿命长,但过载能力稍差。

PLC 的 I/O 接口所能接受的输入信号个数和输出信号个数称为 PLC 输入/ 输出(I/O)点数。I/O 点数是选择 PLC 的重要依据之一。当系统的 I/O 点数不够时,可通过 PLC 的 I/O 扩展接口对系统进行扩展。

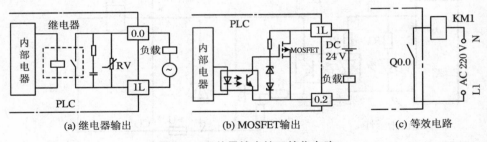

(a) 继电器输出　　　　　　　　(b) MOSFET输出　　　　　　　(c) 等效电路

图 5.7　开关量输出接口简化电路

五、通信接口

PLC 配有各种通信接口,这些通信接口一般都带有通信处理器。PLC 通过这些通信接口可与监视器、打印机、其他 PLC、计算机等设备实现通信。PLC 与打印机连接,可将过程信息、系统参数等输出打印;与监视器连接,可将控制过程图像显示出来;与其他 PLC 连接,可组成多机系统或连成网络,实现更大规模控制。与计算机连接,可组成多级分布式控制系统,实现控制与管理相结合。

远程 I/O 系统也必须配备相应的通信接口模块。

六、智能接口模块

智能接口模块是一独立的计算机系统,它有自己的 CPU、系统程序、存储器以及与 PLC 系统总线相连的接口。它作为 PLC 系统的一个模块,通过总线与 PLC 相连,进行数据交换,并在 PLC 的协调管理下独立地进行工作。

　　PLC 的智能接口模块种类很多,如:高速计数模块、闭环控制模块、运动控制模块、中断控制模块等。

七、编程装置

　　编程装置的作用是编辑、调试、输入用户程序,也可在线监控 PLC 内部状态和参数,与 PLC 进行人机对话。它是开发、应用、维护 PLC 不可缺少的工具。编程装置可以是专用编程器,也可以是配有专用编程软件包的通用计算机系统。专用编程器由 PLC 厂家生产,专供该厂家生产的某些 PLC 产品使用,它主要由键盘、显示器和外存储器接插口等部件组成。专用编程器有简易编程器和智能编程器两类。

　　简易型编程器只能联机编程,而且不能直接输入和编辑梯形图程序,需将梯形图程序转化为指令表程序才能输入。简易编程器体积小、价格便宜,它可以直接插在 PLC 的编程插座上,或者用专用电缆与 PLC 相连,以方便编程和调试。有些简易编程器带有存储盒,可用来储存用户程序。

　　智能编程器又称图形编程器,本质上它是一台专用便携式计算机。它既可联机编程,又可脱机编程。可直接输入和编辑梯形图程序,使用更加直观、方便,但价格较高,操作也比较复杂。大多数智能编程器带有磁盘驱动器,提供录音机接口和打印机接口。

　　专用编程器只能对指定厂家的几种 PLC 进行编程,使用范围有限,价格较高。同时,由于 PLC 产品不断更新换代,所以专用编程器的生命周期也十分有限。因此,现在使用以个人计算机为基础的编程装置,用户只需要购买 PLC 厂家提供的编程软件和相应的硬件接口装置。这样,用户只用较少的投资即可得到高性能的 PLC 程序开发系统。

　　基于个人计算机的程序开发系统功能强大。它既可以编制、修改 PLC 的梯形图程序,又可以监视系统运行、打印文件、系统仿真等,配上相应的软件还可实现数据采集和分析等许多功能。

八、电源

　　PLC 配有开关电源,以供内部电路使用。与普通电源相比,PLC 电源的稳定性好、抗干扰能力强。对电网提供的电源稳定度要求不高,一般允许电源电压在其额定值 ±15% 的范围内波动。许多 PLC 还向外提供直流 24 V 稳压电源,用于对外部传感器供电。

九、其他外部设备

　　除了以上所述的部件和设备外,PLC 还有许多外部设备,如 EPROM 写入器、外存储器、人/机接口装置等。

　　EPROM 写入器是用来将用户程序固化到 EPROM 存储器中的一种 PLC 外部设备。为了使调试好的用户程序不易丢失,经常用 EPROM 写入器将 PLC 内 RAM 保存到 EPROM 中。

　　PLC 内部的半导体存储器称为内存储器。有时可用外部的磁带、磁盘和用半导体存储器做成的存储盒等来存储 PLC 的用户程序,这些存储器件称为外存储器。外存储器一般是通过编程器或其他智能模块提供的接口,实现与内存储器之间相互传送用户程序。

人/机接口装置用来实现操作人员与 PLC 控制系统之间的对话。最简单、最普遍的人/机接口装置由安装在控制台上的按钮、转换开关、拨码开关、指示灯、LED 显示器、声光报警器等器件构成。对于 PLC 系统,还可采用半智能型 CRT 人/机接口装置和智能型终端人/机接口装置。半智能型 CRT 人/机接口装置可长期安装在控制台上,通过通信接口接收来自 PLC 的信息并在 CRT 上显示出来;而智能型终端人/机接口装置有自己的微处理器和存储器,能够与操作人员快速交换信息,并通过通信接口与 PLC 相连,也可作为独立的节点接入 PLC 网络。

第三节　PLC 的工作原理

一、PLC 的操作模式

(一)操作模式

PLC 有两种操作模式,即 RUN(运行)模式与 STOP(停止)模式。

在 RUN 模式下,通过执行反映控制要求的用户程序来实现控制功能。在 CPU 模块的面板上用"RUN"LED 显示当前的操作模式。

在 STOP 模式下,CPU 不执行用户程序,可以用编程软件创建和编辑用户程序,设置 PLC 的硬件功能,并将用户程序和硬件设置信息下载到 PLC。

如果有致命错误,在消除该错误之前不允许从 STOP 模式进入 RUN 模式。PLC 操作系统存储非致命错误供用户检查,但不会从 RUN 模式自动进入 STOP 模式。

(二)用模式开关改变操作模式

CPU 模块上的模式开关在 STOP 位置时,将停止用户程序的运行;在 RUN 位置时,将启动用户程序的运行。模式开关在 STOP 或 TERM(Terminal,终端)位置时,电源通电后 CPU 自动进入 STOP 模式;在 RUN 位置时,电源通电后自动进入 RUN 模式。

也可以用 STEP 7-Micro/WIN 编程软件改变操作模式,或在程序中插入 STOP 指令,使 CPU 由 RUN 模式进入 STOP 模式。

二、PLC 的工作原理

当 PLC 投入运行后,首先对硬件和软件进行一些初始化操作。初始化之后,其工作过程一般分为 3 个阶段,即输入采样、用户程序执行和输出刷新 3 个阶段。完成上述 3 个阶段称作一个扫描周期。在整个运行期间,PLC 的 CPU 以一定的扫描速度重复执行上述 3 个阶段,这种周而复始的循环工作方式称为扫描工作方式。

（一）输入采样阶段

在输入采样阶段，PLC 以扫描方式依次读入所有输入状态和数据，并将它们存入 I/O 映象区中相应的单元内。输入采样结束后，转入用户程序执行和输出刷新阶段。在这两个阶段中，即使输入状态和数据发生变化，因为下一次扫描采样还未到达，I/O 映象区中的相应单元的状态和数据也不会改变。因此，如果输入的是脉冲信号，则该脉冲信号的宽度必须大于一个扫描周期，才能保证在任何情况下，该输入均能被读入，即用宽度（时间）来保证下一次扫描到达时脉冲信号还存在。

（二）用户程序执行阶段

在用户程序执行阶段，PLC 总是按由上而下的顺序依次地扫描用户程序（梯形图）。在扫描每一条梯形图时，又总是先扫描梯形图左边的由各触点构成的控制线路，并按先左后右、先上后下的顺序对由触点构成的控制线路进行逻辑运算，然后根据逻辑运算的结果，刷新该逻辑线圈在系统 RAM 存储区中对应位的状态；或者刷新该输出线圈在 I/O 映象区中对应位的状态；或者确定是否要执行该梯形图所规定的特殊功能指令。即：在用户程序执行过程中，只有输入点在 I/O 映象区内的状态和数据不会发生变化，而其他输出点和软设备在 I/O 映象区或系统 RAM 存储区内的状态和数据都有可能发生变化，而且排在上面的梯形图，其程序执行结果会对排在下面的凡是用到这些线圈或数据的梯形图起作用；相反，排在下面的梯形图，其被刷新的逻辑线圈的状态或数据只能到下一个扫描周期才能对排在其上面的程序起作用。

在程序执行的过程中如果使用"立即 I/O"指令，则可以直接存取 I/O 点。即使用 I/O 指令的话：立即输入类指令，使程序直接从 I/O 模块取值，而输入过程影像寄存器的值不会被更新；立即输出类指令，使输出量 Q 的新值立即被写入对应的物理输出点，同时输出过程影像寄存器会被立即更新。两者有些区别。

如果在程序中使用了中断，当中断事件发生时，CPU 暂时停止正常的扫描工作方式，立即执行中断程序，执行完后自动返回暂停的位置继续正常扫描。中断功能可以提高 PLC 对某些事件的响应速度。

（三）输出刷新阶段

当扫描用户程序结束后，PLC 就进入输出刷新阶段。在此期间，CPU 按照 I/O 映象区内对应的状态和数据刷新所有的输出锁存电路，再经输出电路驱动相应的外部设备。此时，才是 PLC 的真正输出。

PLC 在 RUN 工作状态时，PLC 的 CPU 不断地循环扫描，扫描速度非常快，这是计算机的特点。完成上述 3 个阶段所需的时间即一个扫描周期很短，其典型值为 1~100 ms，甚至几十微秒。

扫描周期 T =（输入一点时间 × 输入端子数）+（指令执行速度 × 指令的条数）

　　　　　　　　+（输出一点的时间 × 输出端子数）+ 故障诊断时间 + 通信时间

指令执行所需的时间与用户程序的长短、指令的种类和 CPU 执行速度是有很大关系，一般来说，一个扫描的过程中，故障诊断时间、通信时间、输入采样和输出刷新所占的时间较少，执行的时间是占了绝大部分。用户程序较长时，指令执行的时间在扫描周期中占相当大的比例。

PLC 的工作原理的概述,只能使初学者对 PLC 扫描工作方式的步骤有个了解。在今后的学习过程中,既要按此扫描工作方式的步骤去理解用户程序,又要在学习程序的过程中加深对扫描工作方式的理解。

第四节　S7-200 系列 PLC

西门子公司在中国生产 S7-200 系列产品,能够更好地贴近服务于中国用户,其价格也比国外生产的低。

一、CPU 模块

S7-200 有 5 种 CPU 模块。各 CPU 模块的技术指标见表 5.1。S7-200 CPU 模块的性能、技术指标等,可查阅相关手册。

表 5.1　S7-200CN CPU 技术规范

特　　性	CPU 221	CPU 222 CN	CPU 224 CN	CPU 224XP CN	CPU 226 CN
本机数字量 I/O	6 入/4 出	8 入/6 出	14 入/10 出	14 入/10 出	24 入/16 出
本机模拟量 I/O	—	—	—	2 入/1 出	
扩展模块数量	—	2	7	7	7
最大可扩展数字量点数	—	78	168	168	248
最大可扩展模拟量点数	—	10	35	38	35
掉电保持时间(电容)/h	50	50	100	100	100
用户数据存储区/B(可以在运行模式下编辑)	4 096		8 192	12 288	16 384
用户数据存储区/B(不能在运行模式下编辑)	4 096		12 288	16 384	24 576
数据存储区/B	2 048		8 192	10 240	10 240
高速计数器	4 路		6 路	6 路	6 路
单相高速计数器	4 路 30 kHz		6 路 30 kHz	4 路 30 kHz,2 路 200 kHz	6 路 30 kHz
双相高速计数器	2 路 20 kHz		4 路 20 kHz	3 路 20 kHz,1 路 100 kHz	4 路 20 kHz
高速脉冲输出	2 路 20 kHz		2 路 20 kHz	2 路 100 kHz	2 路 20 kHz
模拟量调节电位器	1 个,8 位分辨率		2 个,8 位分辨率		

续表

特　性	CPU 221	CPU 222 CN	CPU 224 CN	CPU 224XP CN	CPU 226 CN
RS-485 通信口个数	1		1	2	2
实时时钟	有（时钟卡）		有	有	有
可选卡件	存储器卡、电池卡和实时时钟卡		存储器卡和电池卡		
脉冲捕捉输入个数	6	8	14		24

S7-200 的用户程序存储在 EEPROM 中，详见表 6.3；最大数字输入、输出映像区均为 128 点，内部标志位（M 寄存器）256 点，其中掉电永久保存的 112 点，超级电容或电池保存的 256 点。256 个定时器中有 4 个 1 ms 定时器，16 个 10 ms 定时器，236 个 100 ms 定时器（另详见表 6.7）。256 个计数器均能用超级电容或电池保存。S7-200 有 256 点顺序控制继电器，2 个 1 ms 分辨率的定时中断，4 个硬件输入边沿中断（详见表 9.9），可选输入滤波时间为 0.2～12.8 ms。布尔量运算执行速度为 0.22 μs/指令。

从表 5.1 可以看出，CPU 221 没有扩展功能。适于作小点数的微型控制器。CPU 222 有扩展功能，CPU 224 是具有较强控制功能的控制器，新型 CPU 224XP 集成有 2 路模拟量输入，1 路模拟量输出，2 个 RS-485 通信口，单相高速脉冲输出频率提高到 200 kHz，2 相高速计数器频率提高到 100 kHz，有 PID 自整定功能。这种新型 CPU 增强了 S7-200 在运动控制、过程控制、位置控制、数据监视和采集（远程终端应用）和通信方面的功能。CPU 226 适用于复杂的中小型控制系统，可扩展到 248 点数字量，有两个 RS-485 通信接口。

S7-200 CPU 的指令功能强，采用主程序、子程序（最多 8 级）和中断程序的程序结构。用户程序可以设口令保护。

数字量输入中有 4 个用于硬件中断，6 个用于高速功能，除了 CPU 224 XP 外，32 位高速加/减计数器的最高计数频率为 30 kHz，可以对增量式编码器的两人互差 90°的脉冲列计数，计数值等于设定值或计数方向改变时产生中断，在中断程序中可以及时地对输出进行操作，两个高速输出可以输出最高 20 kHz、频率和宽度可调的脉冲列。

CPU 的 RS-485 串行通信口支持 PPI、自由通信口协议和点对点 PPI 主站模式，可作 MPI 从站。它可以用于运行编程软件的计算机、文本显示器 TD400C 和触摸屏（TP）通信，以及 S7-200 CPU 模块的数字量输入和数字量输出的技术指标如表 2.3 和 2.4 所示。

宽温型 PLC S7-200 SIPLUS 的温度适用范围为 $-25\sim +70\ ℃$，相对湿度范围 98%（$+55\ ℃$）～45%（$+70\ ℃$）。

S7-200 的 DC 输出型电路用场效应管（MOSFET）作为功率放大元件，继电器输出型用继电器触点控制外部负责。继电器输出的开关延时最大 10 ms，无负载时触点的机械寿命为 10 000 000 次，额定负载时触点寿命为 100 000 次。非屏蔽电缆最大长度为 150 m，屏蔽电缆长度为 500 m。

二、数字量扩展模块

数字量扩展模块如表 5.2 所示。

表 5.2 数字量扩展模块

型　　号	各组输入点数	各组输出点数
EM221 CN,8 输入 DC 24 V	4,4	
EM221,8 输入 AC 230 V	各点独立	
EM221 CN,16 输入 DC 24 V	4,4,4,4	
EM222,4 输出 DC 24 V,5 A		各点独立
EM222,4 继电器输出,10 A		各点独立
EM222 CN,8 输出 DC 24 V		4,4
EM222 CN,8 继电器输出		4,4
EM222,8 输出 AC230 V		各点独立
EM223 CN,4 输入/4 输出 DC 24 V	4	4
EM223 CN,4 输入 DC 24 V/4 继电器输出	4	4
EM233 CN ,8 输入 DC 24 V/8 继电器输出	4,4	4,4
EM223 CN,8 输入/8 输出 DC 24 V	4,4	4,4
EM233 CN,16 输入/16 输出 DC 24 V	8,8	8,8
EM233 CN,16 输入 DC 24 V/16 继电器输出	8,8	8,8
EM233,32 输入/32 输出 DC 24 V	16,16	16,16
EM223,32 输入 DC 24 V/32 继电器输出	16,16	11,11,10

可以选用 8 点、16 点和 32 点的数字量输入/输出模块,来满足不同的控制需要。除 CPU 221 外,其他 CPU 模块均可以配接多个扩展模块,连接时 CPU 模块放在最左侧,扩展模块用扁平电缆与它左边的模块相连。

三、模拟量扩展模块

模拟量扩展模块如表 5.3 所示。

表 5.3 模拟量扩展模块

型　　号	输入/输出路数
EM231CN	4 路模拟量输入
EM231CN	2 路热电阻输入
EM231CN	4 路热电偶输入
EM232CN	2 路模拟量输入
EM235CN	4 路模拟量输入/1 路模拟量输出

（一）模拟量输入/输出

1．模拟量输入/输出通道

外部的数字量（开关量）可以经输入接口电路直接送入 CPU；CPU 的数字量也可经输出接口电路直接输出。但是，CPU 无法直接处理模拟量，需要经过转换。

被测参数（例如压力、温度、流量、转速等物理量）经传感器、变送器，转换成统一的标准信号（电压或电流值，即模拟量），再经多路开关分时送到 A/D 转换器进行模拟/数字转换，转换后的数字量通过接口电路送入 CPU，这就是模拟量输入通道。在 CPU 内部，用软件对采集的数据进行处理和计算，然后经模拟量输出通道输出。CPU 输出的数字量通过 D/A 转换器转换成模拟量，再经过反多路开关与相应的执行机构相连，以便对被测参数（被控对象）进行控制。

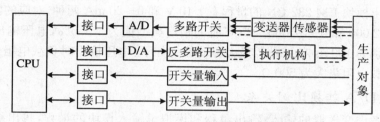

图 5.8　PLC 模拟量、开关量 I/O 系统

2．标准量程

在工业控制中，被控对象的某些物理量（被测参数）首先被传感器（按比例）转换成电压或电流信号，称为模拟量。再经变送器（有些变送器已将某种物理量传感器与变送器合并称为某种变送器，如压力变送器）转换为标准量程的直流电流或电压，例如 DC 4～20 mA（或 0～20 mA）和 0～10 V（或 1～5 V），最后经 A/D 转换器将它们转换成数字量。D/A 转换器将 PLC 的数字输出来转换为模拟量电压或电流，再去控制执行机构。模拟量 I/O 模块的主要任务就是实现 A/D 转换（模拟量输入）和 D/A 转换（模拟量输出）。

被控对象的物理量（被测参数）是有上限（最大值）的。将最大值按比例转换成电压或电流信号时，不得超过量程，取最大值转换成标准量程（10 V 或 20 mA），确保实际被测参数转换成模拟量时，不会超过量程。取被测参数的最小值转换成标准信号的最小值（0 V 或 4 mA），按此 4 个值计算出变送器的转换比例（求斜率）。

标准电流信号之所以取 4 mA，而不是 0 mA，是为了防止测量回路断线而产生误会。即若输入至 A/D 转换器的模拟量为 0 mA，说明是测量回路断线，而不是被测参数实际值为最小值。

S7-200 有 3 种模拟量扩展模块（见表 5.3），S7-200 的模拟量扩展模块中 A/D、D/A 转换器的位数均为 12 位。

3．模拟量输入模块

模拟量输入模块有多种单极性、双极性直流电流、电压输入量程，量程用模块上的 DIP 开关来设置。

模拟量输入模块单极性全量程输入范围对应的数字量输出为 0～32 000，双极性全量程输入范围对应的数字量输出为 −32 000～＋32 000，电压输入时输入电阻≥10 MΩ，电流

10~20 mA 输入时,输入电阻为 250 Ω。A/D 转换的时间<250 μs,模拟量输入的阶跃响应时间为 1.5 ms(达到稳态值的 95% 时)。

模拟量转换为数字量的 12 位读数是左对齐的(A/D、D/A 转换器的位数均为 12 位),是指 16 位存储器(参见图 6.3)中,最高有效位为符号位。在单极性格式中,最低位是 3 个连续的 0,中间 12 位存放转换数字,相当于 A/D 转换值(12 位)被乘以 23(即二进制数后加 3 个 0,转换值被乘以 8)。12 位二进制的最大值为 4 095,取整为 4 000,乘以 8 就是 32 000。在双极性格式中,最低位是 4 个连续的 0,相当于 A/D 转换值被乘以 16。

简单地说,A/D 转换器采用 32 000 作为被测参数最大值即标准量程(10 V 或 20 mA)的转换对应值。考虑到测量误差,实际输入值可能超过 10 V 或 20 mA,即转换成数字量可能会超过 32 000。但 16 位二进制数的最大值是 32 767,说明 A/D 转换器已留有裕度。

4. 模拟量输出模块

模拟量输出模块 EM 232 CN 的量程有 ±10 V 和 0~20 mA 两种,对应的数字量分别为 −32 000~ + 32 000 和 0~32 000。25 ℃时的精度典型值为 ±0.5%,电压输出和电流输出的稳定时间分别为 100 μs 和 2 ms。最大驱动能力如下:电压输出时负载电阻最小为 5 kΩ;电流输出时负载电阻最大为 500 Ω。

5. A/D、D/A 转换比例关系

转换时应考虑变送器的输入/输出量程和模拟量输入模块的量程,找出被测物理量与 A/D 转换后的数字之间的比例关系。模拟量输出模块 D/A 转换比例关系也是如此考虑。下面通过将模拟量输入模块的输出值转换为实际的物理量的实例加以说明。

例 5.1 压力变送器(0~10 MPa)的输出信号为 DC 4~20 mA,模拟量输入模块将 0~20 mA 转换为 0~32 000 的数字量,设转换后得到的数字为 N,试求以 kPa 为单位的压力值。

解 模拟量输入模块中 A/D 将 0~20 mA 模拟量转换为 0~32 000 的数字量,A/D 转换比例为:(20−0)/(32 000−0),则 4~20 mA 的模拟量对应于数字量为 6 400~32 000。

已知 0~10 000 kPa 对应于输出模拟量信号为 DC 4~20 mA,即 0~10 000 kPa 对应于数字量为 6 400~32 000,参见图 5.9。

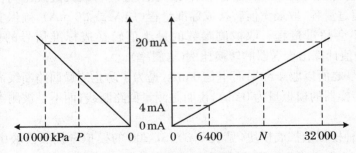

图 5.9 例 5.1 物理量、模拟量、数字量三者对应关系

压力的计算公式应为

$$P = \frac{(10\,000 - 0)}{(32\,000 - 6\,400)}(N - 6\,400) = \frac{100}{256}(N - 6\,400) \quad (\text{kPa})$$

例 5.2 某压力变送器将 −600~600 Pa 的压力信号转换为 DC 4~20 mA 的输出信号,模拟量输入模块将 0~20 mA 转换为数字 0~32 000,设转换后得到的数字为 N,试求以

0.1 Pa 为单位的压力值。

　　解　4～20 mA 的模拟量对应于数字量为 6 400～32 000，即压力值为 −6 000～6 000（单位为 0.1 Pa）对应于数字量为 6 400～32 000，根据图 5.10 中的比例关系，得出压力的计算公式为

$$\frac{P - (-6\,000)}{N - 6\,400} = \frac{6\,000 - (-6\,000)}{32\,000 - 6\,400}$$

$$P = \frac{120}{256}(N - 6\,400) - 6\,000 \quad (0.1\ \text{Pa})$$

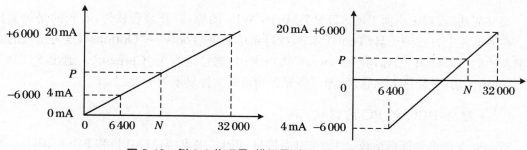

图 5.10　例 5.2 物理量、模拟量、数字量三者对应关系

（二）热电偶、热电阻扩展模块

　　EM231 热电偶模块（参见表 5.3）可以用于 J、K、E、N、S、T 和 R 型热电偶，热电阻模块的热电阻接线方式有 2 线、3 线和 4 线 3 种，其中 4 线方式的精度最高，2 线方式的精度最低。热电偶、热电阻模块具有冷端补偿电路，模块输出 15 位加符号位的二进制数。两种模块的采样周期为 405 ms（Pt10 000 为 700 ms），重复性为满量程的 0.05%。

第五节　编程软件的使用方法

　　STEP 7-Micro/WIN 是专门为 S7-200 设计的、在个人计算机上运行的编程软件，它的功能强大、使用方便、简单易学。本章讲述的内容是建立在 STEP 7-Micro/WIN V4.0 SP5 的基础上的。

　　初学者可以先在已安装编程软件的计算机上学习编程，以后再学习如何安装编程软件。

一、编程软件的安装与使用准备

（一）编程软件的安装

为了实现 PLC 与计算机的通信，必须配备下列设备中的一种：

① 1 条廉价的 PC/PPI 电缆或 PPI 多主站电缆，笔记本电脑可以使用 USB/PPI 电缆。

② 1 块插在个人计算机中的 CP5511、CP5611 等通信卡和 MPI（多点接口）电缆。

双击编程软件中的安装程序 SETUP.EXE，开始安装编程软件，使用默认的安装语言

（英语）。在安装过程中，将会出现"Set PC/PG Interface"（设置计算机/编程器接口）对话框。可以在安装时设置通信参数，也可以在安装后设置。

为了安装编程软件的升级包，需要在计算机的控制面板的"添加或删除程序"对话框中，删除安装好的编程软件，然后安装编程软件的升级包。可以在西门子的网站下载最新的升级包，也可以在网站上下载包含 SP6 的 V4.0 编程软件。目前可以下载 SP9 的升级包，常用的是 SP6 的 V4.0 编程软件版本。

（二）中英文界面切换

安装成功后，双击桌面上的 STEP 7-Micro/WIN 图标，打开编程软件，看到的是英文界面。在界面左上方找到工具（Tools）菜单，执行菜单命令"Tools"→"Options"，点击出现的对话框左边的"General"图标，在"General"选项卡中，选择语言为"Chinese"。退出 STEP 7-Micro/WIN 后，重新进入该软件，即可将界面和帮助文件显示为中文。

（三）建立 PLC 与 PC 的通信

S7-200 支持多种通信协议，例如点对点接口（PPI）、多点接口（MPI）和 PROFIBUS。只要波特率相同，3 个协议可以在网络中同时运行，不会相互干扰。

协议支持一个网络中的 127 个地址（从 0 到 126），最多可以有 32 个主站。运行 STEP7-Micro/WIN 的计算机的默认地址为 0，人机界面（HMI，例如文本显示器 TD200 和触摸屏）的默认地址为 1，PLC 的默认地址为 2。

在 STEP 7-Micro/WIN 中执行菜单命令"查看"→"组件"→"设置 PG/PC 接口"，或者双击指令树的"通信"文件夹中的"设置 PG/PC 接口"图标，进入"设置 PG/PC 接口"对话框。在"通信"对话框中双击 PC/PPI 电缆的图标，或者点击"设置 PG/PC 接口"按钮，也可以进入设置 PG/PC 接口对话框。

打开"设置 PG/PC 接口"对话框后，在"已使用的接口参数分配"列表框中，选择通信接口协议，如果使用 PPI 多主站电缆，应选择"PC/PPI cable（PPI）"，在"应用程序访问点"列表框中，将出现"Micro/WIN→PC/PPI cable（PPI）"。如果使用 PC/PPI 电缆，在"设置 PG/PC 接口"对话框中单击"属性"按钮，将会出现"属性- PC/PPI cable（PPI）"对话框。

实训室建立 PLC 与 PC 的通信操作步骤简述如下：打开"设置 PG/PC 接口"对话框后，在"已使用的接口参数分配"列表框中，选择"PC/PPI cable（PPI）"，点击"属性"按钮，出现"属性- PC/PPI cable（PPI）"对话框。在"PPI"选项卡中，点击"默认"。再单击"本地连接"选项卡，选择"COM"（根据所使用的连接电缆，也可选择通信口 USB），点击"确认"。在 STEP 7-Micro/WIN 中，双击"通信"按钮，进入"通信"对话框，双击"双击刷新"的图标，点击"确认"。

在 STEP 7-Micro/WIN 中，打开"系统块"对话框，可以修改 PLC 地址。地址选择范围为 2～126。

二、程序的编写与传送

(一)编程前期准备工作

1．创建一个项目或打开一个已有的项目

在为控制系统编程之前，首先应创建一个项目。执行菜单命令"文件"→"新建"，或者点击工具栏最左边的"新建项目"按钮 📄，生成一个新的项目。执行菜单命令"文件"→"另存为"，可以修改项目的名称和项目文件所在的文件夹。执行菜单命令"文件"→"打开"，或者点击工具栏上对应的 📂 按钮，可以打开已有的项目。项目存放在扩展名为 mwp 的文件中。

2．设置与读取 PLC 的型号

在给 PLC 编程之前，应正确地设置其型号，执行菜单命令"PLC"→"类型"，在出现的对话框中设置 PLC 的型号。如果已经成功地建立起与 PLC 的通信连接，单击对话框中的"读取 PLC"按钮，可以通过通信读出 PLC 的型号与 CPU 的版本号。按"确认"按钮后启用新的型号和版本。

指令树用红色标记"X"表示对选择的 PLC 的型号无效的指令。如果设置的 PLC 的型号与 PLC 实际的型号不一致，则不能下载系统模块。

3．选择默认的编程语言和指令助记符集

执行菜单命令"工具"→"选项"，将弹出"选项"对话框，选中左边窗口的"常规"图标，在"常规"选项卡中选择语言、默认的程序编辑器的类型，还可以选择使用 SIMATIC 编程模式或 IEC 61131-3 编程模式，一般选择 SIMATIC 编程模式。可以选择使用"国际"或"SIMATIC"助记符集，它们分别使用英语和德语的指令助记符。

4．设置程序编辑器的参数

执行菜单命令"工具"→"选项"，在"程序编辑器"对话框中，可以选择只显示符号，或同时显示符号和地址。还可以设置以字符为单位的栅格（即触点或线圈）的宽度，字符的大小、字体和样式（字符是否加粗或显示斜体），可以总体设置（在"类别"列表中选中"所有类别"），也可以分类设置。

具体编程方法详见第六章。

(二)程序的传送

编程完成后，在下载前，可以利用"编译"按钮先检查程序中语法（形式）错误。计算机为上位机，PLC 为下位机。将在计算机中编好的程序传送到 PLC 中，称为"下载"；从 PLC 中向计算机传送程序称为"上载"。

1．编译程序

执行"PLC"菜单中的"编译"命令，或点击工具栏上的"编译"按钮或"全部编译"按钮，可以分别编译当前打开的程序或所有的程序。编译后在屏幕下部的输出窗口将会显示程序中语法错误的个数，各条错误的原因和错误在程序中的位置。双击某一条错误，将会显示程

序编译器中该错误所在的网络。必须改正程序中所有的错误,编译成功后,才能下载程序。

如果没有编译程序,在下载之前编程软件将会自动地对程序进行编译,并在输出窗口显示编译的结果。

2．下载程序

计算机与 PLC 建立起通信连接后,可以将程序下载到 PLC 中去。

单击工具栏上的"下载"按钮,或者执行菜单命令"文件"→"下载",将会出现下载对话框。点击"选项"按钮,可以打开或关闭选项对话框。用户可以用多选框选择是否下载程序块、数据块、系统块、配方和数据记录配置(不能下载或上载符号表或状态表)。单击"下载"按钮,开始下载数据。

下载应在 STOP 模式下进行,下载时 CPU 可以自动切换到 STOP 模式,下载结束后可以自动切换到 RUN 模式。可以用多选框选择下载成功后是否自动关闭对话框,以及下载之前从 RUN 模式自动切换到 STOP 模式,或下载后从 STOP 模式自动切换到 RUN 模式是否需要提示。

3．上载程序

上载前应建立起计算机与 PLC 之间的通信连接,在 STEP 7-Micro/WIN 中新建一个空项目来保存上载的块,项目中原有的内容将被上载的内容覆盖。

单击工具栏上的"上载"按钮,或者执行菜单命令"文件"→"上载",将打开上载对话框。上载对话框与下载对话框的结构基本上相同,在对话框的右下部仅有多选框"成功后关闭对话框"。

用户可以用多选框选择是否上载程序块、数据块、系统块、配方和数据记录配置。单击"上载"按钮,开始上载数据。

4．运行和调试程序

下载程序后,将 PLC 的工作模式开关拨到"RUN"位置,"RUN"LED 亮,用户程序开始运行。工作模式开关在"RUN"位置时,可以用编程软件工具栏上的"RUN"按钮和"STOP"按钮切换 PLC 的操作方式。

三、用编程软件监视程序与调试程序

在运行 STEP 7-Micro/WIN 的计算机与 PLC 之间建立起通信连接,并将程序下载到 PLC 后,执行菜单命令"调试"→"开始程序状态监控",或单击工具栏上的"程序状态监控"按钮 🔛,可以用程序状态监控功能监控程序运行的状况。

如果需要暂停程序状态监控,单击工具栏上的"暂停程序状态监控"按钮 🔝,当前的数据会保留在屏幕上。再次点击该按钮,则继续执行状态监控。

(一) 梯形图程序的程序状态监控

1．运行状态的程序状态监控

必须在梯形图程序状态操作开始之前选择程序状态监控的数据采集模式。执行菜单命令"调试"→"使用执行状态"后,进入执行状态,该命令行的前面出现一个"√"。在这种状态模式,只是在 PLC 处于 RUN 模式时才刷新程序段中的状态值。

在"RUN"模式启动程序状态功能后,将用颜色显示出梯形图中各种元件的状态,左边的垂直"电源线"和与它相连的水平"导线"变为蓝色。如果位操作数为 1(为 ON),其常开触点和线圈变为蓝色,它们中间出现蓝色方块,有"能流"流过的"导线"也变为蓝色。如果有"能流"流入方框指令的 EN(使能)输入端,且该指令被成功执行时,方框指令的方框变为蓝色。定时器和计数器的方框为绿色时表示它们包含有效数据。红色方框表示执行指令时出现了错误。灰色表示无能流、指令被跳过、未调用,或 PLC 处于"STOP"(停止)模式。

用菜单命令"工具"→"选项"打开"选项"对话框,可以在"程序编辑器"选项卡中设置梯形图编辑器中栅格(即矩形光标)的宽度、字符的大小、仅显示符号或同时显示符号和地址等。

只有在 PLC 处于 RUN 模式时才会显示强制状态,此时用鼠标选中某一元件,用"调试"菜单中的命令可以对该元件执行写入、强制或取消强制的操作。强制和取消强制功能不能用于 V、M、AI 和 AQ 的位。

2."扫描结束"状态的状态监视

在上述的执行状态时执行菜单命令"调试"→"使用执行状态",菜单中该命令行前面的"√"消失,进入"扫描结束"状态。

"扫描结束"状态显示在程序扫描结束时读取的状态结果。这些结果可能不会反映 PLC 数据地址的所有数值变化,因为随后的程序指令在程序扫描结束之前可能会写入和重新写入数值。由于快速的 PLC 扫描周期和相对慢速的 PLC 状态数据通信之间存在的速度差别,"扫描结束"状态显示的是几个扫描周期结束时采集的数据值。

只在"RUN"模式才会显示触点和线圈中的颜色块,以区别"RUN"和"STOP"模式。

对强制的处理与执行状态基本上相同,强制和取消强制功能不能用于 V、M、AI 和 AQ 的位。在 PLC 处于"RUN"和"STOP"模式时都会显示强制状态。只有在"调试"菜单中选中了 STOP 模式下写入"强制输出"(该项的左边出现"√"),才能在"STOP"模式执行对输出 Q 和 AQ 的写操作。

(二)语句表程序的程序状态监控

启动语句表和梯形图的程序状态监控功能的方法完全相同。

在菜单命令"工具"→"选项"打开的对话框中,打开"程序编辑器"中的"STL 状态监控"选项卡,可以设置语句表程序状态监控的内容,每条指令最多可以监控 17 个操作数、逻辑堆栈中的 4 个当前值和 1 个指令状态位。

状态信息从位于编辑窗口顶端的第一条 STL 语句开始显示。向下滚动编辑窗口时,将从 CPU 获取新的信息。

总之,编程软件使用方法很多,本节不再一一介绍,初学者需要通过后续的程序学习和实际操作,逐渐补充编程软件使用知识。

习　题

1. PLC 主要由 CPU 模块、输入模块、输出模块和编程装置组成，简述各部分的主要作用。

2. PLC 输入、输出接口电路中，内部与外部是如何隔离的？为何要隔离？

3. 数字量、模拟量是如何输入、输出的？

4. 何为 PLC 扫描工作方式？扫描周期典型值是多少？叙述对用户程序扫描的次序。

5. 数字量输出模块有哪几种类型？各有什么特点？

6. 常用"传感器→变送器"输出的标准量程的直流电流或电压有哪些？

7. 频率变送器的量程为 45～55 Hz，输出信号为 DC 0～10 V，模拟量输入模块输入信号的量程为 DC 0～10 V，转换后的数字量为 0～32 000，设转换后得到的数字为 N，试求以 0.01 Hz 为单位的频率值。

8. 温度变送器将 -10～100 ℃ 的温度转换为 DC 4～20 mA 的电流，模拟量输入模块将 0～20 mA 的电流转换为 0～32 000 的数字，设转换后的数字为 N，试求以 0.1 ℃ 为单位的温度值。

第六章　PLC梯形图编程基础

本章着重介绍PLC编程最基础的存储器及其编址、寻址方法,基础部分常用指令及简单的梯形图程序。

第一节　PLC的编程语言与程序结构概述

一、PLC编程语言

由于各大公司的PLC的硬件和软件并不通用,所以其PLC的编程语言、指令都有差异。国际电工委员会(IEC)的PLC标准的第三部分(IEC61131-3)是PLC的编程语言,标准中有5种编程语言,参见图6.1。本章编程语言只介绍梯形图。

图6.1　PLC的编程语言

1. 顺序功能图

顺序功能图(Sequential Function Chart ,SFC)在S7-200 PLC中只能算是一种结构性控制程序流程图,用来方便编写顺序控制程序,详见第八章。所以它是一种位于其他编程语言之上的图形语言,但S7-300/400 PLC中,顺序功能图就可以作为编程语言直接用于PLC中使用。

2. 梯形图

梯形图(Ladder Diagram,LD)是由触点、线圈和功能块组成的PLC程序。它与继电器-接触器控制系统的电路图很相似,有时又把梯形图称为电路。因此,对熟悉继电器-接触器控制的电气技术人员来说,直观易懂,所以,梯形图是工厂电气技术人员使用得最多的PLC编程语言,特别适合用于数字量(开关量)逻辑控制。梯形图同样也更适合电气类、机电类专业的学生学习和掌握。

3. 功能块图

功能块图(Function Block Diagram,FBD)采用类似与门、或门的方框来表示逻辑运算关系,是一种类似于数字逻辑电路的编程语言。即把触点串联视为与门、触点并联视为或门,有数字电路基础的人员容易学习和掌握。

4. 语句表

PLC 的指令是一种与微机的汇编语言中的指令相似的助记符表达式,由指令组成的程序称为指令表(Instruction List,IL)程序,西门子 S7 系列 PLC 称为语句表(IL)程序。因此,语句表适合熟悉 PLC 和程序设计的经验丰富的程序员使用,也比较适合计算机类专业学生学习和掌握,详见第十章。

5. 结构文本

结构文本(Structured Text,ST)是为 IEC61131-3 标准创建的一种专用的高级编程语言。与梯形图相比,它能够实现复杂的数学运算,编写的程序非常简洁且紧凑。

二、S7-200 PLC 程序结构

S7-200CPU 的控制程序结构包括主程序、子程序和中断程序,即主程序、子程序和中断程序都是程序的组织结构,统称为程序组织单元 POU(Program Organizational Unit)。

1. 主程序

主程序(OB1)是 CPU 循环扫描的主体(MAIN),每一个项目都必须有一个主体,且只能有一个主体,称该程序主体为主程序。主程序通过指令控制整个应用程序的执行;在执行主程序的过程中,需要时可以"暂停"主程序,调用子程序"插入"执行;也可以在执行主程序的过程中发生中断事件时,"暂停"主程序,"插入"执行中断程序;在子程序或中断程序执行完成后,"恢复"执行被暂停的主程序。

一个项目可能只有主程序,而没有子程序和中断程序;一个项目可以有主程序和子程序或多个子程序,而没有中断程序;一个项目也可以有主程序和中断程序或多个中断程序,而没有子程序;即使一个项目既有主程序也有子程序和中断程序或多个子程序或多个中断程序,CPU 每次扫描都要执行一次主程序,并不是一定要执行子程序和中断程序。只有在子程序被调用时或中断事件发生时,子程序或中断程序才会被执行。

通过对本章及后面章节内容的学习,将对主程序有更深刻的认识。

2. 子程序

子程序(SBR_0)是为了简化程序、减少扫描时间而设置的程序,用于被其他程序调用,且仅在被其他程序调用时才会被执行。主程序、中断程序以及其他子程序都可以在不同的地方多次调用该子程序,被主程序或其他子程序调用的子程序甚至还允许调用另一个子程序。另外,一个项目中设计好的子程序同样可以方便地被移植到另一个项目中去。

子程序的编写与调用详见第九章。

3. 中断程序

中断功能是 S7-200 PLC 的重要功能,用于及时处理与用户程序的执行时序无关的操作,或者不能事先预测何时发生的"紧急事件"。用户为实现中断功能而编写的程序称为中断程序(INT_0),CPU 暂停当前的工作转去处理的这个"紧急事件",必须是预先已设置在 PLC 中的事件,称为中断事件。响应某个中断事件的中断程序,不是由用户程序调用的,而

是中断事件发生时自动调用的,即只能由中断事件触发执行。

中断程序与中断指令详见第九章。

第二节　S7-200 PLC 存储器寻址

S7-200 PLC 存储器是编程软件的组成部分。存储器应包括存储区域和地址。数据存储需要有序,以便能准确找到相关的数据。将存储区域按一定规则进行划分,并进行编号就是存储器寻址。

一、CPU 的存储区

CPU 中的大量信息需要存储,为了便于使用和管理,需要进行区域划分。并对大小不同的存储区域进行命名,存储区内的各存储单元被称为存储器,同一块存储区内的各存储器与存储区用相同的区域标示符表示(例如 I、Q、V、T 等)。

1. 输入过程映像寄存器 I

由计算机工作原理知:在每一个扫描周期的开始,CPU 对物理输入点进行采样,并将采样值存于过程映像寄存器中。

输入过程映像寄存器 I 是 PLC 接收外部输入的数字量信号的窗口。PLC 通过输入模块及光耦合器,将外部信号的状态读入并存储在输入过程映像寄存器 I 中。外部输入电路接通时,外部信号的状态被读入并存储,对应的映像寄存器 I 为 ON,即称 I 的状态为 1;外部输入电路断开时 I 为 OFF,即为 0 状态。

输入过程映像寄存器 I 类似于继电器控制系统中的输入继电器,也有"常开触点"和"常闭触点",习惯称为内部输入"继电器"I 。当外部输入电路接通输入"继电器"I 的"线圈"时,其"常开触点"闭合、"常闭触点"断开;外部输入电路断开输入"继电器"I 的"线圈"时,其"常开触点"断开、"常闭触点"闭合。输入"继电器"I 属于 CPU 内部电子电路,实际上其"触点通断"就是其输出电路呈现高低电位状态,状态可以被多次引用。即并联在其输出电路的多个电路都会受到 I 状态(高低电位)的影响,所以代表输入"继电器"I 状态的"常开触点"和"常闭触点"在 CPU 内部都可以多次使用,相当于输入"继电器"I 有无数个"常开触点"和"常闭触点"。

输入过程映像寄存器 I 所在的存储区简称输入存储区,用存储区域标示符 I 表示输入(Input)。

2. 输出过程映像寄存器 Q

CPU 在执行程序的过程中,将最终数据结果存入输出过程映像寄存器 Q,并由 Q 将数据传送给输出模块,再由输出模块中的继电器或场效应管或晶闸管驱动外部负载。

输出过程映像寄存器 Q 类似于继电器控制系统中的输出继电器,也有"常开触点"和"常闭触点",习惯称为内部输出"继电器"Q。当内部电路接通输出"继电器"Q 的"线圈"时,即 Q 的状态为 1 时,其"常开触点"闭合、"常闭触点"断开;当 Q 的"线圈"断电时,即 Q 的状态为

0 时,其"常开触点"断开、"常闭触点"闭合。同理,输出"继电器"Q 有无数个"常开触点"和"常闭触点"。

输出过程映像寄存器 Q 所在的存储区简称输出存储区,用区域标示符 Q 表示。

注 生产 PLC 的几大公司对编程元素使用的文字符号、图形符号及编址不尽相同,例如在日本三菱公司生产的 FX 系列 PLC 中,输入过程映像寄存器和输出过程映像寄存器分别用"X"和"Y"表示。

3. 位存储器 M

继电器控制系统中,输入继电器往往经过中间环节与输出继电器发生关联;位存储区 M 中各存储器 M 类似于继电器控制系统中的中间继电器,用来存储中间操作状态、中间变量或其他控制信息。

4. 变量存储器 V

变量(Variable)存储区用来在执行程序过程中存放中间结果,或者用来保存与工序或任务有关的其他数据。变量存储区 V 中各存储器 V 主要用于存储数据,而数据占据空间很大,所以变量存储区 V 的区域很大。

变量存储区 V 与存储区 M 的区别:V 是主数据存储区,而存储器 M 本身数量较少,一般用来存放中间状态。

5. 定时器存储区 T

定时器存储区 T 内的各定时器 T 相当于继电器控制系统中的时间继电器。定时器 T 有"线圈"和"触点",能设定延时动作时间,详见本章第四节定时器指令。

6. 计数器存储区 C

计数器存储区 C 内的各计数器 C 用来累计输入计数器的脉冲次数。计数器 C 也具有继电器的特征,即也有"线圈"和"触点",能设定动作值,详见本章第四节计数器指令。

7. 局部存储器 L

I、Q、M、V、T、C、AI、AQ、S 等变量称为全局变量,对应的存储器都属于全局存储器,主程序、子程序和中断程序都可以使用。主程序、子程序和中断程序被称为程序组织单元 POU,各 POU 都可以有自己的 64B 局部(Local)存储器组成的局部变量表,即在 POU(例如子程序)中创建局部变量表,则局部变量 L 只在它被创建的 POU 中有效。详见第九章第四节。

8. 模拟量输入 AI

CPU 只能处理数字量,无法读取模拟量(如电压、电流、温度、流量等)。需要通过 A/D 转换器将代表模拟量的标准电信号转换为一个字长(16 位)的数字量,即把模拟量输入转化为数字量 AI 存放在 CPU 中。

9. 模拟量输出 AQ

CPU 中处理的数字量需要输出时,需要通过 D/A 转换器将一个字长(16 位)的数字量转换成标准的模拟信号才能输出到外部电路。存储需要输出数字量的存储器称为模拟量输出存储器 AQ,所在的存储区称为模拟量输出存储区 AQ。

10. 顺序控制继电器 S

顺序控制继电器 S 专门用于顺序控制程序,详见第八章第四节。

11. 特殊存储器 SM

特殊存储器 SM 被固化了功能特性,用于 CPU 与用户之间交换信息。详见附录 A。

12. 累加器 AC

累加器 AC 是可以像存储器那样使用的读/写单元,CPU 提供了 4 个 32 位累加器(AC0～AC3),可以按双字存取 32 位的数据,但也可按字节和字来存取累加器中的 8 位和 16 位数据。存储的数据长度由指令决定。

二、存储器的数据类型

(一)计算机中的数制与码制

数制是人们按某种进位规则进行计数的科学方法,同一个客观数量可以用不同的计数制度来表示,这就形成了不同的数制。

人们习惯使用的是十进制,而计算机中采用的基本数制是二进制(八进制和十六进制作为二进制的一种编写形式便于表示)。

为了区别正负数,通常用二进制数的最高位来表示数的符号位,以解决数的正负符号问题。表达一个数的大小和正负的不同方法称作码制。常用的码制有原码、补码、反码及偏移码。

S7-200 PLC 常用二进制数、十六进制数、BCD 码和原码等。

1. 二进制数

二进制数遵循"逢 2 进 1"的运算规则,可以用多位二进制数来表示数字,二进制数的标志后缀是 B,例如 1101 1010B 是二进制常数。

S7-200 PLC 则用标志前缀 2# 来表示二进制常数,例如 2#1101 1010 表示是 8 位($n=8$)二进制常数,对应的十进制数为

$$1 \times 2^7 + 1 \times 2^6 + 0 \times 2^5 + 1 \times 2^4 + 1 \times 2^3 + 0 \times 2^2 + 1 \times 2^1 + 0 \times 2^0 = 218$$

8 位($n=8$)二进制数值范围:2#0000 0000～2#1111 1111,对应十进制数值范围为:0～255。

16 位($n=16$)二进制数值最大值:2#1111 1111 1111 1111,对应十进制数值为:65535。

2. 十六进制数

十六进制数遵循"逢 16 进 1"的运算规则,使用 16 个数字符号(0～9 和 A～F)分别对应于十进制数 0～15,十六进制数的标志后缀是 H,例如 2CH。

S7-200 PLC 则用标志前缀 16# 来表示十六进制常数,例如 16#2C,对应的十进制数为

$$2 \times 16^1 + 12 \times 16^0 = 44$$

因为十六进制的 16 个数字符号 0～F 分别对应于二进制数 0000～1111,所以可以用 4 位二进制数对应于 1 位十六进制数。例如 2#0010 0101 对应于 16#25(左 4 位 0010 和右 4 位 0101 分别对应于 2 和 5),转换成十进制数为 37。

3. BCD 码

用二进制数为十进制数编码,每一位十进制数需要由 4 位二进制数来表示。这种二-十

进制码称为 BCD 码(Binary Coded Decimal Numbers)。BCD 码用 4 位二进制数的组合来表示一位十进制数(0～9),共需 10 个编码。4 位二进制数有 16 种排列组合,即能编出 16 个码,其中 6 个码放弃不用,即只需 0000～1001。

S7-200 PLC 的 BCD 码用十六进制格式(相当于放弃 A～F 码)。例如十进制数 25 对应的 BCD 码为 16♯25,对应的二进制数为 2♯0010 0101,而十六进制数 16♯25 转换成十进制数为 37。S7-200 PLC 通过功能指令预设的数据格式来确定该数值是十六进制还是BCD 码。

4. 原码

用二进制数的最高位(二进制数最右边一位)表示数的符号,通常规定以 0 表示正数(正号＋),1 表示负数(负号－),其余各位表示数值本身,则称该二进制数为原码表示法。例如字长为 8 时的原码 00000110 和 10000110,其对应的十进制数分别为＋6 和－6。

5. ASCII 码

ASCII 码是美国信息交换标准码,是一种字符编码格式,用一个字节的二进制数值代表不同的字符。

比较几种数制的数的表示方法如表 6.1 所示。

表 6.1　不同数制的数的表示方法

十进制数	十六进制数	二进制数	BCD 码	十进制数	十六进制数	二进制数	BCD 码
0	0	00000	0000 0000	9	9	01001	0000 1001
1	1	00001	0000 0001	10	A	01010	0001 0000
2	2	00010	0000 0010	11	B	01011	0001 0001
3	3	00011	0000 0011	12	C	01100	0001 0010
4	4	00100	0000 0100	13	D	01101	0001 0100
5	5	00101	0000 0101	14	E	01110	0001 0100
6	6	00110	0000 0110	15	F	01111	0001 0101
7	7	00111	0000 0111	16	10	10000	0001 0110
8	8	01000	0000 1000	17	11	10001	0001 0111

(二) 存储器数据的长度

计算机采用二进制数,不仅因为它只有 0 和 1 两个系数,还因为 0 和 1 用电路实现起来很方便。即数字电路中通常的两种稳态:逻辑器件的饱和与截止状态。相应地形成低电位和高电位,以此代表两个数码:0 和 1。

把位、字节、字和双字占用的连续位数称为长度,代表着数据存储的一种格式。

1. 位数据

计算机中使用的是二进制数,其最基本的存储单位是位(Bit)。"位"本身的数字只有 0 和 1。"位数据"也常被称为"位状态"。位数据的存储格式即位数据的长度是一个位。

2. 字节数据

十进制"位"本身的数字是 0～9,但因排列位置不同,分成个位、十位、百位、千位、万位数等。按不同位置把存储单位排列,各存储单位中的数字(0、1)组合成一个数据。

8 位二进制数组成一个字节(Byte,简称为 B)。数据在存储器中常以字节为单位进行存储,字节数据对应存储器占用 8 个"位"内存空间。常见以字节 B 或 KB 为单位来描述存储设备总容量的大小,也用来描述数据、图片、文件等所占用存储设备容量的大小。

3. 字数据

相邻的两个字节组成一个字(Word,简称为 W)。当二进制数的位数超过 8 位,就需要用多个相邻的字节来存放。可见,字数据对应存储器占用 16 位内存空间。

4. 双字数据

相邻的 4 个字节组成一个双字(Double Word,简称为 DW 或 D)。可见,双字数据对应存储器占用 32 位内存空间。

S7-200 PLC 中,CPU 没有用到四字、双四字数据。数据的长度及数据范围如表 6.2 所示。

表 6.2 数据的长度及数据范围

数据的长度	无符号整数范围		有符号整数范围	
	十进制	十六进制	十进制	十六进制
字节 B:8 位	0~255	0~FF	-128~127	80~7F
字 W:16 位	0~65 535	0~FFFF	-32 768~32767	8 000~7FFF
双字 D:32 位	0~4 294 967 295	0~FFFF FFFF	-2 147 483 648~2147483 647	80 000 000~7FFFFFFF

(三)存储器的数据类型

字节、字、双字数据称为基本数据类型;整数、双整数、实数数据称为数字数据类型;字符串数据也是一种数据类型。基本数据类型不考虑数的符号和小数点的问题;整数则分为无符号整数和带符号整数。

1. 布尔型

二进制数的 1 个位数据只有 0 和 1,正好用来表示开关的断开状态和闭合状态,称 0 和 1 为开关量或称为数字量。在后续的内容中,常见用"位"状态来描述元件或电路的状态;该"位"为 1,则表示元件(电路)通电;该"位"为 0,则表示元件断电。位状态的数据类型为 Bool(布尔)型。可见,开关量(数字量)为 Bool 型数据,对应存储器只占用 1 位内存空间。

2. 整数型

整数型数据包括整数数据和双整数数据。

(1)整数数据

整数数据(Int)包含无符号整数数据和带符号整数数据。

① 无符号整数

无符号整数即为原始的二进制值,范围为 $0 \sim 2^n - 1$。S7-200 PLC 中,整数选择字数据格式,$n = 16$,即无符号整数数值范围为 0~65 535。

② 带符号整数

带符号整数是用 2 的补码表示的二进制值。规定操作数的最高位为符号位。数值的范

围为 $-2^{n-1} \sim +2^{n-1}-1$。S7-200 PLC 中，整数选择字数据格式，$n=16$，即带符号整数数值范围为 $-32\,768 \sim +32\,767$。

（2）双整数数据

双整数数据（DInt）包含无符号双整数数据和带符号双整数数据。

S7-200 PLC 中，双整数选择双字数据格式，$n=32$。无符号双整数数值范围为 $0 \sim 4\,294\,967\,295$；带符号双整数数值范围为 $-2\,147\,483\,648 \sim +2\,147\,483\,647$。

3. 实数型

实数又称浮点数。S7-200 PLC 中，实数型数据采用 32 位（双字数据格式）单精度数来表示。

在编程软件中输入立即数时，带小数点的数（例如 62.0）被认为是浮点数，而没有小数点的数（例如 62）被认为是整数。

4. 字符串

字母、数字和符号等各种字符也必须按特定的规则用二进制编码才能在计算机中表示，表示字符的常用码制是 ASCII 码。汉字也必须按特定的规则用二进制编码才能在计算机中表示，每个字符的编码占用 1 个字节，每个汉字的编码占用 2 个字节。

字符串（String）由若干个 ASCII 码字符组成，也能包括汉字编码。字符串的左边第一个字节定义了字符串的长度（0～254 字节），即字符的个数。加上左边第一个字节，一个字符串的最大长度为 255 个字节，一个字符串常量的最大长度为 128 个字节。

三、存储器编址与寻址

可编程序控制器的编址就是对 PLC 内部的元件进行编码，以便程序执行时可以唯一地识别每个元件。PLC 内部在数据存储区为每一种元件分配一个存储区域，所以元件又被称为存储器，并用字母作为区域标志符，同时字母也表示元件的类型，称为编程元素。

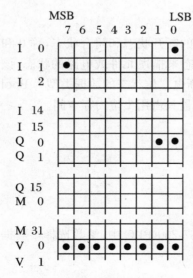

图 6.2　存储区示意图

编程元素被划分成 I、Q、M、V、T、C、L、AI、AQ、S、SM 等区域。每种编程元素都有自己的存储区域，取区域标志符（名称）I、Q 等为编程元素名称。存储区示意图如图 6.2 所示。编程元素 I、Q、M、V、T、C 等按区域存放；每一个区域都分成 8 列，每一行为 8 位，组成一个字节。从右向左编号 0～7，称为位号，其中第 0 位为最低位（LSB），第 7 位为最高位（MSB）；每一个区域占用行数不同，详见表 6.3。每一个区域按行编号，称为字节号，编号均从 0 开始。

存储器的单位可以是位（Bit）、字节（Byte）、字（Word）、双字（DWord），那么编址方式也可以分为位编址、字节编址、字编址、双字编址。编址必须遵守规则，存储器可以用"编程元素＋长度（内存空间）＋地址"来表示，明确存储器的区域、长度和位置。

在 S7-200 PLC 中，通过地址访问数据。地址是访问数据的依据，访问数据的过程称为"寻址"。所以几乎所有的指令和功能都与各种形式的寻址有关。本节重点介绍直接寻址的 4 种方法。

直接寻址指定了存储器的区域、长度和位置。直接寻址与编址,就连格式都一样。

1. 位寻址

标准格式:编程元素 字节号. 位号。

例如:输入过程映像寄存器 I0.0 ,地址为 I 区第 1 行(0 排)第 1 位(右起第 1 列);输入过程映像寄存器 I1.7 ,地址为 I 区第 2 行(1 排)第 8 位(右起第 8 列);Q0.0、Q0.1 分别表示地址为 Q 区字节号为 0 的两个相邻位的输出过程映像寄存器。

代表 CPU 外部开关或电路通、断的开关量只用数字"1"和"0",所以存储数字量 1 或 0,只需要 I 或 Q 存储区中的 1 个"位"的空间。I0.0、I0.1、Q0.0、Q0.1 等输入、输出存储器都是只占用 1 个"位"的内存空间,对应的数据称为位数据,也称为 Bool 型数据。

2. 字节寻址

标准格式:编程元素 B 字节号。

例如:VB0 表示存储器 VB0 的地址为 V 区第 1 行所有位(B 代表字节,占用 8 位即一行);VB100 表示存储器 VB100 的地址为 V 区第 101 行所有位。

$$VB0 = V0.0 + V0.1 + V0.2 + V0.3 + V0.4 + V0.5 + V0.6 + V0.7$$
$$VB100 = V100.0 + V100.1 + V100.2 + V100.3 + V100.4 + V100.5$$
$$+ V100.6 + V100.7$$

VB0 或 VB100 的数据存储占用一个字节,说明 VB0 或 VB100 的数据大小都是在 0～255 之间。

3. 字寻址

标准格式:编程元素 W 字节起始号。

例如:VW100 表示存储器 VW100 的地址为 V 区第 101 行和 102 行所有位。

W 代表字,相邻的两个字节组成一个字,即 16 位。VW100 的数据存储占用 2 行,100 为字节起始号,省略了字节号 101,即 VW100 = VB100 + VB101。VW100 是由 VB100 和 VB101 组成的一个字数据,VB100 是高位字节,VB101 是低位字节。参见图 6.3。

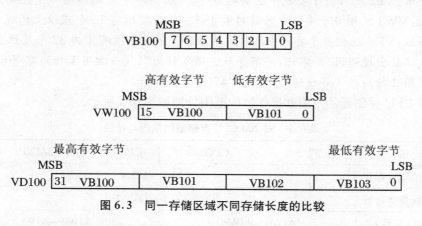

图 6.3　同一存储区域不同存储长度的比较

S7-200 PLC 中,存储器数据为整数时,常采用带符号整数。即最高位(第 16 位,位号为 15)是符号位,数值的范围为 $-2^{15} \sim +2^{15}-1$,即 $-32\,768 \sim +32\,767$。剩下 15 位(位号是 0～14)二进制最大存储数为 32 767 。

4．双字寻址

标准格式：编程元素 D 字节起始号。

例如：VD100 表示存储器 VD100 的地址为 V 区第 101、102、103 和 104 行所有位。

D 代表双字，相邻的两个字（共 4 个字节）组成 1 个双字，即 32 位。VD100 的数据存储占用 4 行，100 为字节起始号，即

$$VD100 = VW100 + VW102 = VB100 + VB101 + VB102 + VB103$$

VD100 是由 VB100、VB101、VB102 和 VB103 组成的一个双字数据，VB100 是最高位字节，VB103 是低位字节。参见图 6.3。

注　字寻址和双字寻址都是只使用了字节起始号，省略掉的字节号易被忽略。在编写地址时，易造成部分存储位重复使用，即造成部分存储区域重叠，数据被覆盖。例如在一个项目的程序中，若出现了 VW100 和 VW101 两个存储器，表面上是两个存储器，实际上 VW100 需占用 VB100 和 VB101，VW101 需占用 VB101 和 VB102，可见 2 个存储器的地址实际上发生了重叠，出现编址错误。同理，某存储器编址采用了 VD100 后，双字 D 依次占用了 100、101、102、103 四个字节，下一个存储器就不能再重复占用 100、101、102、103 字节了。以此推出，若选 100 成为字节起始号正确的话，则字节号 97、98、99、101、102、103 都不能作为字节起始号，即不应出现 VD97、VD98、VD99、VD101、VD102、VD103 的编址。下一个存储器可以采用 VD104 即用 104 作为字节起始号；理论上说也可以采用 VD105 即用 105 作为字节起始号，但这样编址，闲置了 104 号字节，即浪费了第 105 行存储空间。

经验技巧

编址就像电影院给座位编号和给电影票编号，寻址就像凭手中的电影票寻找座位。存储区划分区域，例如 I 区、Q 区、V 区等，就像电影院划分区域，例如分为左区、中区、右区等，每个区每一排都是安放 8 个座位。

位寻址：I0.0 就相当于左区前起第一排（编制排号为 0）右起第一个座位（0 号位）；

　　　　Q0.1 就相当于右区前起第一排右起第 2 个座位（右起第 1 个座位编制位号为 0）；

字节寻址：VB2 就相当于要找中区前起第 3 排（编制排号为 2）所有 8 个座位上的观众；

字寻址：VW3 就相当于要找中区前起第 4 排和第 5 排所有 16 个座位上的观众；

双字寻址：VD5 就相当于要找中区前起第 6 排至第 9 排所有 4 排 32 个座位上的观众。

为避免编址出现错误，请牢记：字节寻址递增单位为"1"（一次用 1 行）；字寻址递增单位为"2"（一次用 2 行）；双字寻址递增单位为"4"（一次用 4 行）。

S7-200 CPU 存储器的范围和操作数的范围分别如表 6.3 所示。

表 6.3　S7-200 CPU 存储器的范围与特性

描　述	CPU221	CPU222	CPU224	CPU224XP	CPU226
输入过程映像寄存器	I0.0～I15.7				
输出过程映像寄存器	Q0.0～Q15.7				
模拟量输入（只读）	AIW0～AIW30		AIW0～AIW62		
模拟量输出（只写）	AQW0～AQW30		AQW0～AQW62		
变量存储器（V）	VB0～VB2047		VB0～VB8191	VB0～VB10239	

续表

描　述	CPU221	CPU222	CPU224	CPU224XP	CPU226
局部存储器(L)	LB0～LB63				
位存储器(M)	M0.0～M31.7				
特殊存储器(SM) 特殊存储器(只读)	SM0.0～SM179.7 SM0.0～SM29.7	SM0.0～SM299.7 SM0.0～SM29.7	SM0.0～SM549.7 SM0.0～SM29.7		
定时器	T0～T255				
计数器	C0～C255				
高速计数器	HC0～HC5				
顺序控制继电器	S0.0～S31.7				
累加寄存器	AC0～AC3				
跳转/标号	0～255				
调用子程序	0～63			0～127	
只读子程序	0～127				
正负跳变	256				
PID 回路	0～7				
串行通信口	端口 0			端口 0，1	

第三节　I/O 点的地址分配与外部接线

一、本机 I/O 与扩展 I/O 的地址分配

S7-200 系列 PLC 的 CPU 有一定数量的本机输入/输出接口点(I/O)，在许多项目中不够用。改用接口点数更多的 S7-300/400 系列 PLC，成本上升几倍。如果用扩展 I/O 模块来增加 I/O 点数，可以降低成本。扩展模块安装在 CPU 模块的右边。

I/O 模块分为数字量输入(I)、数字量输出(Q)、模拟量输入(AI)和模拟量输出(AQ)4 类。

PLC 的 CPU 的本机 I/O 有固定的地址。以 CPU224XPCN 为例，参见 S7-200 CPU 模块技术规范。数字量 I/O 为 14 入/10 出，模拟量 I/O 为 2 入/1 出。数字量输入(I)14 个点分配的地址为 IB0 和 IB1，数字量输出(Q)10 个点分配的地址为 QB0 和 QB1。模拟量输入(AI)2 路分配的地址为 AIW0 和 AIW2；模拟量输出(AQ)1 路分配的地址为 AQW0。即

数字量 I 的固定地址为：I0.0，I0.1，…，I0.7，I1.0，…，I1.5(I1.6 和 I1.7 空置)；

数字量 Q 的固定地址为：Q0.0，Q0.1，…，Q0.7，Q1.0，Q1.1(Q1.2，…，Q1.7 空置)；

模拟量 AI 的固定地址为：AIW0、AIW2；模拟量 AQ 的固定地址为：AQW0(AQW2 空

置不用）。

从 PLC 的 CPU 的本机 I/O 的地址分配可见：

CPU 分配给数字量 I/O 模块的地址是以字节（B）为单位，而数字量 I/O 点是以位为单位。即 1 个数字量（开关量）输入或输出的数据存储只占用 1 个位，分配 1 个字节可供 8 个数字量 I 点或 O 点使用。所以，只要 CPU 设置的数字量 I 点或 O 点不是 8 的倍数，就会有多余的位空置不用。

1 个模拟量是转换为 1 个字长（16 位）的数字量存储的，即 1 个模拟量输入点或输出点需占用 1 个字长（1 个点需 2 个字节）存储区，而 CPU 分配给模拟量 I/O 模块的地址是以 2 个点（4B）为单位。只要 CPU 设置的模拟量输入或输出点数不是 2 的倍数，就会多余 1 个字长（2B）存储空间空置不用。

扩展模块 I/O 点的地址由 I/O 的类型和模块位置来决定。每增加一个数字量扩展模块，需重新开始 1 个新字节；每增加 1 个模拟量扩展模块，也是按字的双数（4B）递增的方式来分配地址。

CPU224XPCN 的 I/O 地址分配如图 6.4 所示。

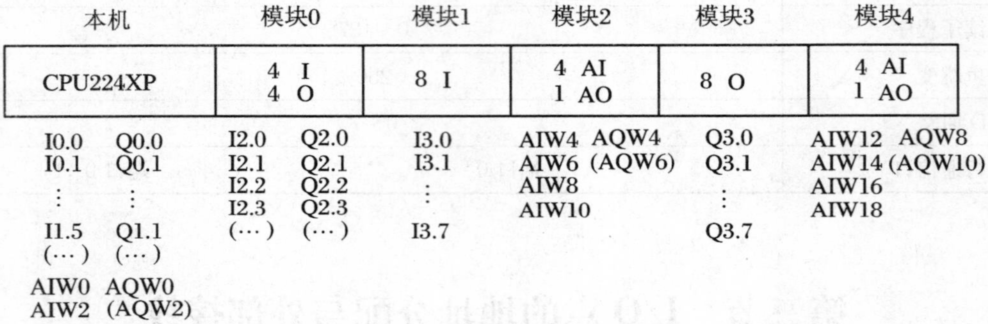

本机		模块0		模块1	模块2		模块3	模块4	
CPU224XP		4 I 4 O		8 I	4 AI 1 AO		8 O	4 AI 1 AO	
I0.0	Q0.0	I2.0	Q2.0	I3.0	AIW4	AQW4	Q3.0	AIW12	AQW8
I0.1	Q0.1	I2.1	Q2.1	I3.1	AIW6	(AQW6)	Q3.1	AIW14	(AQW10)
⋮	⋮	I2.2	Q2.2	⋮	AIW8			AIW16	
		I2.3	Q2.3		AIW10			AIW18	
I1.5	Q1.1	(…)	(…)	I3.7			Q3.7		
(…)	(…)								
AIW0	AQW0								
AIW2	(AQW2)								

图 6.4　CPU224XP 的 I/O 地址分配

扩展模块 0：若需设置数字量输入点 4 个、输出点 4 个。按新字节号 2 编址，输入点为 I2.0～I2.3，输出点为 Q2.0～Q2.3。而 I2.4～I2.7 和 Q2.4～Q2.7 不需要使用，也不能分配给 1 号和 3 号模块使用。

扩展模块 1：设置数字量输入点 8 个。按新字节号 3 编址，输入点为 I3.0～I3.7。

扩展模块 3：设置数字量输出点 8 个。按新字节号 3 编址，输出点为 Q3.0～Q3.7。

扩展模块 2：设置模拟量输入点 4 个、输出点 1 个。输入点需占用 8 个字节，地址分配也需 8 个字节，即按本机模拟量输入点地址后的顺序分配地址为 AIW4、AIW6 和 AIW8、AIW10；输出点需占用 2 个字节，但地址分配为 4 个字节。即按本机模拟量输出点地址后的顺序分配地址为 AQW4、AQW6。1 个输出点的编址为 AQW4，而 AQW6 不需要使用，但不能分配给 4 号模块使用，只能闲置不用。

扩展模块 4：设置模拟量输入点 4 个、输出点 1 个。同理，输入点编址要按扩展模块从左至右的位置顺序分配地址，所以地址分配为 AIW12、AIW14 和 AIW16、AIW18；输出点编址按顺序分配的地址为 AQW8、AQW10，1 个输出点只用 AQW8，空置 AQW10 不用。

二、S7-200 PLC 的外部接线

S7-200 PLC 的外部接线与 I/O 模块紧密相关。输入模块常采用直流电路,也有交流输入方式;输出模块既有交流电路,也有直流电路。为了便于学习,先了解 PLC 最基本的外部接线,举例如图 6.5 所示。为了便于理解 PLC 内部电子电路,改用继电器控制电路等效,如图 6.5(a)所示;常见的 PLC 外部接线图如图 6.5(b)所示,图中 PLC 输入接口标注 I0.0、I0.1,表示接口点 0.0 和 0.1 外接按钮等开关,内接等效继电器"线圈"(电子电路)。PLC 输出接口标注 Q0.0,表示接口点 0.0 外接接触器 KM1,内接小型输出继电器 $KM_{0.0}$ 的常开触头,而输出继电器的线圈是由内部等效继电器 Q0.0 的"常开触点"控制的。

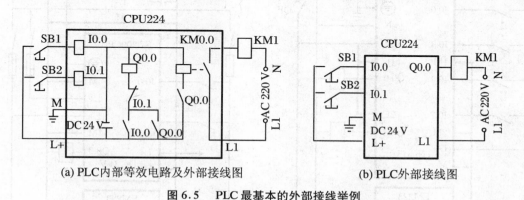

(a) PLC内部等效电路及外部接线图　　　　　(b) PLC外部接线图

图 6.5　PLC 最基本的外部接线举例

（一）交流电源系统的外部接线

交流电源系统的外部电路如图 6.6 所示。交流电源相线 L1 和零线 N 向 PLC 提供 220 V 单相交流电源,采用具有过流保护功能的低压断路器作为控制开关。并提供 PE 线与 PLC 接点端子连接,以实现保护接地。PLC 的 I/O 点的耐压水平为 AC 1500 V,以满足 PLC 内部电路与交流电源线之间的绝缘安全要求。

图 6.6 中接线是以 CPU222 模块为例的外部接线。CPU222 模块提供的 DC 24 V 电源作为输入电路的电源,L+ 和 M 端子分别是该电源的正极和负极。将 M 端子接地,可以提高抑制噪声的能力。

为了防止因各接地点实际电位不同导致电路出现逻辑错误,只能有一个实际接地点。CPU222 模块只有 8 个数字量输入点和 6 个数字量输出点,没有模拟量 I/O 点。但可以加 2 个扩展模块,扩展模块最大可扩展 78 个数字量 I/O 点,或最大可扩展 10 个模拟量 I/O 点。8 个数字量输入点 I0.0～I0.7 分为两组,1M 和 2M 分别是两组输入点内部电路的公共端。6 个输出点 Q0.0～Q0.5 分为两组,1L 和 2L 分别是两组输出点内部电路的公共端。分组设置公共端的原因是:

① I0.0～I0.7 实际上是代表 8 路输入电路,Q0.0～Q0.5 实际上是代表 6 路输出电路,若多路输入或输出电流全部汇集到一个内部公共端,易造成公共端电流过大,也不方便内部布线。

② 分组设立公共端,不同的组输入或输出可以采用不同的输入或输出电源,给使用者

提供了便利。扩展模块的输入电路和输出电路分别与 CPU 模块的输入电路和输出电路并联,所以扩展模块的外部接线与 CPU 模块的外部接线要求一样。

（二）直流电源系统的外部接线

直流电源系统的外部电路如图 6.7 所示。220 V 单相交流电源经过 AC/DC 整流装置向 PLC 提供 DC 24 V 外部直流电源。交流电路的控制和保护与交流电源系统的外部接线相同;直流电路电源设置单刀开关和熔断器。

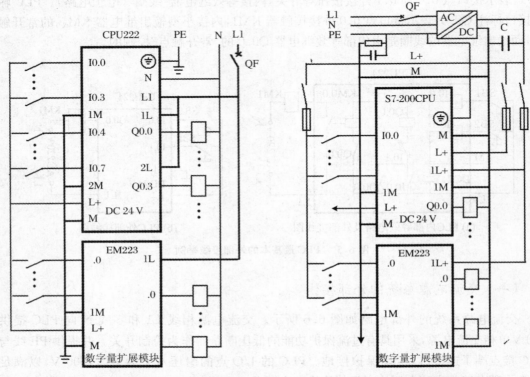

图 6.6　交流电源系统的外部接线　　　　图 6.7　直流电源系统的外部接线

在外部 AC/DC 电源的输出端口并联大容量的电容器,可以在负载突变时,维持电压稳定(电容两端电压不能突变),以确保 DC 电源有足够的抗冲击能力。

DC 电源的负极连接公共端 M,公共端 M 也可以不接地,而与保护接地 PE 线之间用 RC 并联电路连接。经电阻接地可提供静电释放通路,电容用来提供高频噪声通路。电阻和电容的典型值为 4 700 pF 和 1 MΩ。

（三）电源

每一个 S7-200 PLC 的 CPU 模块都有一个 DC 24 V 传感器电源,习惯上称为内部电源,其能量来自外部电源。DC 传感器电源可为本机和扩展模块的输入点提供电源。CPU 模块与扩展模块通过总线连接板或电缆相连,并为扩展模块提供 DC 5 V 电源。

一般情况下并不使用 PLC 自带的 DC 24 V 传感器电源,而使用外部开关电源作为输入和输出电源。原因是 DC 24 V 传感器电源容量较小,容易损坏,可以作为备用电源,且不能与外部的 DC 24 V 电源并联。

第四节 S7-200 PLC编程指令与梯形图

本节编程指令只介绍部分位逻辑指令和定时器指令、计数器指令,以及由这些指令编写的梯形图程序。

一、S7-200 PLC位逻辑指令(一)

S7-200 PLC位逻辑指令很多,首先只介绍标准触点指令和输出指令,以便学者快速入门。

在继电器-接触器控制电路中,常用"常开触点"、"常闭触点"、"线圈"等图形符号组成控制电路。作为PLC编程语言之一的梯形图,就是借鉴继电器-接触器控制电路中的图形符号的形式,创建了PLC的图形符号。但各大公司又有所差异,本教材只介绍西门子公司的PLC图形符号。

(一)标准触点指令、输出指令及梯形图

1. 触点指令和输出指令

标准触点指令包括常开触点指令和常闭触点指令,属于开关量输入类指令;

常开触点指令、常闭触点指令和线圈指令应包括图形符号和文字符号,参见图6.8所示。图中所画为S7-200 PLC常开触点(⊢ ⊢)、常闭触点(⊢ / ⊢,中间加"/")、线圈(⟨ ⟩)的图形符号;文字符号就是要求在图形符号上方标注该图形符号对应的存储器地址。如表6.4所示。

表6.4 常开触点指令、常闭触点指令和线圈指令图解

I0.0 ⊢ ⊢	I0.0的常开触点	I0.0 ⊢ ⊢	存储器地址常开触点	I0.0 ⊢ / ⊢	I0.0的常闭触点
I0.1 ⊢ / ⊢	I0.1的常闭触点	I0.1 ⊢ / ⊢	存储器地址常闭触点	I0.1 ⊢ ⊢	I0.1的常开触点
Q0.0 ⟨ ⟩	Q0.0的线圈	Q0.0 ⟨ ⟩	存储器地址线圈	Q0.0 ⊢ ⊢	Q0.0的常开触点
				Q0.0 ⊢ / ⊢	Q0.0的常闭触点

常开触点对应的存储器地址"位"为"1"状态时,该常开触点闭合;常开触点对应的存储器地址"位"为"0"状态时,该常开触点断开;反之,存储器地址"位"为"1"状态时,对应的常闭触点断开;存储器地址"位"为"0"状态时,对应的常闭触点闭合。执行这些指令时,触点指令

中变量的数据类型为 BOOL 型(二进制位)。

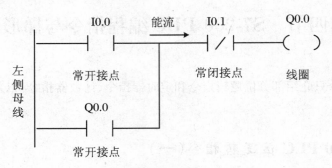

图 6.8 梯形图

输出指令包括线圈指令等,即线圈指令属于输出类指令。线圈指令的功能与继电器-接触器控制电路中的中间继电器相似,也有常开接点和常闭接点,但线圈的接点使用次数不受限制,即可视为有无数个常开接点和常闭接点。这是因为 PLC 的 CPU 中,并不是真正存在绕线线圈和活动触点,而是电子线路。电子电路输入端通电时,其输出端电路接通或断开(例如无触点开关通断),呈现出高电位或低电位,而高、低电位对所接的负载电路的影响效果却截然相反,等效于接点的接通或断开。换言之,负载电路索取的是电位(高或低)状态,当然可以多次索取。

2. 梯形图的编写

梯形图作为 PLC 的一种编程语言,代表所编的程序。梯形图既与继电器-接触器控制系统的电路图很相似,又有很多区别。既可以用相似的线圈、触点组成梯形图,也可以加上用方框表示的功能块组成梯形图;功能块用来表示定时器、计数器或各种功能指令,又与逻辑电路相似;所以,学习时既要有借鉴,又要注意区别。

在编写梯形图时,要始终明白梯形图是程序,代表着 CPU 内部的电路。而 CPU 内部的所有输入"继电器线圈"与外部的开关、按钮等组成的输入电路,以及 CPU 内部的所有输出"继电器线圈"的触点与外部的接触器、指示灯等组成的输出电路,并不在梯形图中出现,输入电路、内部电路(对应梯形图)、输出电路三者既有联系,又相对独立,共同构成 PLC 的完整电路。

在分析梯形图时,左右两侧的垂直线视为直流正负电源线(母线),西门子公司的 PLC 梯形图省略了右侧的电源线。如图 6.8 所示,当逻辑输入触点 I0.0 和 I0.1 闭合接通电路时,假想有"电流"流过输出继电器 Q0.0 线圈,在 PLC 梯形图中称为"能流"(Power Flow)。"能流"的概念很重要,可以帮助我们更好地理解和分析梯形图。

假设 PLC 控制电路中,详见图 6.9(a)所示。外部输入电路的开机按钮常开触点接 PLC 内部的输入"继电器"I0.0"线圈"(具有线圈功能的电子电路)端,停机按钮常开触点接 PLC 内部的输入"继电器"I0.1"线圈"端,输出"继电器"Q0.0 的常开触点接外部输出电路的接触器线圈,接触器的主触头控制电动机。则当按下开机按钮时,输入"继电器" I0.0 的"线圈"通电,其常开接点闭合,"能流"流过输出"继电器"Q0.0 的"线圈",其常开触点之一闭合,实现自保持;同时另一个常开触点闭合接通外部输出电路,接触器线圈通电,其主触头闭合,控制电动机开机。

梯形图中,对输出继电器线圈的位置有特殊要求:线圈必须受触点控制,不可以直接连

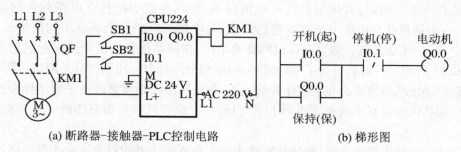

(a) 断路器-接触器-PLC控制电路　　　　　(b) 梯形图

图6.9　断路器－接触器－PLC控制的电动机单向连续运行电路

到左侧母线；线圈应放在最右侧（最后），线圈右侧不可以再接触点。如图6.10所示，PLC 不接受这种有错的梯形图程序，这一点与电气控制电路明显不同。这是因为线圈是被控对象，而触点是控制条件。而扫描是自上而下、从左到右进行的，即程序的逻辑运算（判断）是按从左到右的方向执行的，与能流的方向一致。所以，应先对控制条件进行逻辑运算，后将逻辑运算的结果输入（存入）是被控对象的线圈（存储器）。

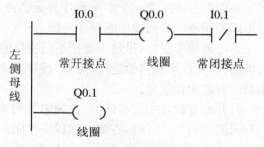

图6.10　错误梯形图

　　打开编程软件界面时，自动生成网络编号、网络注释空格以及网络空格。利用编程软件编写梯形图时，要求一个网络空格只能画一个独立电路，如图6.11所示电路应放在网络1中。所谓独立电路就是梯形图中的电路单独

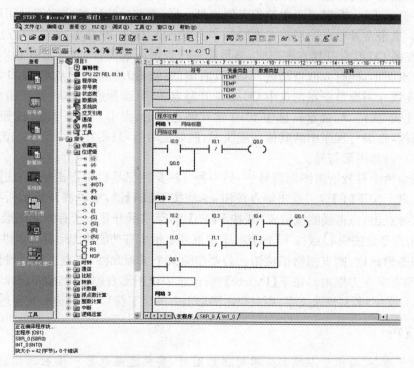

图6.11　主程序界面

并联在左右母线之间,与其他电路没有电流联系,在梯形图中把独立电路称为网络(Network)。一个项目往往由许多个独立电路组成,各个独立电路分别画在不同网络编号的网络空格中,PLC 才会认可。并且允许以网络为单位,在网络注释空格中给梯形图加上注释,详见图 6.11 所示。一般教材为了节约篇幅,所示梯形图没有标注网络号及网络注释。

主程序梯形图必须要画在主程序界面上,子程序梯形图必须要画在子程序界面上,中断程序梯形图必须要画在中断程序界面上。而且,一个编程软件界面只能画一个完整的梯形图程序。

打开编程软件中文界面时,程序块默认为主程序界面。就像打开 Excel 表一样,在下方点击 MAIN、SBR_0、INT_0 时,就可实现主程序界面、子程序界面、中断程序界面的切换。当一个项目有不止一个子程序或不止一个中断程序时,每一个子程序需要一个子程序界面,每一个中断程序需要一个中断程序界面。点右键,选"插入",再选"子程序"或"中断程序",即可添加子程序界面或中断程序界面。

练习画梯形图时,尽量不要把不同项目的梯形图画在同一个界面上。因为 PLC 不认可这种错误,无法实现模拟运行,点击"程序状态监控"后也不能观察程序运行的状态情况,达不到应有的实训效果。

打开编程软件中文界面时,左侧第一列为查看和工具,第二列为项目和指令树,点击第一列或第二列"程序块",右侧出现程序界面。若要在网络中画梯形图时,例如要将图 6.8 画在网络 1 中,先点击选中画图位置(出现方框),再在指令树中双击"位逻辑","位逻辑"指令树展开触点和线圈等图形符号,再次双击"位逻辑","位逻辑"指令树收起。如果双击常开触点符号,则网络 1 中自动画上常开触点图形;方框自动右移,继续双击常闭触点符号和线圈符号,自动画上常闭触点和线圈图形;在继电器-接触器控制电路中,设备元件必须用图形符号和文字符号表示,在梯形图中编程元件也是一样(有些功能块的文字符号用图形内的助记符代替)。点击常开触点图形正上方"??.?"出现方框,输入 I0.0 即可,同样方法输入 I0.1 和 Q0.0。在画 Q0.0 常开接点图形时,要另起一行点击所选位置,双击常开触点符号,自动画上常开触点图形,同时方框自动进入 Q0.0 右侧;要使 Q0.0 常开触点与 I0.0 常开触点并联(画右侧连线),需要重新点击选中 Q0.0 常开触点图形(图形在方框内),点击界面工具栏上的"向上连线"按钮↥,或重新选中 I0.0 常开触点图形,点击"向下连线"按钮↧,自动完成连线。同样,在编写程序中的其他功能块时,例如定时器,只需在指令树中双击"定时器",则出现各种定时器图形符号。

除在指令树中寻找所需图形符号外,另一种方法是在工具栏中点击触点、线圈或指令盒按钮或在键盘上按下【F】键。点击触点按钮┨┠或按下【F4】键,菜单展开显示所有触点图形符号可供选择点击;点击线圈按钮◁▷或按下【F6】键,菜单展开显示所有线圈图形符号可供选择点击;点击指令盒按钮⬚或按下【F9】键,菜单展开显示所有功能块图形符号可供选择点击。

若发现图形画错,则点击撤销按钮。若要删除某个编程元件,则点击该元件图形选中该元件(图形和文字在方框内),按下【Delete】键;或选中该图形右侧位置,按下【Back】键即可删除左侧图形和文字;若只修改文字,则只点击图形上方的文字符号,单独选中文字进行修改。

经验技巧

使用触点指令、输出指令编写简单的梯形图时,要熟悉继电器-接触器控制电路,参照继电器-接触器控制电路编写简单的梯形图,使问题简化,不容易出错。

编程示例

第一种编程方法：使用触点和线圈指令的起、保、停电路梯形图

例 6.1　由断路器、接触器、PLC 组成的电动机单向连续运行控制电路如图 6.9 所示。主电路电源开关为断路器，电动机电路由接触器控制，用按钮操作开停机。

常见的 PLC 控制电路的外部电路如图 6.9(a)所示。外部开关量（数字量）输入电路的开、停机按钮 SB1、SB2 选用常开触点连接 PLC 内部的输入"继电器"I0.0、I0.1 的"线圈"，外部输出电路的接触器线圈连接 PLC 内部的输出"继电器"Q0.0 的常开触点。

简单的数字量控制程序如图 6.9(b)所示。I0.0 的通（断）对应 SB1 的通（断），I0.1 的断（通）对应 SB2 的通（断），Q0.0"线圈"通电（失电）就意味着接触器线圈通电（失电）。

图 6.9 所示电路具有以下特点：

① 主电路电源开关为断路器，具有短路保护、过载保护和欠压失压保护功能，设计 PLC 控制电路时不再考虑保护要求（需要时可将模拟量输入到 PLC，另加保护程序）。

② 停机按钮习惯选用常开接点。在继电器-接触器控制电路中，停机按钮必须用常闭接点直接断开控制电路，使 KM 线圈失电。而在 PLC 控制电路中，停机按钮是间接控制 KM，所以可自由选择。

③ 梯形图程序中，利用触点和线圈指令形成起、保、停电路，使 PLC 内部电子电路具有自保持功能。利用"线圈"的接点保持给"线圈"自己供电，自保持的概念常用于 PLC 程序设计中。编写梯形图时，应加深印象、时时提醒。

例 6.2　由闸刀、接触器、PLC 组成的电动机单向连续运行控制电路如图 6.12 所示。主电路电源开关为闸刀，电动机电路由接触器控制，用按钮操作开停机。

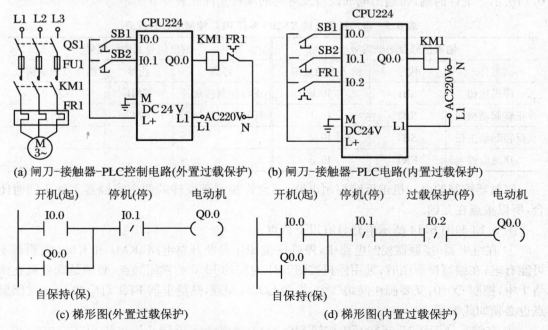

(a) 闸刀-接触器-PLC控制电路（外置过载保护）　　(b) 闸刀-接触器-PLC电路（内置过载保护）

(c) 梯形图（外置过载保护）　　　　　　　　(d) 梯形图（内置过载保护）

图 6.12　闸刀-接触器-PLC控制的电动机单向连续运行电路

图 6.12 的主电路电源采用闸刀 QS－熔断器 FU 控制,电动机采用热继电器 FR 实现过载保护。

如果热继电器 FR 动作后需要手动复位,可以直接将 FR 的常闭触点与接触器 KM 的线圈串联,效果等同于继电器-接触器控制电路,这样可以少用一个 PLC 的输入点,也简化了梯形图。PLC 程序中不含过载保护的控制电路如图 6.12(a)所示;对应编写的梯形图如图 6.12(c)所示。

将热继电器 FR 的触点状态作为 PLC 的数字量输入信号,构成的 PLC 外部接线如图 6.12(b)所示。对应编写的梯形图如图 6.12(d)所示。

主电路电源开关采用闸刀 QS－熔断器 FU,具有短路保护功能;电动机电路配置热继电器 FR,具有过载保护功能;若 PLC 输出电路 220V 电源与电动机 380V 电源取自同一电源,则仍具有欠压失压保护功能。

图 6.12 所示电路具有以下特点:

① 如图 6.12(a)所示的 PLC 外部电路中,将 FR 的常闭触点与接触器 KM 的线圈直接串联,设计 PLC 控制电路时不再考虑保护要求。对应编写的梯形图如图 6.12(c)所示,与主电路电源开关为断路器的梯形图如图 6.9(b)所示,完全一样。

② 如图 6.12(b)所示的 PLC 外部电路中,将 FR 的常开触点与 PLC 的输入点 I0.2 连接,效果等同于停机按钮习惯选用常开接点。按下按钮 SB2,I0.1 的"线圈"通电,I0.1 的常闭触点断开,实现了手动正常停机;当电动机过载时,FR 的常开触点闭合,I0.2 的"线圈"通电,I0.2 的常闭触点断开,实现了故障自动停机。

例 6.3　根据继电器-接触器控制的电动机正反转控制电路,设计为 PLC 控制电路并编写程序。

接触器控制的电动机正反转控制电路参见图 3.13 所示。

电动机正反转主电路及 PLC 控制电路如图 6.13 所示。对应编写的 PLC 梯形图如图 6.14 所示。统计的输入/输出电气设备及对应的编程元件如表 6.5 所示。

表 6.5　电动机正反转 S7-200 系列 PLC 控制 I/O 分配表

输入信号及地址编号			输出信号及地址编号		
名称	代号	输入点地址编号	名称	代号	输出点地址编号
停机按钮	SB1	I0.0	正转控制接触器	KM1	Q0.0
正转起动按钮	SB2	I0.1	反转控制接触器	KM2	Q0.1
反转起动按钮	SB3	I0.2			
热继电器	FR1	I0.3			

接触器控制的电动机正反转控制电路,不允许控制正反转的两个接触器主触头同时闭合,所以重点在互锁。

图 6.13 和图 6.14 所示电路具有以下特点:

① 在继电器-接触器控制电路中,停机按钮 SB1 是断开总电路,KM1 和 KM2 线圈都不可能有电;在编写梯形图时,采用停机按钮 SB1 对应的 I0.0 的常闭触点,必须是既要画在网络 1 中,控制 Q0.0,又要画在网络 2 中,控制 Q0.1;同理,热继电器 FR1 对应的 I0.3 常闭触点也必须如此编写。

② 在编写梯形图时,正转开机按钮 SB2 对应的 I0.1 和反转开机按钮 SB3 对应的 I0.2

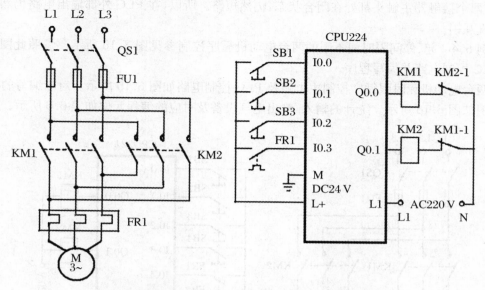

图 6.13　电动机正反转主电路及 PLC 控制电路

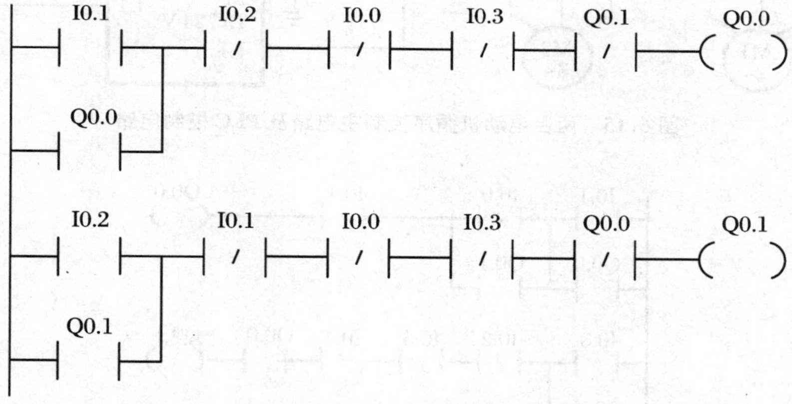

图 6.14　电动机正反转 PLC 控制程序(梯形图)

可以分别对 Q0.1 和 Q0.0 形成互锁,相当于继电器-接触器控制电路中的机械互锁,无需按下停机按钮,即可直接操作正反转互换;输出"继电器"Q0.0 和 Q0.1 既要自保持又要互锁,相当于继电器-接触器控制电路中的电气互锁。

　　③ 在 PLC 外部控制电路中,接在输出接口的外部执行元件 KM1 和 KM2 线圈,仍然重复采用继电器-接触器控制电路一样的电气互锁。

　　按理说,分别控制 KM1 和 KM2 的 Q0.0 和 Q0.1 已经双重互锁,为何还要在 PLC 外部控制输出电路中"保留"电气互锁呢?

　　电路及程序设计理论上已无任何问题。但实际使用中,经常做机械运动的电气设备尤其是开关会出现问题。接触器主触头作为开关频繁灭弧断流,有可能发生主触头黏住。

　　例如,电动机在正转过程中,若发生 KM1 主触头黏住,即使其线圈失电,衔铁也无法弹开,其常开触点仍保持闭合状态,常闭接点仍保持断开状态,实际 KM1 已无法停机。若此时直接按下反转按钮 3SB,使 Q0.0"线圈"失电,就应允许 Q0.1"线圈"通电。当 KM2 线圈通电时,两个接触器主触头都处在闭合状态,仍然短路。所以,在 PLC 外部输出电路仍然要设置电气互锁。

例 6.4 起、停间隔时间不限的两台电动机循序控制参见图 3.16 所示。参照此图设计为 PLC 控制电路并编写程序。

两台电动机无时限循序控制主电路及 PLC 控制电路如图 6.15 所示。对应编写的 PLC 梯形图如图 6.16 所示。统计的输入/输出电气设备及对应的编程元件如表 6.6 所示。

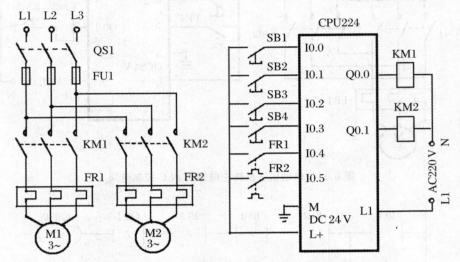

图 6.15　两台电动机循序控制主电路及 PLC 控制电路

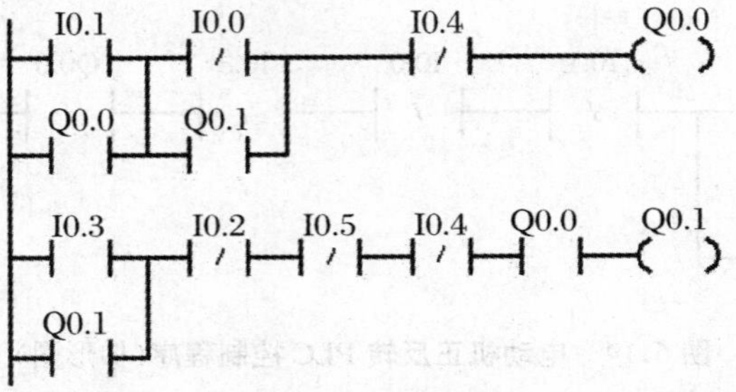

图 6.16　两台电动机循序控制 PLC 控制程序

表 6.6　电动机顺序控制 S7-200 系列 PLC 控制 I/O 分配表

输入信号及地址编号			输出信号及地址编号		
名称	代号	输入点地址编号	名称	代号	输出点地址编号
M1 停机按钮	SB1	I0.0	M1 控制接触器	KM1	Q0.0
M1 起动按钮	SB2	I0.1	M2 控制接触器	KM2	Q0.1
M2 停机按钮	SB3	I0.2			
M2 起动按钮	SB4	I0.3			
M1 热继电器	FR1	I0.4			
M2 热继电器	FR2	I0.5			

根据题意,若1#电动机因故先停机,2#电动机应立即自动停机。

图6.15和图6.16所示电路具有以下特点:

① 参照继电器-接触器控制电路如图3.16所示。在网络2中将Q0.0的常开触点与Q0.1"线圈"串联,即可实现1#电动机不起动,2#电动机无法起动;在网络1中将Q0.1的常开触点与1#电动机的停机按钮对应的I0.0常闭触点并联,即可实现正常情况下2#电动机不停机,1#电动机无法停机。

② 2#电动机因故先停机,1#电动机允许延时停机。即FR2对应的I0.5只需断开Q0.1即可。1#电动机因故先停机,2#电动机应立即自动停机。即FR1对应的I0.4在断开Q0.0电路的同时,联动断开Q0.1的电路。

二、S7-200 PLC 定时器指令(一)

在第三章中介绍的时间继电器,其定时精度和定时范围都远不如PLC定时器。

1. 定时器编号与精度

S7-200 PLC共有256个定时器,编号范围为:T0～T255。定时器的精度分为3种,最精确的精度可以达到1 ms。三种精度的定时器分别有1 ms、10 ms和100 ms分辨率。分辨率就是定时器当前值数据每增加1所需要的最小时间单位,也称时基。

每一个编号的定时器只对应一个分辨率,参见表6.7。在编程(画梯形图)时,输入定时器号后,在定时器功能块方框的右下角内会自动出现定时器的分辨率。

表 6.7　定时器的特性

定时器类型	分辨率 /ms	定时范围/s	定时器号
TONR	1	32.767	T0,T64
	10	327.67	T1～T4,T65～T68
	100	3276.7	T5～T31,T69～T95
TON TOF	1	32.767	T32,T96
	10	327.67	T33～T36,T97～T100
	100	3276.7	T37～T63,T101～T255

2. 定时器类型

定时器分为3种类型,分别是接通延时定时器TON、断开延时定时器TOF和保持型接通延时定时器TONR。本教材先重点介绍接通延时定时器TON。

3. 定时器设定值与定时值

定时器的设定值的数据类型为整数,除了常数外,还可以用VW、MW等作为它们的设定值。

定时器设定值的设定数字范围为1～32 767,即允许定时器的最大设定值为32 767。

定时器的定时值T,即定时时间T等于设定值(整数)与分辨率的乘积。

4. 定时器当前值

定时器的当前值寄存器长度是16位,当前值是有符号整数,最大值为32 767。定时器计时开始时,当前值从 0 开始,实际时间每经过 1 ms 或 10 ms 或 100 ms,当前值加 1 ,且在定时器上方显示当前值数据。从计时开始至此时此刻,经过的计时时间为当前值与分辨率的乘积。

5. 定时器的位(状态)

时间继电器与钟表不同的特征就是:时间继电器不仅定时,主要表现在时间继电器有接点,接点的位置状态(闭合或断开)有变化,接点延时闭合或断开才是时间继电器定时的目的。

定时器也有两个特征:时间和状态。定时器具有多个常开或常闭接点,其位置通断状态称为定时器的位,或称为定时器的状态。定时器定时时间达到后,定时器的状态将发生变化。

(一)接通延时定时器 TON(第一种类型)

接通延时定时器 TON 组成的梯形图如图 6.17 所示。

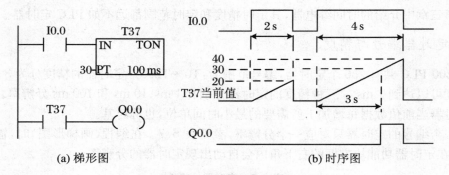

(a) 梯形图   (b) 时序图

图 6.17 接通延时定时器

在程序块界面编程(画梯形图)时,在所选网络中选中所要画出的定时器的位置,然后双击"指令"下设的"定时器",选择"TON"图标双击,定时器功能块(方框)自动绘制在网络所选中的位置。在方框上方输入定时器号 T37 后,在定时器功能块(方框)的右下角内会自动出现 100 ms 的分辨率。

IN 为接通延时定时器 TON 的使能输入端,即为定时器启动端。当 IN 端有能流输入时,定时器开始计时。

PT 为定时器的预置时间(预设值)端,其左侧输入的整数即为设定值。如图 6.17 中定时器设定值为 30。即定时器定时值为

$$T = 设定值 \times 分辨率 = 30 \times 100 \text{ ms} = 3 \text{ s}$$

为了更好地介绍接通延时定时器 TON,可借助时序图加以说明:

① 输入信号 I0.0 的闭合时间,选择 2 s 和 4 s ,分别代表能流输入时间小于定时值和大于定时值的情况。

② 当 PLC 投入运行时,首次扫描,接通延时定时器 TON 的当前值和定时器的位均被清零。

③ 当 I0.0 闭合时,启动定时器 T37,开始计时。即 T37 上方(标有 T37 处)开始显示数字 1,2,3,…,该数字称为当前值。若 I0.0 闭合时间未达到设定时间,T37 的状态不会改变,即 T37 常开接点始终断开。

④ 当 I0.0 闭合时间达到 2 s 而断开时,T37 当前值被清零,即计时时间归零;T37 的状态没有改变。当 I0.0 再次闭合时,T37 重新开始计时。

⑤ 当I0.0闭合时间达到设定时间3 s时,即当前值等于设定值30时,T37状态改变,变为ON(0→1),称为接通延时定时器TON动作,即梯形图中对应的T37常开接点闭合(常闭接点断开)。则图6.17中Q0.0通电动作(0→1)。

⑥ 当I0.0闭合时间超过设定时间3 s后,T37继续计时。即只要I0.0未断开,T37显示的当前值数字仍继续增加,一直达到最大值32 767为止。

⑦ 当I0.0闭合时间超过设定时间3 s后再断开,即定时器动作后才发生输入端断开,则定时器T37的位变为0状态,即梯形图中对应的T37常开接点断开(常闭接点闭合)。则图6.17中Q0.0失电复归(1→0)。

可见,接通延时定时器TON的常开接点相当于时间继电器KT的线圈通电延时闭合、失电瞬时断开的常开接点,接通延时定时器TON的常闭接点相当于时间继电器KT的线圈通电延时断开、失电瞬时闭合的常闭接点。

经验技巧

学习定时器,要在阅读文字说明的同时,仔细分析定时器时序图,对时序图研究得越细致,对定时器理解的就越深刻。

应用示例

示例6.1 闪烁电路

项目要求

通过控制开关启动和关闭闪烁电路,要求灯光闪烁的周期为3 s,每次闪烁时亮灯时间为2 s。

项目分析

实现灯光闪烁的方法有很多种,方法之一是采用定时器控制灯光闪烁。

程序展示

图6.18所示为闪烁电路。I0.0代表控制开关,Q0.0控制灯光闪烁。

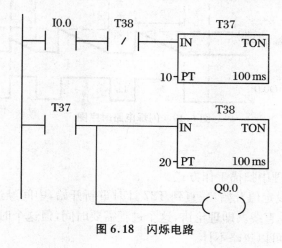

图6.18 闪烁电路

演示　将闪烁电路梯形图程序下载至 PLC 运行后,点击工具栏上"程序状态监控"按钮，闭合 I0.0 ,观察 Q0.0 的状态。

为了在"程序状态监控"下分清 Q0.0 控制的灯光闪烁时,是 T37 控制灯亮时间还是 T38 控制灯亮时间,可以扩大两者定时的差距。如:T37 定时 1 s ,T38 定时 5 s 。

程序解读

当 I0.0 处于断开状态下时, T37 的位为 0 状态;即 T37 的常开接点断开,Q0.0 无能流,灯熄灭,同时 T38 的位也为 0 状态;

当 I0.0 处于长时间接通状态下, T37 计时达到 1 s 时,T37 的位变为 1 状态,即 T37 的常开接点闭合,Q0.0 通能流,灯亮,同时 T38 计时开始。因为 I0.0 和 T38 的常闭接点都处于闭合状态,T37 当前值数字仍继续增加。

当 T38 的当前值达到 20 时,即 T38 计时达到 2 s 时,当前值被清零,T38 的位变为 0 状态,即 T38 的常闭接点断开,导致 T37 失去能流,此时 T37 当前值已达到 30 而被清零,T37 的常开接点断开,Q0.0 无能流,灯熄灭;同时又导致 T38 失去能流,T38 的常闭接点又闭合,T37 计时重新开始。上述动作过程需经过两次扫描,只占用 2 个扫描周期时间,被视为是瞬间完成。

当 T37 计时至 1 s 时,T37 的常开接点再次闭合,Q0.0 通能流,灯又亮,同时 T38 计时又重新开始。循环往复,灯光闪烁。直至当 I0.0 断开后,T37 的位始终为 0 状态,灯才停止闪烁,灯一直是熄灭状态。

闪烁电路时序图见图 6.19 所示:

从闪烁电路时序图可以看出:T38 控制灯亮时间,T37 控制灯灭时间。两个定时器的设定时间之和,就是该闪烁电路所控制的灯的闪烁周期。可见,图 6.19 所示闪烁电路的闪烁周期为 3 s 。

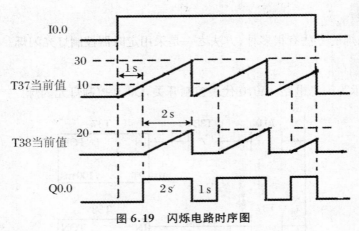

图 6.19　闪烁电路时序图

分析思考

重温 PLC 工作原理中扫描工作方式。

从 T38 计时达到设定值开始,一直到 T37 计时重新开始,中间经过了多个步骤,但在时序图中只能看到一条垂直线。即理论讲,这个过程需要时间,但这个时间(约两个扫描周期)相对于定时时间,完全可以忽略不计。

编程示例

第一种编程方法：使用触点和线圈指令编制起、保、停电路梯形图

例6.5 设计两台电动机定时限顺序起停控制。

控制要求：① 按下开机按钮，第一台电动机起动，延时8 s后自动起动第二台电动机；② 按下停机按钮，第二台电动机停机，延时10 s后第一台电动机自动停机。

设计过程：

① 主电路及PLC控制电路设计。

② PLC控制程序设计两台电动机循序控制主电路及PLC控制电路设计如图6.20所示。

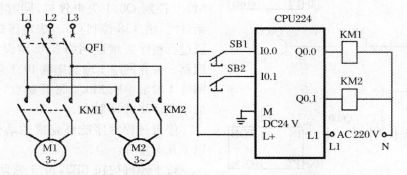

图6.20 电动机循序控制主电路及PLC控制电路

开、停机按钮均选用常开触点，分别连接I0.0、I0.1；输出继电器Q0.0、Q0.1分别控制交流接触器KM1、KM2。

（二）PLC控制程序设计

2台电动机定时限循序控制程序采用起、保、停电路编程，设计方法如下：

首先编写开机过程梯形图，再编写停机过程梯形图，两种过程目的相反，程序必然交集。

在梯形图中，增加了位存储区M，相当于在继电器-接触器控制电路中增加了中间继电器，以实现按钮状态输入间接控制多个元件（编程元素）。

第一步先设计开机过程程序，只有开机过程的程序如图6.21所示。

对应开机按钮的I0.0控制M0.0通电，由M0.0控制Q0.0通电开机，同时控制定时器T37开始计时，由T37控制Q0.1通电开机，每个"线圈"都要设置自保持。

开机过程程序能够完成的动作过程分为以下几个

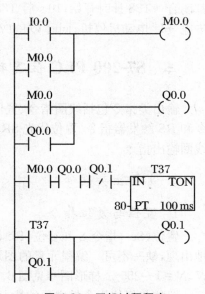

图6.21 开机过程程序

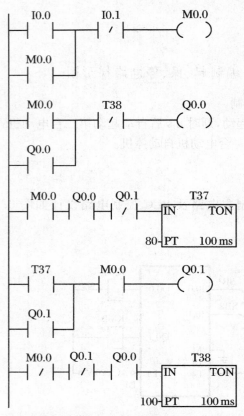

图 6.22 采用起、保、停电路编程的两台电动机
定时限循序起、停 PLC 控制程序

步骤：

按下开机按钮 SB1，I0.0 常开触点闭合，M0.0 通电且自保持，M0.0 常开触点闭合→Q0.0 通电→其常开触点闭合→KM1 通电→1# 电动机开机；同时 M0.0 常开触点和 Q0.0 常开触点都闭合→T37 计时开始；8 s 后 T37 常开触点闭合→Q0.1 通电→其常开触点闭合→KM2 通电→2# 电动机开机；同时 Q0.1 常闭触点断开→定时器 T37 的位变为 0 状态。

第二步设计停机过程程序，添加停机过程的程序如图 6.22 所示。

对应停机按钮的 I0.1 控制 M0.0 失电，由 M0.0 控制 Q0.1 失电停机，同时控制 T38 开始计时，由 T38 控制 Q0.0 失电停机。可见，停机过程程序需增设网络 5，即增设定时器 T38 回路。并在网络 1 增加串联 I0.1 常闭触点，在网络 4 增加串联 M0.0 常开触点，在网络 2 增加串联 T38 常闭触点。

停机过程程序能够完成的动作过程分为以下几个步骤：

按下停机按钮 SB2，I0.1 常闭触点断开，M0.0 失电，→M0.0 常开触点断开→Q0.1 失电→其常开触点断开→KM2 失电→2# 电动机停机；同时 M0.0 常闭触点和 Q0.1 常闭触点都闭合→T38 计时开始；10 s 后 T38 常闭触点断开→Q0.0 失电→其常开触点断开→KM1 失电→1# 电动机停机；同时 Q0.0 常开触点断开→定时器 T38 的位变为 0 状态。

三、S7-200 PLC 位逻辑指令(二)

输出类指令包括线圈指令、置位(S)与复位(R)指令、立即置位(SI)与立即复位(RI)指令和 RS 触发器指令(置位优先 SR 触发器和复位优先 RS 触发器)等，视为被置位或复位的线圈输出指令。

(一)输出类指令

1. 置位与复位指令

置位(Set)指令 S 和复位(Reset)指令 R 是一对功能相反的指令，在程序中一般是成对地出现，缺一不可。编程元素的图形符号是在输出线圈中加 S 或 R，且在线圈下方加数字 N，$N = 1 \sim 255$。梯形图参见图 6.23(a)所示。

置位与复位指令最主要的特点是有记忆和保持功能。

分析图 6.23(b)所示时序图可知：

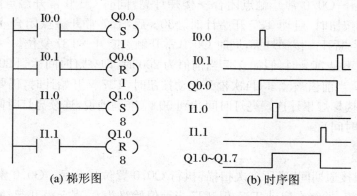

(a) 梯形图　　　　　　(b) 时序图

图 6.23　置位与复位指令

① 当 I0.0 接通时,Q0.0 被置位为 1 状态,而且即使 I0.0 断开,也一直保持为 1 状态;

② 当 I0.1 接通时,Q0.0 被复位为 0 状态,而且即使 I0.1 断开,也一直保持为 0 状态;

③ 当 I1.0 接通时,从指定的位地址 Q1.0 开始的 8 个连续的位地址,即 Q1.0,Q1.1,…,Q1.7 都被置位为 1 状态,而且即使 I1.0 断开,也一直保持为 1 状态;

④ 当 I1.1 接通时,Q1.0~Q1.7 都被复位为 0 状态,而且即使 I1.1 断开,也一直保持为 0 状态;

⑤ N 可以在 1~255 范围内任意取一个数,表示执行置位指令或复位指令时,从指定的位地址开始的 N 个连续的位地址都被置位为 1 状态或都被复位为 0 状态,且即使断电,也仍然保持该状态。

可见,编程元件如 Q0.0 一旦被置位指令置位,其状态始终为 1,只有复位指令才能让其复位,其状态始终为 0;当 Q0.0 再次被置位时,其状态又变为 1,再次被复位时,其状态又变为 0。

复位指令还可以专门用于定时器或计数器的复位。如果定时器或计数器被指定复位,则其当前值被清零,其位变为 0 状态。

应用示例

示例 6.2　楼梯灯的延时熄灭控制

项目要求

当按下楼梯灯的起动按钮 I0.0 时,连接到输出 Q0.0 的楼梯灯发光 30 s 后自动熄灭;但若在灯亮这段时间内再一次按下起动按钮,则应重新开始计时,即无论楼梯灯事先发光是否达到 30 s,只要重按起动按钮,楼梯灯都会继续亮灯 30 s 后才熄灭。

项目分析

本项目主要考虑按下起动按钮 I0.0 时,定时器需要重新启动计时。

程序展示

图 6.24 所示为楼梯灯的延时熄灭控制程序。I0.0 代表控制按钮,Q0.0 控制楼梯灯。

程序解读

按下起动按钮,I0.0 闭合,T37 首先被复位,同时 Q0.0 被置位;即 T37 当前值被清零,

T37 常开触点断开；Q0.0 常开触点闭合→楼梯灯亮，同时 Q0.0 常开触点闭合，准备启动 T37；当松开起动按钮时，启动 T37 开始计时。30 s 后，T37 常开触点闭合→Q0.0 被复位。即 Q0.0 常开触点断开→楼梯灯灭，同时 Q0.0 常开触点断开→T37 复位。

当 T37 延时不足 30 s 时，假如 T37 当前值为 200 时，即亮灯时间达到 20 s 时，再次按下起动按钮，则 T37 当前值被清零；再次松开起动按钮时，T37 又开始计时，仍要延时 30 s 后楼梯灯才熄灭。即楼梯灯累计连续亮灯时间达到 50 s（准确地说，连续亮灯时间还应外加起动按钮两次接通的时间）。

分析思考

① 起动按钮接通期间，经历多次扫描，执行 Q0.0 置位指令后，Q0.0 常开触点闭合向 T37IN 端输入能流，始终在启动 T37，但 T37 当前值始终为 0，直至松开起动按钮，T37 才开始计时，为什么？

② 图 6.24 程序与图 6.25 程序所能实现的功能有何区别？（图 6.24 程序中，若去掉 T37 被指定复位的指令后，即为图 6.25 程序。）

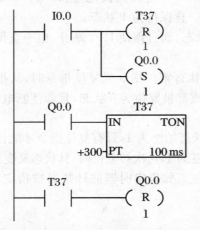

图 6.24　楼梯灯的延时熄灭控制程序（一）

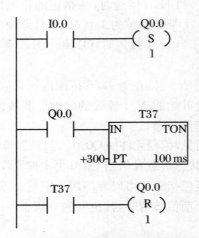

图 6.25　楼梯灯的延时熄灭控制程序（二）

编程示例

第二种编程方法：使用置位、复位（S、R）指令编制的梯形图

例 6.6　将例 6.5 改用置位、复位（S、R）指令设计两台电动机定时限顺序起停控制。设计过程包括两个。

（1）主电路及 PLC 控制电路设计

两台电动机循环控制主电路及 PLC 控制电路设计与例 6.5 相同，如图 6.20 所示。

（2）PLC 控制程序设计

两台电动机定时限循环控制程序采用置位、复位（S、R）指令编程，设计方法如下：

① 设计开机过程程序时，先后将 Q0.0、Q0.1 置位；

② 设计停机过程程序时，先后将 Q0.1、Q0.0 复位。

采用置位、复位指令编程的两台电动机定时限循环起、停 PLC 控制程序如图 6.26 所示。

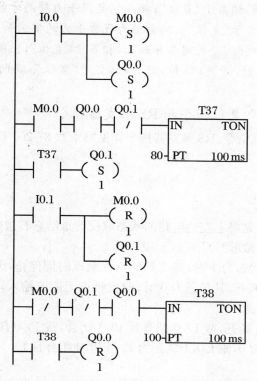

图 6.26　采用置位、复位指令编程的两台电动机
定时限循序起、停 PLC 控制程序

两台电动机顺序起停控制动作过程：

按下开机按钮 SB1 后就松开，I0.0 常开触点闭合后又断开，但 M0.0 和 Q0.0 已被置位，Q0.0 常开触点闭合且始终闭合→KM1 通电→1# 电动机开机且连续运行；同时 M0.0 常开触点和 Q0.0 常开触点都闭合→T37 计时开始；8 s 后 T37 常开触点闭合→Q0.1 被置位→其常开触点闭合且始终闭合→KM2 通电→2# 电动机开机且连续运行；同时 Q0.1 常闭触点断开→定时器 T37 的位变为 0 状态。

按下停机按钮 SB2 后就松开，I0.1 常开触点闭合后又断开，但 M0.0 和 Q0.1 已被复位，Q0.1 常开触点断开且始终断开→KM2 失电→2# 电动机停机；同时 M0.0 常闭触点和 Q0.1 常闭触点都闭合→T38 计时开始；10 s 后 T38 常开触点闭合→Q0.0 被复位→其常开触点断开且始终断开→KM1 失电→1# 电动机停机；同时 Q0.0 常开触点断开→定时器 T38 的位变为 0 状态。

注　在一个项目程序中，对于同一个编程元件，如 Q0.0，若使用 Q0.0 线圈指令，只能使用一次，即 Q0.0 线圈在梯形图中只能出现一次；若使用 Q0.0 置位、复位指令，可以使用任意次，即 Q0.0 置位、复位指令在梯形图中可以成对重复出现多次。

经验技巧

采用置位、复位指令编程要比采用线圈指令（按起、保、停电路）编程简洁、方便。但需要时，在一个程序中，两种指令都可以采用。

对置位、复位指令的理解：置位、复位指令就好比一把机械锁，用手力按下才能锁上（挂扣),但松开后并不能开锁,相当于"置位";插入钥匙用手力转动才能开锁(脱扣),松开钥匙后也不可能自动锁上,相当于"复位"。用电动力代替手力的实例如断路器的合闸线圈与跳闸线圈:当合闸线圈被通电时,开关闭合并锁上,相当于"置位",合闸线圈被断电时,开关仍闭合;当跳闸线圈被通电时,开关(脱扣)断开,相当于"复位",跳闸线圈被断电时,开关仍断开。

2. 立即置位与立即复位指令和 RS 触发器指令

立即置位与立即复位指令、RS 触发器指令详见第十章 S7-200 PLC 语句表编程。

(二) 其他指令

1. 取反指令┤NOT├

取反(Not)触点指令是将它左边电路的状态取反传送给它右边的电路,相当于逻辑"非"电路。参见图 6.27 所示梯形图网络 1。

当 I0.0 闭合,I0.0 状态为 1 时,能流到达取反触点时即停止,无能流输出,Q0.0 失电,Q0.0 状态为 0;当 I0.0 断开,其状态为 0 时,取反触点无能流输入,则取反触点给右侧提供能流,Q0.0 通电,其状态为 1。

当 I0.0 断开且 I0.1 断开,或 I0.0 断开且 I0.1 闭合,或 I0.0 闭合且 I0.1 断开时,取反触点左边电路的状态都为 0,则 Q0.1 状态为 1;当 I0.0 闭合且 I0.1 闭合时,有能流输入,则 Q0.1 状态为 0。

简而言之,取反指令左边电路通→右边电路不通;左边电路不通→右边电路通。

2. 跳变触点指令

跳变触点指令又分为正跳变触点指令(又称为上升沿指令)和负跳变触点指令(又称为下降沿指令)。

(1) 上升沿指令┤P├

正跳变触点指令┤P├检测到左边输入一次正跳变信号时,正跳变触点接通,但接通时间只有一个扫描周期。如图 6.27 所示梯形图中网络 2 和网络 3 及其时序图。当 I0.2 闭合瞬间,输入至┤P├触点的信号由 0 变为 1,即时序图中 I0.2 出现上升沿时,┤P├触点被触发接通一个扫描周期,即出现一个正脉冲,脉宽仅为一个扫描周期,则 Q0.2 的通电时间仅为一个扫描周期;同理,┤P├触点发出的正脉冲使 Q0.3 被置位。在 I0.2 闭合期间、断开瞬间以及断开后,┤P├触点都不通。

(2) 下降沿指令┤N├

负跳变触点指令检测到左边输入一次负跳变信号时,负跳变触点接通,但接通时间只有一个扫描周期。如图 6.27 所示梯形图中网络 4 和网络 5 及其时序图。在 I0.3 闭合瞬间及闭合期间,┤N├触点不通。当 I0.3 断开瞬间,输入至┤N├触点的信号由 1 变为 0,即时序图中 I0.3 出现下降沿时,┤N├触点被触发接通一个扫描周期,即出现一个正脉冲,脉宽仅为一个扫描周期,则 Q0.4 的通电时间仅为一个扫描周期;同理,┤N├触点发出的正脉冲使 Q0.3 被复位。当 I0.3 断开以后,┤N├触点也不通。

简而言之,当且仅当左边输入一个上升沿信号时,┤P├触点接通且仅输出一个脉冲;当且仅当左边输入一个下降沿信号时,┤N├触点接通且仅输出一个脉冲。

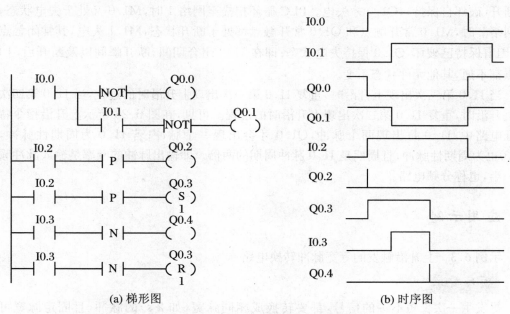

(a) 梯形图　　　　　　　　　(b) 时序图

图 6.27　取反指令和跳变指令特性

例 6.7　验证上升沿指令特性。

上升沿指令特性验证电路如图 6.28 所示。

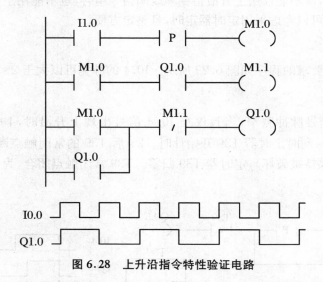

图 6.28　上升沿指令特性验证电路

当 I1.0 第一次出现上升沿时,即 PLC 此时扫描 I1.0 和⊣P⊢触点时,⊣P⊢触点被触发接通一个扫描周期,即在 PLC 下一次扫描 I1.0 和⊣P⊢触点时,刚好经过了一个扫描周期,⊣P⊢触点已无脉冲输出,扫描 M1.0 时,M1.0 处于失电状态。当 PLC 扫描网络 2 时,M1.0 常开触点处于断开状态,只有 Q1.0 常开触点处于闭合状态,M1.1 未能通电。所以 Q1.0 仍然自保持。当 I1.0 出现下降沿时,⊣P⊢触点不通,即在 I1.0 闭合期间、断开瞬间以及断开后,⊣P⊢触点都不通,其他元件状态不变。

当 I1.0 第二次出现上升沿时,M1.0 通电,其常开触点闭合,接通 M1.1,M1.1 常闭触点断开(破坏自保持),Q1.0 才失电。PLC 循环扫描至网络 1 时,M1.0 又处于失电状态,描至网络 2 时,M1.0 常开触点和 Q1.0 常开触点都处于断开状态,M1.1 失电,其常闭触点闭合,因自保持已破坏,Q1.0 保持失电状态;即在 I1.0 闭合期间、断开瞬间以及断开后,⊣P⊢触点都不通,其他元件状态不变。

当 I1.0 第三次出现上升沿时,重复 I1.0 第一次出现上升沿时的过程,当 I1.0 第四次出现上升沿时,重复 I1.0 第二次出现上升沿时的过程。可见,在图 6.28 所示上升沿指令特性验证电路中,I1.0 每出现两个脉冲,Q1.0 才会出现一个脉冲;若 I1.0 为周期性脉冲,则 Q1.0 也为周期性脉冲,且周期是 I1.0 脉冲周期的两倍。即输出脉冲的频率是输入脉冲频率的一半,也称分频电路。

应用示例

示例 6.3　　上升沿触发的等宽脉冲转换电路

项目要求

每发生一次长短不一的信号,都要转换成相同脉宽(如 2 s)的脉冲,且固定脉宽可以整定。

项目分析

获取固定脉宽,既不能仅用上升沿指令和线圈指令组合,也不能用上升沿指令和置位指令组合。固定脉宽可以考虑采用定时器定时,且整定方便。

程序展示

能够实现项目要求的程序如图 6.29 所示。I0.4 的脉宽可以大于 2 s,也可以小于 2 s。

程序解读

无论 I0.4 的信号脉冲宽窄,当且仅当 I0.4 信号出现上升沿时,⊣P⊢触点短时接通,Q0.5通电且自保持;同时定时器 T39 开始计时。2 s 后 T39 的常闭触点断开,Q0.5 失电,其常开触点断开(自保持被破坏),定时器 T39 归零。T39 常闭触点闭合,为接通下一个脉冲做好准备。

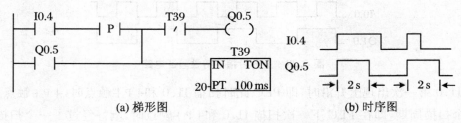

(a) 梯形图　　　　　　　　　　　　　　(b) 时序图

图 6.29　上升沿触发单稳态电路

分析思考

无论 I0.4 的脉宽是大于 2 s,还是小于 2 s。⊣P⊢触点只发出一个脉宽只有一个扫描周期的脉冲,对吗? Q0.5 的脉宽依靠自保持维持,由定时器设定值整定 Q0.5 的脉宽,对吗?

示例6.4 断开延时电路

项目要求

当输入电路的开关断开时,被控设备延时5s后断电。

项目分析

利用输入电路的开关断开时产生的下降沿信号,通过下降沿指令启动接通延时定时器,也能实现断电延时动作的效果。

程序展示

能够实现项目要求的断电延时动作程序如图6.30所示。

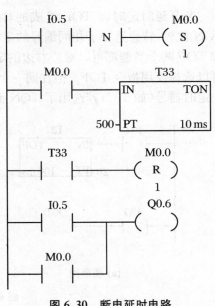

程序解读

当操作输入电路的开关闭合时,I0.5常开触点闭合,Q0.6通电,被控设备通电运行;当操作输入电路的开关断开时,I0.5常开触点断开,但下降沿指令输出脉冲使M0.0置位,Q0.6继续通电,被控设备继续运行;同时启动定时器T33定时,5s后T33常开触点闭合,使M0.0复位。M0.0常开触点断开,Q0.6失电,被控设备失电;同时T33复位。

图6.30 断电延时电路

分析思考

即使不用下降沿指令,也可以设计很多种类电路实现断电延时功能,请你重新编程。

经验技巧

① ┤P├触点只认左边的上升沿信号,其他信号都不认;┤N├触点只认左边的下降沿信号,其他信号都不认。

② 在分析电路的动作过程时,一定要有指令执行的先后次序的概念。PLC扫描速度太快,一个扫描周期太短。我们在阅读、分析梯形图程序时,不得不放慢速度看动作过程,就像看电影慢镜头的体会一样。理论上讲,PLC扫描有顺序,各元件动作有先后,实际上这些动作却是瞬间完成的。在分析电路遇到矛盾时,就必须按扫描先后顺序认定。扫描的过程就是提取信息的过程,一个元件的状态,在第一次扫描提取信息给CPU后,在第二次扫描前若已提前变化,但CPU内存储的还是第一次扫描的信息,即就好像是到第二次扫描时元件的状态才变化一样。常见某元件线圈通电,其状态已变,线圈后面的网络中的该元件触点被扫描时状态已变,而线圈前面的网络中的该元件触点在下一个扫描周期到来之前,无法将变化的信息传送给CPU,应认为状态没有变化。

四、S7-200 PLC定时器指令(二)

在"二、S7-200 PLC定时器指令(一)"中已介绍了第一种类型定时器,即接通延时定时器 TON，下面继续介绍第二种和第三种类型定时器，即断开延时定时器 TOF 和保持型接通延时定时器 TONR。

（一）断开延时定时器 TOF（第二种类型）

断开延时定时器 TOF 组成的梯形图如图 6.31 所示。为了便于与接通延时定时器 TON 比较，特意选择了相同编号的定时器 T37。由表 6.7 定时器的特性可见，定时器 TON 和 TOF 两个类型都可以对应右边的定时器号。换言之，T37 即可以选择使用指令 TON，也可以选择使用指令 TOF。但在同一个程序中，TOF 与 TON 不能共用同一个定时器号，即一个定时器号（如 T37）若选用了 TON 型，就不能再选用 TOF 型。

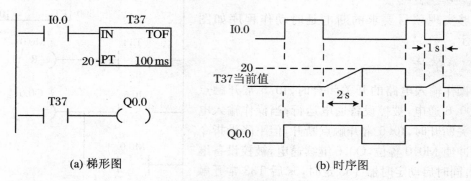

(a) 梯形图   (b) 时序图

图 6.31　断开延时定时器

为了更好地介绍断电延时定时器 TOF，可借助时序图加以说明：

① T37 设定值为 20，即定时值为 2 s。输入信号 I0.0 的断开时间，选择大于 2 s 和等于 1 s，分别代表能流输入后又断开，其断开的时间大于设定值和小于设定值的情况。

② 当 PLC 投入运行时，首次扫描，断开延时定时器 TOF 的当前值和定时器的位均被清零。

③ 当 I0.0 闭合时，定时器 T37 的输出位（状态）立即改变，由 0 变为 1 状态，即 T37 常开接点瞬时闭合。同时定时器 T37 的当前值被清零，但 T37 并不启动定时。

④ 当 I0.0 由闭合变为断开时，定时器 T37 开始计时，当前值从 0 开始增大。即由输入状态从 1 变为 0 的负跳变（下降沿）启动定时器定时。

⑤ 计时开始后，延时等到当前值等于设定值时，T37 输出位瞬时从 1 变为 0 状态，即 T37 常开接点瞬时断开。同时当前值（等于设定值）保持不变，直到 I0.0 再次闭合被清零。

⑥ I0.0 由闭合变为断开后，在延时时间小于定时值时，即当前值小于设定值时，若 I0.0 又闭合，T37 就被清零，T37 的输出位保持 1 状态不变，同理 T37 也不计时。

可见，断电延时定时器 TOF 的常开接点相当于时间继电器 KT 的线圈通电瞬时闭合、失电延时断开的常开接点，断电延时定时器 TOF 的常闭接点相当于时间继电器 KT 的线圈通电瞬时断开、失电延时闭合的常闭接点。

（二）保持型接通延时定时器 TONR（第三种类型）

保持型接通延时定时器 TONR 组成的梯形图如图 6.32 所示。

为了更好地介绍保持型接通延时定时器 TONR，可借助时序图加以说明：

① T2 设定值为 1 000，即定时值为 10 s。输入信号 I0.1 的闭合时间，选择 t1＜10 s 和

t2＞10 s－t1，分别代表能流输入累计时间小于定时值和大于定时值的情况。

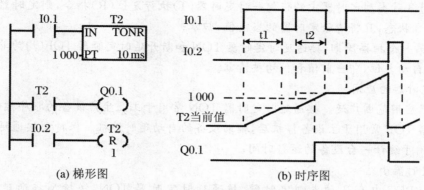

(a) 梯形图　　　　　　　　(b) 时序图

图 6.32　保持型接通延时定时器

② 当 PLC 投入运行时，首次扫描，保持型接通延时定时器 TONR 的定时器的位被清零。但当前值为 PLC 本次投入运行前保存的原当前值。图 6.32 中，假设原当前值为 0。

③ 当 I0.1 闭合时，启动定时器 T2，开始计时，即当前值开始增加。若 I0.1 闭合时间未达到设定时间，T2 的状态不会改变。

④ 当 I0.1 由闭合变为断开时，当前值保持不变，即当前值不会被清零。当 I0.1 再次闭合时，当前值在原当前值的基础上又开始增加，即对 I0.1 的导通时间进行累计。保持型接通延时定时器 TONR 可以多次累计 I0.1 的导通时间。

⑤ 当 I0.1 闭合时间累计达到设定时间 10 s 时，即当前值等于设定值 1000 时，T2 状态改变(0→1)，Q0.1 动作(0→1)。

⑥ 当 I0.1 闭合时间累计超过设定时间 10 s 后，T2 继续累计计时，直至当前值达到最大值 32 767 为止。

⑦ 当 I0.1 闭合时间累计达到设定时间 10 s，T2 状态改变(0→1)，Q0.1 动作(0→1)后，即使 I0.1 断开，当前值同样不会被清零，T2 状态不会改变。

⑧ 保持型接通延时定时器 TONR 只能用复位指令(R)来复位。当 I0.2 闭合时，TONR 定时器被复位，即当前值被清零，T2 状态发生改变(1→0)，Q0.1 复归(1→0)。

⑨ 当 I0.2 断开且 I0.1 闭合时，重新启动定时器 T2 开始计时。

可见，保持型接通延时定时器 TONR 与接通延时定时器 TON 相比较，都是接通启动计时、当前值等于设定值时定时器状态改变。保持型接通延时定时器 TONR 最主要的特性是：断开能流时当前值保持不变，输入能流时累计当前值；断开能流时 TONR 定时器不能复位，否则就无法实现对当前值的累计。所以，只能用复位指令(R)来复位。

在系统块中，可以设置保持型接通延时定时器 TONR 的当前值是否具有断电保持功能。设置了 TONR 具有断电保持功能，可以累计输入电路接通的若干个时间段，这是时间继电器无法做到的。

定时器知识补充

(1) 定时器的复位

① 定时器复位的定义

定时器复位有两个含义：当前值归零和位变为 0 状态。

② 复位(R)指令使定时器复位

如果对 3 种类型定时器中的任何一种定时器(T)执行复位(R)指令,则定时器的位被控制,其位为 0 状态,且将清除定时器的当前值,归零;

③ 在第一个扫描周期,接通延时定时器 TON 和断开延时定时器 TOF(均为非保持型定时器)将被自动复位,即当前值和位均被清零。

(2) 定时器的应用

定时器应用范围广泛。接通延时定时器 TON 常用于工业生产设备的顺序控制等;断开延时定时器 TOF 常用于主设备停机后,辅助设备的自动延时停机。保持型接通延时定时器 TONR 常用于统计一台设备的运行时间。

(3) 定时器小结

S7-200 PLC 中有 3 种类型定时器:接通延时定时器 TON、保持型接通延时定时器 TONR 和断开延时定时器 TOF。有 1 ms、10 ms 和 100 ms 三种分辨率,分辨率取决于定时器号,如表 6.7 所示。要正确使用定时器,需要熟悉各种类型定时器的工作原理,控制定时器的启动、状态变化和返回或复位是用好定时器的关键。

五、S7-200 PLC 计数器指令

S7-200 PLC 计数器的所谓计数,就是统计由高低电平交替变化组成的脉冲数量。因此,在实际应用中,如统计工业生产流水线上通过的产品数量,计数传感器必须是每通过一个产品产生一个电脉冲信号。

(1) 计数器编号

S7-200 PLC 共有 256 个计数器,编号范围为:C0~C255。不同类型的计数器不能共用同一个计数器号。

(2) 计数器类型

计数器分为 3 种类型,分别是加计数器 CTU、减计数器 CTD 和加减计数器 CTUD。本教材只重点介绍加计数器 CTU 和减计数器 CTD。

(3) 计数器设定值

计数器的设定值的数据类型为整数,除了常数外,还可以用 VW、IW 等作为它们的设定值。

计数器设定值的设定数字范围为 1~32 767 ,即允许计数器的最大设定值为 32 767。

(4) 计数器当前值

计数器的当前值为 16 位有符号整数。

(5) 计数器的位(状态)

计数器有两个特征:计数值和状态。计数器具有多个常开或常闭接点,其位置通断状态称为计数器的位,或称为计数器的状态。当计数器计数目标达到设定值后,计数器的状态将发生变化。

(一) 加计数器 CTU

加计数器 CTU 组成的梯形图如图 6.33 所示。CU 为加计数器 CTU 的脉冲输入端,R 为加计数器的复位端,PV 为加计数器的预设值端。

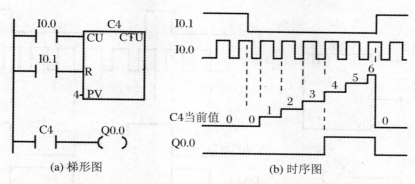

图 6.33　加计数器

为了更好地介绍加计数器 CTU，可借助时序图加以说明：

① 在接在 R 输入端的复位输入电路断开的前提下，接在 CU 输入端的计数脉冲才能使加计数器 CTU 计数。

② 当输入 CU 的脉冲出现上升沿（即 I0.0 由断开变为闭合）时，加计数器 CTU 的当前值加 1。每输入一个脉冲，当前值就在原数字的基础上加 1，当前值最大可达到 32 767，即 32 767 为计数器的能够记录的最大值。

③ 当输入 CU 的脉冲数达到 PV 端预设的设定值时，即 C4 的当前值等于设定值 4 时，加计数器的位由 0 变为 1 状态（0→1），即 C4 的常开接点闭合，Q0.0 动作（0→1）。

④ 当输入 CU 的脉冲数超过设定值后，即 C4 的当前值大于设定值 4 后，C4 继续计数，直至当前值为计数最大值 32 767。

⑤ 当接在 R 输入端的复位输入电路接通时，即 I0.1 由断开变为闭合时，加计数器被复位：当前值被清零，且加计数器的位由 1 变为 0 状态（1→0），即 C4 的常开接点断开，Q0.0 复归（1→0）。

如果对加计数器执行复位（R）指令，加计数器可同样被复位。

经验技巧

学习计数器，要在阅读文字说明的同时，仔细分析计数器时序图，对时序图研究得越细致，对计数器理解的就越深刻。

（二）减计数器 CTD

减计数器 CTD 组成的梯形图如图 6.34 所示。CD 为减计数器 CTD 的脉冲输入端，LD 为减计数器 CTD 的数值载入端，PV 为减计数器的设定值端。

为了更好地介绍减计数器 CTD，可借助时序图加以说明：

① 当 PLC 投入运行时，首次扫描，减计数器 CTD 的当前值和减计数器的位均被清零。

即若 CD 端和 LD 端均无首次能流输入，减计数器 CTD 未被启动，其状态与计数值无关（即使当前值为 0），则其位为"0"，即 C48 常开接点断开。

② 当脉冲输入端 CD 有脉冲输入时，减计数器 CTD 的位变为"1"，即 C48 常开接点闭合。但当前值仍为 0。

③ 当减计数器 CTD 的数值载入端 LD 为"1"状态时，才能把设定值装入当前值寄存器。即当前值变为 3，并且减计数器的位变为"0"；设定值最大值为 32 767。

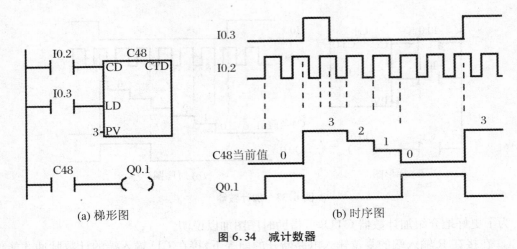

(a) 梯形图　　　　　　　　　　　　　(b) 时序图

图 6.34　减计数器

④ 减计数器 CTD 的数值载入端 LD 为"1"状态后,即使脉冲输入端 CD 有脉冲输入,当前值和位均不改变。

⑤ 减数器 CTD 的数值载入端 LD 为"0"态后,当出现脉冲输入信号的上升沿(I0.2 从"0"状态变为"1")时,从设定值开始,减计数器的当前值减 1。在此期间,每输入一个脉冲,减计数器的当前值减 1。当前值减至 0 时,停止计数,计数器的位被置为"1"。

⑥ 当减计数器 CTD 的数值载入端 LD 再次变为"1"状态时,原设定值再次被装入当前值寄存器,当前值又变为设定值,且减计数器的位又变为"0"。

如果对减计数器执行复位(R)指令,减计数器可同样被复位。

(三) 加减计数器

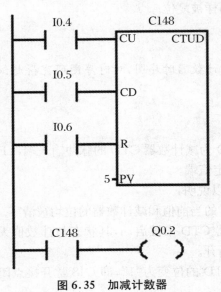

图 6.35　加减计数器

加减计数器 CTUD 组成的梯形图如图 6.35 所示。CU 为加计数脉冲输入端,CD 为减计数脉冲输入端,R 为加减计数器的复位端,PV 为加减计数器的设定值端。加减计数器 CTUD 设有加计数器特有的复位端 R,而未设减计数器特有的数值载入端 LD,说明加减计数器 CTUD 的特性偏向加计数器。加减计数器 CTUD 相当于加计数器在加数的过程中,可以减数,当前值可加可减,有正有负,就像计算器加减法数字显示。

① 当复位输入电路接通(I0.6 闭合)R 输入端时,加减计数器 CTUD 被复位。即当前值为 0,其位为 0 状态(C148 常开触点断开);在复位输入电路断开 R 输入端的前提下,才能使计数器计数。

② 当输入 CU 的加计数脉冲出现上升沿(即 I0.4 由断开变为闭合)时,计数器的当前值加 1。

③ 当输入 CD 的减计数脉冲出现上升沿(即 I0.5 由断开变为闭合)时,计数器的当前值减 1。

④ 当计数器的当前值等于设定值时及大于设定值后,计数器的位被置为 1。即当前值

等于 5 时，C148 常开触点闭合，Q0.2 动作(0→1)。

⑤ 当不断输入 CD 的减计数脉冲，当前值数字减小至小于设定值时，甚至，当前值出现负数时，加减计数器 CTUD 的位状态不变；只有复位输入端 R 为 1 状态时，或计数器执行复位(Ret)指令时，加减计数器 CTUD 才能被复位。即 C148 常开触点断开，Q0.2 复归(1→0)。

⑥ S7-200 PLC 当前值变化范围为 −32 768～+32 767，且是循环显示。当计数器当前值为最大值 32 767 时，下一个输入 CU 的加计数脉冲使当前值加 1 后变为最小值 −32 768；当计数器当前值为最小值 −32 768 时，下一个输入 CD 的减计数脉冲使当前值减 1 后变为最大值 +32 767。

实　　训

一、验证本章教材内容中编写的程序

1. 验证电动机单向连续运行控制程序

① 将图 6.9 中梯形图输入主程序(OB1)，下载到 PLC 后运行程序。点击工具栏上的"程序状态监控"按钮🔲，启动程序状态监控功能。扳动 I0.0、I0.1 对应的小开关，模拟开、停机按钮的操作，观察 Q0.0 的状态(颜色)变化及对应的 LED 灯的灯光变化。

② 将图 6.12(d)中梯形图输入 OB1，下载到 PLC。扳动 I0.0、I0.1、I0.2 对应的小开关，模拟开、停机按钮的操作和过载保护动作，观察 Q0.0 状态变化。

2. 验证电动机正反转连续运行控制程序

将图 6.14 梯形图下载到 PLC 运行。扳动各输入电路对应的模拟小开关，观察 Q0.0、Q0.1 状态变化。

3. 验证起、停间隔时间不限的两台电动机循序控制程序

将图 6.16 梯形图下载到 PLC 运行。按顺序控制的要求扳动各输入电路对应的模拟小开关，观察 Q0.0、Q0.1 状态变化。检验是否能够做到：

① 1# 电动机不起动，2# 电动机无法起动。

② 2# 电动机不停机，1# 电动机无法停机。

③ 断开 I0.5，2# 电动机先停机，1# 电动机延时停机。

④ 断开 I0.4，1# 电动机和 2# 电动机立即自动停机。

4. 验证接通延时定时器特性

将图 6.17(a)接通延时定时器梯形图程序下载至 PLC 运行后，点击"程序状态监控"按钮🔲。按图 6.17(b)时序图要求，操作 I0.0 通断时段，观察定时器 T37 当前值变化及 Q0.0 的状态。

5. 验证闪烁电路

将图 6.18 闪烁电路梯形图程序下载至 PLC 运行后，点击"程序状态监控"，闭合 I0.0，

观察 Q0.0 的状态。再次点击"程序状态监控"按钮,退出监控。重新设置 T37、T38 的设定值,再次验证闪烁电路。

6. 验证采用起、保、停电路编制的两台电动机定时限循序控制程序

将图 6.22 梯形图程序下载至 PLC 运行后,点击"程序状态监控"。操作模拟小开关,将 I0.0 常开触点闭合后马上又断开,观察 Q0.0、Q0.1 的状态;将 I0.1 常闭触点断开后又闭合,观察 Q0.0、Q0.1 的状态。

7. 验证置位与复位指令

将图 6.23(a)梯形图程序下载至 PLC 运行后监控。按图 6.23(b)时序图中的要求,操作 I0.0、I0.1、I1.0、I1.1 的通断时段,观察 Q0.0、Q1.0 的状态。

8. 验证楼梯灯的延时熄灭控制程序

① 将图 6.24 中梯形图输入主程序(OB1),下载到 PLC 后运行程序。操作模拟小开关,验证:若在灯亮这段时间内再一次按下起动按钮,则是否会重新开始计时(即连续亮灯时间是否大于 30 s)?

② 将图 6.25 中梯形图输入主程序(OB1),下载到 PLC 后运行程序。操作模拟小开关,验证:若在灯亮这段时间内再一次按下起动按钮,则连续亮灯时间是否能够大于 30 s?

9. 验证采用置位、复位指令编制的两台电动机定时限循序控制程序

将图 6.26 中梯形图下载到 PLC 后运行程序。操作模拟小开关,将 I0.0 常开触点闭合后马上又断开,观察 Q0.0、Q0.1 的状态;将 I0.1 常开触点闭合后又断开,观察 Q0.0、Q0.1 的状态。

10. 验证断开延时定时器特性

将图 6.31(a)断开延时定时器梯形图程序下载至 PLC 运行后,点击"程序状态监控"按钮📷。按图 6.31(b)时序图要求,操作 I0.0 通断时段,观察定时器 T37 当前值变化及 Q0.0 的状态。

11. 验证保持型接通延时定时器特性

将图 6.32(a)保持型接通延时定时器梯形图程序下载至 PLC 运行后,点击"程序状态监控"按钮📷。按图 6.32(b)时序图要求,操作 I0.1、I0.2 通断时段,观察定时器 T2 当前值变化及 Q0.1 的状态。

12. 验证加计数器特性

将图 6.33(a)加计数器梯形图程序下载至 PLC 运行后,点击"程序状态监控"按钮📷。按图 6.33(b)时序图要求,操作 I0.0、I0.1 通断时段,观察加计数器 C4 当前值变化及 Q0.0 的状态。

13. 验证减计数器特性

将图 6.34(a)减计数器梯形图程序下载至 PLC 运行后,点击"程序状态监控"按钮📷。按图 6.34(b)时序图要求,操作 I0.2、I0.3 通断时段,观察减计数器 C48 当前值变化及 Q0.1 的状态。

14. 验证加减计数器特性

将图 6.35 加减计数器梯形图程序下载至 PLC 运行后,点击"程序状态监控"按钮📷。

① 将 I0.6 接通后又断开,观察加减计数器 C148 当前值变化及 Q0.2 的状态。

② 将 I0.4 连续接通又断开 4 次,观察加减计数器 C148 当前值变化及 Q0.2 的状态。

③ 将 I0.5 连续接通又断开 2 次,观察加减计数器 C148 当前值变化及 Q0.2 的状态。

④ 再将 I0.4 连续接通又断开 5 次,观察加减计数器 C148 当前值变化及 Q0.2 的状态。

⑤ 再将 I0.5 连续接通又断开 10 次,观察加减计数器 C148 当前值变化及 Q0.2 的状态。

⑥ 再将 I0.6 接通后又断开,观察加减计数器 C148 当前值变化及 Q0.2 的状态。

15. 验证取反指令和跳变指令

将图 6.27(a)梯形图程序下载至 PLC 运行后,点击"程序状态监控"按钮▦。按图 6.27(b)时序图要求,操作 I0.0、I0.1、I0.2、I0.3 通断时段,观察 Q0.0、Q0.1、Q0.2、Q0.3、Q0.4 的状态,你能够看见 Q0.2、Q0.4 的颜色有变化吗? 为什么?

16. 验证断开延时动作电路

将图 6.30 梯形图程序下载至 PLC 运行后,点击按钮▦。闭合 I0.5 常开触点,观察定时器 T33 当前值变化及 Q0.6 的状态。断开 I0.5 常开触点,观察定时器 T33 当前值变化及 Q0.6 的状态。

二、精选位逻辑指令、定时器计数器的功能与应用

1. 对同一个元件置位复位,验证 CPU 程序扫描过程

① 对图 6.36(a)梯形图,按图 6.36(b)时序图要求,操作 I0.0、I0.1 通断时段,观察 Q0.0 的状态,并补画 Q0.0 的状态变化时序图。

② 对图 6.36(c)梯形图,按图 6.36(d)时序图要求,操作 I0.0、I0.1 通断时段,观察 Q0.1 的状态,并补画 Q0.1 的状态变化时序图。

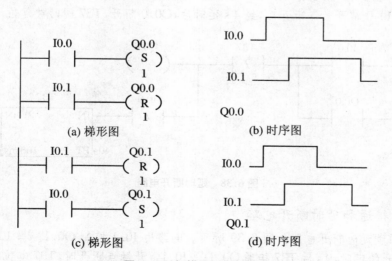

图 6.36　扫描置位复位指令

③ 对比两个梯形图中 S、R 指令的位置变化,对比两个时序图中元件状态的变化,尤其是关注 I0.0 和 I0.1 状态都为 1 时,Q0.0 与 Q0.1 状态是否一样? 为什么?

2. 跳变触点指令与置位、复位指令组合后的功能

① 对图 6.37(a) 梯形图,按图 6.37(b) 时序图要求,操作 I0.0、I0.1 通断时段,观察 Q0.2 的状态,并补画 Q0.2 的状态变化时序图。

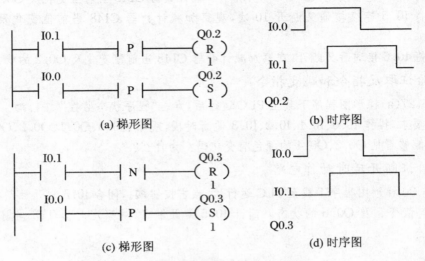

(a) 梯形图   (b) 时序图

(c) 梯形图   (d) 时序图

图 6.37　扫描跳变触点指令与置位复位指令

② 对图 6.37(c) 梯形图,按图 6.37(d) 时序图要求,操作 I0.0、I0.1 通断时段,观察 Q0.3 的状态,并补画 Q0.3 的状态变化时序图。

③ 对比两个梯形图中上升沿指令、下降沿指令的变化,对比两个时序图中元件状态的变化,尤其关注 I0.0 和 I0.1 状态都为 1 时,Q0.2 和 Q0.3 的状态是否有影响? 为什么?

3. 延时断开电路

延时断开电路(断电延时动作电路)如图 6.38 所示。当 I0.0 常开触点接通时,Q0.0 接通并保持;当 I0.0 常开触点断开后,经 4 s 延时后,Q0.0 断开,T37 同时被复位。

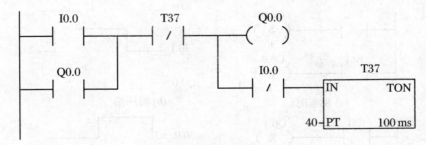

图 6.38　延时断开电路

4. 延时接通和延时断开电路

延时接通和延时断开电路如图 6.39 所示。电路用 I0.1 控制 Q0.1。当 I0.1 常开触点接通时,T37 开始定时,9 s 后 T37 接通 Q0.1;当 I0.1 常开触点断开时,T37 复位,同时 T38 开始定时,7 s 后 T38 的常闭触点断开,Q0.1 失电,T38 也被复位。

5. 传送带产品检测报警装置

产品检测报警电路如图 6.40 所示。用接在 I0.0 输入端的光电开关检测传送带上通过

的产品,当有产品通过时,光电开关接通 I0.0 输入电路,产品通过后,断开 I0.0 输入电路。如果在 10 s 内没有产品通过,由 Q0.0 发出报警信号。当又有产品通过时,自动解除报警信号;也可用 I0.1 输入端外接的开关解除报警信号。

6. 限宽脉冲转换电路

限宽脉冲转换电路如图 6.41 所示。定时器 T34 设定值为 3 s,假设输入电路输入脉冲宽度不等(即 I0.1 闭合时间 $t \leqslant 3$ s 或 $t > 3$ s)的脉冲信号。

① 当接通输入 I0.1 时,标志位 M0.1 被置位,Q0.1 通电,输出状态为 1;同时启动了 T34。

② 当 I0.1 的闭合时间(输入信号脉冲宽度) $t \leqslant 3$ s(定时器的定时值)时, t 时间后,I0.1 常开触点断开、常闭触点闭合,M0.1 被复位,Q0.1 失电,输出状态为 0,电路输出的脉冲宽度为 t(输入信号脉冲宽度);

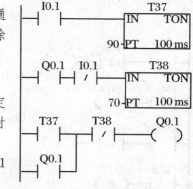

图 6.39　延时接通和延时断开电路

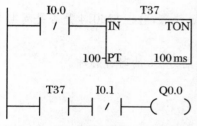

图 6.40　传送带产品检测报警电路

③ 当 I0.1 的闭合时间 $t > 3$ s 时,3 s 后,T34 动作,T34 的常开触点闭合,使 M0.1 被复位,Q0.1 失电,输出状态为 0,电路输出的脉冲宽度为 3 s。

可见,如图 6.41 所示的电路输出的脉冲宽度等于输入电路输入的脉冲宽度,且最宽不会超过定时器的定时值 3 s。即无论 I0.1 的闭合时间超出 3 s 多长时间,限宽脉冲转换电路只会输出脉宽为 3 s 的最宽脉冲。

7. 定宽脉冲转换电路

定宽脉冲转换电路如图 6.42 所示。定时器 T35 设定值为 3 s,假设输入电路输入脉冲宽度(即 I0.2 闭合时间)不等的脉冲信号。

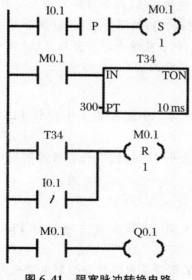

图 6.41　限宽脉冲转换电路

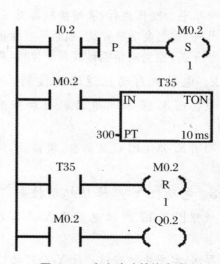

图 6.42　定宽脉冲转换电路

① 当接通输入 I0.2 时，标志位 M0.2 被置位，Q0.2 通电，输出状态为 1；同时启动了 T35。

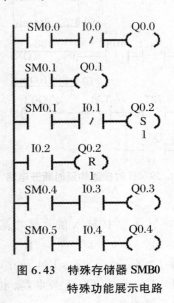

**图 6.43　特殊存储器 SMB0
特殊功能展示电路**

② 无论 I0.2 闭合时间长短，M0.2 只取 I0.2 上升沿信号，T35 经 3 s 延时动作，M0.2 复位，Q0.2 失电，输出状态为 0。

可见，I0.2 为宽度不等的输入脉冲信号，对应输出的是 Q0.2 等宽脉冲。

8. 验证特殊存储器 SMB0 特殊功能

将图 6.43 梯形图程序下载至 PLC 运行后，点击按钮 ▦。

① 操作 I0.0 通断，观察 Q0.0 状态，验证 SM0.0 的位始终为 1。

② 观察 Q0.1 是否为蓝色，即 Q0.1 对应的 LED 灯是否亮？Q0.2 对应的 LED 灯呢？接通 I0.2，Q0.2LED 灯是否由亮变灭？操作 I0.1 通断能否使 Q0.2 灯再次发亮？验证 SM0.1 首次扫描时为 1。

③ 接通 I0.3，观察 Q0.3 状态，验证 SM0.4 是否是周期为 1 min 的时钟脉冲。

④ 接通 I0.4，观察 Q0.4 状态，验证 SM0.5 是否是周期为 1 s 的时钟脉冲。

三、自主设计 PLC 控制程序

1. 电动机经电阻降压起动控制

请画出电动机经电阻降压起动控制电路，独立自主地设计 PLC 控制程序。

利用 S7-200 PLC 实训台，按下降压起动按钮（闭合对应的输入小开关）控制电动机为降压起动，观察接触器对应的输出元件的状态；按下全压运行按钮（闭合对应的输入小开关）控制电动机转为全压运行，观察接触器对应的输出元件的状态；按下停机按钮（闭合对应的输入小开关）控制电动机停机，观察所有输出元件的状态；闭合热继电器常开触点（闭合对应的输入小开关）控制电动机过载保护停机，观察所有输出元件的状态。

2. 电动机自动往返运动控制

根据图 3.14 所示电动机自动往返运动控制电路，请独立自主地设计 PLC 控制程序。

利用 S7-200 PLC 实训台，模拟开、停机按钮、限位开关、接触器，检验该控制程序的正确性。

3. 电动机 Y-△降压起动控制

根据图 3.17 所示电动机 Y-△降压起动控制电路，请独立自主地设计 PLC 控制程序。

要求：利用手动按钮进行 Y-△起动切换，即按下 Y 形降压起动按钮控制电动机为 Y 降压起动，观察手表延时 5 s 后，按下△形全压起动按钮控制电动机转为△全压运行。

4. 两台电动机起、停控制

（1）控制要求

① 按下开机按钮，第一台电动机起动，延时15 s后自动起动第二台电动机。

② 按下停机按钮，两台电动机同时停机。

请根据控制要求，独立自主地设计PLC控制程序。

（2）控制要求：

① 按下开机按钮，第一台电动机先起动，延时8 s后自动起动第二台电动机。

② 按下停机按钮，两台电动机都要分别延时停机，其中第二台电动机延时5 s后先停机，第一台电动机延时10 s后自动停机。

请根据控制要求，独立自主地设计PLC控制程序。

习　　题

1. 在表6.8中，按已编址的顺序，给存储单元连续编址。

表6.8　存储器连续编址

1	2	3	4	5	6	7	8	9	10
I0.0									
Q0.0									
M0.0									
VB0									
VB100									
VW100									
VD0									
VD100									
VD1000									

2. 两台电动机顺序（无时限）起、停PLC控制程序如图6.16所示。

① 图中，网络2中串联Q0.0常开接点的作用是什么？网络1中并联Q0.1常开接点的作用是什么？

② 图中，网络1中已串联I0.4常闭接点，网络2中仍还串联I0.4常闭接点的作用是什么？

3. 两个接通延时定时器设置定时时间都为3 s。T33的设定值应该是_____，T37的设定值应该是_____；T33的当前值加1经过了_____时间，需经过_____时间T37的当前值加1；T33的定时极限是_____ s，T37的定时极限是_____ s。

4. 请设计一个梯形图程序，能够满足图6.44时序图。

提示：在时序图中发现，Q0.0的上升沿与I0.1的上升沿对齐，Q0.0的下降沿与I0.0的下降沿对齐。由此想到：采用上升沿指令取I0.1的上升沿控制Q0.0置位；采用下降沿指令取I0.0的下降沿控制Q0.0

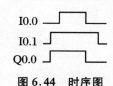

图6.44　时序图

复位。

5. 参考图 6.29 所示上升沿触发的等宽脉冲转换电路,请设计下降沿触发的等宽脉冲转换电路。要求在 I0.2 由 1 状态变为 0 状态(波形的下降沿)后,Q0.1 输出一个宽度为 3 s 的脉冲。I0.2 为 0 状态的时间可以大于 3 s,也可以小于 3 s。

6. 液位传感器常被用于液位控制或报警。某容器下限位液位传感器露出液面时(未被液体淹没时)为 1 状态,对应的 I0.3 为 ON(常开触点闭合),Q0.2 控制报警灯闪动。10 s 后自动停止报警;按下复位按钮 I0.4 也能停止报警。请设计液位报警梯形图程序。

提示:① Q0.2 不能被置位,否则报警灯始终亮(平光),无法闪动;

② 采用 SM0.5(周期为 1s 的时钟脉冲)与 Q0.2 串联,可实现控制报警灯闪动;

③ 为方便控制设计,建议在梯形图中引入存储器 M0.0。

④ 液位传感器露出液面时,I0.3 始终为 1。作为闪光的启动条件,I0.3 常开触点始终闭合,无法采用起保、停电路,不便防止重复报警。但采用上升沿指令取 I0.3 的上升沿作为启动信号,就能够采用起保、停电路,可避免重复报警。

7. 请按下列要求画出梯形图程序:

在按钮 I0.4 按下后,Q0.3 变为 1 状态并且自保持;I0.5 输入 3 个脉冲后(用加计数器 C1 计数),T38 开始定时,5 s 后 Q0.0 变为 0 状态,同时 C1 被复位。在 PLC 刚开始执行用户程序时,C1 也被复位。

提示:根据题意,应由 I0.4 常开触点、Q0.3 线圈及其常开触点、T38 常闭触点组成起、保、停电路;I0.5 向 C1 输入脉冲,C1 常开触点控制定时器 T38,SM0.1 和 T38 常开触点并联控制 C1 复位端。

第七章 常用的数字量控制系统梯形图

第一节 定时器和计数器扩展

S7-200 PLC 定时器，当前值的最大值为 32 767，即最长的定时时间为 3 276.7 s。如果需要更长的定时时间，可以采用定时器扩展电路。

S7-200 PLC 计数器当前值的最大值为 32 767，即最大计数为 32 767。如果需要统计更大的数量，可以采用计数器扩展电路。

一、S7-200 PLC 定时器扩展电路

（一）利用计数器与特殊存储器 SM0.5 或 SM0.4 组合成扩展定时器 T

利用计数器与特殊存储器 SM0.5 或 SM0.4 组合成扩展定时器电路如图 7.1 所示。

特殊存储器 SM0.5：此位提供高低电平各 0.5 s，周期为 1 s 的时钟脉冲；

特殊存储器 SM0.4：此位提供高低电平各 0.5 min，周期为 1 min 的时钟脉冲；

扩展定时器 2T 电路如图 7.1(b) 所示。

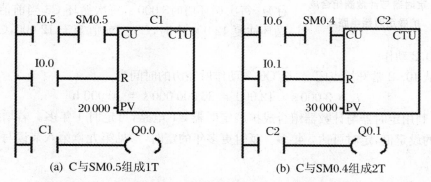

(a) C与SM0.5组成1T   (b) C与SM0.4组成2T

图 7.1 计数器与特殊存储器组合成扩展定时器电路

扩展定时器 2T 的计时是从接在 R 输入端的复位输入电路断开且 I0.6 闭合开始，到输入 CU 的脉冲数达到 PV 端预设的设定值时，Q0.1 动作为止。

当 I0.1 断开且 I0.6 闭合后，特殊存储器 SM0.4 每输出一个脉冲，即每输入 CU 端一个脉冲，加计数器 C2 当前值加 1，历时 1 个脉冲周期 1 min。

当特殊存储器 SM0.4 输出 30 000 个脉冲时，C2 当前值等于设定值 30 000，加计数器 C2 的位由 0 变为 1 状态（0→1），即 C2 的常开接点闭合，Q0.1 动作（0→1）。所以从 I0.1 断开

且 I0.6 闭合,至 Q0.1 动作所经历的时间为

$$T = 1 \text{ min} \times 30\,000 = 30\,000 \text{ min} = 5\,000 \text{ h}$$

扩展定时器 1T 电路如图 7.1(a)所示。

当 I0.0 断开且 I0.5 闭合后,特殊存储器 SM0.4 每输出一个脉冲的周期为 1 s,即每历时一秒钟加计数器 C1 当前值加 1。当 C1 当前值等于设定值 20 000 时,C1 的常开接点闭合,Q0.0 动作(0→1)。所以从 I0.0 断开且 I0.5 闭合,至 Q0.0 动作所经历的时间为

$$T = 1 \text{ s} \times 20\,000 = 20\,000 \text{ s}$$

可见,扩展定时器 1T 电路的最大定时时间是 32 767 s,是定时器最长定时时间的 10 倍;扩展定时器 2T 电路的最大定时时间是 32 767 min,是定时器最长定时时间的 600 倍。

（二）利用定时器与计数器组合成扩展定时器 T

利用定时器与计数器组合成扩展定时器 3T 电路如图 7.2 所示。

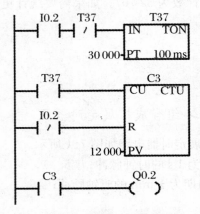

图 7.2　定时器与计数器组合成扩展定时器电路

扩展定时器 3T 的计时是从 I0.2 常开接点闭合、常闭接点断开开始,一直到 Q0.2 动作为止。

当 I0.2 常开接点闭合时,T37 开始计时,若 I0.2 常开接点始终闭合,延时 3 000 s,T37 常开接点闭合,C3 当前值加 1;重新扫描时(视为同时),因 T37 常闭接点断开,T37 当前值被清零,T37 常开接点断开、常闭接点又闭合;再次扫描时(仍视为同时),T37 开始计时,第二次延时 3 000 s时,T37 常开接点第二次闭合,C3 当前值加 1,当前值为 2;重新扫描时(视为同时),因 T37 常闭接点断开,T37 当前值第二次被清零,T37 常开接点断开、常闭接点又闭合;再次扫描时(仍视为同时),T37 又开始计时,循环往复,每次循环历时 3 000 s,每次循环 C3 当前值加 1。当循环往复 12 000 次时,C3 当前值等于 12 000,C3 常开接点闭合,Q0.2 动作。

所以从 I0.2 常开接点闭合,至 Q0.2 动作所经历的时间为

$$T = 3\,000 \text{ s} \times 12\,000 = 36\,000\,000 \text{ s} = 10\,000 \text{ h}$$

可见,利用定时器与计数器组合成扩展定时器 3T 电路,可定时 1 年多。若增大定时器和计数器的设定值,定时可达 3 年多。延时更多年的定时,参见第九章第八节读写实时时钟指令。

应用示例

示例 7.1　自动声光报警装置

项目要求

某种设备承重超载 10%～30%时,允许运行 1 h,超载超时后,自动声光报警装置发出声光信号,通知运行人员停止运行。

项目分析

项目关键是延时 1 h 报警,延时时间已超过一个定时器的最大设定值。利用定时器与计数器组合成扩展定时器,以实现长时间延时。音响信号影响人员工作,响声时间不宜过长,可设置 10 s 后自动解除。

程序展示

能够实现项目要求的自动声光报警电路程序如图7.3所示。

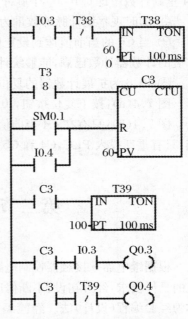

程序解读

自动声光报警操作程序用于设备加载到 1.1～1.3 倍额定负荷并运行 1 h 后,发出声光信号。图中 Q0.3 控制指示灯,Q0.4 控制电铃。若系统处于自动工作方式,设备超载运行会使 I0.3 触点为闭合状态,定时器 T38 每 60 s 发出一个脉冲信号作为计数器 C3 的计数输入信号。当计数值达到 60,即超载运行 1 h 后,C3 常开触点闭合,指示灯发光且电铃作响;同时 T39 开始定时,10 s 后自动解除铃声。当接通复位开关→I0.4 闭合使计数器 C3 复位时,灯光熄灭;或 I0.3 恢复断开时灯光熄灭。

分析思考

若采用的是复位按钮,当超载超时信号被复位按钮解除后,而设备并未卸载即 I0.3 常开触点未断开,自动声光报警装置是否会再次报警?

图 7.3　自动声光报警电路

二、S7-200 PLC 计数器扩展电路

采用两个计数器组合成计数器扩展电路如图 7.4 所示。

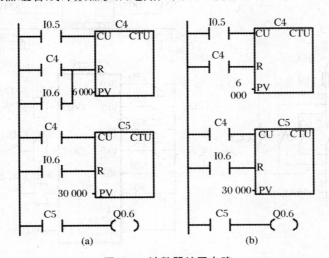

图 7.4　计数器扩展电路

阅读计数器扩展电路：

① I0.5 为脉冲信号，所谓计数就是统计脉冲的数量。I0.5 的脉冲使 C4 计数。

② 当 C4 的当前值达到设定值 6 000 时，C4 动作，C4 常开触点闭合，C5 的 CU 输入端为 1，C5 当前值加 1；而 C4 的 R 复位端为 1，C4 复位，C4 常开触点断开，I0.5 的脉冲又使 C4 重新计数。即每 6 000 个脉冲 C4 动作 1 次。

③ 随时观察统计脉冲数量为：6 000×C5 当前值 ＋ C4 当前值。

④ 当 C5 的当前值达到设定值 30 000 时，C5 动作，C5 常开触点闭合，Q0.6 动作。说明扩展的计数器计数已满，能够统计的最大脉冲数量为：C＝6 000×30 000＝180 000 000。

⑤ I0.6 为扩展计数器的复位按钮。比较两种复位方法：

图 7.4(a)：按下复位按钮，I0.6 常开触点闭合，C4 和 C5 被复位，即扩展计数器被复位；

图 7.4(b)：只有在 C4 当前值过零时按下复位按钮，此刻相当于扩展计数器被复位。否则，只有重新投入 PLC，C4 和 C5 被复位。

第二节　梯形图的经验编程法

根据继电器－接触器控制电路的设计经验，参照一些典型电路，依据被控对象对控制系统的具体要求，经过初设、不断修改、最终完善梯形图。这种编程方法主要依靠经验，所以被称为经验编程（设计）法。经验编程法没有固定的模式，随意性较大，所编程序也不是唯一的。但优点是编程过程简单，可以用于较简单的梯形图的编制，例如手动控制程序的设计。

一、小车自动往返运动控制

参考、借鉴电动机自动往返运动继电器-接触器控制电路，设计小车自动循环往返运动控制主电路及 PLC 控制外部接线图如图 7.5 所示，梯形图程序如图 7.6 所示。

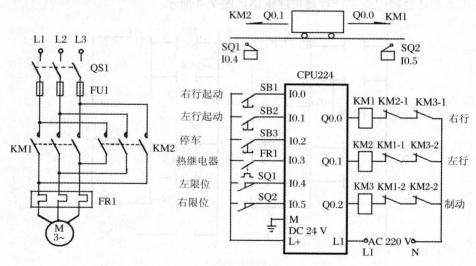

图 7.5　小车自动循环往返运动控制电路

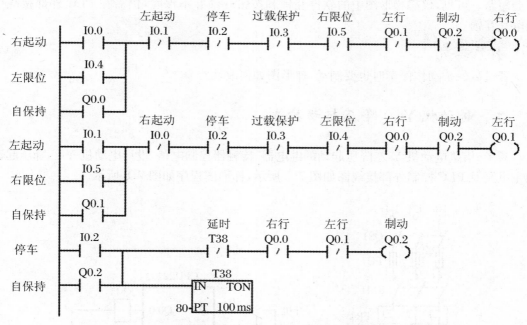

图 7.6　小车自动循环往返运动梯形图

项目要求

按下右行或左行起动按钮后,要求小车在左限位开关和右限位开关之间不停地循环往返运动;按下停机按钮后,电动机断电,制动电磁铁的线圈通电,使电动机迅速被制动停转;到达定时器设定的制动时间后,切断制动电磁铁的电源。

阅读分析

为了方便阅读、分析,将梯形图程序中各元件的功能标注到梯形图中。

① 在右行回路中串联左行、制动的常闭触点;在左行回路中串联右行、制动的常闭触点;在制动回路中串联左行、右行的常闭触点。实现三者互锁,称为软件互锁,以确保 Q0.0、Q0.1、Q0.2 中只能有一个为 1 状态。

② 在右行回路中串联左行起动按钮常闭触点,在左行回路中串联右行起动按钮常闭触点,称为按钮联锁,相当于继电器-接触器控制电路中的"机械互锁"。在需要用按钮控制小车在右行(或左行)中途调头时,不必先按停机按钮,可直接按下左行(或右行)按钮。

③ 左、右行限位并调头依靠左、右限位开关,梯形图设计与继电器-接触器控制电路方法一样。

④ 操作停车和过载保护动作停车时,无论小车是在左行还是右行,同时断开左行和右行回路;但操作停车还同时接通制动回路和定时器,定时时间到,自动解除制动,并复位定时器。

⑤ 在小车自动循环往返运动 PLC 控制外部接线中,左行、右行及制动接触器回路仍保留电气互锁。这是因为:如果外部接线没有电气互锁,假设 Q0.0 失电,即接触器 KM1 线圈失电时,若发生其主触头被断电时产生的电弧熔焊而被粘住。但 Q0.1 通电已无障碍,当 KM2 线圈通电时,主触头闭合就会形成两相短路;如果外部接线有电气互锁,KM1 主触头被粘住后,KM1 常闭触点无法闭合,KM2 或 KM3 线圈无法通电,其主触头不会闭合,因而

不会短路。可见,仅靠梯形图中的软件互锁和按钮联锁并不保险,仍需在 PLC 外部接线中加电气互锁。

分析思考

若过载保护动作停车时也要制动,梯形图如何改动?

二、电动机 Y-△降压起动控制

参考、借鉴电动机 Y-△降压起动的继电器-接触器控制电路,设计电动机 Y-△降压起动的主电路及 PLC 控制外部接线图如图 7.7 所示,梯形图程序如图 7.8 所示。

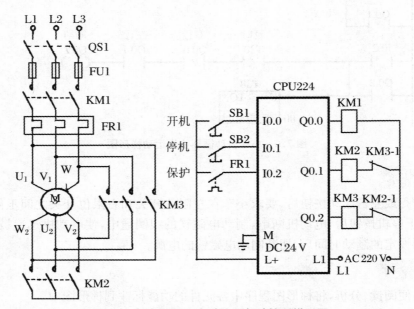

图 7.7   电动机 Y-△自动降压起动控制梯形图

项目要求

电动机采用 Y 接线实现降压起动－自动切换成△接线实现全压运行。

按下开机按钮后,电动机线圈被 KM2 接成 Y 接线,以实现降压起动;由定时器定时断开 KM2、接通 KM3,自动切换成 △ 接线,以实现全压运行;按下停机按钮时,电动机立即停机。

阅读分析

① 按下开机按钮,即 I0.0 常开触点闭合,M0.0、Q0.0、Q0.1 被置位,KM1、KM2 线圈通电,其主触头闭合,电动机线圈被接成 Y 接线,实现了降压起动。

② 降压起动的同时,定时器 T37 计时开始。T37 的设定值为实测的电动机起动时间,T37 的当前值等于设定值时,T37 的常开触点闭合,Q0.1 被复位。KM2 失电,主触头断开,同时 T37 被复位。而 Q0.1 常开触点断开时,下降沿指令输出脉冲使 Q0.2 置位。KM3 线圈通电,其主触头闭合,电动机线圈被接成△接线,实现了全压运行。增设下降沿指令,是为了确保 Q0.1 常开触点先断开、Q0.2 常开触点后闭合。

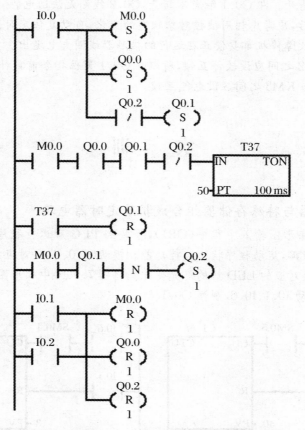

图 7.8　电动机 Y-△自动切换降压起动控制梯形图

从 KM2 主触头断开,到 KM3 其主触头闭合,电动机存在瞬间断电情况,因转子惯性而不影响起动。

③ 按下停机按钮,即 I0.1 常开触点闭合,或过载保护 FR1 动作,即 I0.2 常开触点闭合,M0.0、Q0.0、Q0.2 被复位,KM1、KM3 线圈失电,其主触头断开,电动机停机。

④ 接触器 KM2 和 KM3 主触头一旦同时闭合,三相电路直接被短路。所以,在 PLC 控制外部接线中,接触器 KM2 和 KM3 回路仍保留电气互锁,以防止 KM2 或 KM3 主触头被粘住而发生短路。

经验技巧

熟悉电动机 Y-△降压起动的动作过程,按各元件动作的先后顺序,边设计,边修改。本次设计采用置位复位指令,以方便编程。

① I0.0 应同时接通 Q0.0、Q0.1、T37。因置位指令不需另设自保持电路,所以增加中间"继电器"M0.0 置位指令,以维持 T37 通电定时;T37 开始定时的前提条件是 Q0.0、Q0.1 已通电、而 Q0.2 未通电,将这些条件串联控制 T37。

② T37 延时时间到,应复位 Q0.1,Y 起动退出;紧接着应置位 Q0.2,自动转为△全压运行。

为了"先退后转",增设了下降沿指令。当下降沿指令能够输出脉冲使 Q0.2 置位的时候,说明 Q0.1 已先断开。即 Q0.1 触点不断开,Q0.2 线圈无法通电。

③ 定时器动作后,应考虑利用被控对象状态的变化,自动复位定时器。

④ 正常停机和故障停机都要使正在运行的接触器线圈失电退出。

⑤ Q0.1 与 Q0.2 之间应设软件互锁,所以在 Q0.1 置位指令前再补加(串联)Q0.2 常闭触点;接触器 KM2 与 KM3 之间应设电气互锁。

实　　训

1. 验证计数器与特殊存储器组合成扩展定时器电路

将图 7.9(a)中梯形图输入主程序(OB1),下载到 PLC 后运行程序。点击工具栏上的"程序状态监控"按钮🔃,启动程序状态监控功能。扳动 I0.0、I0.6 对应的小开关,观察 Q0.0 的状态(颜色)变化及对应的 LED 灯的灯光变化。将图 7.9(b)中梯形图下载到 PLC 后运行程序,用同样方法扳动 I0.1、I0.6,观察 Q0.1。

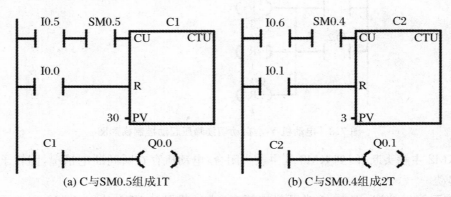

(a) C 与 SM0.5 组成 1T　　　　　　　　(b) C 与 SM0.4 组成 2T

图 7.9　计数器与特殊存储器组合成扩展定时器

2. 验证定时器与计数器组合成扩展定时器电路

将图 7.10 中梯形图输入主程序(OB1),下载到 PLC 后运行程序。点击工具栏上的"程序状态监控"按钮🔃,启动程序状态监控功能。扳动 I0.2 对应的小开关,观察 Q0.2 的状态(颜色)变化及对应的 LED 灯的灯光变化。

3. 自动声光报警装置

自动声光报警装置如图 7.11 所示。在 I0.4 断开的情况下,当 I0.3 闭合 60 s 后,自动声光报警装置发出声光信号。

4. 验证采用两个计数器组合成计数器扩展电路

两个计数器组合成计数器扩展电路如图 7.12 所示。在 I0.6 断开的情况下,观察扳动 I0.5 对应的小开关多少次,灯 Q0.6 才亮。

5. 小车自动循环往返运动

参照图 7.5 和图 7.6 控制电路及程序,模拟小车自动循环往返运动。

6. 电动机 Y-△ 降压起动

参照图 7.7 和图 7.8 控制电路及程序，模拟电动机 Y-△ 降压起动。

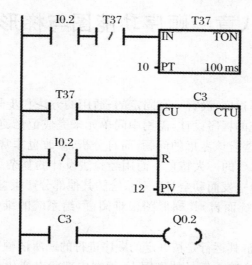

图 7.10　定时器与计数器组合成扩展定时器

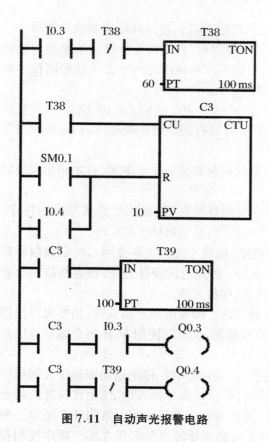

图 7.11　自动声光报警电路

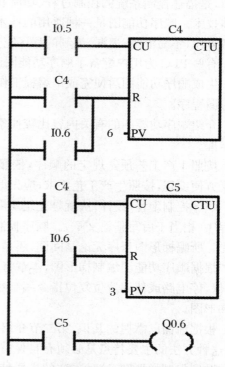

图 7.12　由计数器组合成计数器扩展电路

第八章　顺序功能图与梯形图

　　根据经验设计梯形图程序，没有一套固定的、通用的方法和步骤可以遵循，具有试探性和随意性。对于复杂系统的程序设计，需用中间单元来完成记忆、互锁等功能，很多因素交织在一起，很容易遗漏一些应该考虑的问题，而且分析、修改也非常困难。相对于修改硬件而言，软件修改方便是 PLC 的一大特色。而用经验法设计的复杂系统的梯形图，修改某一局部电路时，很可能会"牵一发而动全身"，对系统的其他部分产生意想不到的影响。所以说经验法编程，对于复杂系统而言，其梯形图很难阅读，给系统的维修或改进带来了很大的困难。

　　本章讲述的复杂系统，其运行是按一定的顺序进行的。所谓顺序控制，就是按照生产工艺预先规定的顺序，在各个输入信号的作用下，根据内部状态变化和时间的顺序，在生产过程中各个执行机构自动地有秩序地进行操作。

　　顺序功能图（Sequential Function Chart）也称功能流程图，就是顺序控制设计法的一个环节，是描述控制系统的控制过程、功能和特性的一种图形，并不涉及所描述的控制功能的具体技术。顺序功能图是一种通用的技术语言，根据顺序功能图进一步设计梯形图程序就非常方便，不易混乱、遗漏，编制的程序完整、易读。

　　有些 PLC 为用户配备了顺序功能图语言，例如 S7-300/400 的 S7 Graph 语言，在编程软件中生成顺序功能图后便完成了编程工作。但 S7-200 没有提供顺序功能图语言，必须编写梯形图程序。

　　介绍顺序功能图的有关内容比较抽象，只有通过例题和编制梯形图实训，才能加深理解和掌握。

　　按照生产工艺预先规定的顺序，依靠 PLC 实现顺序控制，归根到底是依靠用户程序。为了方便编程，按照生产工艺要求，应先编制顺序功能图，后编制梯形图程序。

　　顺序控制编程（设计）法就是先组织顺序功能图（相当于先写文章提纲），然后编制梯形图程序（相当于后写整篇文章）。顺序控制设计法是一种先进的设计方法，很容易被初学者接受。所编梯形图程序无论是阅读，还是调试、修改，都很方便。

　　根据顺序功能图编制梯形图，本章将介绍 3 种方法。即根据顺序功能图，仍然可以使用起、保、停电路或使用置位复位指令编制顺序控制梯形图，也可以使用 SCR 指令编制顺序控制梯形图。

　　根据前面已掌握的知识，第二节介绍第一种方法：使用起、保、停电路编制顺序控制梯形图，这种方法的主要特点是必须有自保持电路；第三节介绍第二种方法：使用置位复位指令编制顺序控制梯形图，这种方法的主要特点是以转换为中心进行编程。第四节介绍第三种方法：使用 SCR 指令编制顺序控制梯形图，这种方法的主要特点是采用专用于顺序控制程序的顺序控制继电器 S，通过 SCR 指令将整个程序按步分成若干个段，并由转移指令将各段排序，即指定段程序执行的次序。使用 SCR 指令编程是本章介绍的重点。

为了便于将顺序功能图转编成梯形图,用代表各步的编程元件的地址(如 M0.0、S0.0)作为步或段的代号。

程序中用初始化脉冲 SM0.1 将初始步及其对应的编程元件置为 1 状态,为转换的实现做好准备。此时系统已经处于要求的初始状态,除了初始步 M0.0 之外,其余各步标记均为 0 状态。

第一节　顺序功能图

一、顺序功能图组成要素

顺序功能图主要有"步"、"有向连线"、"转换"等要素组成。为了能说清楚顺序功能图各要素及其作用,还是通过介绍实例来说明。小车一次往返运动的顺序功能图如图 8.1(a)所示。为了方便说明,对顺序功能图各要素进行了标注,图解顺序功能图如图 8.1(b)所示。

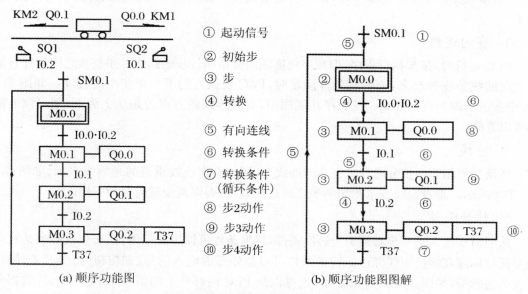

(a) 顺序功能图　　　　　　　　　(b) 顺序功能图图解

图 8.1　小车一次往返运动顺序功能图

被控小车在两个行程(限位)开关的限位下,作一次往返运动。按下起动按钮,I0.0 闭合,小车从左侧限位位置开始右行,至右侧限位开关时自动返回;当小车左行至左侧限位开关时自动停车并制动,然后定时解除制动。

1. 步的概念及划分原则

顺序功能图是按照顺序控制的思想将系统的一个工作周期划分为若干个顺序相连的阶段,这些阶段被称为"步"(Step),并用编程元件(常用位存储器 M 或顺序控制继电器 S)来代表各步。

步是按照工艺过程、根据各输出量的状态变化来划分的,只要任何一个输出量的状态有变化就要被分成两步。所以,在任何一步内,各输出量的状态不变;但是相邻两步输出量总的状态一定是不同的,即步的划分原则是每一步所对应的动作不同。

如图 8.1(b)中②和③所示,步用矩形框内的编程元件表示,代表各步的编程元件需要编号,即 M0.0~M0.3。

2. 初始步

与相同的初始状态相对应的步称为初始步,如图 8.1(b)中②所示。PLC 初始状态一般是系统等待启动命令的相对静止状态,从动作回归到静止也可视为是一种动作,初始步也有需要对应动作的。由于初始步的特殊性,初始步用双线矩形框表示,标记一般从 M0.0 或 S0.0 开始,按步数依次往下编号。第一次使初始步 M0.0 成为活动步的条件是 SM0.1。图中 M0.0~M0.3 为程序电路中辅助继电器,相当于继电器控制中的中间继电器,用于控制需要动作的元件。

3. 活动步

按照顺序控制设计法最基本的思想设计的顺序功能图及编制的梯形图程序,使得 PLC运行时,按步执行程序。当系统正处于某一步所在的阶段执行程序时,处在该步的部分或全部元件动作,即其状态发生改变,称该步被“激活”,处于活动状态,称该步为“活动步”,也称为“当前步”,即程序执行到哪一步,该步就是活动步。而其他不是正在执行的步,称为非活动步。

4. 有向连线

PLC 运行时,按步执行程序,但顺序功能图需要指明转步的路线。步与步之间用标有箭头方向的线条连接起来,表明在条件满足时,PLC 要执行的下一个步中的程序。如图 8.1(b)中⑤所示即为有向连线。在顺序功能图中,有向连线的方向若是从上到下,则习惯上箭头可以省略。

5. 转换

转换是将相邻两步分隔开。在有向连线上,用与有向连线垂直的短划线表示,如图 8.1(b)中④所示。垂直短线表示相邻两步之间存在差别,否则两步就应合为一步。

6. 转换条件

从当前步进入下一步必须满足转换条件,转换条件可以用文字语言、布尔代数表达式或图形符号标注在转换短线旁边。转换条件可以是外部的输入信号,如按钮、指令开关、限位开关的通断等,如图 8.1(b)中⑥所示;也可以是 PLC 内部产生的信号,如定时器、计数器常开触点的通断等,如图 8.1(b)中⑦所示;还可以是若干个信号的“与”、“或”、“非”逻辑组合。例如从 M0.0 进入 M0.1 的转换条件就是 I0.0 和 I0.2 必须都满足,用“与”逻辑关系表示。

只有当转换条件为“1”时,才能称为转换条件满足。

7. 与步对应的动作

顺序功能图将 PLC 程序划分为若干步,每一步中包含的程序被执行时,习惯称为动作。用矩形框内的文字或符号表示受控对象,并将该矩形框与对应步的矩形框相连。将矩形框及框内内容抽象为“步”和“动作”。如图 8.1(b)中所示,②和③称为步,而各步所对应的动作(⑧⑨⑩)是不同的,其中 M0.0 在本图中没有对应具体动作。按小车的不同动作划分为 4

步：小车静止→小车右行⑧→小车左行⑨→停车及刹车⑩。

如果某一步有几个动作，可以用几个矩形框水平并列或垂直并列表示，例如刹车和延时⑩，并列并不表示这些动作之间的任何顺序。

顺序功能图中，对非存储型元件，如某一个线圈指令，需要在连续的几步中都为1，则必须在这几步中的动作矩形框内都出现。对应的梯形图中，线圈指令只能出现一次，解决的办法详见第二节图表8.6；对存储型元件，需要在连续的几步中都为1，则用动作的修饰词"S"和"R"加在动作矩形框内文字的前面。对应的梯形图中，用置位、复位指令来实现，详见第四节。

如图8.1(b)中①和⑤所示，SM0.1在PLC首次扫描时，使初始步M0.0成为活动步；转换条件T37满足时，循环至M0.0，再次使M0.0成为活动步。

图8.1为小车一次往返运动顺序功能图，传递信息如下：

① PLC投入运行时，即PLC由Stop状态进入Run状态时，SM0.1首次扫描时为1，使初始步M0.0成为活动步，等待小车起动命令。

② 当小车停在最左侧处，限位开关使I0.2为1，满足转换条件之一；按下小车起动按钮，I0.0为1，满足转换条件之一；当两个与门转换条件都满足时，活动步从M0.0转移至M0.1，即M0.1变为活动步，而M0.0变为非活动步，Q0.0动作于小车开始右行。

③ 当小车行至最右侧处时，限位开关使I0.1为1，满足转换条件。则M0.2变为活动步，即Q0.1动作于小车开始左行，而M0.1变为非活动步，即Q0.0应被M0.2断电，Q0.0状态变为0；可见当M0.1为活动步且转换条件满足时，活动步从M0.1转移至M0.2。

④ 当小车行至最左侧处时，限位开关使I0.2再次为1，满足转换条件。活动步从M0.2转移至M0.3，Q0.2动作于小车刹车，T37动作于定时。

⑤ 当延时解除刹车的T37定时时间到时，活动步从M0.3转移至M0.0，形成循环。M0.3变为非活动步，Q0.2断电，解除刹车；T37被复位；M0.0再次成为活动步，等待下次的小车起动命令。

二、顺序功能图的基本结构

顺序功能图并不涉及所描述的控制功能的具体技术，而是抽象的功能图形。按功能图形的结构归纳，顺序功能图的基本结构可分成单一序列、选择序列和并列序列，如图8.2所示。

1. 单一序列

单一序列是由一系列前后相继激活的步组成的，每一步后面紧接一个且仅有一个转换，每一个转换后面紧接一个且只有一个步，如图8.2(a)所示。单一序列的特点是没有分支与合并，是顺序功能图的最基本的结构。顺序功能图中最简单的结构形式是由单一序列构成，用于设计动作顺序单一的工艺流程。

2. 选择序列

许多工艺流程并不是全程都是单一顺序，而是存在几种选择。当不同的条件得到满足时，需要选择不同的流程。因此，设计顺序功能图时，需要采用选择序列来表示系统的几个独立工序不会同时工作。选择序列是由两个或两个以上的分支序列（即"单一序列"）平行构成的,如图 8.2(b)所示。选择序列就是在平行的序列中选择一个序列执行,其他平行的序列因各自的转换条件不满足而不会被执行。

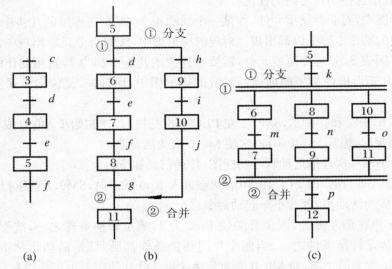

图 8.2　单一序列、选择序列和并列序列结构

选择序列的开始称为分支(即指分支聚集现象,又是分支起点的简称,从该点开始出现分支支路),如图 8.2(b)中①的位置所示。分支后在各序列有向连线上标注转换及转换条件(如 d 和 h),各转换后紧跟一个步,形成各自的"单一序列"。这样标注表明步 6 仅受转换条件 d 控制,不受转换条件 h 控制;步 9 仅受转换条件 h 控制,不受转换条件 d 控制。图 8.2(b)中步 6、步 7、步 8 为一个分支序列,步 9、步 10 为一个分支序列。假设步 5 是活动步,并且转换条件 $d=1$ 时,则活动步从步 5 转移至步 6;假设步 5 是活动步,并且转换条件 $h=1$ 时,则活动步从步 5 转移至步 9。一般只允许选择一个序列,d 和 h 不可以同时为 1,即不允许同时选择两个或两个以上的序列。

选择序列的结束称为合并,如图 8.2(b)中②的位置所示。几个分支序列合并到一个公共序列时,每一个分支序列的最后一个步后面紧跟一个转换及转换条件(如 g 和 j)。假设步 8 是活动步,并且转换条件 $g=1$ 时,则活动步从步 8 转移至步 11;假设步 10 是活动步,并且转换条件 $j=1$ 时,则活动步从步 10 转移至步 11。转换条件 g 和 j 之间不需要存在关联。

可见,选择序列的分支后面,各分支都有各自的第一个转换及转换条件,哪个分支序列的第一个转换条件先满足,PLC 就会执行该分支序列的程序。并且在执行该程序期间,其他分支的第一个转换条件不会满足,PLC 不会执行这些分支序列的程序;被执行的分支序列在最后一个步为活动步,并且在最后一个转换条件满足时,活动步转移至公共序列的第一个步。从被执行的分支序列转移至公共序列,无需考虑未被执行的其他分支序列。从 PLC 执行程序的实际路径上看,选择序列仍是单一路线。

3．并行序列

还有许多工艺流程因工艺的需要,几个工艺过程在同时进行。当某个条件满足时,需要几个流程同时启动。因此,设计顺序功能图时,需要采用并行序列来表示系统的几个同时工作的独立工序。并行序列是由两个或两个以上的分支序列即"单一序列"构成的。如图 8.2

(c)所示。并行序列就是所有平行的序列共有一个相同的转换条件,当该转换条件满足时,导致几个平行序列同时被激活。

并行序列的开始称为分支,如图 8.2(c)中①的位置所示。为了区别选择序列,强调转换的同步实现,分支处和合并处的水平连线采用双线表示。假设步 5 是活动步,并且转换条件 $k = 1$ 时,则步 6、步 8、步 10 同时变为活动步,同时步 5 变为非活动步。分支水平双线之上只能有一个转换条件(k),作为并行序列的各分支序列的共同的转换条件。

并行序列的结束称为合并,如图 8.2(c)中②的位置所示。并行序列中所有分支序列共有一个且只能有一个位于合并水平双线之下的转换条件(p),无论哪个分支序列的最后一步(步 7 或步 9 或步 11)先成为活动步,即使共有的转换条件(p)满足时,下一级步(步 12)也不能够成为活动步。只有等到直接连接在双线上的所有前级步(步 7、步 9、步 11)都成为活动步,并且转换条件 $p = 1$ 时,活动步才能转移至步 12,步 7、步 9、步 11 同时变为非活动步。

可见,并行序列的分支前面,前级步为活动步且转换条件满足时,分支水平双线下所有分支序列的程序同时被执行,但完成必定有先有后;并行序列的合并前面,必须等到所有分支序列的程序全部完成,且共有的转换条件满足时,合并水平双线下程序才能被执行。从 PLC 执行程序的实际路径上看,并行序列是平行路线。

应用示例

示例 8.1　液体混合装置(顺序功能图)

项目要求

液体混合装置是要求自动按一定的比例和总量将两种液体混合搅拌,搅拌完成后自动放出混合液体。一个工作过程完成后自动重复下一个同样的工作过程,直至接到停止命令,完成最后一个工作过程。

液体混合装置采用计量泵控制液体总量。计量泵每一个冲程泵出的液体体积不变,冲程传感器在计量泵每做一个冲程时产生一个脉冲,分别输入 PLC 的 I0.3 和 I0.4 端口,用计数器 C0 和 C1 统计冲程的次数,按设定的两台计量泵的冲程次数和比例来定量液体 A 和液体 B 注入的总量。在搅拌容器的底部安装了下限位液位传感器,下限位液位传感器未被液体淹没(露出液面)时为 1 状态。液体混合装置被控对象包括 2 台计量泵、搅拌器电动机、放料电磁阀。

项目分析

液体混合装置注入两种液体可有 2 种方式:第一种方式是先注入液体 A,后注入液体 B,选用单一序列来描述他们的工作情况;第二种方式是两种液体同时注入液体 A 和液体 B,选用并行序列来描述它们的工作情况。本例液体混合装置采用 2 种液体同时注入的方法,必须选用并行序列。

本例项目要求一个工作过程完成后应能自动重复下一个同样的工作过程,直至接到停止命令,完成最后一个工作过程。因此,必须选用选择序列来描述它们这段工艺的工作情况。

液体混合装置的示意图和顺序功能图如图 8.3 所示。

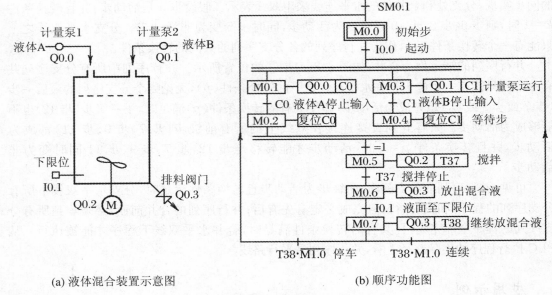

(a) 液体混合装置示意图　　　　(b) 顺序功能图

图 8.3　液体混合装置

① 液体混合装置起动前的初始状态:容器是空的,下限位液位传感器为 1 状态,排料阀门关闭,计量泵未工作,搅拌电动机未工作,SM0.1 使初始步 M0.0 为活动步。

② 按下起动按钮,I0.0 = 1,并行序列中步 M0.1 和步 M0.3 同时变为活动步,Q0.0 和 Q0.1 变为 1 状态,使两台计量泵同时运行。同时,计数器 C0 和 C1 对它们的冲程计数。

③ 液体 A 和液体 B 混合的比例不同,假设液体 A 所占比例小,则 C0 设定值比 C1 设定值小。当 C0 计数首先达到设定值时,首先使步 M0.2 成为活动步,C0 被复位;同时 M0.1 变为非活动步,Q0.0 变为 0 状态,停止输入液体 A,然后等待;随后当 C1 完成计数,步 M0.4 也成为活动步,C1 被复位;同时 M0.3 变为非活动步,Q0.1 变为 0 状态,停止输入液体 B。

④ 合并水平双线下的转换条件为"= 1",即转换条件为二进制常数 1,表明转换条件始终满足。换句话说,就是工艺要求前后两个步骤之间不设任何条件,无条件地衔接。将"无条件"视为一种转换条件,即转换条件恒等于 1,否则前后两个步之间没有转换及转换条件,不符合顺序功能图转换规则。

M0.2 首先成为活动步后,等待 M0.4 也成为活动步时,立即转换至步 M0.5,即 M0.2 和 M0.4 同时变为非活动步,而 M0.5 变为活动步。

⑤ M0.5 变为活动步时,Q0.2 为 1 状态,起动搅拌机搅拌混合液体。同时定时器 T37 开始计时。

⑥ T37 预设的时间到后,立即转换至步 M0.6,Q0.3 为 1 状态,打开排料阀门,放出混合液;同时 M0.5 变为非活动步,Q0.2 为 0 状态,搅拌机停止搅拌;T37 复位。

⑦ 当液面下降至下限位液位传感器以下时,I0.1 变为 1 状态,步 M0.7 变为活动步,启

动定时器 T38 开始计时；同时保持 Q0.3 为 1 状态，继续放出混合液，直至混合液容器放空。

⑧ T38 预设的时间到后，关闭排料阀门，一个工作过程结束。M0.7 为选择序列的前级步，面临 2 种选择。若没有接到停止工作的命令，即 M1.0 为 1 状态，向右方向连续工作的循环转换条件满足，则活动步从 M0.7 转换至 M0.1 和 M0.3，自动开始下一个工作过程的循环；若事先已接到停止工作的命令，即 M1.0 = 0，$\overline{M1.0}$ = 1，向左方向结束工作的循环转换条件满足，则活动步从 M0.7 转换至 M0.0，即程序返回并停留在初始状态，停车。

说明　顺序功能图中没有看到停止按钮对应的 I0.2 作为转换条件，但有 $\overline{M1.0}$ = 1 代表。实际上可用起动按钮 I0.0、停止按钮 I0.2 与 M1.0 线圈组成起、保、停电路。按下起动按钮，M1.0 = 1 状态并自保持，与 M0.7、T38 共同完成向右方向连续工作的循环；按下停止按钮，M1.0 = 0，但要求转换条件为 1 时才能满足转换条件，所以转换条件采用 $\overline{M1.0}$。操作人员可以在任意时间按下停止按钮，$\overline{M1.0}$ = 1，但必须等到当时的一个工作循环结束，即等到步 M0.7 为活动步，混合液容器放空，T38 定时时间完成，才能满足向左方向结束工作的循环转换条件，停车。

⑨ 观看顺序功能图中的结构，既有单一序列、并行序列，也有选择序列。

只要工艺要求有不同工序同时工作，即转换需要同步实现，就应采用并行序列。

只要工艺要求是单周期操作的工作方式，应有步和有向连线组成的闭环，且在循环转换处采用单一序列。参见图 8.1 中，从 M0.3 经 T37 返回至 M0.0（③→⑦→⑤→②）。

只要工艺要求是连续循环的工作方式（即有自动循环工作和人工停机），就应采用选择序列。因为自动循环工作不能返回到初始步，而人工停机必须返回到初始步，所以应采用选择序列，而且选择序列必然有 2 个合并处。在顺序功能图中，一般应有由步和有向连线组成闭环。在完成一次工艺过程的全部操作之后，连续循环的工作方式的一个分支，应从最后一步返回到下一个工作周期开始运行的第一步，以实现自动控制系统能够多次重复执行同一工艺过程；连续循环的工作方式的另一个分支，应从最后一步返回到初始步，为单周期操作，以实现人工停机。在编制梯形图时尤其要注意不要忘记，循环转换条件前面的步（M0.7），既是单一序列的最后一步，又是并行序列 M0.1 和 M0.3 的前级步，也是单一序列中初始步 M0.0 的前级步。即在梯形图中，活动步 M0.7 的常开触点与转换条件（T38·$\overline{M1.0}$）T38 常开触点、M1.0 常闭触点串联后，应与 SM0.1 常开触点并联形成或门，控制 M0.0 线圈；活动步 M0.7 的常开触点与转换条件（T38·M1.0）T38 常开触点、M1.0 常开触点串联后，应与开机电路（M0.0 常开触点和 I0.0 常开触点串联电路）并联形成或门，控制 M0.1 和 M0.3 线圈。

分析思考

① 液体混合装置中，若注入两种液体的次序有先后，如液体 A 注入完成后，才能注入液体 B，则对应的顺序功能图应怎样编制？

② 液体混合装置中，若需要两种液体同时注入，且边注入边搅拌，液体 A 所占比例大（A 比 B 后注完），等液体 A 注入完成后继续搅拌均匀后再放出混合液，则对应的顺序功能图应怎样编制？

三、顺序功能图中转换实现的基本规则

根据顺序功能图的基本结构，结合液体混合装置实例，学习顺序功能图中转换实现的基

本规则。

(一) 实现转换的条件

顺序控制设计法把系统的一个工作周期分成若干个顺序相连的阶段(步),这些阶段之间的过渡(转换)就成了关键。在顺序功能图中,活动步按顺序进展是由转换的实现来完成的。实现转换必须满足 2 个条件,即两个条件缺一不可。为了避免语言混淆,将下列 2 个条件合称为实现转换的条件:

① 该转换的所有前级步必须已是活动步;

② 转换条件必须得到满足,即转换条件要为"1"。

从上述实例可以看出,所谓满足转换条件,就是在执行程序的过程中,条件发生了变化,而变化后的条件符合进行下一步工作的前提。例如 T37 动作,表明搅拌时间到,符合放出混合液的前提条件,即搅拌完成是放出混合液的前提。所以,转换条件是实现转换必备的前提条件之一。

为何转换的前级步是活动步也是实现转换必备的前提条件之一呢? 按正常顺序工作,从前级活动步转换成后续步为活动步,非常自然。即当转换条件满足时,自然就该实现转换,为何还要强调前级步必须是活动步呢? 如果取消了这一条件,又会遇到什么问题呢?

例如,假设在步 M0.5 为活动步期间,即液体混合装置正在搅拌液体的时候,本想按下停止按钮,因误操作而按下了起动按钮 I0.0。由于实现转换取消了前级步必须是活动步的条件,则当 I0.0＝1 时,M0.1 和 M0.3 变为活动步,正在搅拌液体的时候两台计量泵又开始注入液体,明显要出事故。又如,如果实现转换没有前级步必须是活动步的条件,转换条件"＝1"始终满足,则 PLC 投入运行时,就会开始搅拌。实际上,PLC 在执行程序的过程中,整个程序往往有多处转换条件已满足,但因其前级步还不是活动步,只能等待。编制顺序功能图,必须考虑实现转换的 2 个条件,否则,程序设计就很困难。

(二) 实现转换应完成的操作

实现转换时应完成以下 2 个操作:

① 在有向连线上的转换得以实现时,使所有与该转换符号相连的后续步都变为活动步;

② 在有向连线上的转换得以实现时,使所有与该转换符号相连的前级步都变为不活动步。

以上规则可以用于任意结构中的转换。在按顺序功能图编制顺序控制梯形图时,也应遵循这一规则。需要注意的是,对不同结构,要根据工艺控制实际加以理解,不能机械理解"所有相连的步"。其区别如下:

① 在单一序列结构中,一个转换只有一个前级步和一个后续步,运用上述规则非常清晰;

② 在选择序列结构的分支与合并处,一个转换实际上只有一个前级步和一个后续步,运用上述规则也很清晰,但不包括涉及并列序列中的步;

③ 在并列序列结构的分支处,转换有几个后续步,在实现转换时应同时变为活动步,即应同时将它们对应的编程元素全部置位;在并列序列的合并处,转换有几个前级步,它们均为活动步时才有可能实现转换,而在实现转换时应同时变为非活动步,即应同时将它们对应

的编程元素全部复位。

（三）绘制顺序功能图时的注意事项

注意事项如下：

① 2 个步之间必须有一个转换将它们分隔开，决不能直接相连；

② 2 个转换之间必须有一个步将它们分隔开，也不能直接相连。

第一条和第二条可以作为检查顺序功能图是否正确的判据。判断顺序功能图正确与否如表 8.1 所示。

表 8.1　正确和错误顺序功能图比较

正确顺序功能图	错误顺序功能图	错误说明
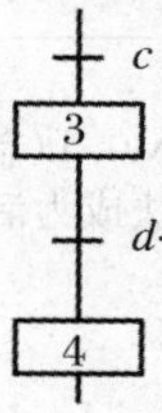	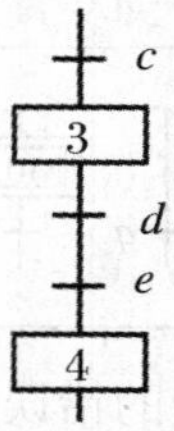	步 3 与步 4 之间存在 2 个转换，正确转换条件为逻辑与（$d \cdot c$）
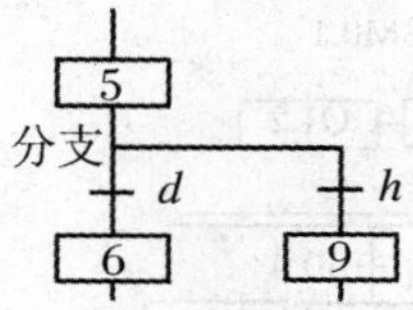	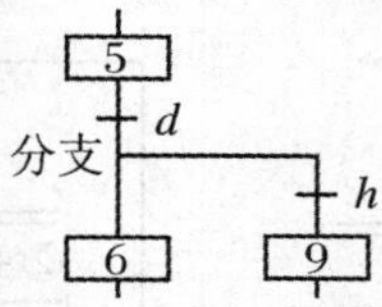	步 5 与步 9 之间存在 2 个转换
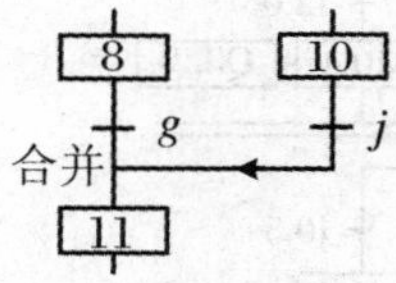	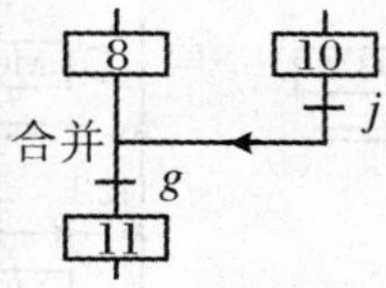	步 10 与步 11 之间存在 2 个转换
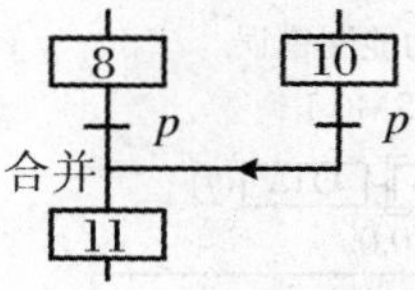	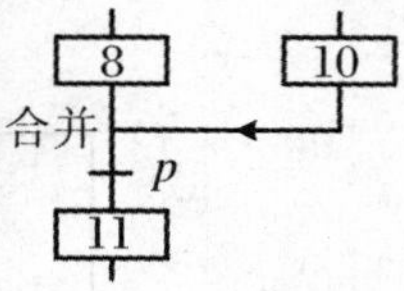	不符合选择序列合并结构形式要求，类似并列序列合并但又无双线结构
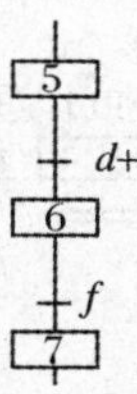	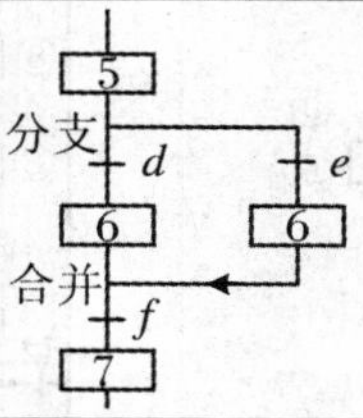	不符合选择序列结构形式要求，正确转换条件为逻辑或（$d + c$）
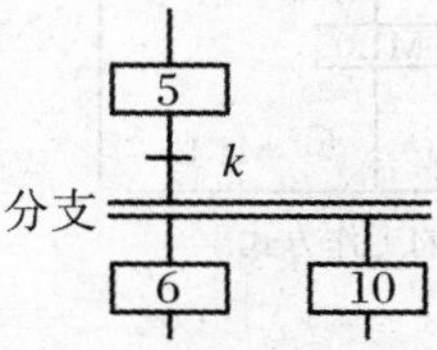	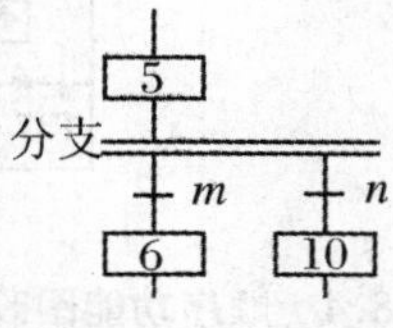	不符合并行序列分支结构形式要求

续表

正确顺序功能图	错误顺序功能图	错误说明
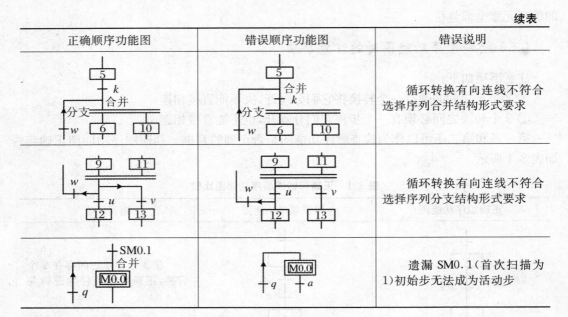		循环转换有向连线不符合选择序列合并结构形式要求
		循环转换有向连线不符合选择序列分支结构形式要求
		遗漏 SM0.1（首次扫描为 1）初始步无法成为活动步

例 8.1　指出图 8.4(a)顺序功能图中的错误和不足。

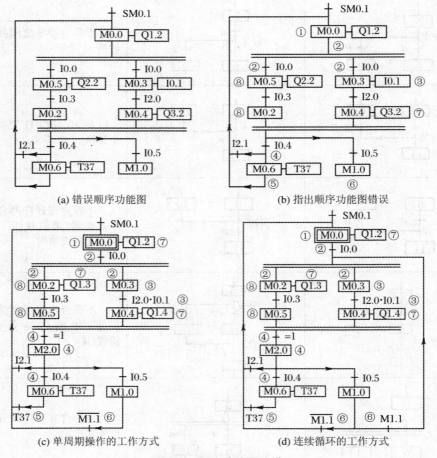

(a) 错误顺序功能图　　　(b) 指出顺序功能图错误

(c) 单周期操作的工作方式　　　(d) 连续循环的工作方式

图 8.4　顺序功能图改错

根据顺序功能图的基本结构和顺序功能图中转换实现的基本规则,图 8.4(a)顺序功能图中存在错误和不足有 8 处,如图 8.4(b)所示。纠错、完善后的顺序功能图如图 8.4(c)和(d)所示。

第二节　使用起、保、停电路的顺序控制梯形图

单一序列、选择序列和并列序列是顺序功能图的基本结构,涵盖了生产工艺中常用的各种顺序控制。下面对单一序列、选择序列和并列序列分别介绍将顺序功能图转编成梯形图的编程方法。

使用起、保、停电路编制顺序控制梯形图的关键是找出它的启动条件和停止条件。根据转换实现的基本规则,结合梯形图的规律,逐步介绍将顺序功能图转编成梯形图的编程("翻译")方法。

一、单一序列的编程方法

为了介绍将单一序列结构顺序功能图转编成梯形图的"翻译"方法,仍以第一节中小车一次往返运动顺序功能图为例,见图 8.1。控制小车运动的顺序功能图和梯形图如图 8.5 所示。

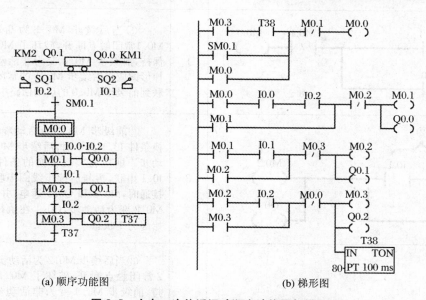

(a) 顺序功能图　　　　　　　　(b) 梯形图

图 8.5　小车一次往返运动顺序功能图与梯形图

在单一序列结构中,一个转换只有一个前级步和一个后续步。

在编制单一序列结构顺序功能图及对应的梯形图时,应牢记必须遵循转换实现的基本规则:

① 实现转换的条件:该转换的前级步必须已是活动步;转换条件必须得到满足。

② 实现转换时应完成的操作:后续步变为活动步;前级步变为非活动步。

图例解读

单一序列顺序功能图转编成梯形图的"翻译"方法如表 8.2 所示。

表 8.2　小车一次往返运动的梯形图程序分析

正确局部梯形图	网络	阅读理解
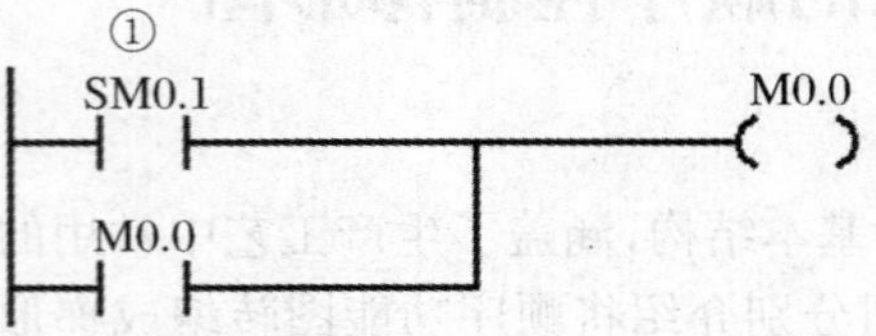 ① SM0.1 ── M0.0 M0.0	1	①初始化脉冲 SM0.1 将初始步 M0.0 置为 1 状态,并自保持。 初始步 M0.0 通电并自保持后变为活动步。M0.0 处于等待开机按钮发出命令的状态
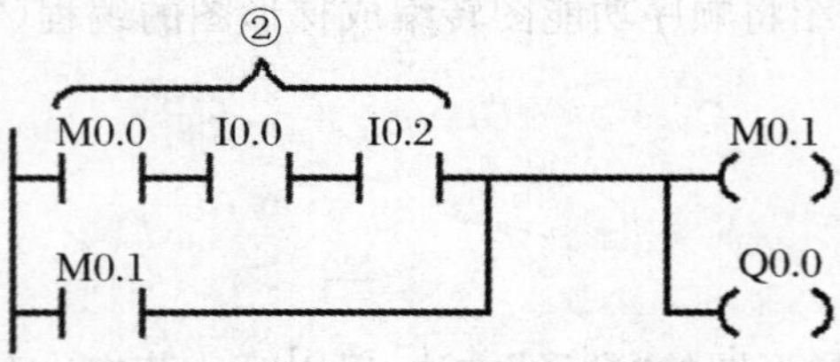 ② M0.0 I0.0 I0.2 ── M0.1 M0.1 ── Q0.0	2	②初始步 M0.0 为活动步后,且转换条件 I0.0、I0.2 都为 1 时,后续步 M0.1 变为活动步。即应将 M0.0、I0.0、I0.2 常开触点串联,称为后续步的启动电路,代表实现转换的条件。电路接通时,M0.1 和 Q0.0 通电,并自保持。 在顺序功能图中,步 M0.1 连接动作 Q0.0,则在梯形图中 Q0.0 线圈与步 M0.1 线圈并联。表明两者同时通电、断电,状态保持一致。在 M0.1 变为活动步期间,Q0.0 始终为 1 状态
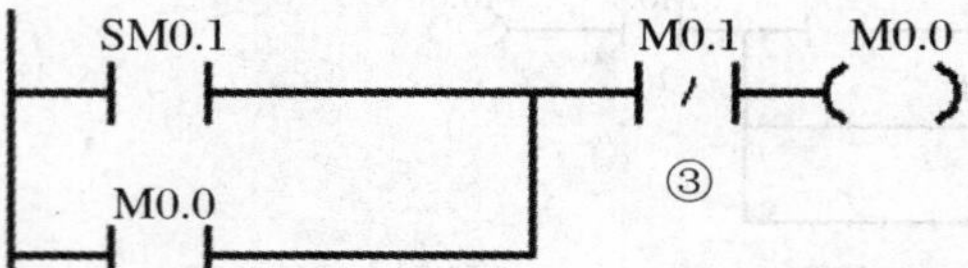 SM0.1 ── M0.1 M0.0 M0.0 ③	1	③当后续步 M0.1 为活动步时,M0.1 常闭触点断开,破坏了 M0.0 的自保持,前级步 M0.0 变为非活动步。即梯形图应将后续步 M0.1 的常闭触点串联到前级步 M0.0 的启动回路中
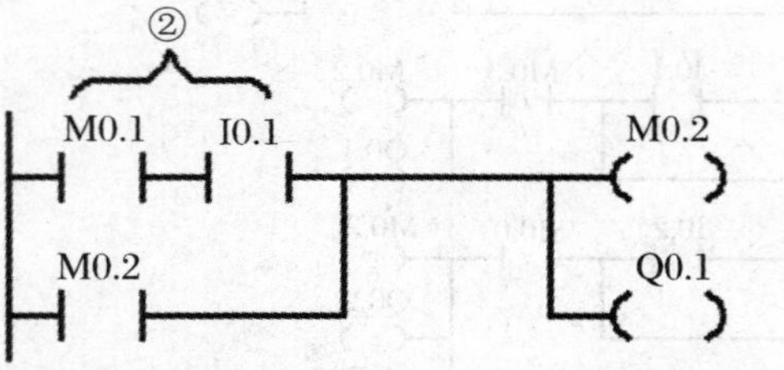 ② M0.1 I0.1 ── M0.2 M0.2 ── Q0.1	3	②前级步 M0.1 为活动步后,且转换条件 I0.1 为 1 时,后续步 M0.2 为活动步。即应将实现转换的条件 M0.1、I0.1 串联,再与后续步线圈串联。电路接通时,M0.2 和 Q0.1 通电,并自保持。M0.2 变为活动步,Q0.1 在执行过程中始终为 1 状态
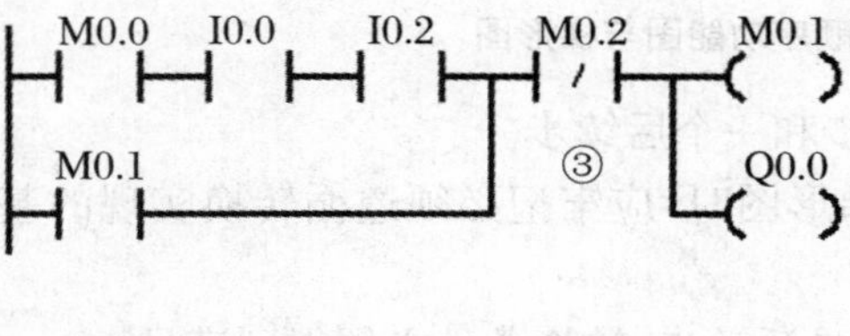 M0.0 I0.0 I0.2 M0.2 M0.1 M0.1 ③ Q0.0	2	③当后续步 M0.2 为活动步时,M0.2 常闭触点断开,破坏了 M0.1 的自保持,前级步 M0.1 变为非活动步。即梯形图应将 M0.2 的常闭触点串联到 M0.1 的启动回路中。 在编制顺序功能图时,既要关心代表 PLC 的输出 Q0.0 何时通电启动,又要考虑 Q0.0 何时断电停止动作。即要检查与 Q0.0 相连的步成为活动步的时间是否符合 Q0.0 的通电时间要求

续表

正确局部梯形图	网络	阅读理解
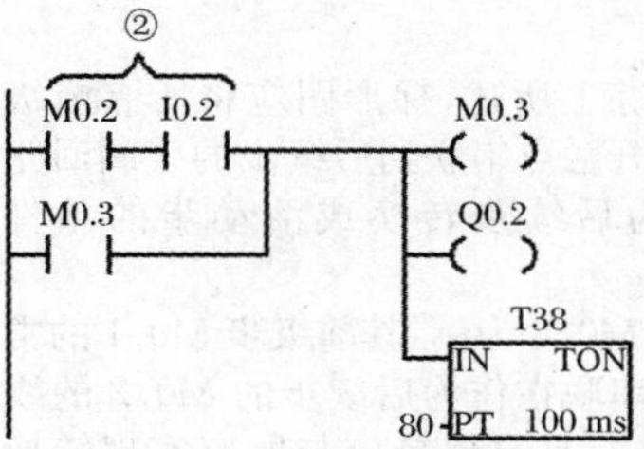	4	②前级步 M0.2 为活动步后，且转换条件 I0.2 为 1 时，后续步 M0.3 为活动步。即 M0.2、I0.2 串联电路接通时，M0.3 和 Q0.2 通电，并自保持。M0.3 变为活动步，Q0.2 在执行过程中始终为 1 状态。T38 始终为置位状态
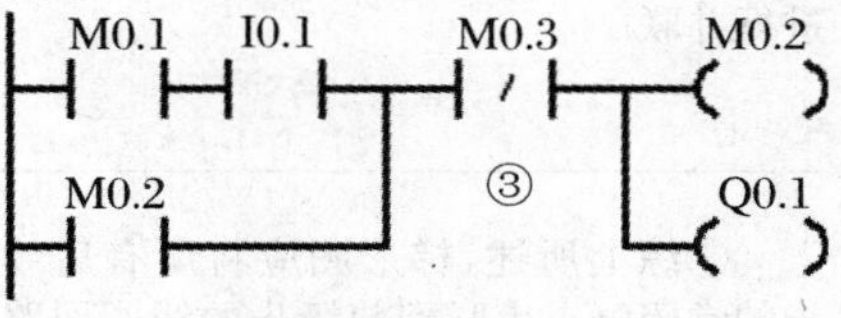	3	③当后续步 M0.3 为活动步时，M0.3 常闭触点断开，破坏了 M0.2 的自保持，前级步 M0.2 变为非活动步。即梯形图应将 M0.3 的常闭触点串联到 M0.2 的启动回路中
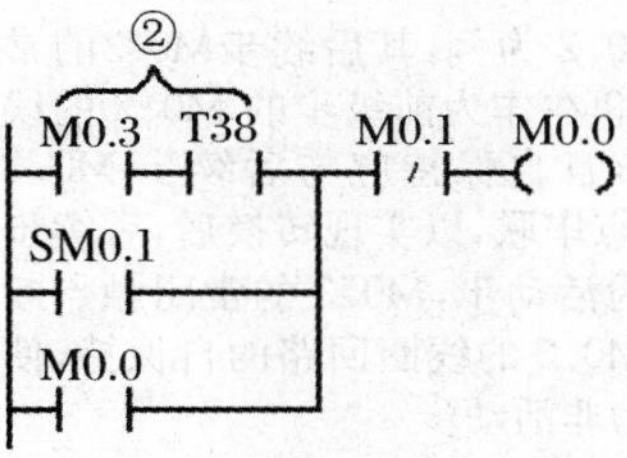	1	②当最后一步 M0.3 为活动步后，且转换条件 T38 为 1 时，将循环转换回到初始步，初始步 M0.0 变为活动步。需要注意的是：初始步又视为程序最后一步 M0.3 的后续步，最后一步 M0.3 自然成了初始步的前级步。即 M0.3、T38 串联作为初始步的启动条件之一与 SM0.1 并联，电路接通时，M0.0 通电，并自保持
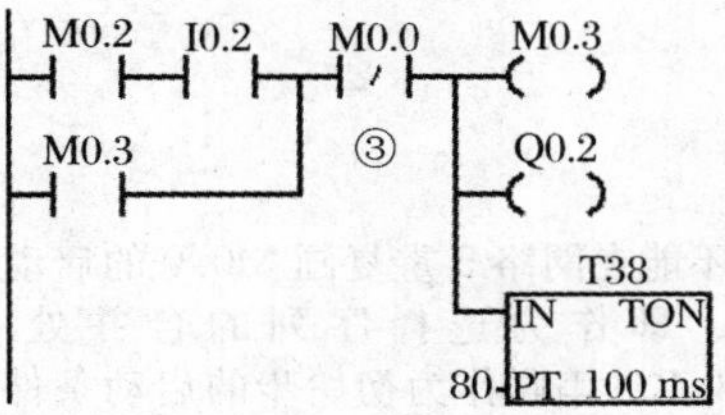	4	③当后续步 M0.0 为活动步时，M0.0 常闭触点断开，破坏了 M0.3 的自保持，前级步 M0.3 变为非活动步。需要注意的是：循环转换使最后一步 M0.3 成了初始步的前级步，所以梯形图应将 M0.0 的常闭触点串联到 M0.3 的启动回路中
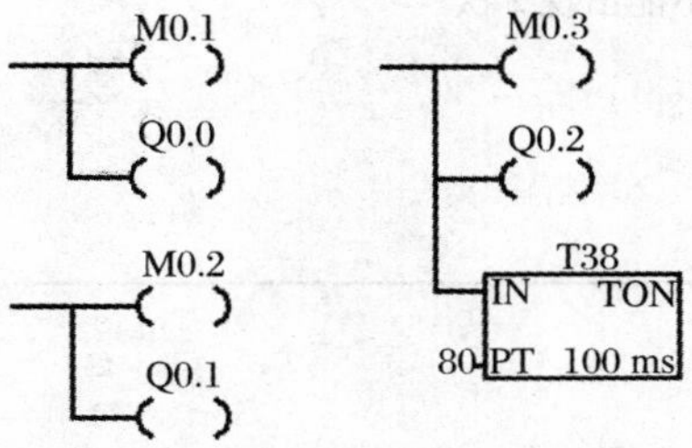	2 3 4	某一输出量（如 Q0.0、Q0.1、Q0.2、T38）仅需要在某一步中（如 Q0.0 仅需在步 M0.1 时段）为 1 状态，可以将其线圈与该步存储器线圈并联。 若某一输出量需要在几步中为 1 状态，则不能采用这种方法。详见表 8.6 所示或应用示例 8.3 两台电动机顺序控制

续表

正确局部梯形图	网络	阅读理解
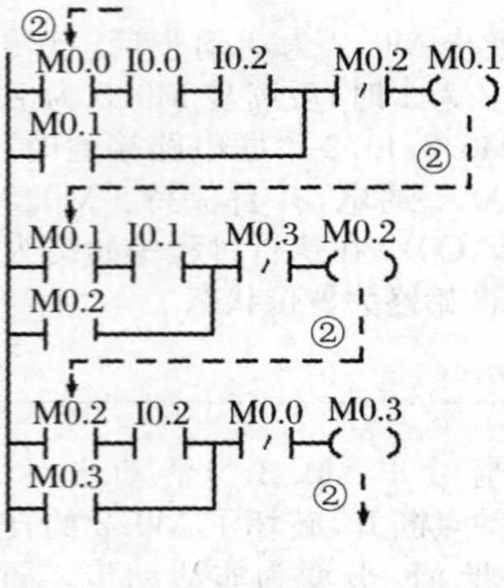	2 3 4	②综上所述,梯形图应将所有前级步的常开触点串联到后续步的线圈回路中,作为后续步转换成活动步的条件之一。 　　以 M0.2 为例,其前级步 M0.1 的常开触点串联在作为后续步的 M0.2 的线圈回路中,且自保持应与所有实现转换的条件的串联电路(M0.1 与 I0.1 串联)进行并联
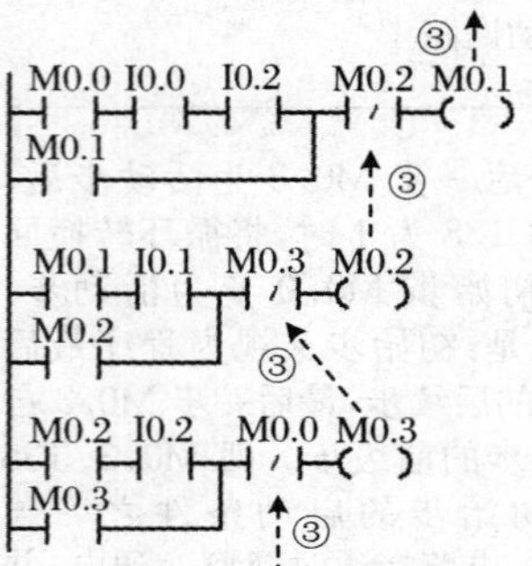	2 3 4	③综上所述,梯形图应将所有后续步的常闭触点串联到前级步的线圈回路中,以实现活动步进入下一步,关闭前一步。 　　以 M0.2 为例,其后续步 M0.3 的常闭触点串联在作为前级步的 M0.2 的线圈回路中,且自保持应与后续步 M0.3 的常闭触点串联,以实现转换后,后续步 M0.3 成为活动步,M0.3 的常闭触点断开,破坏 M0.2 的线圈回路的自保持,使 M0.2 变为非活动步

错误局部梯形图	网络	错误说明
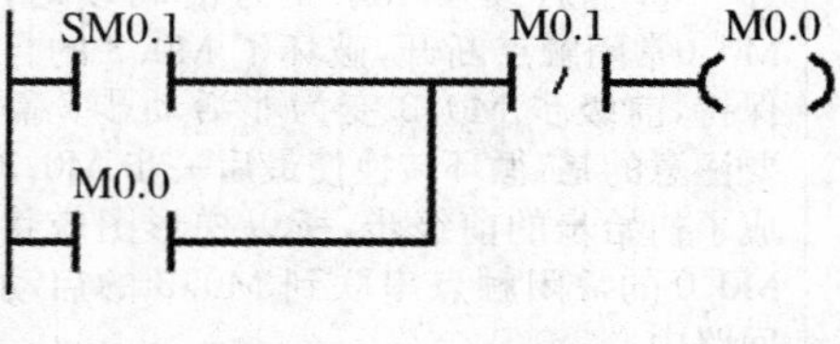	1	不能在网络 5 重复画 M0.0 的启动回路。即作为选择序列的合并处,M0.3、T38 串联作为初始步的启动条件之一应与 SM0.1 并联,再与 M0.0 串联。 　　在同一个项目的程序中,同一个线圈不能出现 2 次
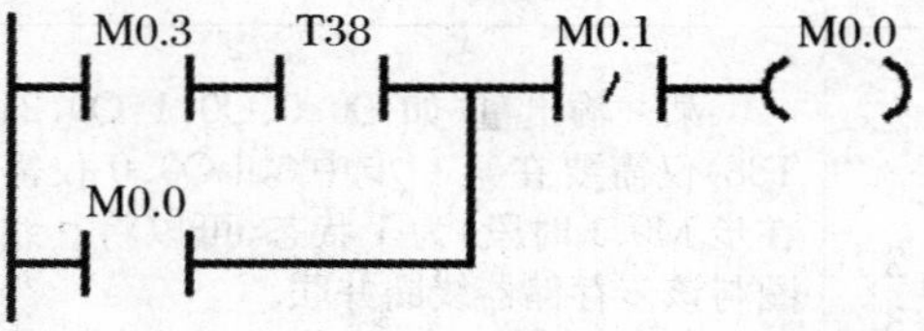	5	

续表

错误局部梯形图	网络	错误说明
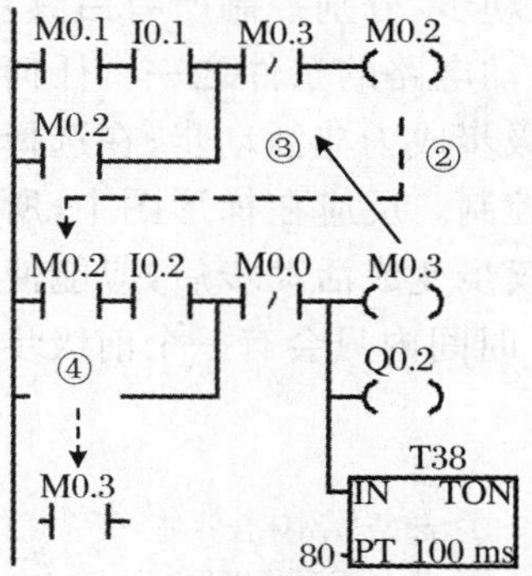	3 4	起、保、停电路中必须要有自保持。 　　左图中如果没有并联 M0.3 常开触点作为自保持电路(④)，即使 I0.2 闭合后暂时不会断开，M0.3、Q0.2 和 T38 也只能保持通电一个扫描周期的时间就会失电。因为当 M0.2 和 I0.2 常开触点闭合时，M0.3 成为活动步，扫描返回至 M0.2 回路时，M0.3 的常闭触点断开(③)，M0.2 失电成为非活动步，M0.2 的常开触点断开(②)，M0.3、Q0.2、T38 失电
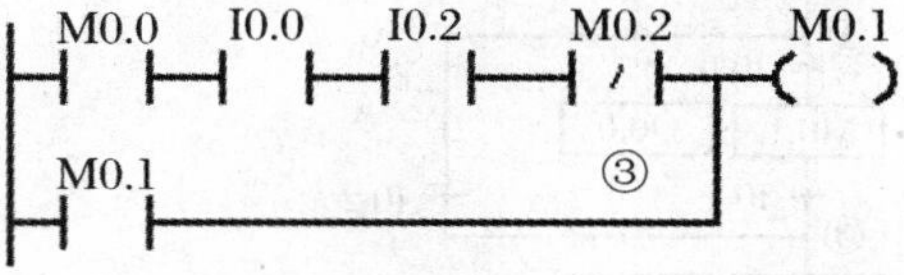	2	③当后续步 M0.2 为活动步时，M0.2 常闭触点断开，应能破坏 M0.1 的自保持，使前级步 M0.1 变为非活动步。即梯形图中 M0.1 的自保持常开触点不能与 M0.2 的常闭触点并联，应该形成串联
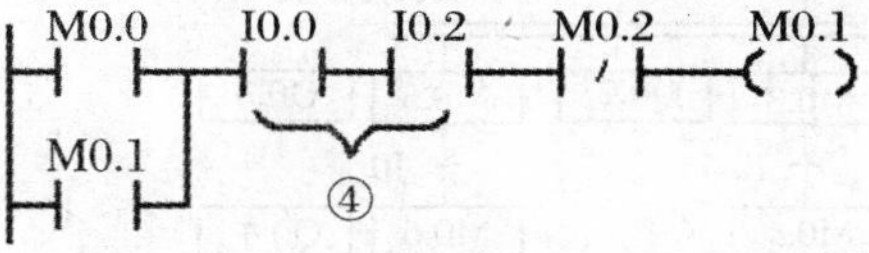	2	④转换条件 I0.0 · I0.2(与门)在梯形图中串联后，应与前级步 M0.0 的常开触点形成串联电路，再与自保持触点并联，而无需考虑转换条件(④)是否是短时闭合
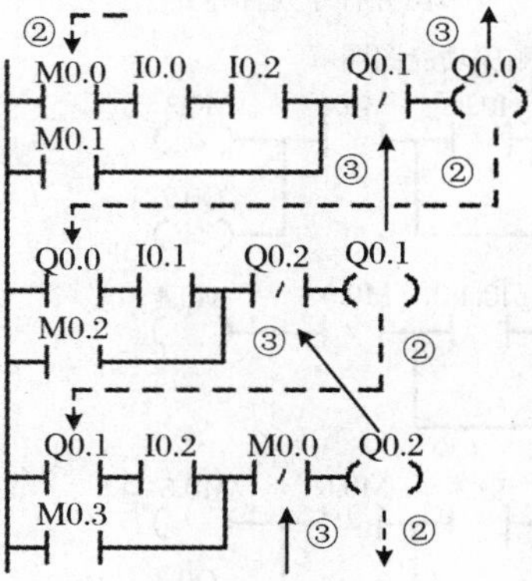	2 3 4	采用顺序功能图转编成梯形图，与经验法编程的梯形图比，多用了一些位存储器 M。左图取消了 M0.1、M0.2、M0.3，其部分功能分别由 Q0.0、Q0.1、Q0.2 替代，梯形图程序的控制功能没有改变，变成了经验法编程的梯形图。用位存储器 M 代表步来编程，虽增加了一个中间环节，不会增加硬件费用。更重要的是：全部用位存储器 M 来代表步，具有概念清分晰、编程规范、梯形图易于阅读和查错的优点

二、选择序列的编程方法

为了介绍将选择序列结构顺序功能图转编成梯形图的"翻译"方法，现以图 8.6 为例进行阅读理解。

在选择序列结构中，一个转换实际上只有一个前级步和一个后续步。

在编制选择序列结构顺序功能图及对应的梯形图时，应牢记必须遵循转换实现的基本规则：

① 实现转换的条件：该转换的前级步必须已是活动步；转换条件必须得到满足。

② 实现转换时应完成的操作:后续步变为活动步;前级步变为非活动步。

在编制梯形图时,由于存在选择序列结构的分支与合并处,梯形图与单一序列结构梯形图存在区别。在选择序列结构的分支处前面的步,作为前级活动步,分别控制所有后续步。反应在梯形图中,前级活动步的触点分别作为所有后续步的启动电路的条件之一。任何一个(同一时间内只会有一个)后续步变成活动步后都会使该前级步成为非活动步;在选择序列结构的合并处后面的步,作为后续步,分别受所有前级步的控制。反应在梯形图中,所有前级步的触点作为后续步的并联启动电路的条件之一。该后续步变成活动步后,应能使所有的前级步成为非活动步。在执行程序时,所有前级步中,同一时间内只会有一个前级步为活动步,实际被"闭锁"的只有该步。

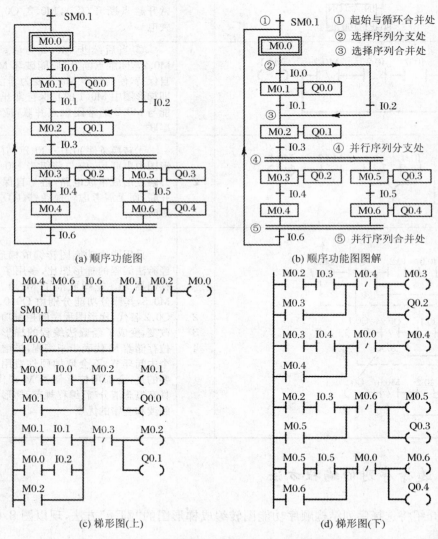

图 8.6　含有选择序列和并列序列的顺序功能图与梯形图

图例解读

选择序列顺序功能图转编成梯形图的"翻译"方法如图表 8.3 所示。

表 8.3 选择序列顺序功能图与梯形图程序分析

局部顺序功能图或梯形图	网络	阅读理解
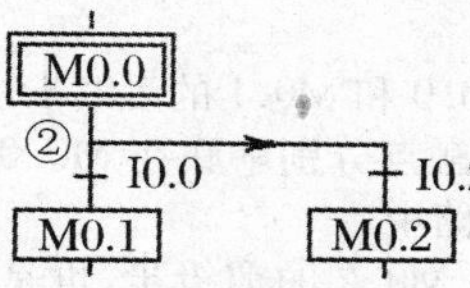 M0.0 ② I0.0 I0.2 M0.1 M0.2 ② 选择序列分支处		②为选择序列分支处。 M0.0 为前级步，M0.1 和 M0.2 都是 M0.0 的后续步。在 M0.0 成为活动步后，转换条件 I0.0 与 I0.2 只能有一个满足，不会同时满足
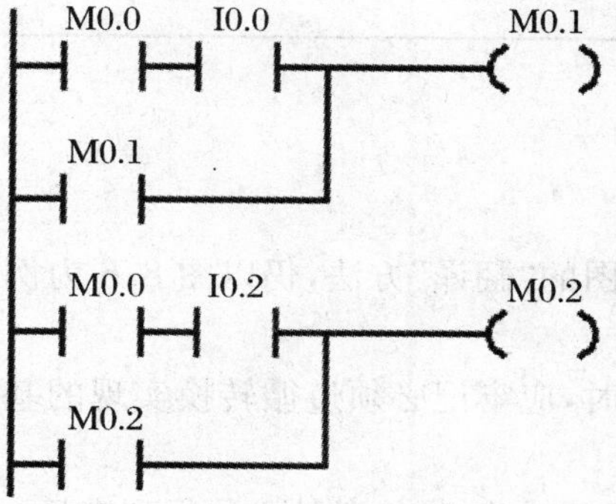 M0.0 I0.0 M0.1 M0.1 M0.0 I0.2 M0.2 M0.2	2 3	M0.0 与 M0.1、M0.2 在②处形成选择序列分支。在编制梯形图时，M0.0 的常开触点应分别控制 M0.1 和 M0.2 的线圈。即 M0.0 的常开触点与转换条件 I0.0 的常开触点串联，再与 M0.1 线圈串联；M0.0 的常开触点与转换条件 I0.2 的常开触点串联，再与 M0.2 线圈串联。 前级步常开触点分别与转换条件组成启动电路，分别控制各（N 个）转换对应的 N 个后续步线圈。这是选择序列与并列序列的区别之一
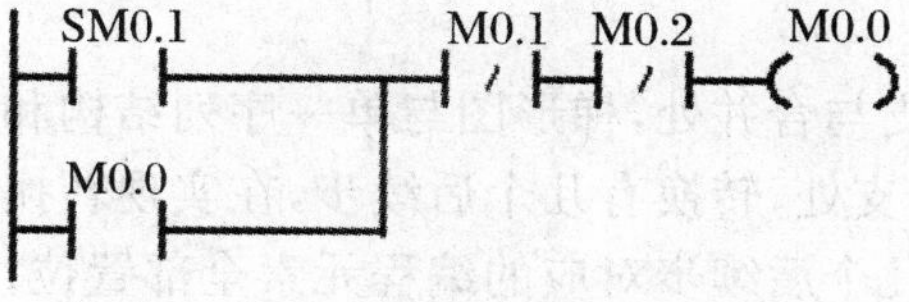 SM0.1 M0.1 M0.2 M0.0 M0.0	1	M0.0 与 M0.1、M0.2 在②处形成选择序列分支。在编制梯形图时，M0.1 和 M0.2 的常闭触点都应与 M0.0 的线圈串联。因为在执行程序的过程中，M0.1 和 M0.2 的常闭触点只会有一个会断开
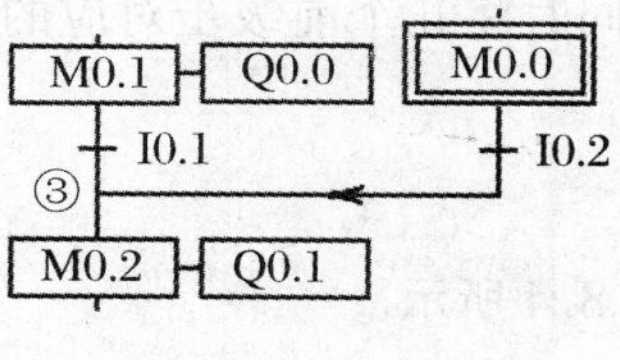 M0.1 Q0.0 M0.0 ③ I0.1 I0.2 M0.2 Q0.1		③为选择序列合并处。 M0.1 和 M0.0 是 M0.2 的前级步，进入 M0.2 的路径有 2 条（N＝2），任何一条路径实现转换的条件满足，后续步 M0.2 都会成为活动步，而 M0.1 或 M0.0 从活动步变为非活动步
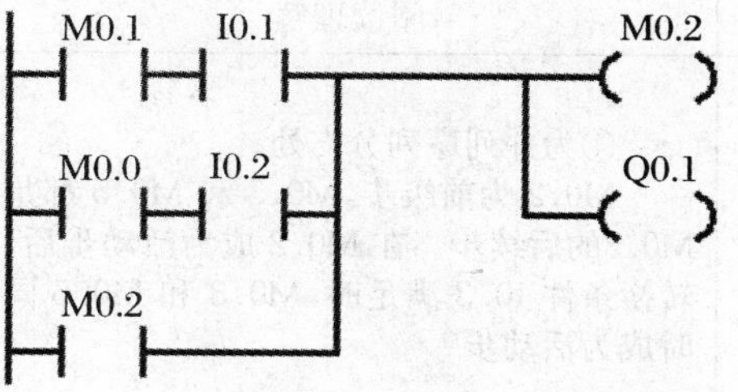 M0.1 I0.1 M0.2 M0.0 I0.2 Q0.1 M0.2	3	确定进入每一步的路径，若进入路径有 N 条，则在梯形图中应有 N 条实现转换条件形成的支路（启动电路）控制该步线圈，与该步线圈并联的支路应为 N＋1 条。这是选择序列与并列序列的区别之一。 进入 M0.2 的路径有 2 条（N＝2），加上自保持并联支路，与 M0.2 线圈并联的支路共 3 条

续表

局部顺序功能图或梯形图	网络	阅读理解
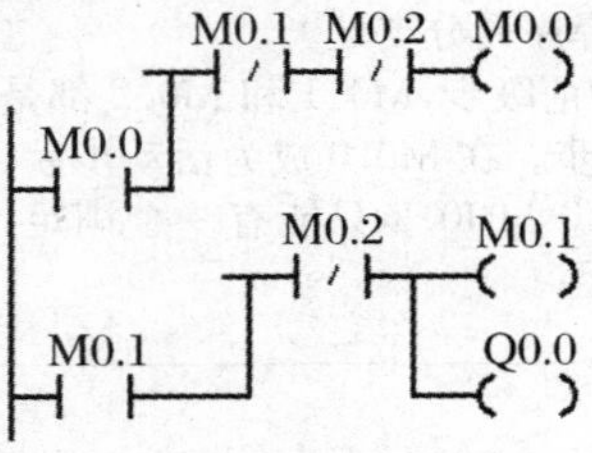	1 2	M0.2 作为 M0.0 和 M0.1 的后续步,应将 M0.2 的常闭触点分别串联在 M0.0 和 M0.1 的线圈回路中; 而 M0.1 既是 M0.2 的前级步,也是 M0.0 的后续步,如前面所述,M0.1 的常闭触点也应与 M0.0 线圈串联

三、并列序列的编程方法

为了介绍将并列序列结构顺序功能图转编成梯形图的"翻译"方法,仍以图 8.6 为例进行阅读理解。

在编制并列序列结构顺序功能图及对应的梯形图时,应牢记必须遵循转换实现的基本规则:

① 实现转换的条件:该转换的所有前级步必须已是活动步;转换条件必须得到满足。

② 实现转换时应完成的操作:使所有与该转换符号相连的后续步都变为活动步;使所有与该转换符号相连的前级步都变为不活动步。

在编制梯形图时,由于存在并列序列结构的分支与合并处,梯形图与单一序列结构和选择序列结构梯形图存在区别。在并列序列结构的分支处,转换有几个后续步,在实现转换时应同时变为活动步。反应在梯形图上,应能同时将几个后续步对应的编程元素全部置位;在并列序列的合并处,转换有几个前级步,它们均为活动步时才有可能实现转换,而在实现转换后几个前级步应同时变为非活动步。反应在梯形图上,应能同时将几个前级步对应的编程元素全部复位。

图例解读

并列序列结构顺序功能图转编成梯形图的"翻译"方法如表 8.4 所示。

表 8.4 并列序列顺序功能图与梯形图程序分析

局部顺序功能图或梯形图	网络	阅读理解
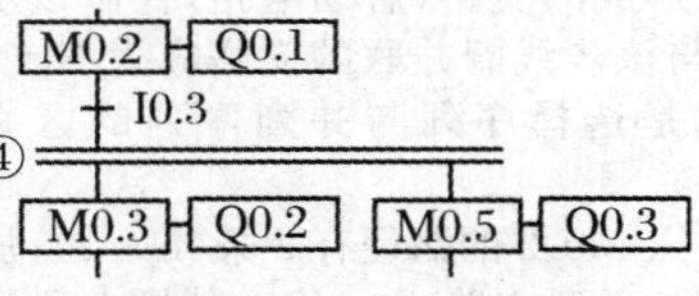 ④ 并行序列分支处		④为并列序列分支处。 M0.2 为前级步,M0.3 和 M0.5 都是 M0.2 的后续步。在 M0.2 成为活动步后,转换条件 I0.3 满足时,M0.3 和 M0.5 同时成为活动步

续表

局部顺序功能图或梯形图	网络	阅读理解
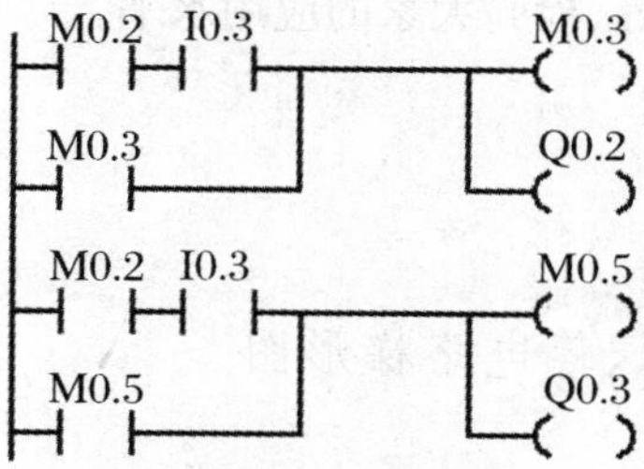	4 6	在梯形图中,并列序列实现转换的条件即 M0.2、I0.3 的常开触点串联支路应分别与后续步 M0.3 和 M0.5 的线圈串联,同时控制后续步 M0.3 和 M0.5 变为活动步。即当 M0.2、I0.3 的常开触点都闭合时,同时接通 M0.3 和 M0.5。这是并列序列与选择序列的区别之一
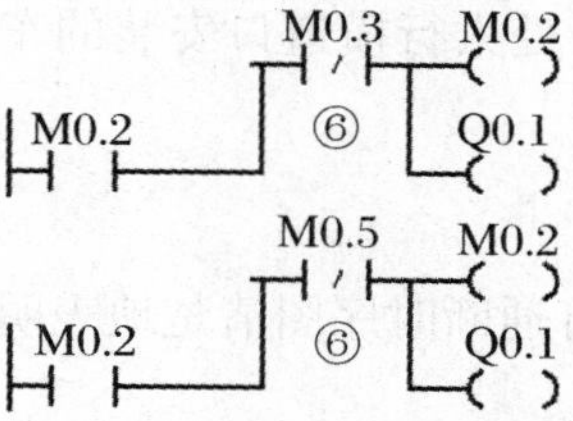	3	当后续步 M0.3 和 M0.5 变为活动步时,M0.3 和 M0.5 的常闭触点都会断开,所以任意取其中一个常闭触点 M0.3 或 M0.5 与前级步 M0.2 的线圈串联即可
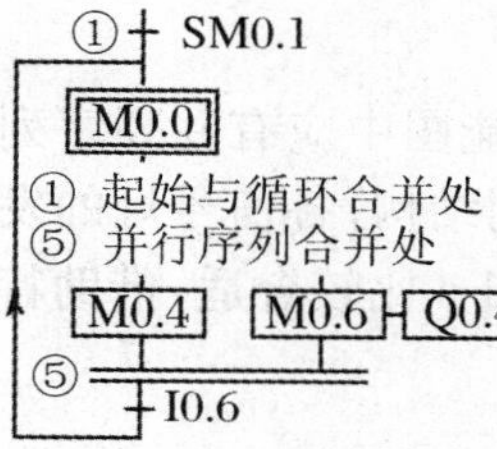		⑤为并列序列合并处。 步 M0.4 和步 M0.6 在⑤处合并,必须等到两者都为活动步后,且转换条件 I0.6 满足时,才能转换循环至 M0.0,初始步 M0.0 又变成了 M0.4 和 M0.6 的后续步。 ①循环支路与起始支路在此合并。应属于选择序列合并处
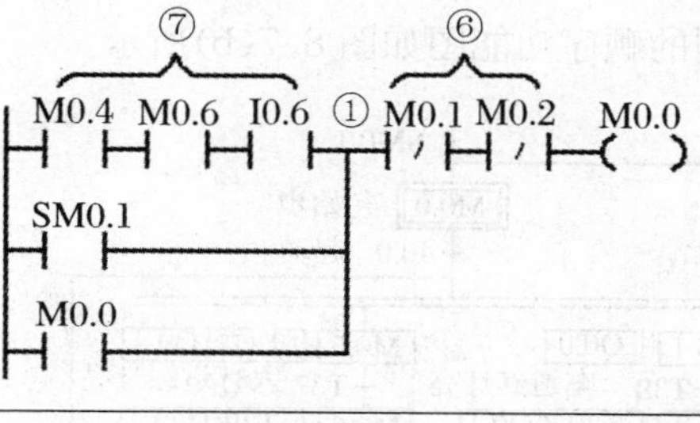	1	⑦M0.4 和 M0.6 按并列序列合并,必须都成为活动步才是实现转换的条件之一,所以 M0.4 和 M0.6 的常开触点必须形成串联,再与转换条件串联去控制后续步的线圈。这是并列序列与选择序列的区别之一。 ①实现循环转换的条件应与起始条件 SM0.1 并联
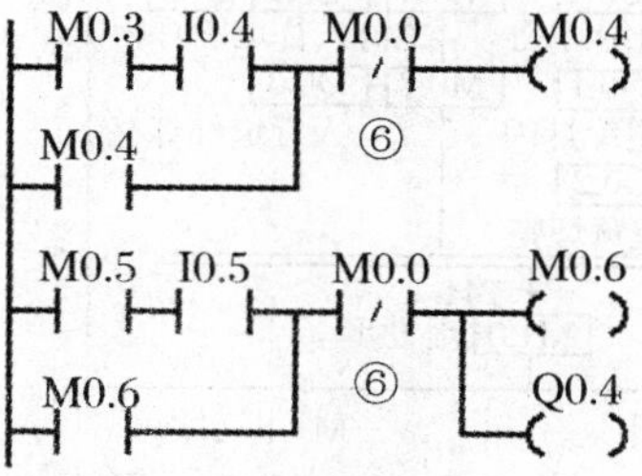	5 7	⑥不要误认为是初始步去"闭锁"某个步,这里的 M0.0 是作为并行的步 M0.4 和步 M0.6 的后续步,在成为活动步后,去"闭锁"其所有的前级步
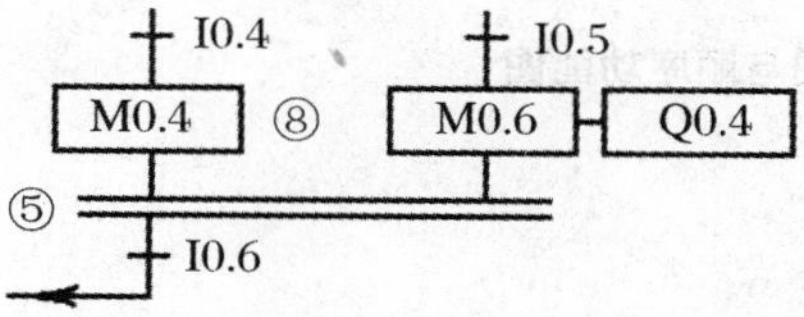		⑧M0.4 为虚设步 步 M0.4 没有连接动作矩形框,说明该步没有具体的操作。 如果不设置虚设步 M0.4,不符合并列序列合并处的结构要求,也不符合实现转换的基本规则

可以说,任何复杂的顺序功能图都能由单一序列、选择序列和并列序列组成,掌握了单一序列、选择序列和并列序列的编程方法,根据顺序功能图编制数字量控制系统的梯形图程序就不会太难了。下面列举一个人们熟悉的典型实例,以锻炼、检验大家的应用水平。

应用示例

第一种编程方法:使用触点和线圈指令编制起、保、停电路梯形图

示例 8.2　人行横道交通信号灯

在十字路口,每个人行横道时都要有交通信号灯,现将其中一处人行横道口安装的车道和人行横道圆形信号灯的 PLC 自动控制进行编制程序。

<u>项目要求</u>

人行横道处交通信号灯通断要求如图 8.7(a)所示。各信号灯通断时序图清楚地表明了一个循环周期内各种灯的发光和熄灭的时段。

<u>项目分析</u>

车道和人行道的交通信号灯的发光时间段有重叠,所以顺序功能图中应有并列序列结构;交通信号灯是周期性循环工作,所以顺序功能图中应有选择序列结构;各信号灯的发光时间段应采用多个定时器控制来实现;闪光信号灯的闪光周期采用 1 s 比较合适,借助特殊存储器 SM0.5 来实现。

<u>图例展示</u>

根据车道和人行道的交通信号灯的时序图,编制的顺序功能图如图 8.7(b)所示。

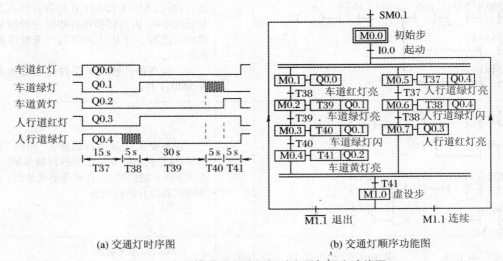

(a) 交通灯时序图　　　　　　　　　　　(b) 交通灯顺序功能图

图 8.7　人行横道交通信号灯时序图与顺序功能图

<u>图例解读</u>

顺序功能图的结构解读如表 8.5 所示。

表 8.5　顺序功能图重点分析

局部顺序功能图	判断	阅读理解
M0.4 T41 Q0.2　车道黄灯亮　　M0.7 Q0.3 人行道红灯亮　　T41　M1.0 虚设步　　M̄1.1 退出　　M1.1 连续	正确	为了避免从并列序列的合并处直接转换至并列序列的分支处，在前级步后面增设了一个虚设步 M1.0 作为后续步，以简化梯形图程序。虚设步没有具体的操作命令，进入该步后，立即转换至下一步
M0.4 T41 Q0.2　车道黄灯亮　　M0.7 Q0.3 人行道红灯亮　　退出 T41·M̄1.1　　T41·M1.1 连续	不妥	连续循环工作是从并列序列的合并处经选择序列直接转换至并列序列的分支处，梯形图程序变复杂。连续和退出的启动电路为 M0.4·M0.7·T41·M1.1 M0.4·M0.7·T41·M̄1.1

图例展示

　　根据由车道和人行道的交通信号灯的时序图编制的顺序功能图，编制的梯形图如图 8.8 所示。

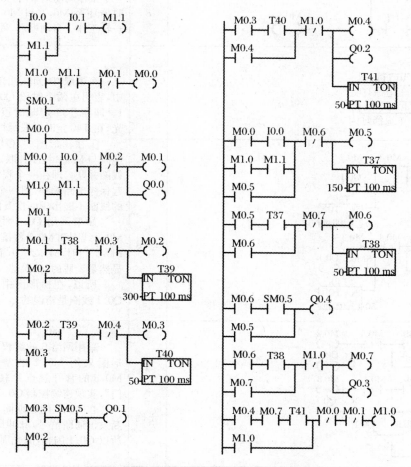

图 8.8　人行横道交通信号灯的梯形图

图例解读

人行横道交通信号灯的梯形图解读如表 8.6 所示。

表 8.6　梯形图重点分析

局部顺序功能图或梯形图	网络	阅读理解
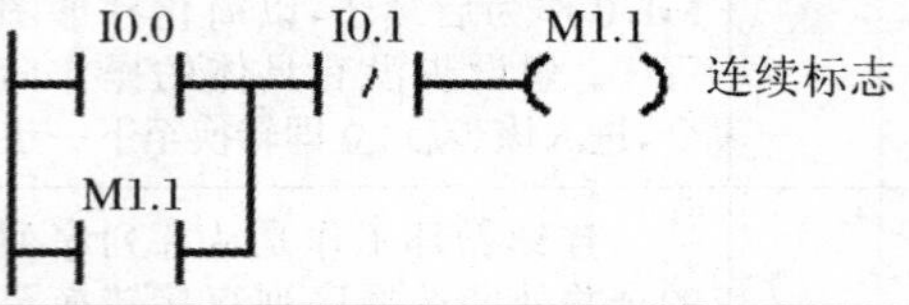 I0.0　I0.1　M1.1　　（　）连续标志　　M1.1	1	启动按钮 I0.0 和退出按钮 I0.1 控制 M1.1，分别实现信号灯连续循环工作和退出工作
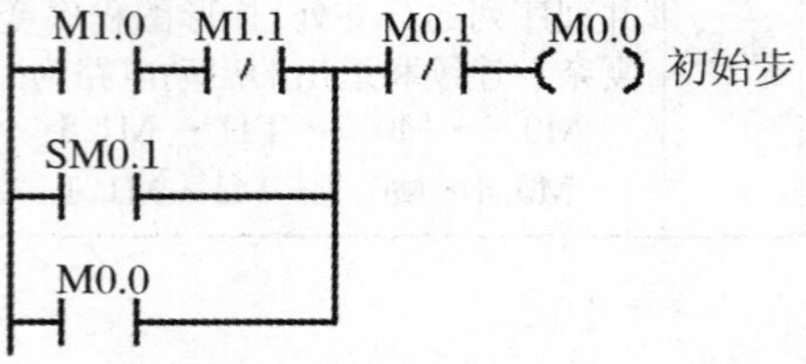 M1.0　M1.1　M0.1　M0.0　（　）初始步　　SM0.1　　M0.0	2	无论何时按下退出按钮 I0.1，转换条件 M1.1＝1，M0.1 常闭触点闭合，但必须等到整个工作程序完成后，M1.0 变为活动步，M1.0 常开触点闭合时，才会循环回到初始步。等待下一次操作人员的启动命令
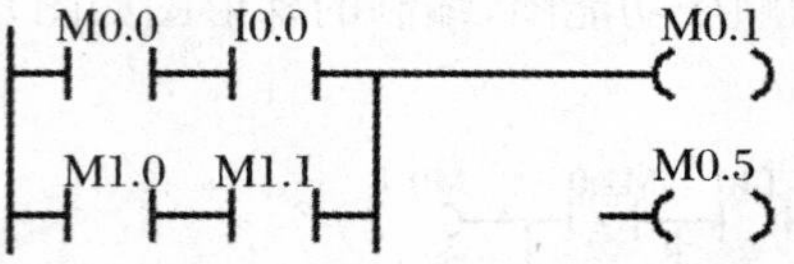 M0.0　I0.0　　　M0.1　（　）　　M1.0　M1.1　　M0.5　（　）	3 8	启动按钮 I0.0 后，M1.1＝1，每一个工作周期结束时，M1.0＝1，同时循环至 M0.1 和 M0.5，开始新一轮工作。自动循环，周而复始
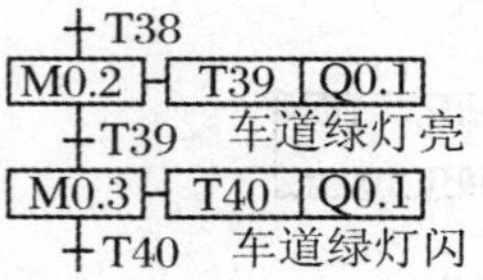 ┤T38├　M0.2　T39　Q0.1　┤T39├ 车道绿灯亮　M0.3　T40　Q0.1　┤T40├ 车道绿灯闪		车道绿灯 Q0.1 出现在两个步中，表明在两个时段 Q0.1 都要为 1。即在 T39 定时时段绿灯发平光，在 T40 定时时段绿灯发闪光。
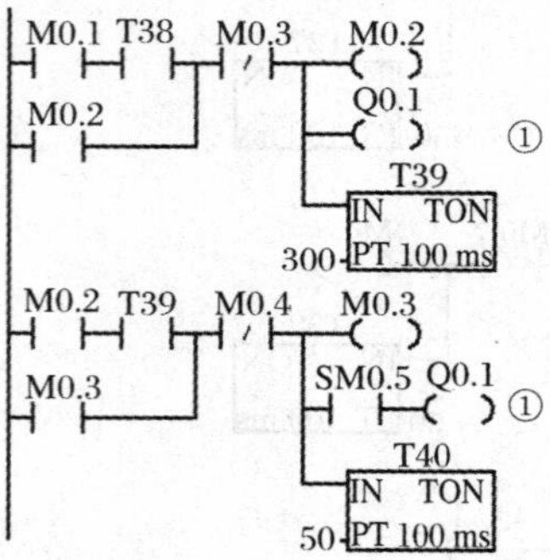 M0.1 T38　M0.3　M0.2　M0.2　　Q0.1① 　T39　IN　TON　300-PT 100 ms 　M0.2 T39　M0.4　M0.3　M0.3　SM0.5 Q0.1① 　T40　IN　TON　50-PT 100 ms	4 5 错误	①在梯形图中，Q0.1 线圈不能既与 M0.2 线圈并联，又与 M0.3 线圈并联。即在一个程序中，使用起保停电路编程，同一个编程元件的线圈不能出现两次及以上。　如果采用 Q0.1 线圈分别与 M0.2 线圈和 M0.3 线圈并联，则当 M0.3＝1 时，M0.2＝0，而 Q0.1＝? 显然是矛盾的，错误的。　所以，在梯形图中，2 次出现 Q0.1 线圈是错误的
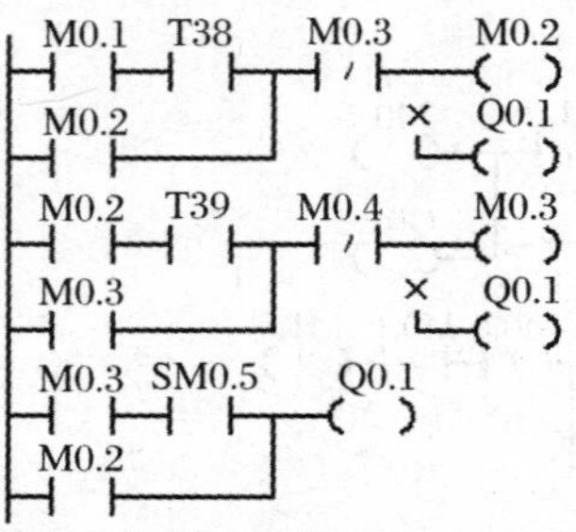 M0.1 T38　M0.3　M0.2　M0.2　　×Q0.1　M0.2 T39　M0.4　M0.3　M0.3　　×Q0.1　M0.3 SM0.5 Q0.1　M0.2	4 5 6 正确	采用网络 6 的编程形式，即梯形图采用 M0.2 的常开触点与 M0.3 的常开触点并联，形成"或门"，实现连续控制 Q0.1 通电。　在 M0.3 闭合期间，SM0.5 不断发出通断信号，脉冲周期为 1 s，所以 Q0.1 闪光，闪光周期为 1 s

续表

局部顺序功能图或梯形图	网络	阅读理解
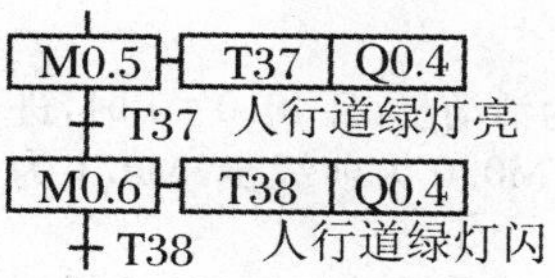 M0.5 ─ T37 ─ Q0.4 ├─ T37　人行道绿灯亮 M0.6 ─ T38 ─ Q0.4 ├─ T38　人行道绿灯闪 　M0.6　　SM0.5　　　　Q0.4 ├─┤├──┤├────────( ) 　M0.5 ├─┤├─	10	人行道绿灯 Q0.4 同样要在 T37 定时时段绿灯发平光，在 T38 定时时段绿灯发闪光。 　同样梯形图采用 M0.5 的常开触点与 M0.6 的常开触点并联，形成"或门"，实现连续控制。SM0.5 脉冲使 Q0.4 闪光
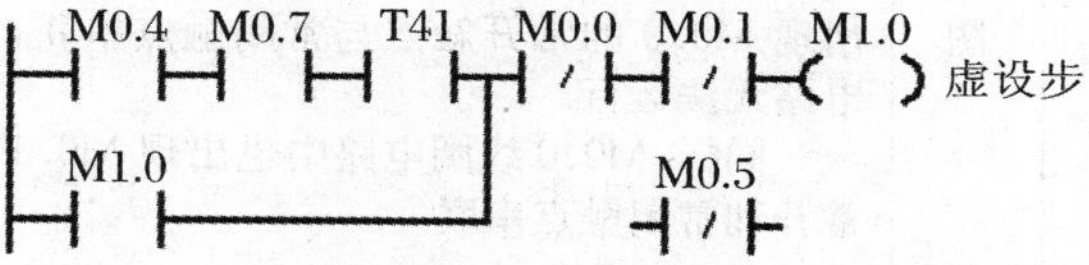 　M0.4　M0.7　T41　M0.0　M0.1　M1.0 ├─┤├──┤├──┤├──┤/├──┤/├──( )虚设步 　M1.0　　　　　　　　　M0.5 ├─┤├────────────┤/├─	12	T38 定时完成时，M0.7 与 M0.2 同时变为活动步，M0.7 必须等待。经过 T39 延时，T40 延时后使 M0.4 也变为活动步，再等待 T41 延时时间到，才能进入 M1.0 步。 　M1.0 既是 M0.0 的前级步，也是 M0.1 和 M0.5 的前级步。M0.1 和 M0.5 同时通电，所以也可用 M0.5 去"闭锁"M1.0。 　虚设步 M1.0 使后续步 M0.0、M0.1、M0.5 的启动电路被简化。即 M0.4·M0.7·T41 = M1.0

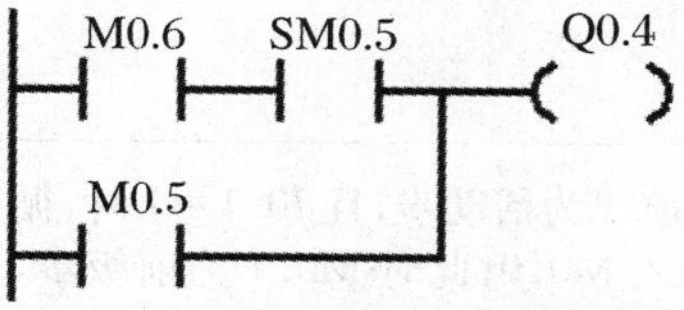

四、仅有两步的闭环

　　如果在顺序功能图中遇到仅有两步组成的小闭环，按照转换实现的基本规则，使用起保停电路设计的梯形图就会出现问题，致使电路不能正常工作。下面介绍只有使用起保停电路设计梯形图时，在顺序功能图中遇到仅有两步组成的小闭环，才会采用的特殊办法。详细说明如表 8.7 所示。

表 8.7　两步闭环顺序功能图翻译梯形图分析

局部顺序功能图或梯形图	判断	阅读理解
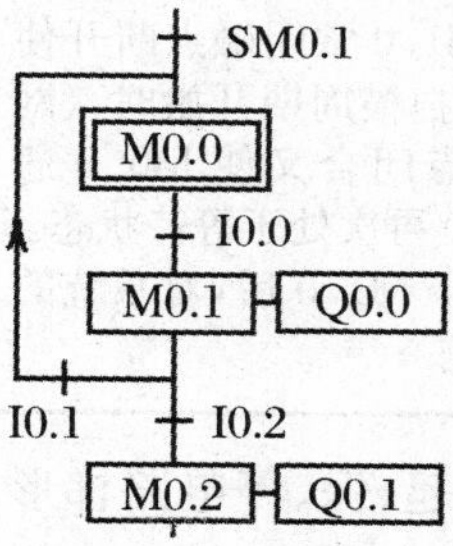 　　　┼ SM0.1 　[M0.0] 　　　┼ I0.0 　[M0.1] ─ Q0.0 I0.1　┼ I0.2 　[M0.2] ─ Q0.1	设计存有缺陷	仅有两步组成的小闭环。 　特点：两个步"头尾相连"。 　两步组成小闭环，转换条件 I0.0 使 M0.0 为前级步，M0.1 为后续步；转换条件 I0.1 使 M0.1 为前级步，M0.0 为后续步，完全相反

局部顺序功能图或梯形图	判断	阅读理解
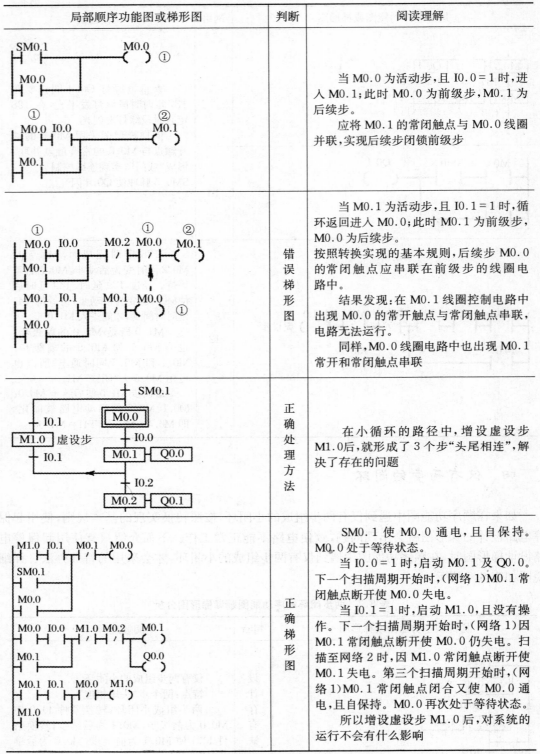		当 M0.0 为活动步,且 I0.0＝1 时,进入 M0.1;此时 M0.0 为前级步,M0.1 为后续步。 应将 M0.1 的常闭触点与 M0.0 线圈并联,实现后续步闭锁前级步
	错误梯形图	当 M0.1 为活动步,且 I0.1＝1 时,循环返回进入 M0.0;此时 M0.1 为前级步,M0.0 为后续步。 按照转换实现的基本规则,后续步 M0.0 的常闭触点应串联在前级步的线圈电路中。 结果发现:在 M0.1 线圈控制电路中出现 M0.0 的常开触点与常闭触点串联,电路无法运行。 同样,M0.0 线圈电路中也出现 M0.1 常开和常闭触点串联
	正确处理方法	在小循环的路径中,增设虚设步 M1.0 后,就形成了 3 个步"头尾相连",解决了存在的问题
	正确梯形图	SM0.1 使 M0.0 通电,且自保持。M0.0 处于等待状态。 当 I0.0＝1 时,启动 M0.1 及 Q0.0。下一个扫描周期开始时,(网络1)M0.1 常闭触点断开使 M0.0 失电。 当 I0.1＝1 时,启动 M1.0,且没有操作。下一个扫描周期开始时,(网络1)因 M0.1 常闭触点断开使 M0.0 仍失电。扫描至网络2时,因 M1.0 常闭触点断开使 M0.1 失电。第三个扫描周期开始时,(网络1)M0.1 常闭触点闭合又使 M0.0 通电,且自保持。M0.0 再次处于等待状态。 所以增设虚设步 M1.0 后,对系统的运行不会有什么影响

特殊说明:在顺序功能图中遇到仅有两步组成的小闭环,只有编制起、保、停电路梯形图

才会采用这样的特殊办法,详见图 8.9。而采用 Set 指令或 SCR 指令编制梯形图程序,则不需要,详见图 8.20 顺序功能图。

应用示例

第一种编程方法:使用触点和线圈指令编程的起、保、停电路梯形图

示例 8.3　两台电动机定时限顺序起停控制

在第六章例 6.5 图 6.20 设计两台电动机定时限顺序起停控制中,采用了经验设计法编制了梯形图。本章要求采用顺序功能图编制顺序控制梯形图。

项目要求

PLC 外部接线:开、停机按钮均选用常开触点,分别连接 I0.0、I0.1;输出继电器 Q0.0、Q0.1 分别控制交流接触器 KM1、KM2。

控制要求:按下开机按钮 SB1,第一台电动机起动,延时 8 s 后自动起动第二台电动机;按下停机按钮 SB2,第二台电动机停机,延时 10 s 后第一台电动机自动停机。

增设控制要求:在 1# 电动机先起动后,发现所带机械设备出现问题时,按下停机按钮 SB2 能实现直接停机。

项目分析

1# 电动机所带机械设备出现问题时,无需再起动 2# 电动机,且应能使 1# 电动机紧急停机。

图例展示

两台电动机定时限顺序起停控制的顺序功能图如图 8.9 所示。两台电动机定时限顺序起停控制的梯形图如图 8.10 所示。

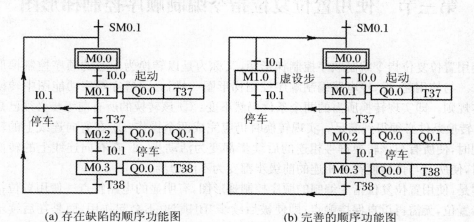

(a) 存在缺陷的顺序功能图　　　　(b) 完善的顺序功能图

图 8.9　两台电动机定时限顺序起停控制顺序功能图

分析思考

① 顺序功能图中为何要增设虚设步 M1.0?

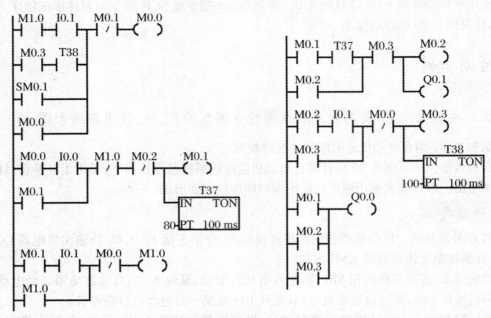

图 8.10　两台电动机定时限顺序起停控制梯形图

② 初始步 M0.0 的启动回路有几条？为什么？

③ 1# 电动机要在 3 个时间段（先起动、运行、后停机）里都必须通电，梯形图应该如何实现？

④ 任何时刻都应该可以因外部机械故障而操作两台电动机紧急停机，如何设计顺序功能图和梯形图，才能够实现一键紧急停机？

第三节　使用置位复位指令编制顺序控制梯形图

使用置位复位指令编制顺序控制梯形图，又称为是以转换为中心的顺序控制梯形图设计方法。与使用起、保、停电路编制顺序控制梯形图一样，必须遵守顺序功能图中转换实现的基本规则。即实现转换所需的两个条件仍然不变：① 该转换的所有前级步必须已是活动步；② 转换条件必须得到满足。实现转换时仍应完成两个操作：① 在有向连线上的转换得以实现时，使所有与该转换符号相连的后续步都变为活动步；② 在有向连线上的转换得以实现时，使所有与该转换符号相连的前级步都变为不活动步。

但是，使用置位复位指令编制的顺序控制梯形图，有明显的电路特点。使用置位指令将某一步置位，无需再设自保持触点；即使被后续步"闭锁"也不会起作用，而是在后续步被置位的同时，使用复位指令将前级步复位。在梯形图中，置位复位指令可以重复使用，即同一个编程元件线圈可以多次被置位复位。每一个转换形成的启动电路可以单独与步的置位指令线圈串联，该步与前级步之间有 N 个转换，可以编制 N 个只有启动电路与该步置位指令线圈串联的独立电路，使梯形图功能非常清晰，梯形图的结构非常简洁。

一、单一序列的编程方法

为了介绍使用置位复位指令将单一序列顺序功能图编成梯形图的"翻译"方法,下面通过两条运输带传送物件的实例来说明。

运输带控制系统顺序功能图如图 8.11 所示。两条运输带用来传送体积较长的物体,要求尽可能地减少运输带的运行时间,以达到节能的目的。

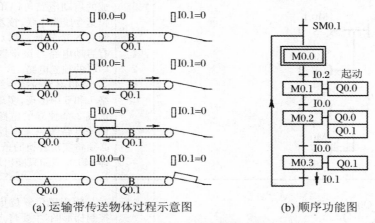

(a) 运输带传送物体过程示意图　　(b) 顺序功能图

图 8.11　运输带控制系统顺序功能图

在每条运输带的端部设置了光电开关,当有物体经过光电开关时,光电开关的状态会发生变化。控制运输带 A、B 的电动机分别由 Q0.0 和 Q0.1 控制。按下起动按钮 I0.2,运输带 A 开始运行。当被传送物体的前沿到达光电开关 I0.0 时,I0.0＝1,自动起动运输带 B 开始运行。当被传送物体的后沿离开光电开关 I0.0 时,I0.0＝0,运输带 A 停止运行。当被传送物体的前沿到达光电开关 I0.1 时,I0.1＝1,无操作任务。当被传送物体的后沿离开光电开关 I0.1 时,I0.1＝0,运输带 B 停止运行。

运输带控制系统梯形图如图 8.12 所示。

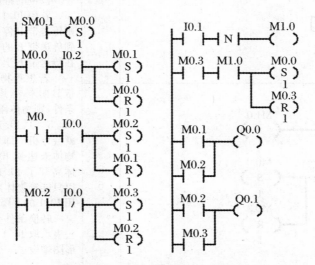

图 8.12　运输带控制系统梯形图

图例解读

运输带控制系统的梯形图解读如表 8.8 所示。

表 8.8　置位复位指令编制运输带控制系统梯形图重点分析

局部顺序功能图或梯形图	网络	阅读理解
SM0.1 — M0.0 (S) 1 M0.0 — I0.2 — M0.1 (S) 1 / M0.0 (R) 1 M0.3 — M1.0 — M0.0 (S) 1 / M0.3 (R) 1	1 2 6	同一个编程元件的线圈可以多次被置位复位。每一个转换形成的启动电路可以单独与步的置位指令线圈串联,该步与前级步之间有 N 个转换,可以编制 N 个只有启动电路与该步置位指令线圈串联的独立电路。 　　M0.0 置位指令线圈分别在网络 1 和 6 中出现,实现转换的条件形成 2 个独立的电路。而使用起保停电路编制顺序控制梯形图则必须将实现转换的条件形成并联,即 M0.0 线圈只能出现一次
M0.1 — (Q0.0) / M0.2 M0.2 — (Q0.1) / M0.3	7 8	使用置位复位指令编制顺序控制梯形图,主要特点是以转换为中心进行编程。后续步被置位后,立即复位前级步,下一个扫描周期后续步电路也被断开。跨越前后两步的输出线圈 Q0.0、Q0.1,需要在两个时间段都通电,与置位指令线圈并联,通电时间太短。所以不能与置位指令线圈并联,而应与置位指令的常开触点并联
[M0.3]—[Q0.1]　↓ I0.1		该例的特殊性表现在: 　　若用 I0.1＝1 作为转换条件,则传送带 B 停机时,物体的前沿刚到传送带 B 的末端,即物体仍停留在传送带 B 上。
I0.1 — N — (M1.0) M0.3 — M1.0 — M0.0 (S) 1 / M0.3 (R) 1	5 6	若想等物体的后沿到达传送带 B 的末端,用 I0.1＝0 作为转换条件,则物体刚离开传送带 A 时,M0.3＝1、I0.1＝0 时,传送带 B 就会停机。即 I0.1＝0,既可能是物体未达到 I0.1 处,也可能是物体离开了 I0.1 处,无法区别。所以只能等物体离开传送带 B 时,采用 I0.1 的下降沿控制停机。 　　转换条件 I0.1 前面的下降箭头表示取 I0.1 的下降沿。为此梯形图增设了一个辅助位 M1.0

二、选择序列和并列序列的编程方法

使用置位复位指令编制顺序控制梯形图,思路非常清晰。在一个网络中按照用启动电路置位后续步、复位前级步的转换规则编制梯形图,每一个步对应的操作则用步的常开触点控制。顺序功能图的基本结构不同,实现转换的要求不同。除此之外,选择序列和并列序列与单一序列的编程方法基本一样。

仍以图 8.6(a)梯形图为例,顺序功能图中含有单一序列、选择序列和并列序列 3 种基本结构,使用置位复位指令编制顺序控制梯形图如图 8.13(b)所示。与使用起保停电路编制顺序控制梯形图比较,同样的工艺流程,两种编程方法各有特色。

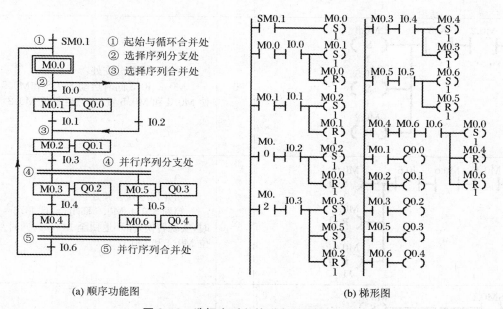

图 8.13　选择序列和并列序列的编程示例

图例解读

含有选择序列和并列序列结构的顺序功能图对应的梯形图图例解读如表 8.9 所示。

表 8.9　置位复位指令编制梯形图重点分析

局部梯形图	网络	阅读理解
M0.0　I0.0　M0.1 (S) 1 / M0.0 (R) 1　M0.0　I0.2　M0.2 (S) 1 / M0.0 (R) 1	2 4	②选择序列分支处: 　选择序列分支处,M0.0 或与 I0.0 启动 M0.1 置位、复位 M0.0,一个扫描周期后 M0.0 常开触点断开,但 M0.1 已经置位;或与 I0.2 启动 M0.2、复位 M0.0

局部梯形图	网络	阅读理解
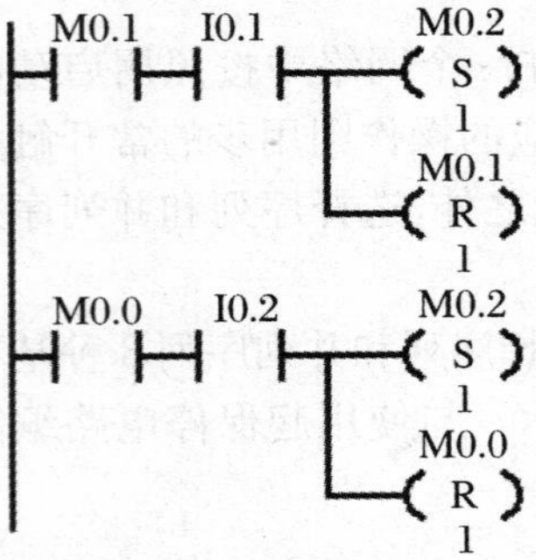 M0.1 I0.1 ─(S)─M0.2/1 ─(R)─M0.1/1 ; M0.0 I0.2 ─(S)─M0.2/1 ─(R)─M0.0/1	3 4	③选择序列合并处： M0.2 既是 M0.1 的后续步，又是 M0.0 的后续步。 或 M0.1、I0.1 启动 M0.2、复位 M0.1；或 M0.0、I0.2 启动 M0.2、复位 M0.0
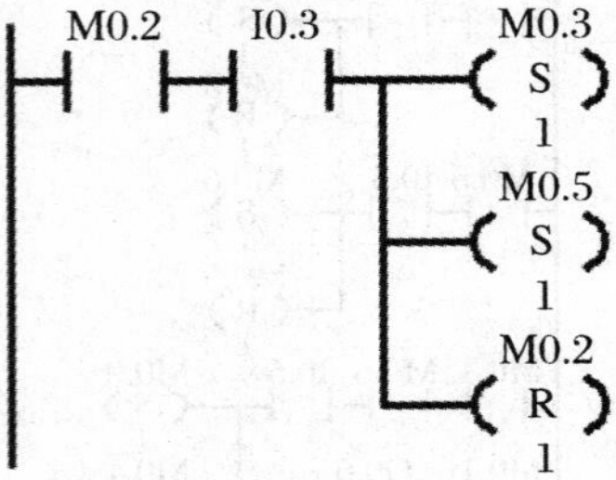 M0.2 I0.3 ─(S)─M0.3/1 ─(S)─M0.5/1 ─(R)─M0.2/1	5	④并列序列分支处： M0.2、I0.3 同时启动 M0.3 和 M0.5，使 M0.3 和 M0.5 置位，然后复位 M0.2
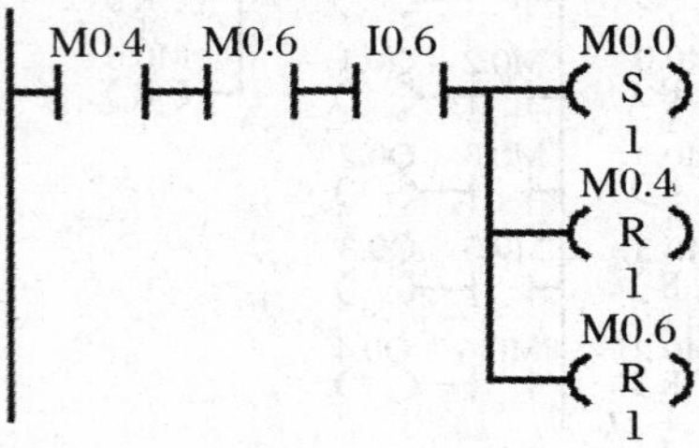 M0.4 M0.6 I0.6 ─(S)─M0.0/1 ─(R)─M0.4/1 ─(R)─M0.6/1	8	⑤并列序列合并处： 等到 M0.4、M0.6 都闭合，且 I0.6＝1 时，实现转换，循环返回至 M0.0。同时复位 M0.4 和 M0.6
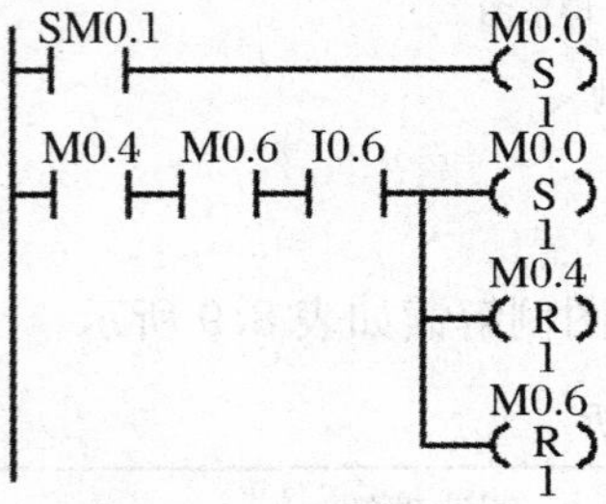 SM0.1 ─(S)─M0.0/1 ; M0.4 M0.6 I0.6 ─(S)─M0.0/1 ─(R)─M0.4/1 ─(R)─M0.6/1	1 8	①起始与循环合并处： 使用起保停电路编制梯形图时，SM0.1 必须与 M0.4、M0.6、I0.6 组成的启动电路并联，去启动 M0.0；而使用置位复位指令编制梯形图时，M0.0 的置位、复位指令线圈可以多次重复成对出现
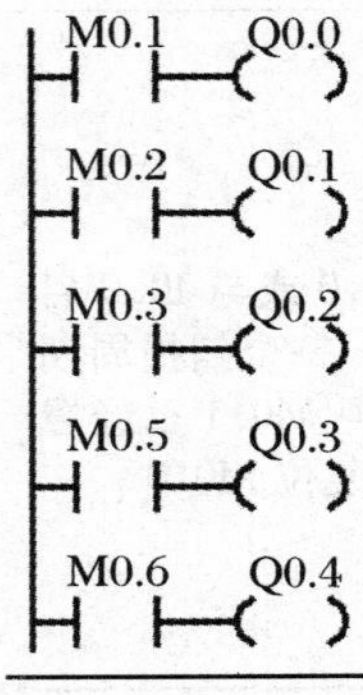 M0.1 ─(Q0.0)─ ; M0.2 ─(Q0.1)─ ; M0.3 ─(Q0.2)─ ; M0.5 ─(Q0.3)─ ; M0.6 ─(Q0.4)─	9 10 11 12 13	每一个步对应的操作则用步的常开触点控制，即输出"继电器"Q0.0、Q0.1、Q0.2、Q0.3、Q0.4 的线圈分别由对应步 M0.1、M0.2、M0.3、M0.5、M0.6 的常开触点控制。 可见，使用置位复位指令编制顺序控制梯形图，比使用起、保、停电路编制顺序控制梯形图，显得梯形图的结构更简洁，梯形图的功能更清晰

　　使用置位复位指令编制顺序控制梯形图,主要特点是以转换为中心进行编程。一个复杂的程序转换,使用置位复位指令编制的顺序控制梯形图却显得简洁、清晰。

　　如图 8.14 所示为两个并行序列相连的结构。转换的上面是并行序列的合并,转换的下面是并行序列的分支,转换条件为$\overline{I0.1}+I0.3$。实现转换的条件是所有的前级步(即步 M1.0 和 M1.1)都是活动步,且转换条件$\overline{I0.1}+I0.3$满足。因此编制梯形图时应将 M1.0、M1.1 的常开触点组成串联电路,将 I0.3 的常开触点与 I0.1 的常闭触点组成并联电路,再将两种电路串联,作为使后续步 M1.2、M1.3 置位和使前级步 M1.0、M1.1 复位的条件。

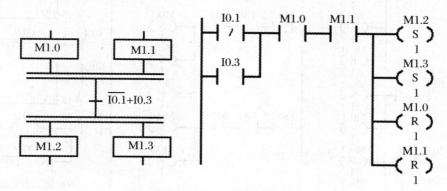

图 8.14　转换的同步实现

应用示例

第二种编程方法:使用置位、复位指令编程的顺序控制梯形图

示例 8.4　液体混合装置(梯形图)

在应用示例 8.1 中,已将液体混合装置生产工艺过程编制成为顺序功能图。下面根据图 8.15 所示的液体混合装置的示意图和顺序功能图,编制顺序控制梯形图,如图 8.16 所示。

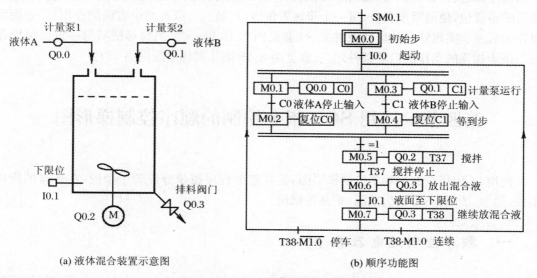

(a) 液体混合装置示意图　　　　　　(b) 顺序功能图

图 8.15　液体混合装置顺序功能图

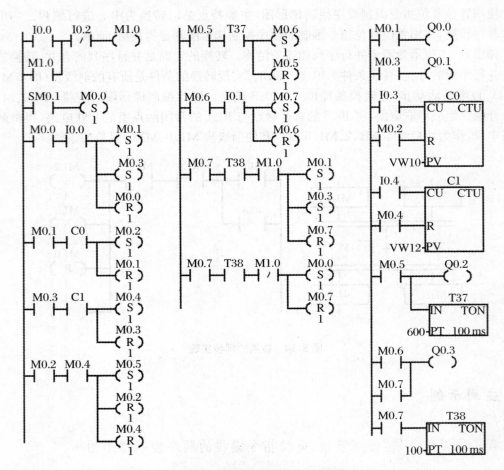

图 8.16   液体混合装置梯形图程序

由图 8.16 可见,使用置位复位指令以转换为中心进行编制顺序控制梯形图,在学习梯形图程序、阅读梯形图程序、编制梯形图程序时,编制原则清晰可见。即按转换实现的条件使后续步置位,使前级步复位;每一个步被置位后,其触点可以有两个方面的作用:一方面可以作为后续步实现转换的启动条件之一(参见图 8.16 第一、二列梯形图);另一方面可以作为与该步相连的动作的启动条件之一(参见图 8.16 第 3 列梯形图网络 16)。

第四节   使用 SCR 指令编制的顺序控制梯形图

使用 SCR 指令编制顺序控制梯形图,是将整个程序按步分成若干个段,在各自的段内编程,简单、清晰,不易发生遗漏、重复等错误。

一、顺序控制继电器指令

在 S7-200 PLC 中,顺序控制继电器 S(Sequence Control Relay)专门用于编制顺序控制

程序。

顺序控制继电器 S(SCR)的存储区域范围:S0.0~S31.7。

以顺序功能图中的一个步为一个 SCR 段(将步恢复称为段),将整个程序按步分成若干个段。

顺序控制继电器 S 对应的组合指令:SCR、SCRT、SCRE。打开梯形图页面,在指令树下双击展开"程序控制"文件夹,参见 SCR、SCRT、SCRE 指令。

顺序控制继电器的开始指令:"SCR",用来表示一个 SCR 段的开始。在梯形图中,用 SCR 加矩形框标志表示开始指令,且允许直接连接到左侧母线上。在 SCR 矩形框上方标注操作数(如 S0.1)为顺序控制继电器 S(Bool 型)的地址,当转换至该段(即顺序功能图中的步,如 S0.1 段),使该段成为活动段,即顺序控制继电器 S0.1 为 1 状态时,开始执行该 SCR 段中对应的程序,反之则不执行该段程序。

顺序控制继电器的结束(End)指令:"SCRE",用来表示一个 SCR 段的结束。在梯形图中,用 SCRE 线圈表示结束指令,且允许直接连接到左侧母线上。在 SCR~SCRE 范围内的程序,都是某一个段(如 S0.0 段)的程序。

顺序控制继电器的转换(Transtion)指令:"SCRT",用来表示各 SCR 段之间活动段的转换。在梯形图中,用 SCRT 线圈表示转换指令,其上方标注段的地址(如 S0.1),以指定转换的路径。在 SCR~SCRE 段内,SCRT 指令的左侧应连接转换条件。转换条件满足时,活动段转移至 SCRT 线圈上方标注的段(如 S0.1 段),而当前段(如 S0.0 段)关闭,停止执行该段程序。

可见,通过 SCR 和 SCRE 指令将整个程序按步分成若干个段,并由转移指令 SCRT 指定各段程序执行的次序。顺序控制继电器 S 对应的组合指令分工不同,缺一不可。

使用顺序控制指令 SCR 编程,必须使用编程元件 S 代表各步。

下面通过实例介绍顺序控制继电器 S 对应的组合指令:SCR、SCRT、SCRE 的使用方法。

应用示例

第三种编程方法:使用 SCR 指令编制的顺序控制梯形图

示例 8.5　两台电动机工艺控制要求

先按下开机按钮 SB1,I0.0 = 1,起动 Q0.0 对应的 1# 电动机;再按下开机按钮 SB2,I0.1 = 1,起动 Q0.1 对应的 2# 电动机;当按下停机按钮 SB3 时,I0.2 = 1,两台电动机同时停机。

对跨越两步及以上的动作(如 Q0.0),既可以采用非存储型元件,如 Q0.0 线圈指令(方法同起、保、停电路),也可以采用存储型元件,如 Q0.0 置位复位指令,两种编程分别如图 8.17 和图 8.18 所示。

图 8.17(a)顺序功能图中,非存储型元件 Q0.0 需要在连续的两步中都为 1,则 Q0.0 必须在这两步中的动作矩形框内都出现。但对应的图 8.17(b)梯形图中,Q0.0 线圈指令只能出现一次。

图 8.18(a)顺序功能图中,存储型元件 Q0.0 需要在连续的两步中都为 1,则用动作的修饰词"S"和"R"加在动作矩形框内文字(Q0.0)的前面(即为 S Q0.0 和 R Q0.0)。对应的图

8.18(b)梯形图中,用置位、复位指令来实现。

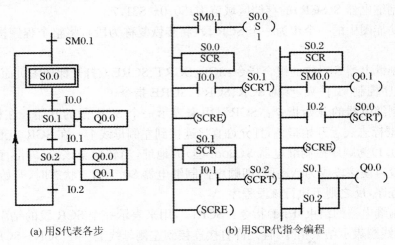

(a) 用S代表各步　　　　　　　　　　(b) 用SCR代指令编程

图 8.17　顺序功能图与用 SCR 指令编程(方法一)

图例解读

① PLC 投入运行,SM0.1 为 1 时,S0.0 置位,S0.0＝1,开始执行 S0.0 段内的程序。

② S0.0 段程序开始被执行时,S0.0＝1,等待;S0.0 段内的程序只有 1 条:当转换条件 I0.0 满足时,转移至 S0.1 段。

③ S0.1 段程序开始被执行时,S0.1＝1,其常开触点闭合,Q0.0＝1,执行动作;同时 S0.0 被自动复位,停止执行 S0.0 段内的程序。当转换条件 I0.1 满足时,转移至 S0.2 段。

④ S0.2 段程序开始被执行时,S0.2＝1,其常开触点闭合,维持 Q0.0＝1。同时 S0.1 被自动复位,S0.1＝0,其常开触点断开,且停止执行 S0.1 段内的程序。当转换条件 I0.2 满足时,循环转移返回至 S0.0 段。

⑤ S0.0 段程序再次开始被执行时,S0.0＝1,等待;同时 S0.2 被自动复位,S0.2＝0,其常开触点断开,Q0.0＝0,且停止执行 S0.2 段内的程序,Q0.1＝0。两台电动机同时停机,整个程序被执行完毕。

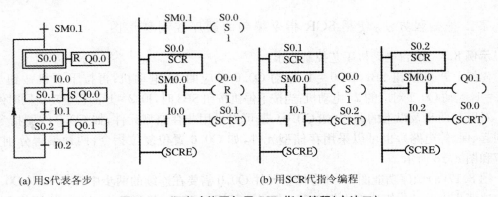

(a) 用S代表各步　　　　　　　　　　　　　　(b) 用SCR代指令编程

图 8.18　顺序功能图与用 SCR 指令编程(方法二)

图例解读

① PLC 投入运行,SM0.1 为 1 时,S0.0 置位,S0.0＝1,开始执行 S0.0 段内的程序。

② S0.0 段内的程序有两条：SM0.0 始终为 1，不管 Q0.0 是否置位，直接将 Q0.0 复位；当转换条件 I0.0 满足时，转移至 S0.1 段。

③ S0.1 段程序开始被执行时，Q0.0 被置位；同时 S0.0 被自动复位，停止执行 S0.0 段内的程序。当转换条件 I0.1 满足时，转移至 S0.2 段。

④ S0.2 段程序开始被执行时，Q0.1 = 1；同时 S0.1 被自动复位，停止执行 S0.1 段内的程序。但因 Q0.0 一直被置位，S0.1 被复位后，Q0.1 仍为 1 状态。当转换条件 I0.2 满足时，循环转移返回至 S0.0 段。

⑤ S0.0 段程序再次开始被执行时，Q0.0 被复位，即 Q0.0 = 0。同时 S0.2 被自动复位，停止执行 S0.2 段内的程序，Q0.1 = 0。两台电动机同时停机，整个程序被执行完毕。

使用 SCR 时有以下的限制：

不能在不同的程序中使用相同的 S 位；不能在 SCR 段之间使用 JMP 与 LBL 指令（跳转指令）；不能在 SCR 段中使用 FOR 与 NEXT 指令（循环指令）和 END 指令（条件结束指令）。

二、使用 SCR 指令编程方法

（一）单一序列的编程方法

两条运输带顺序相连，采用 PLC 控制，按传送碎料工艺要求编程。

控制要求：按下开机按钮，第一台电动机起动，延时 10 s 后自动起动第二台电动机；按下停机按钮，第二台电动机停机，延时 20 s 后第一台电动机自动停机。

这显然是两台电动机的顺序控制（参见例 8.3 中图 8.10 设计两台电动机定时限顺序起停控制）。两条运输带定时限顺序起停控制如图 8.19 所示。

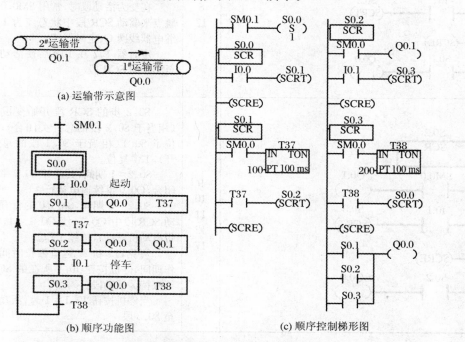

图 8.19　两条运输带定时限顺序起停控制（一）

图例解读

含有单一序列结构的顺序功能图对应的梯形图图例解读如表 8.10 所示。

表 8.10　单一序列结构 SCR 指令编制梯形图重点分析

局部梯形图	网络	阅读理解
SM0.1　　　　　　　S0.0 —┤├—————————————(S)— 1	1	首次扫描时 SM0.1 的常开触点只接通一个扫描周期,顺序控制继电器 S0.0 必须采用置位指令
S0.0 [SCR]　初始步的SCR段开始 —┤├ I0.0—————(SCRT)　转换 S0.1 —(SCRE)　初始步的SCR段结束 （SCR段）	2 3 4	初始步的 SCR 段开始。 初始步的 SCR 段内应包括: ① S0.0 步本身为 1 状态; ② 与步连接的动作; ③ 转换及转换条件。 初始步 S0.0 未连接动作,转换条件为开机按钮 I0.0＝1,转换路径至 S0.1 的 SCR 段。 初始步的 SCR 段结束
S0.1 [SCR] SM0.0　　[IN　TON] 　　100-[PT　100 ms]　T37 　T37—————(SCRT)　S0.2 —(SCRE) S0.1—————(Q0.0)—	5 6 7 8 17	S0.1 步的 SCR 段开始变成活动段(相当于该段的总开关闭合),同时 S0.0 被复位。 S0.1 的 SCR 段成为活动段期间,其段外 S0.1 常开触点闭合,Q0.0 通电,1# 运输带电动机起动且连续工作。 在变为活动段时,常用 SM0.0 的常开触点来驱动 SCR 段中状态应为 1 的输出继电器线圈 Q、定时器 T。 定时器 T37 在 10 s 后使活动段转换至 S0.2 的 SCR 段
S0.2 [SCR] SM0.0—————(Q0.1)— I0.1—————(SCRT)　S0.3 —(SCRE) S0.2—————(Q0.0)—	9 10 11 12 17	S0.2 步的 SCR 段开始变成活动段(相当于 S0.2 段的总开关闭合),同时复位了 S0.1(相当于 S0.1 段的总开关断开),T37 复位。 S0.2＝1 期间,其段外 S0.2 常开触点闭合,Q0.0 继续通电运行。 S0.2＝1 期间,SM0.0 的常开触点驱动 SCR 段中 Q0.1,使 Q0.1＝1,2# 运输带电动机起动且连续工作。 可见,1# 和 2# 运输带长时间正常工作期间,停机按钮 I0.1 所在的 SCR 段始终保持为活动段。 当停机按钮 I0.1＝1 时,活动段转换至 S0.3 段

续表

局部梯形图	网络	阅读理解
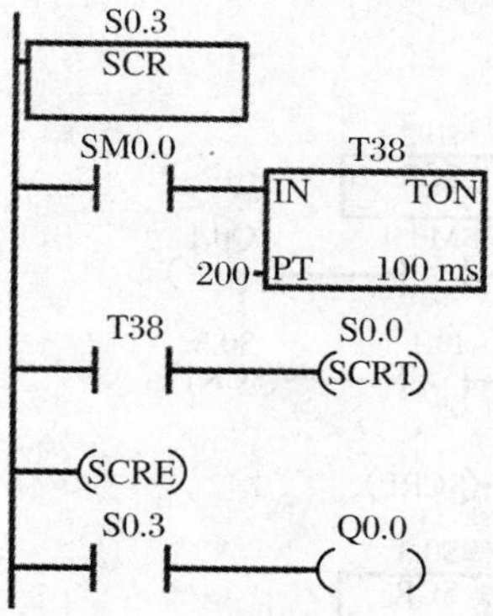 S0.3 SCR SM0.0　T38 IN　TON 200—PT　100 ms T38　S0.0 (SCRT) (SCRE) S0.3　Q0.0 ( )	13 14 15 16 17	S0.3 步的 SCR 段瞬间变成活动段，同时 S0.2 步的 SCR 段变成非活动段，即复位了 S0.2，Q0.1＝0（瞬间失电），2# 运输带电动机停机。 S0.3＝1 期间，其段外 S0.3 常开触点闭合，Q0.0 继续通电运行。 从 S0.3＝1 时开始计时，定时器 T38 在 20 s 后使活动段循环返回至初始步 S0.0 的 SCR 段
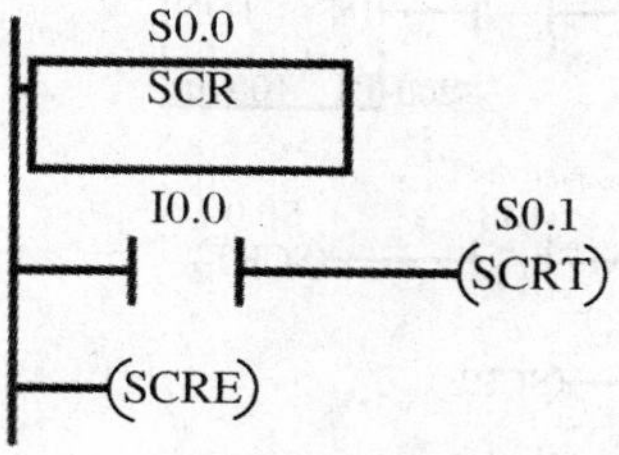 S0.0 SCR I0.0　S0.1 (SCRT) (SCRE)	2 3 4	S0.0 段程序再次开始被执行时，S0.3 步的 SCR 段瞬间变成非活动段，即 S0.3 被复位。Q0.0＝0，1# 运输带电动机停机；T38 复位。 整个程序被执行完毕，PLC 又进入等待状态，等待下一次开机
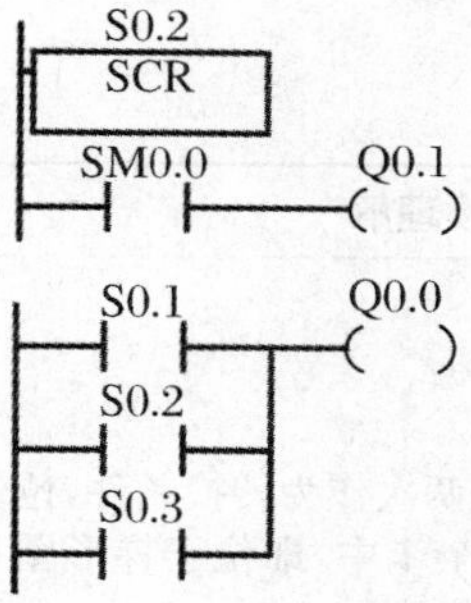 S0.2 SCR SM0.0　Q0.1 ( ) S0.1　Q0.0 ( ) S0.2 S0.3	10 17	说明： Q0.1 只在一个 SCR 段中运行，所以梯形图应放在 S0.2 步的 SCR 段中； Q0.0 要在 3 个 SCR 段中运行，所以梯形图只能放在各 SCR 段之外，采用顺序控制继电器的常开触点并联控制 Q0.0 线圈

（二）选择序列的编程方法

两条运输带顺序相连，采用 PLC 控制，控制要求：

① 按下开机按钮，第一台电动机起动，延时 10 s 后自动起动第二台电动机；

② 按下停机按钮，第二台电动机停机，延时 20 s 后第一台电动机自动停机。

③ 在延时等待起动第二台电动机的过程中，发现第一条运输带设备有问题，按下停机按钮 I0.1，应能立即停机，且同时停止起动第二台电动机。

这显然需要选用含有选择序列结构的顺序功能图，两条运输带定时限顺序起停控制的顺序功能图与梯形图如图 8.20 所示。

图例解读

含有选择序列结构的顺序功能图对应的梯形图图例解读如表 8.11 所示。

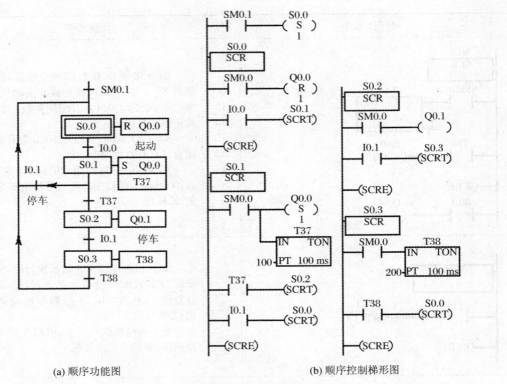

(a) 顺序功能图　　　　　　　　　　　　(b) 顺序控制梯形图

图 8.20　两条运输带定时限顺序起停控制(二)

表 8.11　选择序列结构 SCR 指令编制梯形图重点分析

局部梯形图	网络	阅读理解
 S0.1 SCR I0.1 ── S0.0 (SCRT) ──(SCRE) **S0.2 SCR** I0.1 ── S0.3 (SCRT) ──(SCRE)	6 9 10 11 13 14	需要指出的是： 　　停机按钮 I0.1 两次作为转换条件,位于顺序功能图的两个步中,即位于梯形图的两个 SCR 段中。 　　按下停机按钮 I0.1,不会出现同时转换使 S0.0 的 SCR 段和 S0.3 的 SCR 段成为活动段。这取决于按下停机按钮 I0.1 的时机。在 S0.1 的 SCR 段为活动段(S0.2 的 SCR 段为非活动段)时按下停机按钮 I0.1,只会实现至 S0.0 的 SCR 段转换(1# 运输带立即停机),而至 S0.3 的 SCR 段不会转换;同理,在 S0.2 的 SCR 段为活动段时按下停机按钮 I0.1,2# 运输带立即停机,T38 开始定时,1# 运输带正常延时停机

局部梯形图	网络	阅读理解
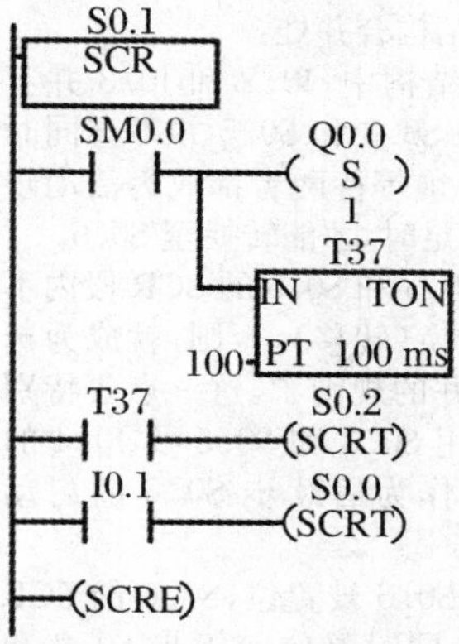 S0.1 SCR SM0.0　Q0.0（S）1 T37 IN TON 100-PT 100 ms T37（SCRT）S0.2 I0.1（SCRT）S0.0 （SCRE）	6 7 8 9 10	当 S0.1＝1 时，其对应的 SCR 段被执行。"S Q0.0"表示对 Q0.0 应采用置位指令，Q0.0 和 T37 同时被置位，1# 运输带开机。 　　在 S0.1 的 SCR 段中，存在一个分支结构。若 T37 定时时间到时，T37 常开触点闭合，转换至 S0.2 的 SCR 段，使 2# 运输带开机；若在 T37 常开触点闭合之前按下停机按钮 I0.1，则自然就转换至 S0.0 的 SCR 段，Q0.0 被复位，即 1# 运输带停机。且同时 T37 被复位，2# 运输带没有开机，也不会开机
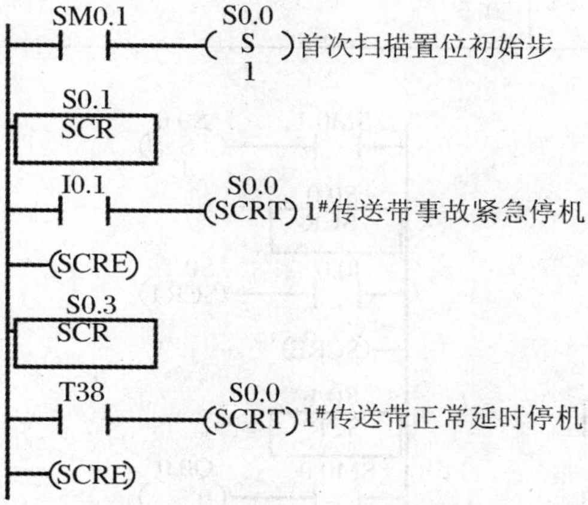 SM0.1　S0.0（S）1 首次扫描置位初始步 S0.1 SCR I0.1　S0.0（SCRT）1#传送带事故紧急停机 （SCRE） S0.3 SCR T38　S0.0（SCRT）1#传送带正常延时停机 （SCRE）	1 9 17	在顺序功能图中，步 S0.0 之前存在一个选择序列的合并。因此在梯形图中，S0.0 线圈出现了 3 次。 　　网络 1 处：首次扫描 S0.0 被置位，这是 PLC 投入运行时，程序中第一个启动信号，不可缺少； 　　网络 9 处：当 S0.1 为活动步，即 S0.1 的 SCR 段为活动段期间，按下停机按钮 I0.1，则转换至 S0.0，实现 1# 传送带事故紧急停机； 　　网络 17 处：当 S0.3 的 SCR 段为活动段期间，T38 常开触点闭合，则转换至 S0.0，实现 1# 传送带正常延时停机

（三）并列序列的编程方法

图 8.21 为含有并列序列结构的顺序功能图与采用 SCR 指令编制对应的梯形图。

图例解读

含有并列序列结构的顺序功能图对应的梯形图图例解读如表 8.12 所示。

表 8.12　并列序列结构 SCR 指令编制梯形图重点分析

局部梯形图	网络	阅读理解
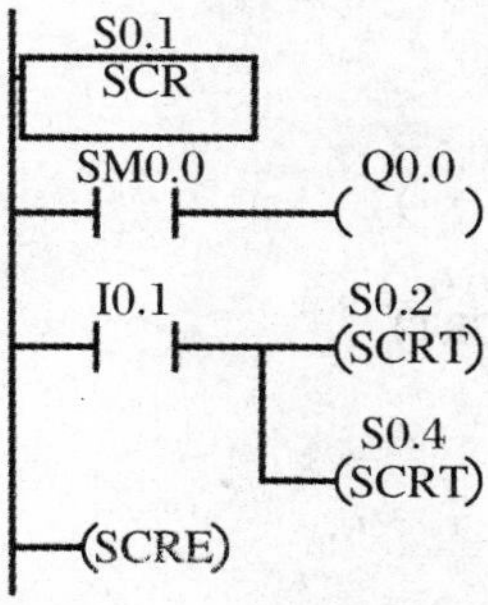 S0.1 SCR SM0.0　Q0.0（） I0.1　S0.2（SCRT） 　　S0.4（SCRT） （SCRE）	5 7	并列序列结构分支处： 　　S0.1 的 SCR 段为活动段期间，当转换条件 I0.1＝1 时，要同时向 S0.2 和 S0.4 的 SCR 段转换

续表

局部梯形图	网络	阅读理解
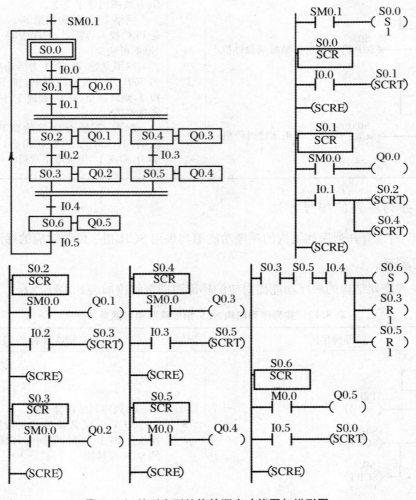		并列序列结构合并处： 　　并列序列结构中，I0.2 和 I0.3 并不是同时满足，即 S0.3 和 S0.5 并不会同时成为活动步，必须等待两者都成为活动步且 I0.4 条件满足时，才能转换至 S0.6。 　　因此，在 S0.3 和 S0.5 的 SCR 段内不能设置 SCR 转换（转移），否则，就成为选择序列结构合并的规则了，这一点要特别注意。只能采用 S0.3 和 S0.5 及 I0.4 的常开触点串联作为后续步 S0.6 的启动电路。 　　当后续步 S0.6 被置位，S0.6 的 SCR 段变成活动段，同时复位前级步 S0.3 和 S0.5

图 8.21　并列序列结构的顺序功能图与梯形图

经验技巧

顺序控制使用顺序控制继电器 SCR 指令编程方法，借用置位 Set、复位 Reset 指令和触点、线圈指令，使编程变得步骤清晰、分析方便、相对简单，建议重点掌握、优先使用。

每个 SCR 段内必须设置 SCR 转换（转移）指令 SCRT，特别适合单一序列或选择序列编程，但对并列序列使用 SCR 段编程时，要注意在并列序列合并处，需要等待几个前级步都变成活动步且转换条件满足时才能转换（转移），因此，每个前级步不能单独设置 SCR 段使用 SCRT 指令。只能将实现转换的条件串联形成"与门"，且借用置位 Set、复位 Reset 指令，代替使用 SCR 段。

实　训

本章学习任务可以分成 3 个层次。第 1 层任务是：根据工艺流程要求，训练如何编制顺序功能图；第 2 层任务是：根据已知的顺序功能图，结合工艺流程细节要求，选择编程方法，编制梯形图程序。第 3 层任务是：根据工艺流程要求，编制顺序功能图，然后再编制梯形图程序。

在实训室，大部分实训项目都是采用模拟实训完成。少部分实训项目可以配置 PLC 外部设备，例如实训项目 1 交通信号灯控制。各学校和老师可以根据实际情况而定。

1. 交通信号灯控制

实训目的

① 学习西门子 S7-200 PLC 与外部设备的连接；
② 学习编程软件 STEP7-Micro/WIN32 的操作；
③ 进一步学习 PLC 控制程序设计；
④ 根据交通信号灯控制规律，学习用 PLC 来控制交通信号灯的方法；

实训设备

① 西门子 S7-200 可编程序控制器一台；
② 装有 STEP7-Micro/WIN32 软件的计算机一台；
③ 交通信号灯实验设备。

实训内容

实训前自主设计控制十字路口的红绿黄三色信号灯和人行道口红绿灯的 PLC 程序，并通过交通信号灯实验板验证程序的正确性。

（1）交通灯实验
需完成的任务：
第一步：东西绿灯和南北红灯亮 55 s；
第二步：东西黄灯和南北红灯闪亮 5 s；
第三步：东西红灯和南北绿灯亮 55 s；

第四步:东西红灯和南北黄灯闪亮 5 s;

第五步:返回到第一步。

(2) 按钮控制实验

完成的任务:人行道口常态时亮红灯,当人行道口的按钮按下时,人行道交通灯的绿灯随下一次十字路口的南北绿灯亮一次,之后再次一直亮红灯。在人行道亮过绿灯的 2 min 内按下人行道按钮均不响应。2 min 之后按下可重复前面的动作。

实训报告

按要求写出实训报告,其中的实训内容部分应包括设计方案、梯形图、运行操作步骤、运行结果以及程序修改和评价等。

2. 输料线控制

项目要求

按下启动按钮,皮带 1 启动,经过 5 s 皮带 2 启动,再经过 5 s 皮带 3 启动,再经过 5 s,卸料阀打开,物料流下,经各级皮带向后下放传送输入下料仓。料满后,卸料阀关闭,停止卸料,经过 5 s 后,皮带 3 停止,再经过 5 s,皮带 2 停止,再经过 5 s,皮带 1 停止。下料仓料取走后则重新按下启动按钮重复执行。

3. 灯光顺序点亮控制

项目要求

① 采用定时器实现 L1 灯亮,1 s 后 L2 灯亮,再过 1 s 后 L3 灯亮……再过 1 s 后 L8 灯亮,再过 1 s 后全部灯熄灭。

② 改为循环顺序点亮控制。

4. 液体混合控制

项目要求

根据应用示例 8.1 和图 8.3 所示,若工艺要求改变,请编制顺序功能图和梯形图程序。

① 液体混合装置中,要求注入两种液体时要有先后次序,需要液体 A 注入完成后,才能注入液体 B,则对应的顺序功能图和梯形图程序应怎样编制?并模拟操作验证程序的正确性。

② 液体混合装置中,若需要两种液体同时注入,且边注入边搅拌,液体 A 所占比例大(A 比 B 后注完),等液体 A 注入完成后继续搅拌均匀后再放出混合液,则对应的顺序功能图和梯形图程序应怎样编制?并模拟操作验证程序的正确性。

第九章 PLC 的功能指令

PLC 功能指令的数量很多,本教材篇幅有限,只能针对机械类或机电类专业的 PLC 入门教材所需,选择部分常用的功能指令作介绍。本章着重介绍 PLC 编程中部分应用指令,主要包括数据处理指令、运算指令、中断指令等功能指令。

功能指令是指执行数据传送、比较、运算、控制及与之相关的指令。初学者应着重先学好最基本的指令和编程方法,重点掌握功能指令的基本功能和有关的基本概念。然后通过读程序、编程序以及调试来学习指令。遇到细节问题,还可以查阅 S7-200 的系统手册。也可以利用编程软件学习:打开编程软件界面时,点击左上侧"查看"下的"程序块",可以绘制梯形图。需要详解时,可在指令树下找到该类指令(如"比较")文件夹双击展开,选中某条具体指令(如">=B"比较指令),按下 F1 键,可以得到该指令详细的使用方法,这是一种更方便、快捷的学习方法。尤其是遇到教材中因受篇幅限制而未介绍的指令,也是一个解决问题的办法之一。

第一节 概 述

在梯形图中,常用方框表示某些指令,称其为"功能块"。下面通过图例介绍与功能块有关的规则。功能块示例如图 9.1 所示。

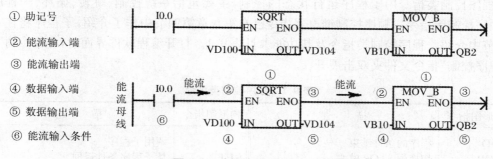

图 9.1 功能块的 EN 与 ENO

图例解说

① 功能指令常以一个方框图形出现,一个方框表示一个功能,称为功能块。

② 每一个方框图中有使能输入端 EN(Enable In)和使能输出端 ENO(Enable Output)。

③ 每一个功能指令一般有个助记符,表示执行何种功能。助记符一般采用英文单词

缩写。

例如：MOV 表示数据传送功能；ADD 表示加法运算功能；SQRT 表示求实数平方根功能。

④ 在功能指令中，一般有源数据和目标数据。源数据作为数据操作，应在数据输入端（IN 端）；目标数据则是操作结果，应在数据输出端（OUT 端）。

例如：数据 VD100 被开方后存入 VD104；数据 VB10 被传送存入 QB2。

⑤ 每一个功能指令一般都有相应的数据类型，即源数据和目标数据需要与其类型一致。

例如：传送指令 MOV_B 表示操作数为字节，即要求将字节数据 VB10 传送到 QB2 存储。

⑥ I0.0 常开触点闭合时，能流流到功能块 SQRT 的使能输入端 EN，指令被执行。如果执行时无错误，则通过使能输出端 ENO 将能流传递给下一个元件（功能块）。如果 VD100 是负数，则开方指令执行失败，ENO 无能流传递给下一个功能块，下一个功能块的指令不能执行。可见，EN 和 ENO 的操作数均为能流，其数据类型为 Bool（布尔）型（可以把有能流输出，看成是输出高电位，数据为 1）。

根据扫描工作方式的特点，功能块可以并联，也可以串联。

将几个功能块串联在一行中，只有前一个功能块被正确执行，后面的功能块才能被执行。前面的功能块出错时，后面的所有功能块及时停止执行后续的指令，防止错误的蔓延和扩大。

第二节　程序控制指令

程序控制类指令用于程序运行状态的控制，主要包括系统控制、跳转、循环、子程序调用、顺序控制等指令。顺序控制继电器指令已在第八章第四节中作了介绍，子程序将在本章第六节中介绍。程序控制类指令及其功能参见表9.1。打开编程软件界面时，在指令树下找到"程序控制"指令文件夹双击展开。

表 9.1　程序控制类指令

梯形图指令	描　　述	梯形图指令	描　　述
END STOP	程序的条件结束 切换到 STOP 模式	— RET	调用子程序 从子程序条件返回
JMP LBL	跳到定义的标号 定义跳转的标号	FOR NEXT	循环 循环结束
WDR	"看门狗"复位	DIAG_LED	诊断 LED

一、条件结束指令与停止指令

END:条件结束(End)指令,根据前面的逻辑关系条件,判断是否终止当前的扫描周期。若执行条件成立(END 指令左侧逻辑值为 1)时结束主程序(即停止 END 之后的程序扫描),返回到主程序的第一条指令继续执行(重新开始扫描)。END 指令只能用于主程序,不能在子程序(详见第六节)和中断程序(详见第七节)中使用。

Micro/Win40 STEP-7 编程软件,在主程序的结尾自动生成 MEND 指令,称为无条件结束指令。用户不得输入,否则编译出错。

有条件结束(End)指令可用在无条件结束指令前结束主程序;在调试程序时,在程序的适当位置插入无条件结束指令可实现程序的分段调试。

END/MEND 和 STOP 的指令格式见图 9.2。

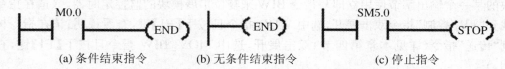

(a) 条件结束指令　　　　(b) 无条件结束指令　　　　(c) 停止指令

图 9.2　END/MEND 和 STOP 指令格式

STOP:停止指令,执行条件成立时,停止执行用户程序,令 PLC 的 CPU 工作方式从运行(RUN)模式转到停止(STOP)模式,立即终止程序的执行。

如果在中断程序(详见第七节)中执行停止指令(STOP),该中断程序立即终止,并且忽略全部等待执行的中断指令,继续扫描主程序的剩余部分,在本次扫描的最后,将 CPU 由 RUN 切换到 STOP。

END 与 STOP 的区别:两种指令的区别如图 9.3 所示。

在图 9.3 中:① 当且仅当开关 I0.0 接通时,Q0.0 = 1 有输出。② 若 I0.1 接通,执行 END 指令,终止用户程序,并返回主程序的起点,继续开始扫描,即循环扫描至网络 2 时,就提前返回,不会扫描网络 3 和 4。即 I0.2 开关闭合,对应的 I0.2 的状态信息无法向 Q0.1 传递;③ 若断开 I0.1,接通 I0.2,则 Q0.1 才能有输出,Q0.0 = 1、Q0.1 = 1。

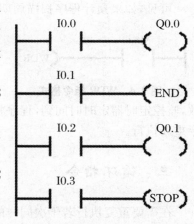

图 9.3　END 与 STOP 指令的区别

④ 若将 I0.3 接通,则执行 STOP 指令,立即终止程序的执行,Q0.0、Q0.1 均复位,CPU 转为停止(STOP)模式。

二、监控定时器复位指令

监控定时器又称"看门狗(Watchdog)",它的定时时间为 500 ms,每次扫描它都被操作系统自动复位一次,正常工作时如果扫描周期小于 500 ms,则在定时器动作之前,它就被下一次扫描复位,因此它不起作用,也不需要它起作用。如果强烈的外部干扰使 PLC 偏离了组成的程序执行路线,扫描周期超过了定时时间 500 ms,控制 WDR 的触点未闭合,定时器动作。即定时器动作时本次扫描还未完成,利用定时器动作终止当前指令的执行,重新启动,返回到程序的第一条指令重新执行。这种动作是正确的,因此监控定时器也称为警戒时钟。

如果用户程序很长、执行中断程序的时间较长、循环指令的循环次数过大等原因,使整个扫描周期可能大于 500 ms,但是又不希望监控定时器动作而关闭程序,则只能增加监控定时器复位指令 WDR(又称为警戒时钟刷新指令)。

为了防止在正常情况下监控定时器动作,可以将监控定时器复位指令 WDR 插入到程序中适当的地方。"适当"是指扫描至 WDR 所处的位置时,确保所用的时间不会超过 500 ms。当扫描至此时,WDR 指令使监控定时器复位,且重新触发定时器计时,即在扫描中途,定时器被重新延时 500 ms 才会动作。即延长了允许扫描的时间(扫描开始到扫描至 WDR 处的时间),以确保在定时器动作之前一个周期的扫描已完成。

带数字量输出的扩展模块也有一个监控定时器,每次使用 WDR 指令时,应对每个扩展模块的某一个输出字节使用立即写指令 BIW 来复位扩展模块的监控定时器。(请在指令树下找到"程序控制"指令双击展开,选中 WDR 指令且按下【F1】键,查看说明;请在指令树下找到"传送"指令(详见本章第四节)双击展开,选中 MOV_BIW 指令且按下【F1】键,查看说明。)

简而言之,"看门狗"是 CPU 原来配置的,PLC 为了防止被误伤,专设了"看门狗"复位指令 WDR。WDR 动作使"看门狗"之前的计时作废,重新计时,等效延长了"看门狗"的定时,确保 PLC 有足够的时间扫描。PLC 下一个扫描开始的同时复位看门狗,从 0 开始计时。

可见,如果预计程序扫描周期将超过 500 ms,或者预计会发生大量中断活动,可能阻止返回主扫描超过 500 ms,应使用 WDR 指令,重新触发"看门狗"定时器,以扩展"看门狗"定时时间。

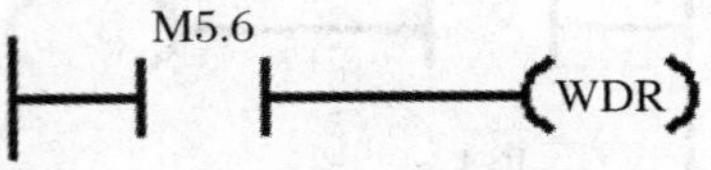

图 9.4   WDR 指令格式

图 9.4 为 WDR 指令格式。工作原理:当使能输入有效(M5.6 触点闭合)时,监控定时器复位;若使能输入无效,监控定时器定时时间到,程序将终止当前指令的执行,重新启动,返回到程序的第一条指令重新执行。

三、循环指令

在需要重复执行若干次同样的任务时,可以使用循环指令 FOR。FOR 指令表示循环开始,NEXT 指令标记 FOR 循环结束。每条 FOR 指令要求一个 NEXT 指令。驱动 FOR 指令的逻辑条件满足时,反复执行 FOR 与 NEXT 之间的指令。在 FOR 指令中,需要设置当前循环次数计数器 INDX、起始值 INIT 和结束值 FINAL,它们的数据类型均为整数。

假设 INIT 等于 1,FINAL 等于 10,每次执行 FOR 至 NEXT 之间的指令后,INDX 的值加 1,并将运算结果与结束值 FINAL 比较。如果 INDX 大于结束值,则循环终止。如果起始值大于结束值,则不执行循环。

FOR 指令必须与 NEXT 指令配套使用。允许循环嵌套,即 FOR/NEXT 循环在另一个 FOR/NEXT 循环之中,最多可以嵌套 8 层。

循环指令的格式如图 9.5 所示。在图 9.5 中,若仅仅是 I2.1 接通,则执行 10 次标有①的外层循环,但不执行标有②的内层循环。当 I2.1 和 I2.2 同时接通时,每执行一次外层循

环,要执行 2 次标有②的内层循环。即每次执行外层循环,扫描至内层循环时,需等待内层
循环 2 次扫描结束后,才能进行往下面的程序扫描。

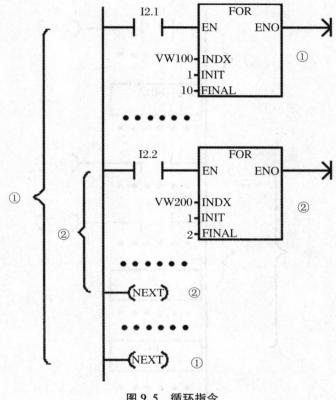

图 9.5　循环指令

四、跳转与标号指令

在图 8.6 中存在分支序列,当转换条件 I0.2 满足时,也可以理解成活动步从 M0.0 跳过
(Jump)M0.1 进入 M0.2;又如两台电动机顺序控制,当设备出现故障而需要紧急停机,也是
采用分支序列越过正常停机程序而直接停机;具有多种工作方式的系统,自动控制与手动控
制的切换等,都可以采用另一种编程方法,即跳转指令。

跳转指令 JMP 的格式如图 9.6 所示。跳转指令 JMP 线圈通电时,跳转条件满足,跳转
指令 JMP 使程序流程转到对应的标号 LBL(Label)处,标号指令 LBL(也称为标签指令)用
来指示跳转指令的目的位置。JMP 和对应的 LBL 指令必须在同一程序块中使用。

JMP 与 LBL 指令中的操作数 n 为常数 0~255。在同一个程序块中可以多次成对使用
JMP 与 LBL 指令,为了区别,在 JMP 线圈和 LBL 方框上方指定标号(n),即跳转至标号指
令对程序中的指定标签(n)执行分支操作,如 JMP 1 跳转至标号 LBL 1 处、JMP 2 跳转至标
号 LBL 2 处。

可以在主程序、子程序或中断例行程序中使用"跳转"指令。"跳转"及其对应的"标签"
指令必须始终位于相同的代码段中(主程序、子程序或中断例行程序)。不能从主程序跳转
至子程序或中断例行程序中的标签,同理,也不能从子程序或中断例行程序跳转至该子程序

或中断例行程序之外的标签。还可以在 SCR 段中使用"跳转"指令,但对应的"标签"指令必须位于相同的 SCR 段内。

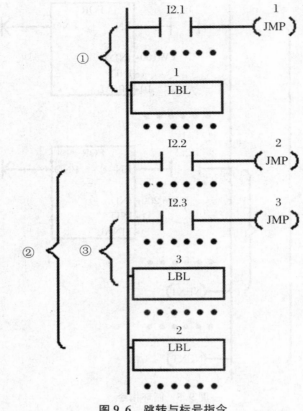

图 9.6　跳转与标号指令

在跳步期间,线圈在跳步区内的位元件的 ON/OFF 状态保持不变。如果跳转开始时跳转区内的定时器正在定时,100 ms 的定时器将停止定时,当前值保持不变,跳步结束后继续定时;但是 1 ms 定时器和 10 ms 定时器将继续定时,定时时间到时,它们的定时器位变为 1 状态,并且可以在跳步区外起作用。

第三节　比　较　指　令

比较指令用来比较两个数据 IN1 与 IN2 的大小。在梯形图中,比较指令用触点的形式表示,满足比较关系式时,触点接通。

比较关系:"<"、"<="、"= ="、">="、">"、"<>",分别表示"小于"、"小于等于"、"等于"、"大于等于"、"大于"和"不等于"。

梯形图中的 B、I、D、R、S 分别表示对字节、字、双字、实数(浮点数)和字符串进行比较,比较指令要求用来比较的两个数据 IN1 与 IN2,其数据类型一致。即对应 5 种数据类型:B—字节,8 位;I—整数,16 位;D—双整数,32 位;R—实数(小数),32 位;S—字符串(很少用)。

字节比较指令用来比较两个无符号数字节的大小;整数、双整数和实数比较指令用来比较两个有符号数的大小,即 IN1 或 IN2 可以是负数。

比较指令常用数据类型 B、I、D、R,每一种都可以采用上述 6 种比较关系。各种形式如图 9.7 所示。打开编程软件界面时,在指令树下找到"比较"指令文件夹双击展开。例如比较指令">＝I",是">＝"与"I"的组合,为整数比较,要求用字数据 W 进行比较,所以用来比较两个数据采用 VW0 和 VW2,即数据类型为整数。又如:当 VB10＝8 时,该触点接通,输出能流,VB11 与 30 才能进行比较。当 VB10≠8 时,该触点不通,输出为 0,后面的比较指令输出都为 0。

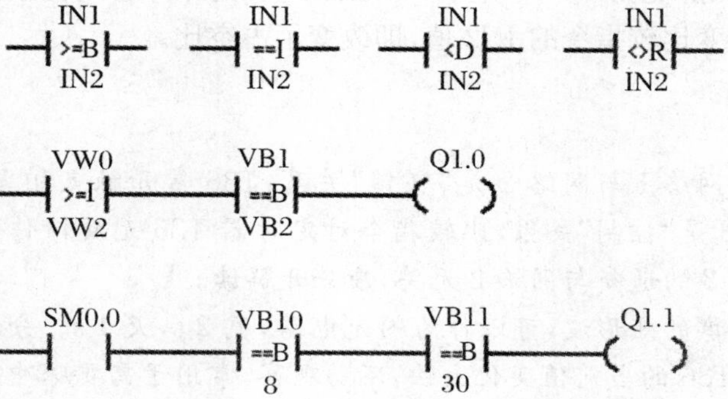

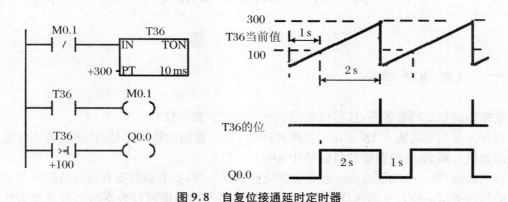

图 9.7　比较触点指令

例 9.1　用接通延时定时器和比较指令组成占空比可调的脉冲发生器。

如图 9.8 所示,采用接通延时定时器与 M0.1 组成了一个脉冲发生器,T36 的位输出一系列尖脉冲。比较指令用来产生脉冲宽度可调的矩形波,Q0.0 为 0 的时间取决于比较指令中 IN2 的大小。

图 9.8　自复位接通延时定时器

图例解读

由图 9.8 可见,定时器 T36 有两个输出:T36 的位控制线圈 M0.1;T36 当前值与 100 比较,控制 Q0.0。

采用 10 ms 接通延时定时器 T36 与 M0.1 组成了一个脉冲发生器(见网络 1 和网络 2)。当 PLC 投入运行时,T36 开始计时,当前值每 10 ms 加 1。

当前值＜100 期间,比较指令输出为 0,Q0.0＝0;当比较指令中 T36 的当前值≥100 时,比较指令触点接通,输出为 1,Q0.0＝1。

当 T36 当前值等于设定值时,T36 的常开触点闭合,M0.1 通电。下一个扫描周期扫描至网络 1 时,M0.1 常闭触点断开使 T36 复位,当前值归 0,T36 常开触点又断开。即 T36 常开触点闭合时间仅有一个扫描周期,T36 输出一个脉冲;T36 当前值归 0 时,比较指令输出变为 0,Q0.0 失电;T36 常开触点断开又使 M0.1 失电,第二个扫描周期至网络 1 时,M0.1 常闭触点闭合使 T36 第二次开始计时,重复上述过程。

可见,T36 与 M0.1 组成的脉冲发生器,每隔 3 s 输出一个尖脉冲。比较指令电路控制的 Q0.0＝0 的时间为 100×10 ms＝1 000 ms＝1 s(忽略扫描周期时间),Q0.0＝1 的时间为 2 s。即比较指令输出脉宽为 2 s,周期为 3 s 的矩形波(宽脉冲)。改变定时器设定值,即改变了矩形波的周期,改变比较指令的 IN2 值,即改变了占空比。

经验技巧

读图时请注意:网络 1 与网络 2 是"联锁"关系,T36 常开触点相当于 T36 的自复位触点。网络 1 与网络 3 是"控制"关系,比较指令对定时器 T36 无反馈作用。网络 2 与网络 3 是"并列"关系,网络 3 的通断与网络 2 无关,应分开解读。

Q0.0 为宽度可调的矩形波,可以作为闪光电路,亮 2 s,灭 1 s。分辨率(时基)为 10 ms 的接通延时定时器 T36 的当前值变化太快,不易观察,常用于需要脉冲周期短的场合。换成分辨率(时基)为 100 ms 的接通延时定时器 T37,设定值为 30,IN2＝10,闪光效果一样,但当前值每 100 ms 加 1,易于观察当前值的变化;若 T37 的设定值改为 80,IN2＝20,则灯光闪烁周期为 8s,灭 2 s,亮 6 s,观察时更易于区别。

第四节　数据处理指令

一、数据传送指令

数据传送指令内容较多,这里仅介绍字节、字、双字和实数的传送。

数据传送指令将输入 IN 指定的数据传送到 OUT 指定的输出地址,传送过程不改变数据的原始值。那么,传送数据的目的是什么呢?

我们知道,每一个功能指令一般都有相应的数据类型,要求源数据和目标数据要与功能指令的数据类型一致。要满足这一要求,有时需要将原始数据通过数据传送指令存入所需字长的存储器,然后再取该字长的数据作为符合其他功能指令要求的源数据(输入 IN 的数据)。

字节、字、双字和实数的传送,实际上是通过传送和存储,使原始数据占据 8 位、16 位或 32 位内存空间的存储器,变成字节数据、字数据和双字数据,实数型数据也是需要占用 32 位(双字数据格式)内存空间的存储器。

所以传送数据的目的是:

① 为了赋值,即必须把一个数值存入某个存储器,且选择存储器以获取所需字长;

② 把一个存储器的数据传送到另一个存储器。

数据传送(MOVE)指令在梯形图中助记符 MOV_B、MOV_W、MOV_DW(或 D)、MOV_R 分别表示操作数为字节(Byte)、字(Word)、双字(Double Word)和实数(Real)。字节、字、双字和实数的传送指令如图 9.9 所示。打开编程软件界面时,在指令树下找到"传送"指令文件夹双击展开。

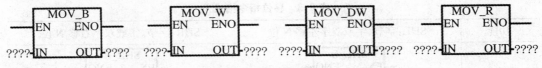

图 9.9　数字传送指令

单个数据传送指令 MOV 指令格式如表 9.2 所示。

表 9.2　单个数据传送指令 MOV 指令格式

LAD			
MOVE_B	MOVE_W	MOVE_DW	MOVE_R
操作数及数据类型	IN: VB,IB,QB,MB,SB,SMB,LB,AC,常量。 OUT: VB,IB,QB,MB,SB,SMB,LB,AC	IN: VW, IW, QW, MW, SW,SMW,LW,T,C,AIW,常量,AC。 OUT: VW, T, C, IW, QW, SW,MW,SMW,LW,AC,AQW	IN: VD, ID, QD, MD, SD, SMD, LD, HC, AC,常量。 OUT: VD, ID, QD, MD, SD,SMD,LD,AC	IN: VD, ID, QD, MD, SD, SMD, LD, AC, 常量。 OUT: VD, ID, QD, MD, SD, SMD,LD,AC
	字节	字、整数	双字、双整数	实数
功能说明	使能输入有效时,即 EN＝1 时,将一个输入 IN 的字节、字/整数、双字/双整数或实数送到 OUT 指定的存储器输出,在传送过程中不改变数据的大小。传送后,输入存储器 IN 中的内容不变			

例 9.2　将变量存储器 VW10 中内容送到 VW100 中。

程序如图 9.10 所示。

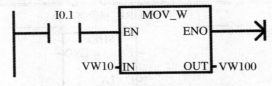

图 9.10　VW10 数据传送至 VW100

二、移位指令

移位指令分为左、右移位和循环左、右移位及寄存器移位指令三大类。前两类移位指令按移位数据的长度又分字节型、字型、双字型 3 种。移位指令格式见表 9.3。

表 9.3　移位指令格式

功能	SHL:字节、字或双字左移 N 位	SHR:字节、字或双字右移 N 位
LAD	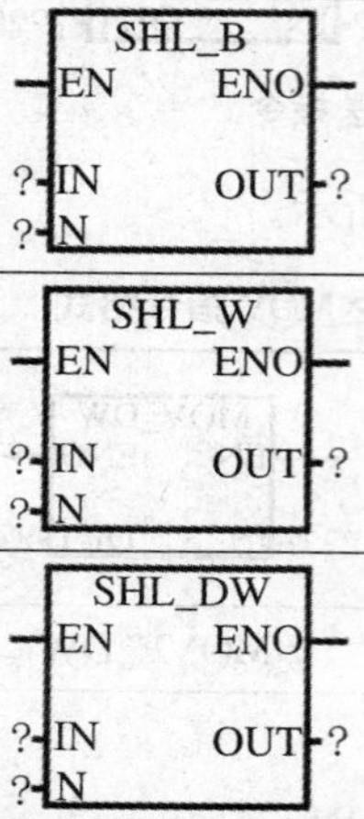 SHL_B —EN　　ENO— ?—IN　　OUT—? ?—N	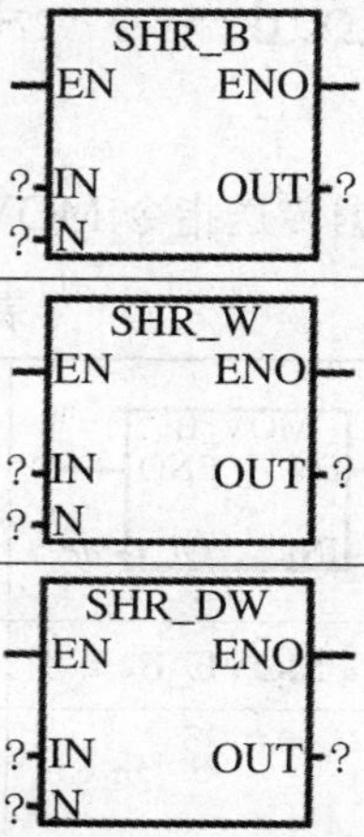 SHR_B —EN　　ENO— ?—IN　　OUT—? ?—N
	SHL_W —EN　　ENO— ?—IN　　OUT—? ?—N	SHR_W —EN　　ENO— ?—IN　　OUT—? ?—N
	SHL_DW —EN　　ENO— ?—IN　　OUT—? ?—N	SHR_DW —EN　　ENO— ?—IN　　OUT—? ?—N
功能	ROL:字节、字或双字循环左移 N 位	ROR:字节、字或双字循环右移 N 位
LAD	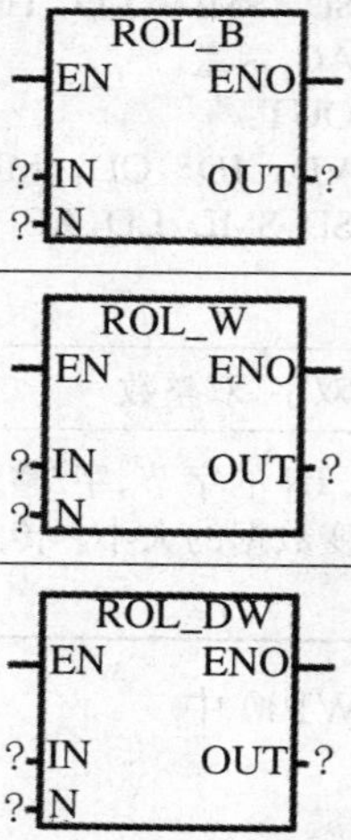 ROL_B —EN　　ENO— ?—IN　　OUT—? ?—N	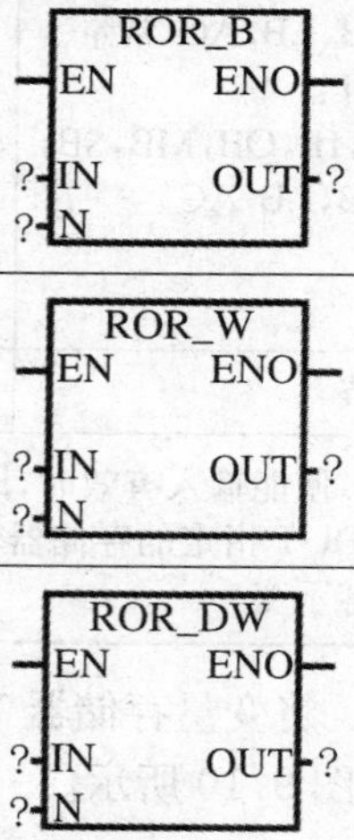 ROR_B —EN　　ENO— ?—IN　　OUT—? ?—N
	ROL_W —EN　　ENO— ?—IN　　OUT—? ?—N	ROR_W —EN　　ENO— ?—IN　　OUT—? ?—N
	ROL_DW —EN　　ENO— ?—IN　　OUT—? ?—N	ROR_DW —EN　　ENO— ?—IN　　OUT—? ?—N
功能	SHRB:移位寄存器	
LAD	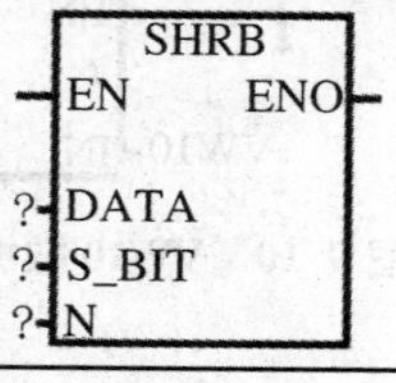 SHRB —EN　　ENO— ?—DATA ?—S_BIT ?—N	

（一）左移位与右移位指令

左、右移位数据存储单元与 SM1.1（溢出）端相连，移出位被放到特殊标志存储器SM1.1 位。对于无符号数据，移位数据存储单元的另一端补 0。

1. 左移位指令（SHL）

使能输入有效时，将输入 IN 的无符号数字节、字或双字中的各位向左移动 N 位后（右端补 0），将结果输出到 OUT 所指定的存储单元中。如果移位次数大于零，最后一次移出位保存在"溢出"存储器位 SM1.1。如果移位结果为零，零标志位 SM1.0 置 1。

2. 右移位指令（SHR）

使能输入有效时，将输入 IN 的无符号数字节、字或双字中的各位向右移动 N 位后，将结果输出到 OUT 所指定的存储单元中，移出位补 0，最后一移出位保存在 SM1.1。如果移位结果为零，零标志位 SM1.0 置 1。

左移 N 位相当于乘以 2^N，右移 N 位相当于除以 2^N。

注　执行左、右移位指令时，"移出位补零"仅针对"无符号数"字节、字或双字；字节操作是无符号的，但如果对"有符号"的字和双字操作，符号位也被移位。

移位指令的梯形图、及运行结果参见图 9.11 所示。

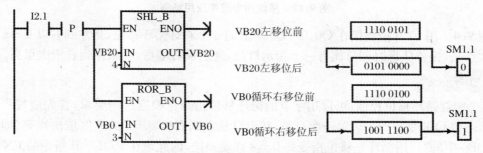

图 9.11　移位指令的梯形图、及运行结果

（二）循环左移位和循环右移位指令

循环移位指令将输入 IN 中的各位向右或向左循环移动 N 位后，送给输出 OUT 指定的地址。循环移位是环形的，即被移出来的位将返回到另一端空出来的位置（见图 9.11），移出的最后一位的数值存放在溢出位 SM1.1。

1. 循环左移位指令（ROL）

使能输入有效时，将 IN 输入无符号数（字节、字或双字）循环左移 N 位后，将结果输出到 OUT 所指定的存储单元中，移出的最后一位的数值送到溢出标志位 SM1.1。当需要移位的数值是零时，零标志位 SM1.0 置 1。

2. 循环右移位指令（ROR）

使能输入有效时，将 IN 输入无符号数（字节、字或双字）循环右移 N 位后，将结果输出到 OUT 所指定的存储单元中，移出的最后一位的数值送到溢出标志位 SM1.1。当需要移位的数值是零时，零标志位 SM1.0 置 1。

3. 移位次数 N≥数据类型时的移位位数的处理

如果移动的位数 N 大于允许值(字节操作数为 8,字操作数为 16,双字操作数为 32),执行循环移位之前先对 N 进行取模操作,例如对于字移位,将 N 除以 16 后取余数,从而得到一个有效的移位次数(对于字节操作是 0~7,对于字操作是 0~15,对于双字操作是 0~31)。如果取模操作的结果为零,不进行循环移位操作,零标志 SM1.0 被置为 1。

移位指令的梯形图、及运行结果参见图 9.11 所示。

字节操作是无符号的,如果对有符号的字和双字操作,符号位也被移位。

例 9.3　程序应用举例,将 AC0 中的字循环右移 2 位,将 VW200 中的字左移 3 位。

程序及运行结果如图 9.12 所示。

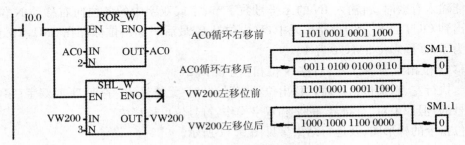

图 9.12　移位指令程序应用举例

例 9.4　用 I0.0 控制接在 Q0.0~Q0.7 上的 8 个彩灯循环移位,从左到右以 0.5 s 的速度依次点亮,保持任意时刻只能有一个指示灯亮,到达最右端后,再从左到右依次点亮。

　项目分析

8 个彩灯循环移位控制,可以用字节的循环移位指令。根据控制要求,首先应置彩灯的初始状态位 QB0=1,即左边第一盏灯亮;接着灯从左到右以 0.5 s 的速度依次点亮,即要求字节 QB0 中的"1"用循环左移位指令每 0.5 s 移动一位,因此须在 ROL－B 指令的 EN 端接一个 0.5 s 的移位脉冲(可用定时器指令实现)。

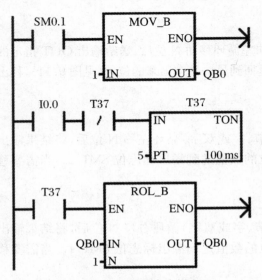

图 9.13　彩灯循环点亮梯形图

　程序展示

梯形图程序如图 9.13 所示。

　程序解读

网络 1:首次扫描时,置 8 位彩灯初态;
网络 2:T37 产生周期为 0.5 s 的移位脉冲;
网络 3:每来一个脉冲,彩灯循环左移 1 位。

(三) 移位寄存器指令(SHRB)

移位寄存器指令(SHRB)是可以指定移位寄存器的长度和移位方向的移位指令。其指令格式见表 9.3 所示。

① 移位寄存器指令 SHRB 将 DATA 数值移入移位寄存器。梯形图中,EN 为使能输入

端,连接移位脉冲信号,每次使能有效时,整个移位寄存器移动1位。

DATA 为数据输入端,连接移入移位寄存器的二进制数值,执行指令时将该位的值移入寄存器。

S_BIT 指定移位寄存器的最低位。

N 指定移位寄存器的长度和移位方向,移位寄存器的最大长度为 64 位,N 为正值表示左移位,输入数据(DATA)移入移位寄存器的最低位(S_BIT),并移出移位寄存器的最高位,移出的数据被放置在溢出内存位(SM1.1)中;N 为负值表示右移位,输入数据移入移位寄存器的最高位中,并移出最低位(S_BIT),移出的数据被放置在溢出内存位(SM1.1)中。

② DATA 和 S_BIT 的操作数为 I,Q,M,SM,T,C,V,S,L。数据类型为:BOOL 变量。N 的操作数为 VB,IB,QB,MB,SB,SMB,LB,AC,常量。数据类型为:字节。

③ 移位指令影响特殊内部标志位:SM1.1(为移出的位设置溢出位)。

例 9.5　移位寄存器应用举例。

梯形图程序、时序图及运行结果如图 9.14 所示。

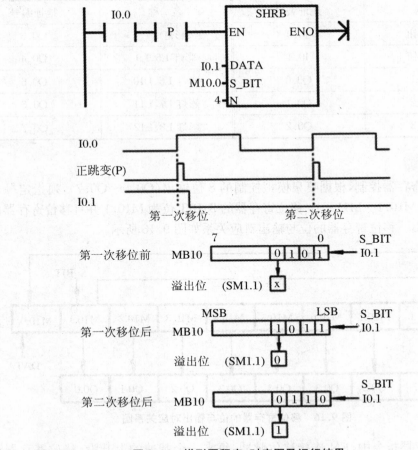

图 9.14　梯形图程序、时序图及运行结果

例 9.6　用 PLC 构成喷泉彩灯的控制。用灯 L1～L12 分别代表喷泉的 12 个喷水柱。

控制要求:按下起动按钮后,隔灯闪烁,L1 亮 0.5 s 后灭,接着 L2 亮 0.5 s 后灭,接着 L3 亮 0.5 s 后灭,接着 L4 亮 0.5 s 后灭,接着 L5、L9 亮 0.5 s 后灭,接着 L6、L10 亮 0.5 s 后灭,接着 L7、L11 亮 0.5 s 后灭,接着 L8、L12 亮 0.5 s 后灭;又接着 L1 亮 0.5 s 后灭,如此循环下去,直至按下停止按钮。喷泉彩灯如图 9.15 所示。

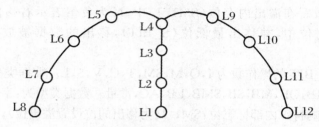

图 9.15　喷泉控制示意图

表 9.4　喷泉彩灯 PLC 控制 I/O 分配表

名　称	地址编号	名　称	地址编号
起动按钮	I0.0	彩灯 L4	Q0.3
停止按钮	I0.1	彩灯 L5、L9	Q0.4
彩灯 L1	Q0.0	彩灯 L6、L10	Q0.5
彩灯 L2	Q0.1	彩灯 L7、L11	Q0.6
彩灯 L3	Q0.2	彩灯 L8、L12	Q0.7

应用移位寄存器控制,根据喷泉模拟控制的 8 位输出(Q0.0~Q0.7),须指定一个 8 位的移位寄存器(M10.1~M11.0),移位寄存器的 S_BIT 位为 M10.1 并且移位寄存器的每一位对应一个输出。移位寄存器的位与输出对应关系如图 9.16 所示。

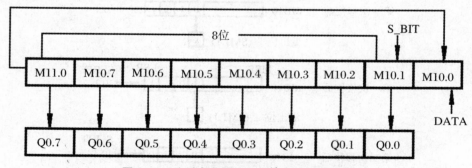

图 9.16　移位寄存器的位与输出对应关系图

在移位寄存器指令中,EN 连接移位脉冲,每来一个脉冲的上升沿,移位寄存器移动 1 位。按本例要求,移位寄存器应每 0.5 s 移 1 位,因此需要设计一个每 0.5 s 产生 1 个脉冲的脉冲发生器(由 T38 构成)。

M10.0 为数据输入端 DATA,根据控制要求,每次只有一个输出。因此只需要在第一个移位脉冲到来时由 M10.0 送入移位寄存器 S_BIT 位（M10.1）一个"1"，第二个脉冲至第八个脉冲到来时由 M10.0 送入 M10.1 的值均为"0"。这在程序中由定时器 T37 延时 0.5 s 导通一个扫描周期实现，第八个脉冲到来时 M11.0 置位为 1，在第九个脉冲到来时由 M10.0 送入 M10.1 的值又为 1，如此循环下去，直至按下停止按钮。按下常闭停止按钮（I0.1），其对应的触点接通，触发复位指令，使 M10.1～M11.0 的 8 位全部复位。

程序展示

喷泉彩灯控制梯形图程序如图 9.17 所示。

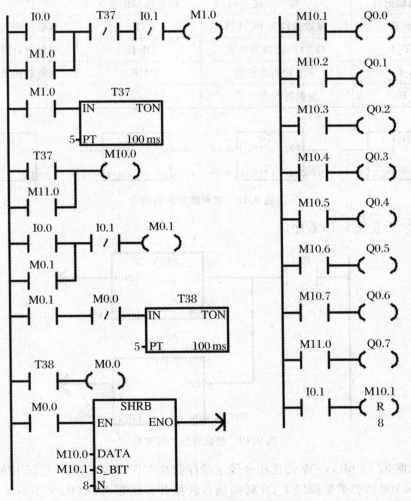

图 9.17　喷泉彩灯控制梯形图

三、数据转换指令

数据转换指令内容较多，这里仅介绍部分数字转换指令。

许多功能指令（如数学运算指令）都有相应的数据类型，要求源数据和目标数据要与功能指令的数据类型一致。在执行多个功能指令的过程中，需要改变数据类型，仅采用数据传送指令是不够的。原始数据通过数据传送指令"定义"为某种数据类型后,若需要改变数据类型,就必须采用数据转换指令。

其中数字转换指令包括字节(B)与整数(I)之间、整数与双整数(DI)之间、整数与 BCD码之间的转换指令,以及双整数转换为实数(R)的指令(实数转换为双整数需要对小数进行四舍五入,这里不作介绍)。表 9.5 对部分数字转换指令进行说明,部分常用数字转换指令的梯形图如图 9.18 所示。打开编程软件界面时,在指令树下找到"转换"指令文件夹双击展开。

表 9.5　部分数字转换指令

梯形图助记符	描　　述	梯形图助记符	描　　述
I_BCD	整数转换为 BCD 码	I_DI	整数转换为双整数
BCD_I	BCD 码转换为整数	DI_I	双整数转换为整数
B_I	字节转换为整数	DI_R	双整数转换为实数
I_B	整数转换为字节		

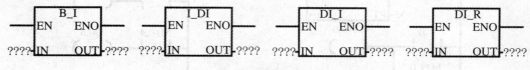

图 9.18　常用数字转换指令

例 9.7　分析图 9.19 程序。

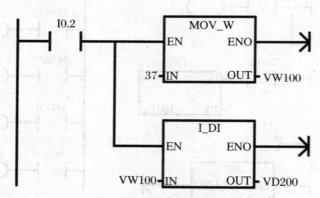

图 9.19　整数转换为双整数

原始数据 37 经 MOV_W 传送指令传送并存储在 VW100,37 成为占 16 位的整数,大小仍为 37;VW100 的整数数据经 I_DI 转换指令转换并存储在 VD200,大小不变,但 37 已成为占 32 位的双整数。

例 9.8　将原始数据 828 和 829 转换成实数 828.0 和 829.0 存储,并进行比较。
程序如图 9.20 所示。

图例解读

①　将 828 视为双整数,经 MOV_DW 传送指令传送并存储在 VD1000,再经双整数转换为实数指令 DI_R 将 828 转换为 828.0 存储在 VD1004。

②　在数据处理和运算时,原始数据并没有定义数据类型。只要存储器容量够用,可以

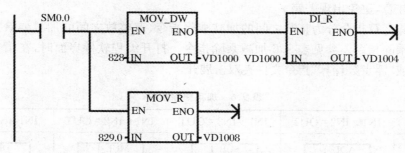

图9.20　存储实数方式比较

将原始数据视为整数、双整数(如828)作为源数据输入在 IN 端,甚至视为实数(如 829 视为829.0)。但是一旦存入不同容量(8 位、16 位、32 位等)存储器,其数据类型就被定义了(如VD1000 是双整数,VD1004 和 VD1008 是且只能是实数)。若需要更改,就必须经过转换指令。

在编程软件中输入立即数时,带小数点的数(例如829.0)被认为是实数,而没有小数点的数(例如829)被认为是整数或双整数,但不能视为字节数据,因为字节 B 是 8 位,其容量允许存储的最大数字为 255,将 829 经 MOV_B 传送或经 I_B 转换都无法存储。所以,只要是小于 32 767 的整数,既可以视为 16 位(16 位存储器允许存储的最大数字为 32 767)的整数,也可以视为 32 位的双整数;而大于 32 767 的整数只能视为 32 位的双整数(16 位存储器容量不够,无法存储)。

例9.9　练习将 64 转换成整数,再转换成实数。

程序如图 9.21 所示。

图9.21　整数转换成实数

<u>图例解读</u>

原始数据经 MOV_W 传送存于 VW102 变成整数,因为没有整数转换成实数的转换指令,所以需先经 I_DI 指令转换成双整数存于 VD112,才能再经 DI_R 转换成实数存于 VD116。

第五节　数学运算指令

数学运算指令包括加、减、乘、除运算和数学函数变换,本节只介绍加、减、乘、除指令。

一、加减乘除指令

加减乘除运算指令特别对输入(IN1 和 IN2)、输出(OUT)数据的类型有严格的要求,初学者应特别注意,避免出现差错。

　　加减乘除运算指令分为整数之间的加减乘除指令、双整数之间的加减乘除指令和实数之间的加减乘除指令。参见表 9.6 加减乘除指令。打开编程软件界面时,在指令树下找到"整数计算"或"浮点数计算"指令文件夹双击展开。

表 9.6　加减乘除指令

功　能	IN1 + IN2 = OUT	IN1 − IN2 = OUT	IN1 * IN2 = OUT	IN1/IN2 = OUT
数据类型 整数	ADD_I EN　ENO ?-IN1　OUT-? ?-IN2	SUB_I EN　ENO ?-IN1　OUT-? ?-IN2	MUL_I EN　ENO ?-IN1　OUT-? ?-IN2	DIV_I EN　ENO ?-IN1　OUT-? ?-IN2
功能指令	ADD_I	SUB_I	MUL_I	DIV_I
数据类型 双整数	ADD_DI EN　ENO ?-IN1　OUT-? ?-IN2	SUB_DI EN　ENO ?-IN1　OUT-? ?-IN2	MUL_DI EN　ENO ?-IN1　OUT-? ?-IN2	DIV_DI EN　ENO ?-IN1　OUT-? ?-IN2
功能指令	ADD_DI	SUB_DI	MUL_DI	DIV_DI
数据类型 实数	ADD_R EN　ENO ?-IN1　OUT-? ?-IN2	SUB_R EN　ENO ?-IN1　OUT-? ?-IN2	MUL_R EN　ENO ?-IN1　OUT-? ?-IN2	DIV_R EN　ENO ?-IN1　OUT-? ?-IN2
功能指令	ADD_R	SUB_R	MUL_R	DIV_R
数据类型 IN 整数/ OUT 双整数			MUL EN　ENO ?-IN1　OUT-? ?-IN2	DIV EN　ENO ?-IN1　OUT-? ?-IN2
功能指令			MUL	DIV

　　在梯形图中,加减乘除指令分别执行下列运算:

　　IN1 + IN2 = OUT,　IN1 − IN2 = OUT,　IN1 * IN2 = OUT,　IN1/IN2 = OUT

　　在加减乘除运算式中,遇到整数与双整数之间、整数与实数之间、双整数与实数之间的加减乘除运算,必须先经数据转换指令转换 IN1 或 IN2 的数据类型,或者说在后续的指令中将作为 IN1 或 IN2 使用的 OUT 数据必须进行数据类型转换,以达到执行某个指令时数据类型统一,即数据类型要符合该指令的要求。

　　加减乘除指令说明:

　　① 整数加法(ADD_I)和整数减法(SUB_I)指令:使能输入有效时,将两个 16 位整数相加或相减,并产生一个 16 位的结果输出到 OUT。

　　② 整数乘法(MUL_I)指令:使能输入有效时,将两个 16 位整数相乘,并产生一个 16 位乘积。整数除法(DIV_I)指令:使能输入有效时,将两个 16 位整数相除,并产生一个 16 位商,不保留余数。

③ 双整数加法(ADD_DI)和双整数减法(SUB_DI)指令:使能输入有效时,将两个 32 位整数相加或相减,并产生一个 32 位结果输出到 OUT。

④ 双整数乘法(MUL_DI)指令:使能输入有效时,将两个 32 位整数相乘,并产生一个 32 位乘积。双整数除法(DIV_DI)指令:使能输入有效时,将两个 32 位整数相除,并产生一个 32 位商,不保留余数。

⑤ 实数加法(ADD_R)和实数减法(SUB_R)指令:使能输入有效时,将两个 32 位实数相加或相减,并产生一个 32 位实数结果输出到 OUT。

⑥ 实数乘法(MUL_R)指令:使能输入有效时,将两个 32 位实数相乘,并产生一个 32 位实数结果输出到 OUT。

实数除法(DIV_R)指令:使能输入有效时,将两个 32 位实数相除,并产生一个 32 位实数商。

⑦ 整数乘法产生双整数(MUL)指令:使能输入有效时,将两个 16 位整数相乘,得出一个 32 位乘积。

带余数的整数除法(DIV)指令:使能输入有效时,将两个 16 位整数相除,得出一个 32 位结果,其中包括一个 16 位余数(高位)和一个 16 位商(低位)。

例 9.10　计算 $(3+7) \times 8 = ?$

程序如图 9.22 所示。

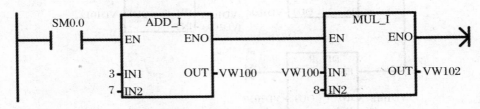

图 9.22　$(3+7) \times 8$ 运算程序

图例解读

① 整数加法采用 ADD_I 指令,3 和 7 被视为两个 16 位整数,相加后产生一个 16 位整数的结果从 OUT 输出存入 VW100(VW100 存储器:V—存储区;W—字,占 16 位,2 个字节;100—字节起始号,即占用的是 100 和 101 号 2 个字节),显示数字为 10。

② 整数乘法采用 MUL_I 指令,代表整数加法之和的 VW100 与被视为整数的 8 相乘,产生一个 16 位整数的乘积,从 OUT 输出存入 VW102(VW102 = VB102 + VB103)存储器,显示数字为 80。

例 9.11　计算 $(62.5+7) \times 75 \div 7.2 = ?$

程序如图 9.23 所示。

图例解读

① 计算式中 62.5 和 7.2 为实数,可直接将 7 和 75 视为双整数,以方便转换为实数。全部转换为实数,采用实数加减乘除指令进行加减乘除运算,否则无法运算。

② 双整数和实数都需要占用 32 位(4 个字节)空间存储,所以全部采用 32 位(双字长,用 D 表示)存储器(VD1000～VD1016)存储转换、运算中间结果及最终结果。

③ 图 9.23(a)编程次序是:先全部转换为实数,后进行运算;(b)图编程次序是:边转换

边运算,即需要用到实数时才进行转换。梯形图中,所有指令都要受到 SM0.0 提供的能流控制,各指令可以串行排列或并行排列。任何一个指令遇到无能流输入,或 IN/OUT 数据类型不符,都无法执行,VD1016 无法正确显示运算结果。

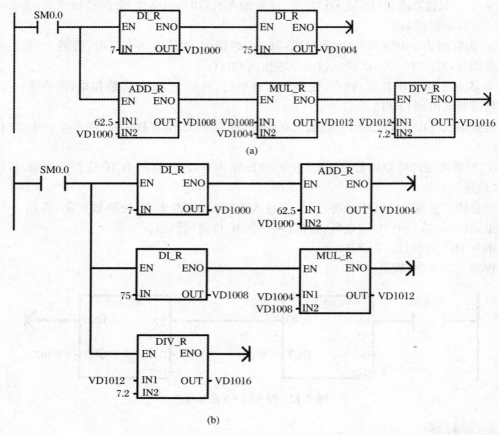

图 9.23 (62.5 + 7) × 75 ÷ 7.2 运算程序

二、递增与递减指令

递增和递减指令,又称加 1(Increment)指令 INC 和减 1(Decrement)指令 DEC。在梯形图中,INC 和 DEC 分别执行 IN + 1 = OUT 和 IN − 1 = OUT。即给 INC 和 DEC 指令每输入一次能流,IN 端的源数据被加上数字 1,且存入 OUT 端的目标数据。参见表 9.7 加 1减 1 指令。打开编程软件界面时,在指令树下找到"整数计算"指令文件夹双击展开。

表 9.7 加 1 减 1 指令

数据类型	字节/B	字 W/整数 I	双字 D/双整数 DI
LAD	INC_B EN ENO ?-IN OUT-?	INC_W EN ENO ?-IN OUT-?	INC_DW EN ENO ?-IN OUT-?
指 令	INC_B	INC_W	INC_D

续表

数据类型	字节/B	字 W/整数 I	双字 D/双整数 DI
功　能	IN + 1 = OUT	IN + 1 = OUT	IN + 1 = OUT
指令说明	字节加 1	字加 1	双字加 1
LAD	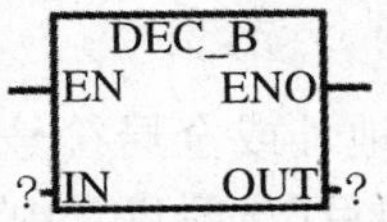 DEC_B EN　ENO ?-IN　OUT-?	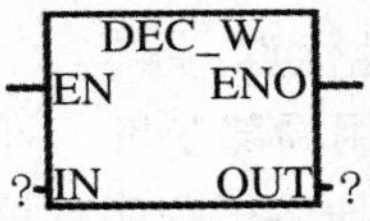 DEC_W EN　ENO ?-IN　OUT-?	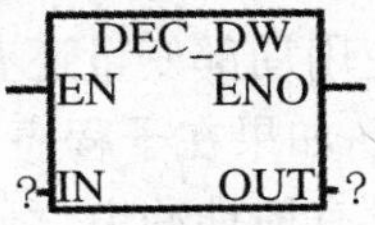 DEC_DW EN　ENO ?-IN　OUT-?
指　令	DEC_B	DEC_W	DEC_D
功　能	IN − 1 = OUT	IN − 1 = OUT	IN − 1 = OUT
指令说明	字节减 1	字减 1	双字减 1

递增和递减指令说明：

① 递增字节和递减字节指令：使能输入有效时，在输入字节（IN）上加 1 或减 1，并将结果置入 OUT 指定的变量中。递增和递减字节运算不带符号。

② 递增字和递减字指令：使能输入有效时，在输入字（IN）上加 1 或减 1，并将结果置入 OUT。递增和递减字运算带符号。

③ 递增双字和递减双字指令：使能输入有效时，在输入双字（IN）上加 1 或减 1，并将结果置入 OUT。递增和递减双字运算带符号。

递增和递减指令举例，详见本章第七节。如果要实现累计递增（或递减）的效果，则应将指令的 IN 和 OUT 设置为同一个存储器，即 IN 端源数据加 1（或减 1）存入 OUT 端时，因是同一个存储器，新数据覆盖了原数据，而新数据又成为了 IN 端的源数据，每次执行时加 1（或减 1），结果实现了累计。

第六节　子　程　序

S7-200CPU 的控制程序结构包括主程序 OB1、子程序 SBR 和中断程序 INT（详见本章第七节），子程序是程序组织单元 POU 之一。子程序是为了简化程序、减少扫描时间而设置的程序，用于被其他程序调用，且仅在被其他程序调用时才会被执行。

为了介绍子程序及其调用，首先要介绍局部变量表。

一、局部变量表

（一）局部变量与全局变量

在 SIMATIC 符号表或 IEC 的全局变量表中定义的变量为全局变量。程序中的每个 POU（Program Organizational Unit，程序组织单元）均有自己的由 64 字节 L（Local，局部）储存器组成的局部变量表。全局变量和局部变量是用来定义有使用范围限制的变量。

全局符号在各程序组织单元 POU 中均有效，只能在符号表中定义。例如全局变量：I、Q、M、V、T、C、AI、AQ、S 等存储器，在主程序、子程序和中断程序都可以使用。

局部变量只在它被创建的 POU 中有效。例如局部变量：L(Local，局部)储存器，分别在主程序、子程序和中断程序局部变量表中定义，只能在各自的 POU 中使用。即若在子程序变量表中定义的局部变量，只能在子程序中使用。

使用局部变量还有以下其他优点：

① 如果在子程序中尽量使用局部变量，不使用绝对地址或全局符号，因为与其他 POU 几乎没有地址冲突，可以很方便地将子程序移植到其他项目(与项目 1 中该子程序及其主程序无关的另外一个项目 2)。

② 如果使用临时变量(TEMP)，同一片物理存储器可以在不同的程序中重复使用。

局部变量还用来在子程序和调用它的程序之间直接传递输入参数和输出参数。

（二）局部变量的类型

打开主程序和中断程序页面，局部变量表中局部变量的类型只有临时变量(TEMP)，打开子程序页面，局部变量表中局部变量的类型有输入型(IN)、输出型(OUT)、输入输出型(IN_OUT)和临时变量(TEMP)。

TEMP(临时变量)：临时变量是暂时保存在局部数据汇总的变量。只有在执行该 POU 时，定义的临时变量才被使用，POU 执行完后，不再保存临时变量的数值。

IN(输入变量)：输入变量是由调用子程序的 POU 提供的传入子程序的输入参数。以主程序调用子程序为例，主程序调用子程序时需要赋以输入值(参数被交接至子程序)作为子程序运行条件。

OUT(输出变量)：输出变量是子程序的执行结果，它被返回给调用它的 POU。以主程序调用子程序为例，子程序根据主程序赋以的输入值进行运行(如运算)，得出结果输出到主程序。

IN_OUT(输入_输出变量)：输入_输出变量的初始值由调用它的 POU 提供，用同一个地址将子程序的执行结果返回给调用它的 POU。以主程序调用子程序为例，子程序根据主程序赋以的输入值(参数被交接至子程序)进行运行(如运算)，得出结果改写输入。

常数和地址不能作子程序的输出变量和输入/输出变量。

（三）局部变量的地址分配

在局部变量表中赋值时，只需要指定局部变量的类型(例如 TEMP)和数据类型(例如 BOOL)，不用指定存储器地址；程序编辑器自动地在局部存储器中为所有局部变量指定存储器位置，起始地址为 LB0，1~8 个连续的位参数分配一个字节(如 L0.0~L0.7)，不足 8 位也占一个字节。字节、字和双字值在局部存储器中按字节顺序分配。

（四）在局部变量表中增加和删除变量

在编程软件中将局部变量表下面的水平分裂条下拉，将显示局部变量表；将分裂条拉至程序编辑器视窗的顶部(详见图 9.25)，则不再显示局部变量表，但是它仍然存在，只是被遮挡。

增加变量：需要插入何种变量类型的局部变量，先增加参数条目。用光标指向原有这种变量类型的某一行(参数条目),单击右键,在弹出的菜单中,若执行"插入"→"行"命令,在所选择的行的上部插入新的行(新条目);若执行菜单命令"插入"→"下一行"指令,在所选择的行的下部插入新的行(新条目)。新增的行与所选择的行的局部变量类型相同,即可在新增的行(新条目)里定义新增变量。

　　删除变量:需要删除哪个局部变量,用光标指向该变量所在的行,用鼠标点击该行最左边的地址列,即选中了一行,该行的背景色变为深蓝色,按删除键(【Delete】键)可删除该行。或点击该行最左边的地址列后,单击右键,在弹出的菜单中,执行"删除"→"选择"命令,可删除该行。

二、子程序的编制与调用

　　STEP7-Micro/WIN 在程序编辑器窗口里为主程序 OB1、子程序 SBR 和中断程序 INT 提供独立的页面。点击窗口下面显示的 MAIN、SBR_0、INT_0 分别出现主程序 OB1、子程序 SBR_0 和中断程序 INT_0 的页面。右键点击 SBR_0 展开,选中"插入",点击"子程序",则会增加第二个子程序页面 SBR_1。即编制的各个程序组织单元 POU 在程序编辑器窗口中是分页存放的,主程序总是第 1 页,后面是若干个子程序和中断程序。

　　下面介绍在何种场合使用子程序、如何建立子程序、如何调用子程序、如何终止子程序。

　　(一) 子程序的使用场合

　　了解子程序的的作用,对理解什么是子程序、为何要设子程序很重要,对掌握子程序的使用很关键。下列两种思路决定了创建和调用子程序:

　　① 相同或近似的控制流程多次出现,可以编制一个控制模(mu)板作为子程序,需要时可以多次调用。

　　子程序常用于多次反复执行相同任务的地方,只需要编制一次模(mo)型作为子程序。在其他程序需要时可以多次调用子程序,而无需多次重复编制该程序,从而简化了程序。

　　只有在需要时才会调用子程序,即子程序的调用是有条件的,满足调用条件时,每个扫描周期都要执行一次被调用的子程序。未被调用时,不会执行子程序中的指令,从而减少了扫描时间。

　　② 将一个复杂的控制系统人为分为若干个部分,每个部分作为一个或几个子程序,由主程序将各子程序组合在一起形成一个完整的控制系统。

　　子程序的优点被扩大利用。原本一个很复杂、很冗长的程序,利用子程序对该程序进行分段和分块,使其成为较小的、更易管理的功能块。每个功能块由一个或几个子程序组成。在程序调试和维护时,可以利用这项优势,分区域进行调试和排除故障,简单清晰、方便维护。

　　把原本冗长的程序中的大部分程序分解成了若干个子程序,不仅原程序简短了,各子程序也很简单。只有在需要时才会调用子程序,同样避免了每次都要对原冗长程序的扫描。

　　(二) 子程序的创建

1. 子程序页面的创建和删除

一个项目中,可能需要一个子程序(Subroutine)SBR_0 或多个子程序 SBR_n。每个子程序需要创建一个独立的程序编辑器窗口页面,打开 STEP7-Micro/WIN 在程序编辑器窗口,可采用下列任何一种方法建立子程序页面:

①从"编辑"菜单创建:单击左上方"编辑"展开菜单,选择"插入 I"(Insert)→"子程序 S"点击。重复操作,可以创建 SBR_0,SBR_,…,SBR_n(子程序标签显示在窗口下面)等多个子程序页面。

②从"指令树"创建:在"指令树"中找到"程序块"文件夹,用鼠标右键点击"程序块"图标,并从弹出菜单选择"插入"→"子程序"点击,创建子程序页面。

③从"程序编辑器窗口"创建:用鼠标右键点击窗口任意网络之处(包括已创建的 SBR_n 标签显示处),并从弹出菜单中选择"插入"→"子程序"点击,创建子程序页面。

④从先前的 POU 显示更改为新子程序:可以对原来的 POU 页面进行更改。即在其窗口下面,光标指向要更改的子程序标签名称(如 SBR_1),单击右键,在弹出的菜单中,点击"属性",在弹出的对话框中,输入新名称(如 SBR 空格 3),点确认,则原 SBR_1 更改为 SBR_3。可以对新子程序编程,或者保留原子程序。

⑤采用文字给子程序命名:可以直接使用创建子程序时自动生成的子程序名称:SBR_0,SBR_1,…,SBR_n;根据需要,也可以采用英文、拼音、中文给子程序命名,与更改操作相同。如选中子程序标签 SBR_1 单击右键,在菜单中点击"属性",在对话框中找到名称空格,输入新名称"pump"或"shuibeng"或"水泵",则原子程序标签 SBR_1 更改为"pump"或"shuibeng"或"水泵"。

⑥"程序块"文件夹和"调用子程序"文件夹自动添加子程序工具及标签名称。

STEP7-Micro/WIN 程序编辑器窗口创建了多少个主程序 OB1、子程序 SBR 和中断程序 INT 页面,在"程序块"文件夹中自动添加已命名的主程序 OB1、子程序 SBR_n 和中断程序 INT_n 工具及标签名称;在"调用子程序"文件夹中,同样自动添加已命名的子程序工具及标签名称。

采用下列方法可以删除一个子程序页面:

即在其窗口下面,光标指向要更改的子程序标签名称(如 SBR_2),单击右键,在弹出的菜单中,选择"删除"→"POU(P)"点击,即可删除子程序(SBR_2)页面。

2. 在子程序局部变量表中定义参数

不需要用参数调用的子程序,没有参数需要在局部变量表中定义。例如将一个复杂程序分成若干个子程序。

子程序可能包含交接的参数,若要为子程序指定参数,应该使用该子程序的局部变量表定义参数。因为程序中每个 POU 都有一个独立的局部变量表,所以必须在选择该子程序标签(标记)后出现的局部变量表中为该子程序定义局部变量,即编辑子程序局部变量表前,必须先点击该子程序标签,切换至该子程序页面。

用参数调用子程序:

既然参数要在子程序的局部变量表中定义,则参数必须有一个符号名(最多为 23 个字符)、一个变量类型和一个数据类型。子程序可以带参数调用,最多可向子程序交接 16 个参数或从子程序交接 16 个参数。如果尝试下载超过该限制的程序,则会返回一则错误信息。

调用参数类型说明:

IN(输入变量):如果参数是直接地址,例如 VB10,在指定位置的数值被交接至(被传入)子程序。如果参数是间接地址,例如 ∗AC1,位于指向位置的数值被交接至子程序。如果参数是数据常数(例如 16♯1234)或地址(&VB100),常数或地址数值被交接至(被传入)子程序。

IN_OUT(输入_输出变量):输入/输出参数不允许使用常数(例如 16♯1234)和地址(例如 &VB100)。

QUT(输出变量):常数(例如 16♯1234)和地址(例如 &VB100)不允许用作输出。

TEMP(临时变量):未用作交接参数的任何本地内存不得用于子程序中的临时存储。

参数数据类型说明:

参数数据类型展开时有 Bool、Byte、Word、Int、DWord、DInt、Real、String 数据类型。BOOL(布尔):该数据类型用于单位输入和输出;BYTE(字节)、WORD(字)、DWORD(双字):这些数据类型分别识别 1、2 或 4 个字节不带符号的输入或输出参数;INT(整数)、DINT(双整数):这些数据类型分别识别 2 或 4 个字节带符号的输入或输出参数;REAL(实数):该数据类型识别单精度(4 个字节)IEEE 浮点数值;STRING(字符串):此数据类型被用作字符串的四字节指针。

所谓定义参数,就是要将子程序中的参数命名,并选择变量类型、数据类型。

在子程序局部变量表中定义具体参数时,还有许多操作细节。例如,如何给参数起一个符号名;一个参数条目(一行)定义完毕时,编程软件如何在局部变量表最左边的地址列自动分配局部存储器 L 的地址;详见例 9.12 和例 9.13。

完成定义子程序输入和输出变量后,STEP 7-Micro/WIN 会生成一个定制调用子程序方框指令,称为"客户化"调用指令块,指令块中自动包含了子程序的输入参数和输出参数的正确数目和类型。在调用子程序的程序组织单元 POU(如主程序)的页面中,编制梯形图时,就可以插入"调用子程序"指令的梯形图图形符号。详见子程序的调用及例 9.12 和例 9.13。

3. 编制子程序

不需要用参数调用的子程序,在子程序页面编制梯形图子程序时,没有特殊要求;需要用参数调用的子程序,则根据工艺要求编制梯形图子程序时,元件的文字符号(参数符号名)均已在局部变量表中命名。在网络中填写形式参数名称时,编程软件在名称前自动添加"♯"号,表示局部变量。

在介绍跳转指令 JMP 时已经说明,不能使用跳转指令 JMP 跳入或跳出子程序。

所谓创建子程序,就是首先创建子程序页面,并根据需要,有些子程序需要在子程序页面中的子程序局部变量表中定义参数,然后编制子程序,最后还要在调用子程序的 POU 中插入"调用子程序"指令。

(三) 子程序的调用

可以在主程序、其他子程序或中断程序中调用子程序。不宜从子程序本身调用子程序自身。CPU 226XM 的项目最多可以创建 128 个子程序,其他 CPU 的项目最多可以创建 64 个子程序。在主程序中,不仅可以调用多个子程序,而且还可以嵌套子程序。即在被调用的子程序中还可以调用别的子程序,层层调用,一共可以嵌套 8 层。在中断程序中被调用的子程序不能再调用别的子程序。可以使用带参数或不带参数的"调用子程序"指令。程序组织单元 POU(如主程序)中使用的指令决定具体子程序的执行状况。当 POU 调用子程序并执行时,子程序执行全部指令直至结束。然后,系统将控制返回至 POU(无需另加指令终止子程序),即回到调用子程序指令的下一条指令之处,继续执行 POU 后面的程序。

以主程序调用子程序为例。主程序如何编制才能实现调用子程序的呢?

编制主程序梯形图时,在需要调用子程序之处,插入"调用子程序"指令的梯形图图形符号。对不需要用参数调用的子程序,插入 SBR_n"调用子程序"指令图形符号即可,详见第十一章。

对需要用参数调用的子程序,首先要完成子程序的创建工作。在主程序的页面,光标的方框选在需要调用子程序之处,双击展开"调用子程序"文件夹(或"程序块"文件夹),再双击所需的子程序标签名称,在光标之处会生成一个定制调用子程序方框指令。或者用光标指向调用子程序指令标签名称,按住鼠标左键可将调用子程序指令从指令树拖放至程序编辑器中需要调用子程序之处,在该处生成一个定制调用子程序方框指令。详见例 9.12 和例 9.13。

注　这种调用子程序指令是由该子程序在局部变量表定义的参数自动生成的,两者是一一对应的关系。如果在子程序 SBR_1 中插入了另一个子程序 SBR_2 的调用指令,然后又修改了被调用的子程序 SBR_2 的局部变量表,则调用指令变成无效。必须删除无效调用,并用反映正确参数的最新调用指令代替该调用指令。

例 9.12　某泵站有 10 台相同的水泵,请按起保停电路编制控制程序。

项目要求

10 台相同的水泵,采用相同的控制方式,采用起保停电路控制,一次起动一台水泵,不允许同时起动。哪台水泵起动条件具备,就可以先起动哪台,直至 10 台水泵起动完毕。

项目分析

大中型水泵起动需要满足许多辅助条件,控制程序复杂,控制 10 台的程序更复杂。因此需要采用子程序和主程序,使程序简单化。为了方便说明问题,每台水泵的控制程序以最简单的起保停电路为例。

如果不采用子程序,则水泵的控制程序要重复编制 10 次,如图 9.24 所示。可以想象,重复编制 10 次复杂的程序,对整个程序而言,显得多么冗长。

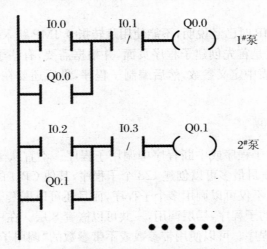

图 9.24　不设置子程序的编程

程序编制

（1）子程序命名

在 STEP7-Micro/WIN 程序编辑器窗口下面显示的 MAIN、SBR_0、INT_0 中，点击 SBR_0，切换成子程序页面。光标指向 SBR_0 点右键，在弹出的菜单中点击属性，在对话框中输入第一个子程序 SBR_0 的名称，如起名为"pump"或"水泵"。则位于指令树中的子程序名称的工具提示显示每个参数的名称。在页面左上方双击"程序块"文件夹，发现子程序工具添加了"pump"名称；在页面左下方双击指令树中的"调用子程序"文件夹，同样发现添加了子程序工具及标签名称"pump"。参见图 9.25。

（2）定义输入变量、输出变量（本例未使用临时变量 TEMP 和输入_输出变量 IN_OUT）

首先要定义变量名称（形式参数），子程序才能输写变量。如图 9.25 所示。

在程序编辑器窗口的上方有一个分裂条，光标选中分裂条，按住鼠标左键下拉，可以看到被遮挡的局部变量表。表头标有"空白"、"符号"、"变量类型"、"数据类型"、"注释"。

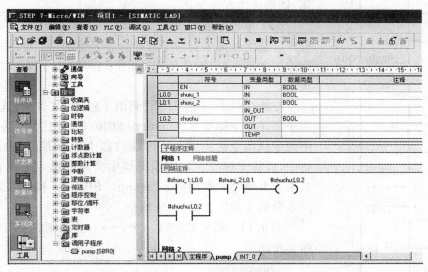

图 9.25　子程序页面

在局部变量表中赋值时，只需要指定局部变量的类型（如 IN）和数据类型（如 BOOL）。在"符号"下面空格中输入变量名称：拼音"shuru 1"或"输入 1"；点击"数据类型"下面空格，出现下拉箭头，点击箭头出现菜单，点击"BOOL"，自动填入"BOOL"，即定义开关量作为输入变量为布尔型。完成后，最左侧空白自动出现"L0.0"，为程序编辑器自动地在局部存储器中为局部变量指定存储器地址。

用光标指在第一行任意处，点右键，在弹出的菜单中执行"插入"→"下一行"命令，在该行下面插入了新的一行。同样输入"shuru 2"，选择"BOOL"，自动生成"L0.1"。

同理，在变量类型 OUT 所在的行，输入"shuchu"或"输出"，选择"BOOL"，自动生成"L0.2"。

完成定义输入和输出变量后，就生成"客户化"调用指令块，指令块中自动包含了子程序的输入参数和输出参数（完整的"调用子程序"指令）。在编制主程序时，就可以使用"调用子程序"指令的梯形图图形符号。

（3）编制子程序（模型）

在程序编辑器窗口中编制子程序模型如图 9.26 所示；窗口子程序中，输入变量后，变量前面自动出现符号"♯"，变量后面自动出现地址 LB0，如图 9.27 所示。

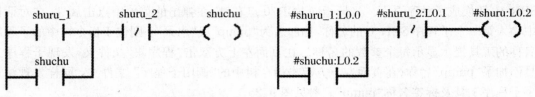

图 9.26　输入的子程序模型　　　　　　　　　　　　　图 9.27　子程序

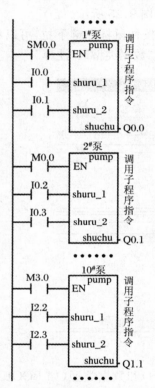

图 9.28　控制泵站 10 台相同水泵的主程序

（4）编制主程序

在 STEP7-Micro/WIN 程序编辑器窗口下面显示的主程序（MAIN 或已命名为主程序）、SBR_0、INT_0 中，点击主程序，切换成主程序页面。

为了主程序能够调用且及时、准确调用子程序，必须在主程序合适之处插入标注子程序标签名称的"调用子程序"指令。即编制主程序时，需要使用"调用子程序"指令梯形图。操作方法如下：

在指令树中，双击打开"调用子程序"文件夹，光标指向调用子程序指令标签名称"pump（SBR0）"，按住鼠标左键可将调用指令从指令树拖放至程序编辑器中的所需正确的网络单元格中，或将光标放在程序编辑器中所需的单元格位置上，然后双击指令树中的调用指令"pump（SBR0）"。控制泵站 10 台相同水泵的主程序如图 9.28 所示。

例 9.13　将实数加减：x + y − z = ? 编制成子程序，供主程序多次调用。

程序编制

（1）子程序命名

添加子程序页面，并将子程序命名为"数学运算"（或"Yun suan"）。

（2）定义输入变量 IN、输出变量 OUT 和临时变量 TEMP

在局部变量表中填写参数、选择类型，如表 9.8 所示。

表 9.8　数学运算子程序局部变量表

（自动分配地址）	符　号	变量类型	数据类型	学习说明
	EN	IN	BOOL	使能输入为布尔型
LD0	x	IN	REAL	输入数据为实数类型
LD4	y	IN	REAL	输入数据为实数类型

续表

（自动分配地址）	符　号	变量类型	数据类型	学习说明
LD8	z	IN	REAL	输入数据为实数类型
		IN_OUT		本例不用 IN_OUT
LD12	jieguo	OUT	REAL	结果；输出数据为实数类型
LD16	zj	TEMP	REAL	中间；临时变量数据为实数类型

（3）编制子程序

数学运算子程序如图 9.29 所示。

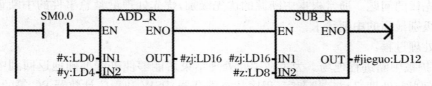

图 9.29　数学运算子程序

（4）编制主程序

数学运算主程序如图 9.30 所示。

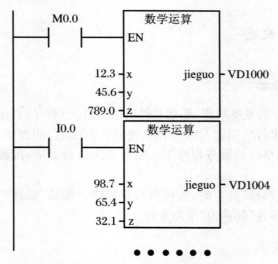

图 9.30　数学运算主程序

第七节　中断程序与中断指令

　　PLC 的中断程序包含了太多的内容，涉及许多计算机基础知识，初学者需要逐一了解，综合理解，才能最终掌握中断程序应用技术。

一、计算机基础知识

中断服务程序：处理器处理"急件"，可理解为是一种服务，是通过执行事先编好的某个特定的程序来完成的，这种处理"急件"的程序被称为——中断服务程序。

当中央处理器正在处理内部数据时，外界发生了紧急情况，要求 CPU 暂停当前的工作转去处理这个紧急事件。处理完毕后，再回到原来被中断的地址，继续原来的工作，这样的过程称为中断。实现这一功能的部件称为中断系统，申请 CPU 中断的请求源称为中断源，计算机的中断系统一般允许多个中断源，当多个中断源同时向 CPU 请求中断时，就存在一个中断优先权的问题。通常根据中断源的优先级别，优先处理最紧急事件的中断请求源，即最先响应级别最高的中断请求。

中断处理过程：

① 保护被中断进程现场。为了在中断处理结束后能够使进程准确地返回到中断点，系统必须保存当前处理机程序状态字（程序状态寄存器）PSW 和程序计数器 PC 等的值。

② 分析中断原因，转去执行相应的中断处理程序。在多个中断请求同时发生时，处理优先级最高的中断源发出的中断请求。

③ 恢复被中断进程的现场，CPU 继续执行原来被中断的进程。

二、中断程序概念

（一）中断功能概念

中断功能是 S7-200 的重要功能，是指 CPU 在正常运行程序时，由于内部或外部"事件"或由程序预先安排的"事件"，引起 CPU 中断（暂停）正在运行的程序，而转到内部或外部事件或由程序预先安排的事件的服务程序中。服务程序执行完毕，再返回去执行被暂时中断的程序。

简而言之，当"紧急事件"发生时，暂停执行主程序，"插队"处理"紧急事件"。需要中断主程序来处理的"紧急事件"简称为"中断事件"。

（二）中断程序概念

S7-200 CPU 要及时处理与用户程序的执行时序无关的操作，或者不能事先预测何时发生的"事件"，必须要使用一个服务程序来响应这些内部、外部的中断事件，这种中断主程序而执行的处理中断事件的服务程序简称为"中断程序"（INT）。

中断程序需要通过用户编程与特定的中断事件联系起来，才是能够执行中断程序条件之一。这种联系的指令称为"中断连接指令"（ATCH），注意只是中断程序"连接"某一个中断事件，建立"关联"，ATCH 不是"调用"中断程序指令，更不存在"调用"中断事件。

中断程序与子程序最大的区别是：中断服务程序不能由用户程序调用，而只能由特定的事件触发执行（中断事件引发操作系统调用中断程序）。可以称为中断事件调用中断程序。

在中断程序中可以调用一级子程序，即被调用的子程序不能再调用另外一个子程序。

S7-200 CPU 最多可以使用 128 个中断程序，中断程序不能嵌套，即中断程序不能再被中断。正在执行中断程序时,如果又有中断事件发生,会按照优先级排队,等待处理。

三、中断事件

中断事件预先已设置在 PLC 中,S7-200 PLC 共有 34 个中断事件(CPU221、222、224 不足 34 个,CPU224XP、226、226XM 均有 34 个中断事件),中断事件编号 0～33,简称"中断号",中断号及其代表的中断事件说明如表 9.9 所示。

表 9.9　中断事件及其优先级别表

中断号	中断描述	优先级分组	优先级(组内)	中断号	中断描述	优先级分组	优先级(组内)
8	端口 0:字符接收		0	27	HSC0 输入方向改变		11
9	端口 0:发送完成		0	28	HSC0 外部复位		12
23	端口 0:接收信息完成	通信(最高)	0	13	HSC1 的当前值=设定值		13
24	端口 1:接收信息完成		1	14	HSC1 输入方向改变		14
25	端口 1:字符接收		1	15	HSC1 外部复位		15
26	端口 1:发送完成		1	16	HSC2 的当前值=设定值		16
19	PTO　0 脉冲输出完成		0	17	HSC2 输入方向改变	I/O(中等)	17
20	PTO　1 脉冲输出完成		1	18	HSC2 外部复位		18
0	I0.0 的上升沿		2	32	HSC3 的当前值=设定值		19
2	I0.1 的上升沿		3	29	HSC4 的当前值=设定值		20
4	I0.2 的上升沿		4	30	HSC4 输入方向改变		21
6	I0.3 的上升沿	I/O(中等)	5	31	HSC4 外部复位		22
1	I0.0 的下降沿		6	33	HSC5 的当前值=设定值		23
3	I0.1 的下降沿		7	10	定时中断 0		0
5	I0.2 的下降沿		8	11	定时中断 1	定时(最低)	1
7	I0.3 的下降沿		9	21	T32 的当前值=设定值		2
12	HSC0 的当前值=设定值		10	22	T96 的当前值=设定值		3

(一)中断分类

中断事件分为通信中断、I/O 中断和定时中断三大类。

1. 通信口中断

PLC 的串行通信口可以由用户程序控制,通信口的这种操作模式成为自由端口模式。在该模式下,接收报文完成、发送报文完成和接收一个字符均可以产生中断事件,利用接收和发送中断可以简化程序对通信的控制。

2. I/O 中断

I/O 中断包括上升沿中断或下降沿中断、高速计数器（HSC）中断和脉冲列输出（PTO）中断。CPU 可以用输入点 I0.0～I0.3 的上升沿或下降沿产生中断。高速计数器中断允许响应 HSC 的计数当前值等于设定值、计数方向改变（相当于轴转动的方向改变）和计数器外部复位等中断事件。高速计数器可以实时响应高速事件，而 PLC 的扫描工作方式不能快速响应这些高速事件。高速输出完成指定脉冲数输出时也可以产生中断，脉冲列输出可以用于步进电机的控制。

3. 定时中断

可以用定时中断（Timed Interrupt）来执行一个周期性的操作，以 1 ms 为增量，周期的时间可以取 1～255 ms。定时中断 0 和中断 1 的时间间隔分别写入特殊存储器字节 SMB34 和 SMB35。每当定时时间到，执行相应的定时中断程序。例如可以用定时中断来采集模拟量和执行 PID 程序。如果定时中断事件已被连接到一个定时中断程序，为了改变定时中断的时间间隔，首先必须修改 SM34 或 SM35 的值，然后重新把中断程序连接到定时中断事件上。重新连接时，定时中断功能清除前一次连接的定时值，并用新的定时值重新开始定时。

注 定时中断一旦被允许，中断就会周期性地不断产生，每当定时时间到时，就会执行被连接的中断程序。如果退出 RUN 状态或定时中断被分离，定时中断被禁止。

定时器 T32、T96 中断用于及时地响应一个给定的时间间隔，这些中断只支持 1 ms 分辨率的定时器 T32 和 T96。一旦中断被允许，当定时器的当前值等于设定值，在 CPU 的 1 ms 定时刷新中，执行被连接的中断程序。

（二）中断优先级

如果一个中断程序与多个中断事件有关联，PLC 执行中断程序采用先来先服务的原则，即最先发生的中断事件先调用中断程序执行；如果在执行中断程序时，先后又有几个中断事件发生，则它们只能排队等待处理。但排队的先后顺序并不是按发生的时间顺序，而是按中断优先级别。

中断优先级当多个中断事件同时发生时，或排队等待处理时，处理中断事件所对应的中断程序的先后次序。中断优先级如表 9.9 所示。

1. 按大类（分组）分先后次序

通信中断、I/O 中断和定时中断 3 个中断事件大类中，中断优先级依次排列的顺序是：通信口中断类为最高级，I/O 中断类为中等级，定时中断类为最低级。即通信口中断类任何一个中断事件比 I/O 中断和定时中断类所有中断事件都优先；I/O 中断类任何一个中断事件又比定时中断类所有中断事件都优先。

2. 同一类（组内）分先后次序

每一大类中的中断事件属于同一类中断事件，中断优先级详见表 9.9 中"优先级（组内）"列所示。

四、与中断相关联指令

与中断相关联指令如表 9.10 所示。

表 9.10　与中断相关联指令

LAD	ATCH EN　ENO ?-INT ?-EVNT	DTCH EN　ENO ?-EVNT	CLR_EVNT EN　ENO ?-EVNT
指　令	ATCH	DTCH	CLR_EVNT
功能指令说明	中断事件和中断程序关联	中断事件和中断程序分离	清除虚假或错误中断事件
LAD	—(ENI)	—(DISI)	—(RETI)
指　令	ENI	DISI	RETI
功能指令说明	允许中断	禁止中断	从中断程序有条件返回

1．中断关联指令 ATCH

中断关联指令 ATCH(Attach Interrupt)或称为中断连接指令，主程序中用来建立中断事件(EVNT)和处理此事件的中断程序(INT)之间的联系。中断事件由中断号指定，即在 ATCH 梯形图中 EVNT 端输入中断号，例如中断事件“定时中断 0”，只需输入中断号 10 即可。中断程序由中断程序号指定，即在 ATCH 梯形图中 INT 端输入中断程序号，例如 INT_0。

2．中断分离指令 DTCH

中断分离指令 DTCH(Detach Interrupt)，主程序中用来断开中断事件(EVNT)与中断程序之间的联系，即取消关联，从而禁用该单个中断事件。

3．中断允许指令 ENI

中断允许指令 ENI(Enable Interrupt)或称为使能中断指令，全局性地允许所有被连接的中断事件调用中断程序，是执行中断程序必备的条件之一。

在执行中断允许指令 ENI 和中断关联指令 ATCH 后，锁定了某个中断事件与该中断程序的关联，ENI 和 ATCH 不必始终通能流。该中断程序在关联的中断事件发生时被 CPU 自动调用。

4．禁止中断指令 DISI

禁止中断指令 DISI(Disable Interrupt)，全局性地禁止处理所有中断事件。允许中断事件排队等候，但不允许执行中断程序，直到执行全局中断允许指令 ENI 后，才取消禁止。

5．中断程序条件返回指令 RETI

中断程序条件返回指令 RETI(Conditional Return from Interrupt)，在控制它的逻辑条件满足时，从中断程序返回到主程序。一旦中断程序被执行，必定等到最后一条指令被执行，才能自动返回至主程序，用户不用在中断程序中编写无条件返回指令。但可以用执行“从中断程序有条件返回”指令 RETI 的方法中途退出中断程序，返回至主程序。

五、中断指令与中断程序的编制

中断被允许且中断事件发生时，CPU 自动调用为该事件指定的中断程序；多个中断事件可以调用同一个中断程序，但是一个中断事件不能同时调用多个中断程序。

1．中断程序页面的创建和删除

一个项目中，可能需要一个中断程序 INT_0 或多个中断程序 INT_n。每个中断程序需要创建一个独立的程序编辑器窗口页面，打开 STEP7－Micro/WIN 在程序编辑器窗口，可采用下列任何一种方法建立中断程序页面：

① 从"编辑"菜单创建：单击左上方"编辑"展开菜单，选择插入 I（Insert）→ 中断程序 I 点击。重复操作，可以创建 INT_0, INT_1, …, INT_n（中断程序标签自动编号显示在窗口下面）等多个中断程序页面；

② 从"指令树"创建：在"指令树"中找到"程序块"文件夹，用鼠标右键点击"程序块"图标，并从弹出菜单选择"插入"→"中断程序"点击，创建中断程序页面；

③ 从"程序编辑器窗口"创建：用鼠标右键点击窗口任意网络之处，并从弹出菜单中选择"插入"→"中断程序"点击，创建中断程序页面。

④ 更改中断程序名称：在其窗口下面，光标指向要更改的中断程序标签名称，单击右键，在弹出的菜单中，点击"属性"，在弹出的对话框中，输入新名称，点确认即可。

⑤ "程序块"文件夹自动添加中断程序工具及标签名称 INT_n。

采用下列方法可以删除一个中断程序页面：

即在其窗口下面，光标指向需要更改的中断程序标签名称（如 INT_2），单击右键，在弹出的菜单中，选择"删除"→"POU（P）"点击，即可删除中断程序（INT_2）页面。

2．在中断程序局部变量表中定义参数

若要为中断程序指定参数，应该使用该中断程序的局部变量表定义参数。打开中断程序页面，局部变量表中局部变量的类型只有临时变量（TEMP）。临时变量是暂时保存在局部数据汇总的变量。只有在执行该中断程序时，定义的临时变量才被使用，中断程序执行完后，不再保存临时变量的数值。

3．编制中断程序

每一个中断程序都有自己的页面，中断程序必须在自己的中断程序页面编制。编制梯形图的方法没有特别之处，只需满足控制要求即可。中断事件调用中断程序的相关指令编写在主程序而不在中断程序。

4．编制主程序

在主程序中，需要编写相关指令，实现发生中断事件时调用中断程序。最常用的与中断相关联指令是中断关联指令 ATCH 和中断允许指令 ENI。一般采用 SM0.1 作为中断关联指令 ATCH 和中断允许指令 ENI 的逻辑控制条件。SM0.1 仅在首次扫描时为 1，向中断关联指令 ATCH 和中断允许指令 ENI 提供能流使中断事件与中断程序建立关联，即锁定了对应关系，不必始终提供能流。

在学习和应用中断指令与中断程序的过程中，可以在指令树中双击"中断"文件夹，选中 ATCH 指令，按下 F1，弹出一个帮助窗口，有许多细节内容，需要仔细阅读。

例 9.14　比较：① 在 I0.0 的上升沿时使 Q0.0 置位；在 I0.1 的下降沿时使 Q0.0 复位。② 在 I0.0 的上升沿通过中断使 Q0.0 置位；在 I0.1 的下降沿通过中断使 Q0.0 复位。

程序编制

① 按题意要求编程如图 9.31 所示。

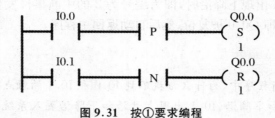

图 9.31　按①要求编程

② 根据题意,首先创建一个主程序页面 OB1、2 个中断程序页面 INT_0 和 INT_1。

根据题意查表 9.9 得知:中断事件 I0.0 的上升沿的中断号为 0;中断事件 I0.1 的下降沿的中断号为 3。

主程序 OB1 如图 9.32 所示。

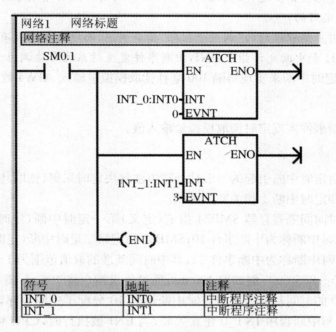

符号	地址	注释
INT_0	INT0	中断程序注释
INT_1	INT1	中断程序注释

图 9.32　按②要求编制的主程序

中断程序 INT_0 和 INT_1 如图 9.33 所示。

图例解读

① PLC 进入 RUN 模式时自动禁止中断,SM0.1 首次扫描时执行中断允许指令 ENI,允许中断事件有效;

② SM0.1 为 1 时,通过中断关联指令 ATCH 将中断事件 0 与中断程序 INT_0、中断事件 3 与中断程序 INT_1 建立了关联;

③ 在任意时间 I0.0 出现上升沿时,即为编号为 0 的中断事件发生,则中断事件 0 调用中断程序 INT_0 执行,即 Q0.0 被置位,然后自动返回主程序;

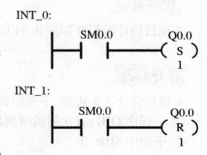

图 9.33　按②要求编制的中断程序

而在任意时间 I0.1 出现下降沿时，即为编号为 3 的中断事件发生，则中断事件 3 调用中断程序 INT_1 执行，即 Q0.0 被复位，然后自动返回主程序。

经验技巧

① 在主程序和中断程序中，为什么都找不到 I0.0 和 I0.1 的触点？实际上是：PLC 已事先将 I0.0 出现上升沿和下降沿、I0.1 出现上升沿和下降沿置入系统程序并且进行了编号，中断号分别为 0 和 1、2 和 3，参见表 9.9 所示。主程序梯形图中，两个中断关联指令 ATCH 的 EVNT 端口分别输入的中断号 0 和中断号 3，就是代表 I0.0 出现上升沿和 I0.1 出现下降沿两个中断事件的。

② 中断程序与子程序的主要区别：

子程序的动作完全需要进行编程设定，中断程序的动作是有中断事件引起的，而中断事件是 PLC 预先设定好的；

子程序是被用户编程设计的"调用子程序"指令调用，而中断程序没有调用指令，只有中断关联指令 ATCH 和中断允许指令 ENI，中断事件发生时系统自动调用中断程序。

例 9.15 用定时中断来实现每隔 100 毫秒读取模拟量输入 AIW4 数值。

项目要求

要求通过中断事件实现定时读取模拟量输入值。

项目分析

本项目需要由定时中断引起的一般性处理方法解决定时采集（读取）输入的模拟量。

定时中断 0 和定时中断 1 相关知识回顾：

定时中断的时间间隔寄存器 SMB34 指定（定义）第一定时中断（定时中断 0）的时间基准，由此产生的定时中断称为中断事件 10；SMB35 指定第二定时中断（定时中断 1）的时间基准，由此产生的定时中断称为中断事件 11；其中时间基准的取值范围为 1～255 ms（对于 21x 系列时间间隔为 5～255 ms），例如取 100 ms，通过传送指令将 100 ms 寄存在 SMB34，称为定义了定时中断 0 的时间基准。若为定时中断事件 10 分配了中断程序，即通过 ATCH 指令将中断事件 10 与中断程序 INT_0 建立关联，当 ENI 被执行时，CPU 将以设定的时间间隔（100 ms）为基准周期，执行一个周期性的操作，即定时中断 0（中断事件号为 10）每隔 100 ms 执行一次中断程序。

程序展示

本项目设计的程序如图 9.34 所示。

程序解读

本项目设计了主程序、子程序和中断程序，梯形图程序解读如下：

① 主程序 OB1：首次扫描时调用子程序。

② 子程序 SBR_0：

(a) 传送 100 ms 寄存在 SMB34，定义定时中断 0 的时间基准为 100 ms；

(b) 首次扫描时执行中断关联指令 ATCH，将定时中断 0（中断事件 10）与中断程序 INT_0 建立关联；

主程序OB1：

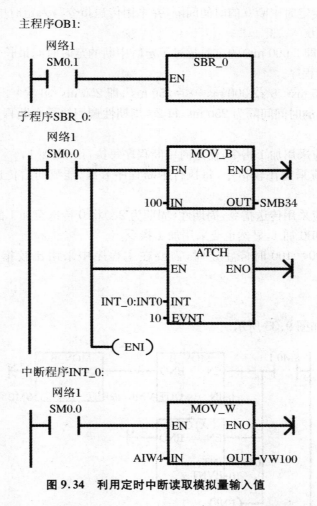

图9.34　利用定时中断读取模拟量输入值

（c）首次扫描时执行中断允许指令 ENI，允许定时中断 0 周期性地产生中断，即每隔 100 ms 执行一次中断程序。

③ 中断程序 INT_0：每次执行中断程序时，将模拟量输入 AIW4 数值传送至 VW100 存储器；定时中断 0 以 100 ms 为时间间隔，周期性地执行中断程序，实现了用定时中断来读取（采集）模拟量输入值。

例 9.16　定时中断的定时时间最长为 255 ms，用定时中断 0 实现周期为 2 s 的高精度定时。每 2 s 将 QB0 加 1，至 QB0 = 100 时停止定时。

项目要求

① 要求通过中断事件定时中断 0 实现定时；
② 要求每一个定时周期（2 s）计数 1 次，计满 100 为止。

项目分析

本例文字简短，内容复杂，需要构思缜密、设计精巧，方能完成，是学习中断程序的典范。

① 要用定时中断 0 实现定时，就需要采用中断关联指令 ATCH 将定时中断 0 与中断程序 INT_0 建立关联。

② 首先要确定定时中断 0 的时间间隔,并采用传送指令写入定时中断 0 的时间间隔寄存器 SMB34。

因为周期 2 s(即 2 000 ms)的定时超过了定时中断的定时时间最长为 255 ms,所以需多次执行相应的中断程序。

2 000 ms÷255 ms<8 ;2 000 ms÷8＝250 ms ;即 250 ms×8 次＝2 000 ms

取定时中断 0 的时间间隔为 250 ms,每 2 s 周期性调用执行中断程序 8 次,实现使 QB0 加 1。

③ 中断程序应采用加 1 指令,使定时中断程序每执行一次加 1。

④ 中断程序应采用比较指令,每执行中断程序 8 次,能流向后传递 1 次,实现使 QB0 加 1。

⑤ 中断程序应采用传送指令,周期性(周期为 2 s)将 0 传送至加 1 的存储器,实现清零。

⑥ 每 2 s 将 QB0 加 1,显然也要采用加 1 指令。

⑦ 要实现 QB0 = 100 时停止定时,需要在主程序中采用比较指令和中断分离指令 DTCH。

程序展示

主程序 OB1 如图 9.35 所示。

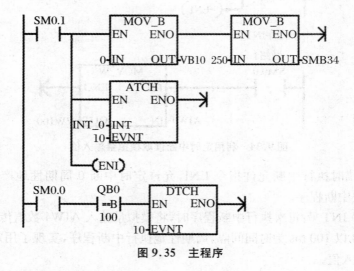

图 9.35　主程序

中断程序 INT_0 如图 9.36 所示。

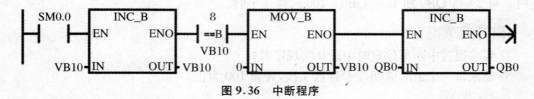

图 9.36　中断程序

程序解读

主程序与中断程序梯形图程序解读如表 9.11 所示。

表 9.11 主程序与中断程序梯形图重点分析

局部梯形图	网络	阅读理解
SM0.1 — ATCH (EN ENO), INT_0 → INT, 10 → EVNT, (ENI)	OB1 1	定时中断 0 的中断号为 10,SM0.1 首次扫描时执行中断关联指令 ATCH,将定时中断 0 与中断程序 INT_0 建立关联;SM0.1 在首次扫描时执行中断允许指令 ENI,允许定时中断 0 周期性地产生中断
SM0.1 — MOV_B (EN ENO), 0 → IN, OUT → VB10	OB1 1	首次扫描时执行传送指令 MOV_B,将 0 传送至存储器 VB10。首次先将 VB10 清零
SM0.1 — MOV_B (EN ENO), 250 → IN, OUT → SMB34	OB1 1	首次扫描时执行传送指令 MOV_B,将 SMB34 的值固定为 250 ms。即定时中断 0 每隔 250 ms 周期性地产生中断,调用中断程序
SM0.0 — INC_B (EN ENO), VB10 → IN, OUT → VB10	INT_0 1	定时中断一旦被允许,中断就会周期性地不断产生,每当定时时间 250 ms 一到,就会执行一次该中断程序。每执行一次,VB10 加 1
SM0.0 — INC_B (EN ENO), VB10 → IN, OUT → VB10, 8 ==B VB10	INT_0 1	加 1 指令的输入端和输出端都是 VB10。第一次执行中断程序时,VB10 从 0 开始加 1,将 1 存入输出端 VB10,则输入端 VB10 也变成 1;第二次执行中断程序时,VB10 又从 1 开始加 1,将 1 存入 VB10,VB10 为 2;第八次执行中断程序时,VB10＝8,比较指令条件满足,比较指令触点导通,输出能流。此时正好经历了 2 s
8 ==B VB10 — MOV_B (EN ENO), 0 → IN, OUT → VB10	INT_0 1	当比较指令触点导通,输出能流时,执行传送指令 MOV_B,又将 0 传送至存储器 VB10,第二次将 VB10 清零。比较指令前面的加 1 指令又从 0 开始加 1,VB10＝8,比较指令触点第二次导通,VB10 第三次被清零。周而复始、循环往复
INC_B (EN ENO), QB0 → IN, OUT → QB0	INT_0 1	当每隔 2 s 比较指令导通一次时,执行一次传送指令 MOV_B,输出一次能流,比较指令后面的加 1 指令执行一次,QB0 加 1
SM0.0 — QB0 ==B 100 — DTCH (EN ENO), 10 → EVNT	OB1 2	当 QB0 加至 100 时,该比较指令触点导通,输出能流,执行中断分离指令 DTCH,断开定时中断 0(中断事件)与中断程序之间的联系,禁止定时中断 0 调用中断程序,即定时中断 0 停止调用中断程序

第八节　时　钟　指　令

利用时钟指令可以实现调用系统实时时钟或根据需要设定时钟,这对控制系统运行的监视、运行记录以及与实时时间有关的控制等十分方便。时钟指令有两条:读实时时钟指令和写实时时钟指令,如表 9.12 所示。

表 9.12　读实时时钟和写实时时钟指令

LAD	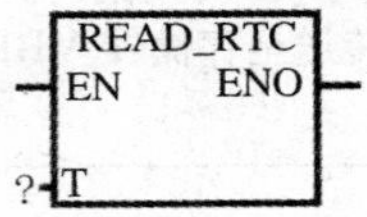 READ_RTC EN　ENO ?-T	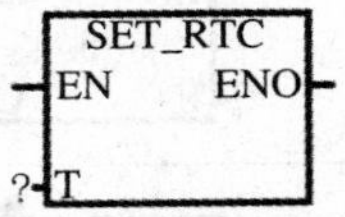 SET_RTC EN　ENO ?-T
功　能	读实时时钟	写实时时钟
功能指令说明	读取实时时钟指令 TODR: 系统从硬件时钟读取当前时间和日期,并将其载入以地址 T 起始的 8 个字节的时间缓冲区	设置实时时钟指令 TODW: 将当前时间和日期写入用 T 指定的在 8 个字节的时间缓冲区开始的 PLC 硬件时钟

读取实时时钟指令 TODR(Time of Day Read),系统从硬件时钟读取当前时间和日期,并将其载入以地址 T 起始的 8 个字节的时间缓冲区,依次存放年、月、日、时、分、秒、0(未分配)和星期,日期和时间的数据类型为字节型。

写实时时钟指令 TODW(Time of Day Write),又称为设定实时时钟指令,通过起始地址为 T 的 8 个字节的时间缓冲区,将设置的时间和日期写入实时时钟。

8 个字节的时间缓冲区的格式如表 9.13 所示。

表 9.13　8 字节缓冲区的格式

地址	T0	T+1	T+2	T+3	T+4	T+5	T+6	T+7
含义	年	月	日	时	分	秒	保留 0	星期
范围	00~99	01~12	01~31	00~23	00~59	00~59	00	0~7
码制	BCD 值	BCD 值	BCD 值	BCD 值	BCD 值	BCD 值	BCD 值	BCD 值

指令使用说明:

① 8 个字节缓冲区,例如 VB100、VB101、VB102、VB103、VB104、VB105、VB106、VB107,依次存放当前年份、当前月份、当前日、当前时、当前分、当前秒、始终设置为 00(空置)、当前星期几。

② 梯形图中,时钟指令 T 端口只需写入起始字节。如 VB100,而字节连号 101~107 省略,即 T 端口的起始字节 VB100 代表了 VB100~VB107 连续 8 个字节缓冲区。

③ 编程时日期和时间数值为 BCD 格式。BCD 码用十六进制格式显示。例如 16♯12 表示 12,即数值 12 在输入时要以"16♯12"的格式写入。

④ S7-200 中实时时钟只用年的最低两位有效数字。例如 2014 年只能用 14,即输入时只能写入"16♯14"代表 2014 年,不能写入"16♯2014"。

⑤ 星期的取值范围为 0~7,其中 1 表示星期日,2~7 分别表示星期一到星期六,0 表示禁用星期。

⑥ S7-200 CPU 不会根据日期核实星期几是否正确,不检查无效日期。例如 2 月份不可能有 31 天,2 月 31 日为无效日期,但输入 2 月 31 日时,可以被系统接受。所以必须确保输入正确的日期。

⑦ 不要同时在主程序和中断例行程序中使用 TODR 或 TODW 指令。

⑧ 设定 PLC 时钟。根据需要,有两种设定时钟的方式:

方式一:设定 PLC 时钟与当前日期和时间(北京时间)一致

首先校对 PC 系统时间:选中 PC 右下角时钟显示,点击右键,在菜单中点击"调整日期和时间",在对话框中按北京时间调整。

打开 STEP7-Micro/WIN 页面,点击右上角"PLC(P)",展开菜单,点击"实时时钟(D)",出现对话框,点击"读取 PC"→点击"设置"。即已将计算机的实时时钟下载到 PLC。

方式二:采用设定实时时钟指令 TODW 自由设定

设定实时时钟指令 TODW(助记符 SET_RTC)可以任意设定时钟起始日期、时刻。设定的时钟起始值可以与现实中的北京时间不一致,例如相当于在德国按当地时间设定,运到中国使用。

例 9.17 用实时时钟指令控制路灯的定时接通和断开,要求 20:00 自动开灯,06:00 自动关灯。

程序展示

用实时时钟指令控制路灯的定时接通和断开的梯形图程序如图 9.37 所示。

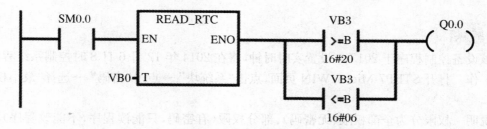

图 9.37 定时自动接通和断开路灯

程序解读

实时时钟指令控制路灯的梯形图程序解读如表 9.14 所示。

表 9.14 主程序与中断程序梯形图重点分析

局部梯形图	网络	阅读理解
SM0.0 — READ_RTC (EN ENO) VB0—T	1	T:起始地址很重要。VB0 代表 VB0~VB7 依次存放年、月、日、时、分、秒、0 和星期。VB3 的数据即为实时时钟的"时",即显示"时钟指针"的读数

续表

局部梯形图	网络	阅读理解
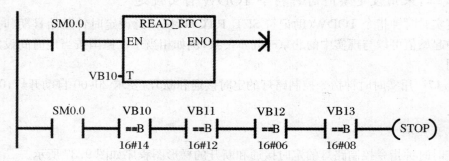 VB3 >=B 16#20　　Q0.0 VB3 <=B 16#06	1	比较指令并联： 当前时间 t 处在 6 时＜t＜20 时，两个比较指令触点都不通。当实时时间为 20 时 0 分 0 秒至 23 时 59 分 59 秒时段，"＞＝"比较指令触点接通，灯亮；当实时时间为 0 时至 6 时 0 分 0 秒时段，"＜＝"比较指令触点接通，灯仍亮

例 9.18　某自动化公司于 2013 年 12 月 6 日在一设备控制上设置了实时时钟指令，要求 1 周年后设备控制程序自动停止工作，并加了密码。

程序展示

实时时钟指令用于设备控制程序自动停止工作，如图 9.38 所示。

图 9.38　设备控制程序 1 年后自动停止工作

程序解读

该设备控制程序于 2013 年设置实时时钟，将在 2014 年 12 月 6 日 8 时控制系统程序被停止工作。打开 STEP7-Micro/WIN 页面，点击"系统块"→点击"密码"→选择"最小权限"确定。

说明　权限分为全部权限（无密码）、部分权限（有密码，只能读程序，不能改程序）和最小权限（有密码，无法读和改程序）。

经验技巧

正确理解 8 个字节缓冲区所对应的内容是使用 S7-200 PLC 时钟的基础，同时注意 BCD 码与二进制的关系与区别。使用实时时钟，无论是读实时时钟还是写实时时钟，一个项目的程序中，应该有读或写实时时钟指令，且必须在时钟指令 T 端口写入起始字节。

各 PLC 品牌厂家都有各自的加密方式；各个应用 PLC 的厂家都会保护自己的程序不被别人抄写；设备厂家为了能控制使用和回收货款；都可以在程序内设定一些参数进行控制。

实　训

1. 数据传送训练

已知 VB10 = 18，VB20 = 30，VB21 = 33，VB32 = 98。将 VB10、VB30、VB31、VB32 中的数据分别送到 AC1、VB200、VB201、VB202 中。写出梯形图程序。

2. 灯光选择控制

用传送指令控制输出的变化，要求控制 Q0.0～Q0.7 对应的 8 个指示灯，在 I0.0 接通时，使输出隔位接通；在 I0.1 接通时，输出取反后隔位接通。上机调试程序，记录结果。如果改变传送的数值，输出的状态如何变化，从而学会设置输出的初始状态。

3. 灯光顺序点亮控制

编程实现下列控制功能，假设有 8 个指示灯，从右到左以 0.5 s 的速度一次点亮，任意时刻只有一个指示灯亮，到达最左端，再从右到左依次点亮。

4. 采用上升沿脉冲计数

编制检测上升沿变化的程序。每当 I0.0 接通一次，使存储单元 VW0 的值加 1，如果计数达到 5，输出 Q0.0 接通显示，用 I0.1 使 Q0.0 复位。

5. 模数转换计算

例 5.1 中，实际压力值经压力变送器和 A/D 转换器后，为数字量 N，压力数值为 P = $100 \times (N - 6400)/256$，数字 N 被传送到 VW0 中，请编制梯形图程序，运算出结果并显示压力实际值(kPa)。

6. 中断程序编制

编写一个输入/输出中断程序，要求实现：

① 从 0 到 255 的计数。

② 当输入端 I0.0 为上升沿时，执行中断程序 0，程序采用加计数。

③ 当输入端 I0.0 为下降沿时，执行中断程序 1，程序采用减计数。

④ 计数脉冲为 SM0.5。

第十章　S7-200 PLC 语句表编程简介

编者认为初学者能够熟练掌握一种 PLC 编程语言已是很不容易,同时学习几种编程语言不方便教学,更不利于学生学习和掌握。S7-200 PLC 语句表程序使用的指令是一种与微机的汇编语言中的指令相似的助记符表达式,比较适合计算机类专业学生学习和掌握。电气类、机电类学生学习梯形图编程语言相对易于理解和掌握,尤其是机械类学生,甚至没有学习计算机语言,直接学习 PLC 语句表,确实存在不易理解和记忆。本章在学生基本掌握梯形图编程语言的基础上,简单介绍少量的 S7-200P LC 语句表,为今后自学打下点基础。

第一节　最基本和最常用的指令

本节以位逻辑指令(参见第六章第四节)为例,简单介绍部分 S7-200 PLC 语句表指令,使学生对使用 PLC 语句表指令编程或读懂由语句表指令编制的 PLC 程序有一个初步的认识。

经验技巧

在梯形图程序中,利用图形符号、文字符号及其组成的电路来表达程序,非常直观;而语句表程序中,只有语句指令和文字符号组成的语句表来表达程序,很不直观。所以学习过程中必须借助梯形图辅助学习语句表。学习和掌握语句表程序的难度在于只能用最精简的语言(语句指令)来表达复杂的工艺控制程序,好比要用诗词给别人指路,双方沟通都困难。用梯形图编程就好比在地图上给别人指路,即使路径曲折,也方便沟通;仅用字数不限的语言或文字指路,已是比较困难,何况语句表编程仅仅是用英文缩写字母。所以初学者必须掌握语句指令的精确定义。

一、S7-200 PLC 位逻辑指令

(一)标准触点指令、输出指令及语句表

1. 触点指令和输出指令

触点指令按指令功能分类,可以分为:逻辑取(装载)指令 LD/LDN、触点串联指令 A/AN、触点并联指令 O/ON ,如表 10.1 所示。在语句表中,分别用 LD(Load,装载)、A(And,与)和 O(Or,或)指令来表示初始连接、串联和并联单个常开触点;分别用 LDN(Load Not,取反后装载)、AN(And Not,取反后与)和 ON(Or Not,取反后或)指令来表示初

始连接、串联和并联单个常闭触点；

用"＝"(OUT，输出)表示赋值指令，又称输出指令，它与梯形图中的线圈相对应。

表 10.1　标准触点指令和输出指令

触点或线圈	梯形图指令	语句		对应于梯形图的定义描述
常开触点	─┤　├─	LD	bit	装载，从左侧母线开始接入单个常开触点
		A	bit	与，串联一个(单个)常开触点
		O	bit	或，并联一个(单个)常开触点
常闭触点	─┤ / ├─	LDN	bit	取反后装载，从母线开始接入单个常闭触点
		AN	bit	取反后与，串联一个(单个)常闭触点
		ON	bit	取反后或，并联一个(单个)常闭触点
线　圈	─(　)─	=	bit	赋值(输出)，接入一个(单个)线圈

2. 语句表程序

通过对电动机控制电路的语句表编程实例，介绍语句表程序。

例 10.1　由断路器、接触器、PLC 组成的电动机单向连续运行控制电路如图 10.1 所示。

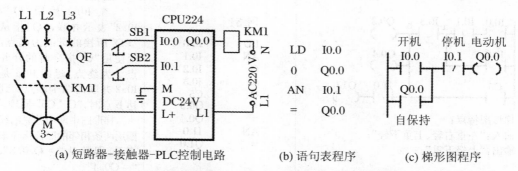

(a) 短路器-接触器-PLC控制电路　　(b) 语句表程序　　(c) 梯形图程序

图 10.1　断路器-接触器- PLC 控制的电动机单向连续运行电路

可见，学过梯形图编程后，再来学习语句表程序时，语句表中的逻辑关系使初学者自然而然地想到梯形图。所以学习过程中借助梯形图来辅助学习语句表，通过联想，加快理解，是一种学习的好方法。

3. 语句表程序与梯形图程序

为了学习语句表的实例应用，未必都要以实例为例。根据梯形图 LAD(Ladder Logic Programming Language)程序编制成语句表 STL(Step Ladder Instruction)程序，或根据语句表程序编制成梯形图，通过这种"翻译"练习，能够快速理解和掌握语句表编程技术。

打开 STEP7-Micro/WIN 页面，点击程序块，为梯形图网络，绘制梯形图；点击左上方"查看"展开菜单，点击"STL(S)"，换成语句表网络，正确绘制的梯形图自动"翻译"成语句表程序。

在语句表网络，双击指令树下的位逻辑文件夹，展开所有位逻辑语句指令，按网络正确编制语句表指令。点击左上方"查看"展开菜单，点击"梯形图(L)"，换成梯形图网络，正确绘制的语句表程序自动"翻译"成梯形图程序。

语句表允许将若干个独立电路对应的语句放在同一个网络中,下载到 PLC 能够正确执行,但是这样编写的语句表,在点击"梯形图(L)"时不能转换为梯形图。输入程序时,不能使用中文的标点符号,必须使用英文的标点符号。

例 10.2 将表 10.2 中的梯形图程序编制成语句表程序,并通过 STEP7-Micro/WIN 软件验证所编制的语句表程序是否正确。

表 10.2 梯形图程序编制成语句表程序

梯形图程序	语句表程序	验证结果及说明
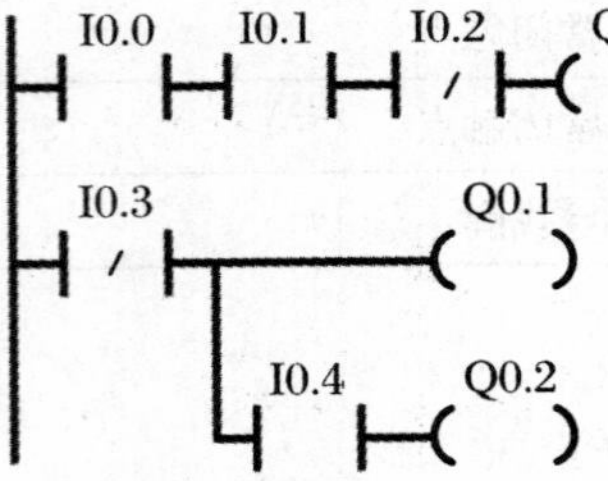 I0.0 I0.1 I0.2 Q0.0 ├┤ ├┤ ├┤/├ ─( ) I0.3 Q0.1 ├┤/├ ─( ) I0.4 Q0.2 ├┤ ─( )	网络1 LD I0.0 A I0.1 AN I0.2 = Q0.0 网络2 LDN I0.3 = Q0.1 A I0.4 = Q0.2	正确。 网络 2 中,I0.3 触点后分支点接入两条支路:一条接 Q0.1;一条接 I0.4,所以用"A I0.4","A"表示与 Q0.1 前面的分支点(信息点)串联。虽然看上去是与 Q0.1 并联,但不能用"OI0.4",切记
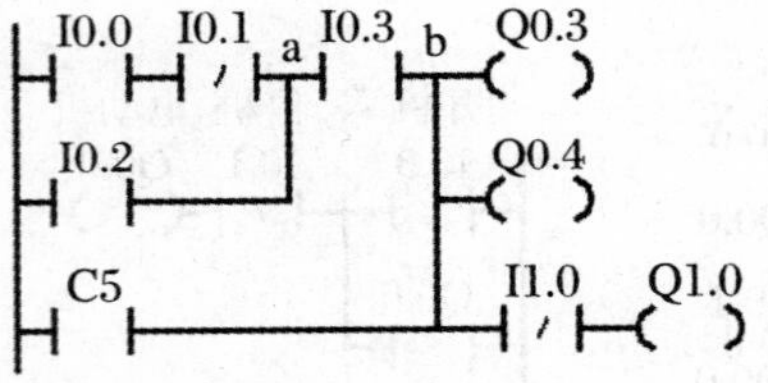 I0.0 I0.1 a I0.3 b Q0.3 ├┤ ├┤/├ ├┤ ─( ) I0.2 Q0.4 ├┤ ─( ) C5 I1.0 Q1.0 ├┤ ├┤/├ ─( ) 梯形图特点: 输入:"左重右轻、上重下轻"; 输出:"上轻下重"	网络1 LD I0.0 AN I0.1 O I0.2 A I0.3 O C5 = Q0.3 = Q0.4 AN I1.0 = Q1.0	正确。 在 I0.1 后用"O I0.2"表示并联,"O"指从"LD"所接的母线为起点,至使用"O"指令时的合并点 a 为终点,母线和 a 是 I0.2 并联的两个端点。到达 b 点时,"O C5"同理。 梯形图中两个并联的线圈用两条相邻的赋值指令来表示,即默认" = Q 0.3"、" = Q0.4"
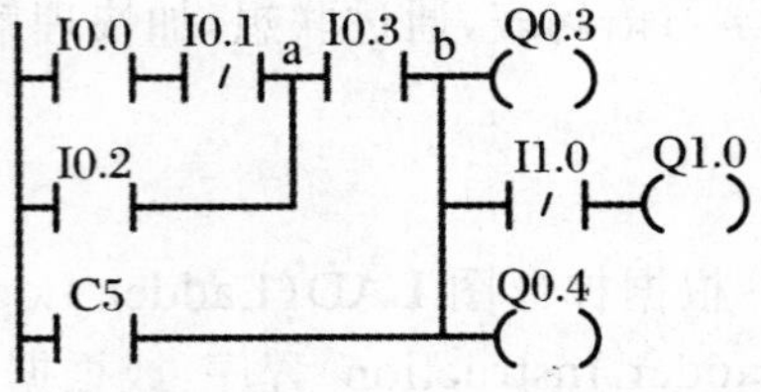 I0.0 I0.1 a I0.3 b Q0.3 ├┤ ├┤ ├┤ ─( ) I0.2 I1.0 Q1.0 ├┤ ├┤/├ ─( ) C5 Q0.4 ├┤ ─( ) 梯形图特点: 输入:"左重右轻、上重下轻";但是输出:"上重下轻",仅用触点指令和输出指令无法正确表达	网络1 LD I0.0 AN I0.1 O I0.2 A I0.3 O C5 = Q0.3 AN I1.0 = Q1.0 = Q1.4	错误。 将上图 b 点两个支路对调后即为本图。如此编程,翻译成梯形图时,与原梯形图不一致。 原因:Q0.4 与 Q1.0 两线圈不是并联关系。 正确语句表程序详见例 10.8

续表

梯形图程序	语句表程序	验证结果及说明
I0.0 I0.1 a I0.3 b Q0.3 I0.2 I1.0 c Q1.0 C5 Q0.4	程序同上，即 网络1 LD　　I0.0 AN　　I0.1 O　　　I0.2 A　　　I0.3 O　　　C5 =　　　Q0.3 AN　　I1.0 =　　　Q1.0 =　　　Q0.4	正确。 两个电路图不同，语句表程序却相同，至少有一个程序有错。 C点两线圈并联： 　　=Q1.0 　　=Q0.4 即 Q1.0 和 Q0.4 都受 I1.0 控制
网络1 I0.0 I0.1 Q0.0 I0.2 网络2 I1.0 I1.1 Q1.0 I1.2 梯形图特点：网络1中I0.0后串联一个并联电路。仅用触点指令和输出指令无法正确表达	网络1 LD　　I0.0 A　　　I0.1 ON　　I0.2 =　　　Q0.0 网络2 LD　　I1.0 A　　　I1.1 ON　　I1.2 =　　　Q1.0	错误。 网络1与网络2的电路明显不同，然而语句表程序却相同，至少有一个网络中的程序有错，网络1语句表错误。 原因：I0.1 与 I0.2 并联后才能与 I0.0 串联，而"A"特指只能串联单个触点，不能代表串联一个并联电路。 正确语句表程序详见例 10.5
网络1 I1.2 Q1.0 I1.0 I1.1 网络2 I0.2 I0.1 Q0.0 I0.0 梯形图特点：网络1中I1.2需要并联一个串联电路。仅用触点指令和输出指令无法正确表达	网络1 LDN　I1.2 O　　　I1.1 A　　　I1.1 =　　　Q1.0 网络2 LDN　I0.2 O　　　I0.0 A　　　I0.1 =　　　Q0.0	错误。 网络1与网络2的电路明显不同，然而语句表程序却相同，至少有一个网络中的程序有错，网络1语句表错误。 原因：I1.0 与 I1.1 串联后才能与 I1.2 并联，而"O"特指只能并联单个触点，不能代表并联一个串联电路。 正确语句表程序详见例 10.4

例 10.3　将表 10.3 中的语句表程序编制成梯形图程序，并通过 STEP7-Micro/WIN 软件验证所编制的梯形图程序是否正确。

表 10.3　语句表程序编制成梯形图程序

语句表程序	梯形图程序	验证结果及说明
网络 1 LD　　　　I0.0 =　　　　Q0.0 网络 2 LDN　　　I0.1 =　　　　Q0.1 =　　　　Q0.2 网络 3 LD　　　　I0.2 =　　　　Q0.3	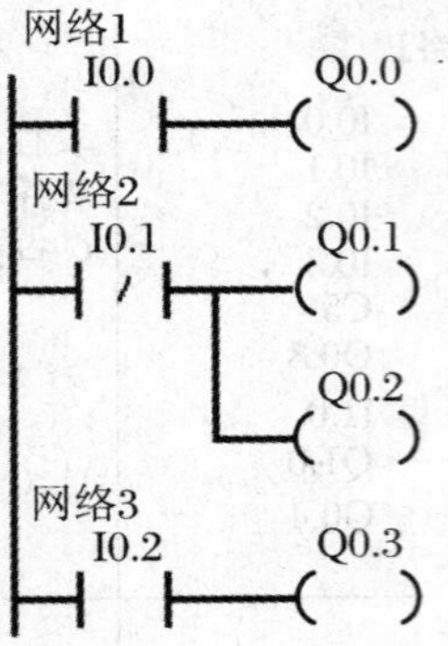 网络1 　I0.0　　　Q0.0 ──┤├────( )── 网络2 　I0.1　　　Q0.1 ──┤/├────( )── 　　　　　　Q0.2 ────────( )── 网络3 　I0.2　　　Q0.3 ──┤├────( )──	正确。 "LD　I0.0"表示常开触点 I0.0 左侧连接母线,"=　Q0.0"表示输出线圈与左侧电路串联。 "LDN　I0.1"表示常闭触点 I0.1 左侧连接母线。 三个网络开始第一个触点都要用"LD"或"LDN"。 两条相邻的赋值指令("="后又是"=")默认梯形图中是两个并联的线圈,但都是与前面电路串联
LD　　　　I0.0 O　　　　I0.1 ON　　　I0.2 =　　　　Q0.0 LDN　　　I0.3 A　　　　I0.4 O　　　　M0.1 A　　　　I0.5 ON　　　M0.2 =　　　　Q0.1	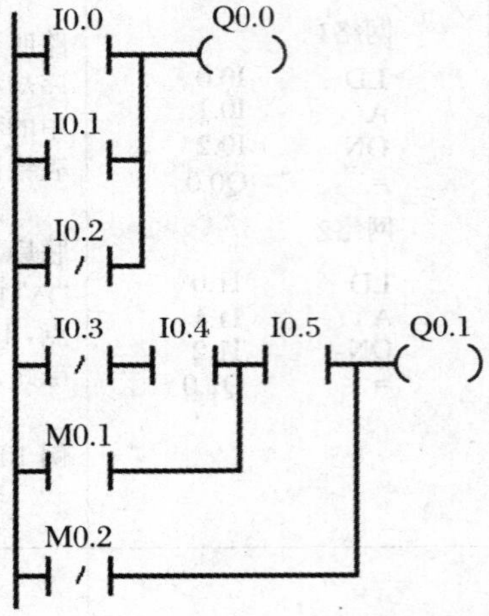 　I0.0　　　Q0.0 ──┤├────( )── 　I0.1 ──┤├── 　I0.2 ──┤/├── 　I0.3　　I0.4　　I0.5　　　Q0.1 ──┤/├──┤├──┤├────( )── 　M0.1 ──┤├── 　M0.2 ──┤/├──	正确。 网络 1:I0.0 后接"O",表示常开触点从"LD　I0.0"所接的母线开始,至 I0.0 右侧合并处并联;"O"后又是"ON",表示又并联一个常闭触点,起点、终点位置不变。 网络 2:"A　I0.4"表示 I0.4 与前面电路(仅有 I0.3)串联;后面用"O",表示 M0.1 与前面的电路(即 I0.3 与 I0.4 串联电路)并联,即终点在 I0.4 的右侧;后面又是"A",表示 I0.5 是与前面整个并联电路串联;同理,"ON"表示 M0.2 与前面整个串并联电路并联,"="表示输出线圈 Q0.1 与前面整个混联电路串联。

经验技巧

PLC 如何执行梯形图程序或语句表程序?

理解 PLC 是如何执行梯形图程序或语句表程序的,就不难理解语句指令的定义及其使用方法。

由触点和线圈构成的梯形图,每个触点只有两种逻辑状态,"0"和"1",电路的通断取决于各触点的通断状态,实际上梯形图就是一个逻辑电路,各触点的数据只有"0"和"1",执行梯形图程序就是逻辑电路进行逻辑运算,运算结果不是"0"就是"1",线圈输出的就是逻辑运算的结果。

以例 10.2 为例,图 2 中,a 点是否有能流,取决于 I0.0 与 I0.1 串联电路的结果 $S0 = I0.0 \cdot \overline{I0.1}$ 和 I0.2 的通断,即 a 点的逻辑状态 $Sa = S1 = S0 + I0.2$;b 点的逻辑状态 $Sb = S3 = S2 + C5 = S1 \cdot I0.3 + C5$。Q0.3 和 Q0.4 输出的结果取决于 b 点的逻辑状态 Sb;I1.0 也是与 b 点前所有混合电路串联后向 Q1.0 提供能流,即 Q1.0 是否通电取决于 $S4 = Sb \cdot \overline{I0.1}$ 的逻辑运算结果。

可见，"LD I0.0"表示 I0.0 与左侧母线连接，并寄存状态；"AN I0.1"表示 I0.1 与左侧电路串联，即与左侧寄存的信息进行逻辑"与"的运算，$S0 = I0.0 \cdot \overline{I0.1}$，并寄存运算结果 S0；"O I0.2"表示 I0.2 与前面的电路并联，即与寄存的运算结果进行逻辑"或"运算，$Sa = S1 = S0 + I0.2$，并寄存运算结果 Sa，Sa 的状态变化信息就是 a 点左侧整个电路每次扫描向 CPU 提供的存储信息。同样，CPU 每次扫描也向其他各点获取不断变化的状态信息。

在例 10.2 图 4 中，Q0.4 获取的是 c 点存储的状态信息；图 3 中，Q0.4 获取的是 b 点存储的状态信息。梯形图看得很清楚，但语句表又该如何表达，才能区分开 Q0.4 是从 c 点、b 点还是 a 点等处获取信息呢？为何现有的触点串联、并联指令表达图 3 和图 4 中的程序会出现混淆呢？

在计算机课程中，堆栈是一个不容忽视的概念。利用堆栈存储逻辑运算结果是 CPU 的一个非常重要的功能。上述各点的逻辑运算结果实际上就是利用堆栈存储的。用堆栈的概念理解上述触点指令及后面的块串联、块并联指令和堆栈操作指令就非常容易。

堆栈中的数据存取一般按"先进后出，即后进先出"的原则进行的，就像子弹夹里的子弹，最后一个装入子弹夹的子弹，必定是第一个打出去的。存储器最上面一层字节称为栈顶，如果先存储 S0 于栈顶，再将 S1 压于栈顶时，S0 就被推到堆栈的第二层；先取出 S1，下面几层的数据依次向上移动一层，S0 又被推到堆栈的第一层；若取出 S1 和 S0 进行逻辑运算，当执行完 $S2 = S0 + S1$ 后，将 S2 压于栈顶，S0 和 S1 的数据未被保存。

在例 10.2 图 2 中，如果没有其他指令，运算到 b 点时，只有 $Sb = S3$ 的数据存储于栈顶，前面参与运算的数据信息都被丢弃了，I1.0 只能与 Sb 运算，所以用串联指令"AN"；图 4 中，运算到 c 点时，只有 $Sc = S4$ 的数据存储于栈顶，Q1.0、Q0.4 只能输出 Sc 的状态信息；图 3 中，Q0.3、Q0.4 输出的是 Sb 的信息，与 Q1.0 输出 S4 的信息完全不同，所以当扫描 Q1.0 执行完 S4 的运算结果输出后，再扫描 Q0.4 时，已无 Sb 的信息可输出。必须采取其他的指令，提前保留 Sb 的信息。当扫描至 Q0.4 线圈时，才能通过其他指令调用所保留的 Sb 的信息。

S7-200 有一个 9 层的堆栈，栈顶用来存储逻辑运算的结果，下面的 8 层用来存储中间运算结果。每次逻辑运算时只保留运算结果，参与运算的两个二进制数则被丢弃。

执行 LD 指令时，将指令指定的位地址（如 I0.0）中的二进制数据装载入栈顶；执行 A 和 O 指令时，将指令指定的位地址（如 I0.1）中的二进制数据同已存入栈顶的数据相"与"和"或"，结果再存入栈顶；执行常闭触点对应的 LDN、AN、ON 指令时，取出指令指定的位地址中的二进制数据后，先将它取反（0 变为 1，1 变为 0），然后再作对应的"装载"、"与"、"或"操作。

（二）块串联、块并联指令及语句表

触点的串联指令、并联指令只能将单个触点与别的触点或电路串联、并联。

1. 块并联指令 OLD

块并联指令 OLD：可以将两个串联电路组成的电路块进行并联，语句表的特点：

① 每个块电路起始必须要用 LD 指令开始；

② 进行块并联时要加 OLD。

例 10.4　将表 10.4 中梯形图编制成语句表程序，并通过 STEP7-Micro/WIN 软件验证所编制的语句表程序是否正确。

表 10.4　串联电路块及块并联(块或)指令

梯形图程序	语句表程序	验证结果及说明
 梯形图	LD　I0.0 AD　I0.1 O　　Q0.2 A　　I0.2 =　　Q0.2 语句表	 验证语句表程序:错误
 梯形图	LD　I0.0 AD　I0.1 LD　Q0.2 A　　I0.2 OLD =　　Q0.2 语句表	 验证语句表程序:正确

用堆栈概念理解 PLC 执行语句表程序的过程:

"LD I0.0":读取 I0.0 的数据,并将 I0.0 的数据压入栈顶;

"AN I0.1":读取 I0.1 的数据,将 I0.1 的数据取反后同已存入栈顶的 I0.0 的数据(出栈)相"与",并将其结果 S0 再存入栈顶;

"LD Q0.2":读取 Q0.2 的数据,并将 Q0.2 的数据压入栈顶,S0 被推入第二层;

"A I0.2":读取 I0.2 的数据,将 I0.2 的数据同已存入栈顶的 Q0.2 的数据(出栈)相"与",并将其结果 S1 再存入栈顶;(Q0.2 的数据出栈时,S0 被推上栈顶,又被 S1 推入第二层)

"OLD": 调用栈顶数据 S1 出栈,第二层的 S0 被推上栈顶,又被调用出栈,即 S1、S0 先后出栈相"或",并将其结果 S2 再存入栈顶;

" = Q0.2":调用栈顶 S2 数据,若 S2=1,则 Q0.2=1;若 S2=0,则 Q0.2=0。

2. 块串联指令 ALD

块串联指令 ALD:可以将两个并联电路组成的电路块进行串联,语句表的特点:

① 每个块电路起始必须要用 LD 指令开始;

② 进行块并联时要加 ALD。

例 10.5　将表 10.5 中梯形图编制成语句表程序,并通过 STEP7 - Micro/WIN 软件验证所编制的语句表程序是否正确。

表 10.5　并联电路块及块串联(块与)指令

梯形图程序	语句表程序	验证结果及说明
梯形图	LD I0.0 O Q0.2 AN I0.1 O I0.2 = Q0.2 语句表	验证语句表程序:错误
梯形图	LD I0.0 O Q0.2 LDN I0.1 O I0.2 ALD = Q0.2 语句表	块串联 ⎡ LD I0.0 O Q0.2 ⎤ 并联块 ⎣ LDN I0.1 O I0.2 ⎦ 并联块 ALD = Q0.2 验证语句表程序:正确

用堆栈概念理解 PLC 执行语句表程序的过程:

"LD I0.0":读取 I0.0 的数据,并将 I0.0 的数据压入栈顶;

"O　Q0.2":读取 Q0.2 的数据,将 Q0.2 的数据同已存入栈顶的 I0.0 的数据(出栈)相"或",并将其结果 S0 再存入栈顶;

"LDN I0.1":读取 I0.1 的数据,并将 I0.1 的数据取反后压入栈顶,S0 被推入第二层;

"O　I0.2":读取 I0.2 的数据,将 I0.2 的数据同已存入栈顶的 I0.1 的数据(出栈)相"或",并将其结果 S1 再存入栈顶;

"ALD"：　调用栈顶数据 S1 出栈和第二层的 S0 出栈,即 S1、S0 先后出栈相"与",并将其结果 S2 再存入栈顶;

"= Q0.2":调用栈顶 S2 数据,若 S2＝1,则 Q0.2＝1;若 S2＝0,则 Q0.2＝0 。

例 10.6　将表 10.6 中的梯形图程序编制成语句表程序,并通过 STEP7-Micro/WIN 软件验证所编制的语句表程序是否正确。

表 10.6　含有混联电路的梯形图程序编译成语句表

梯形图程序	语句表程序	验证结果及说明
	块串联 ⎡ ⎡ LD I0.0 ON I0.3 ⎤ 块 ⎣ LD I0.1 O I0.4 ⎦ 串联 ALD ⎣ LD I0.2 O I0.5 ⎦ ALD = Q0.0	正确。 2 个并联电路块数据先后进栈,执行 ALD 指令时调用两数据作"与"运算,并将结果存入栈顶;第三个并联电路块数据最后进栈,执行第二个 ALD 指令时调用栈内两数据作"与"运算,并将结果存入栈顶

续表

梯形图程序	语句表程序	验证结果及说明

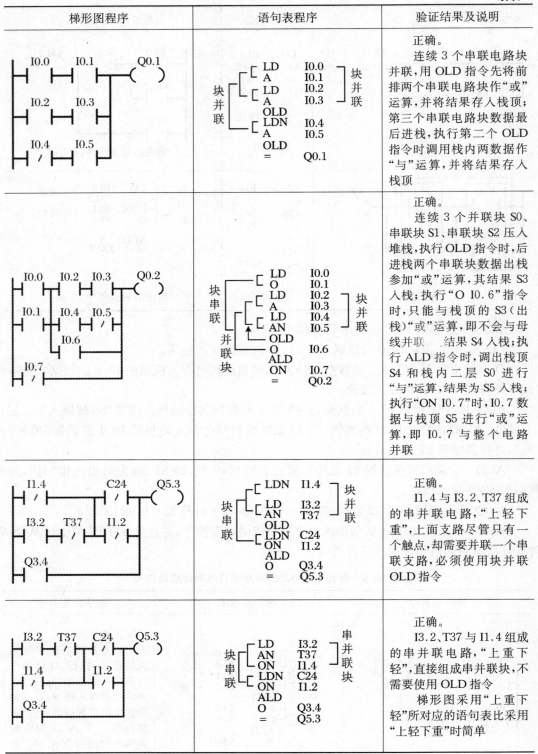

正确。

连续 3 个串联电路块并联,用 OLD 指令先将前排两个串联电路块作"或"运算,并将结果存入栈顶;第三个串联电路块数据最后进栈,执行第二个 OLD 指令时调用栈内两数据作"与"运算,并将结果存入栈顶

正确。

连续 3 个并联块 S0、串联块 S1、串联块 S2 压入堆栈,执行 OLD 指令时,后进栈两个串联块数据出栈参加"或"运算,其结果 S3 入栈;执行"O I0.6"指令时,只能与栈顶的 S3(出栈)"或"运算,即不会与母线并联,结果 S4 入栈;执行 ALD 指令时,调出栈顶 S4 和栈内二层 S0 进行"与"运算,结果为 S5 入栈;执行"ON I0.7"时,I0.7 数据与栈顶 S5 进行"或"运算,即 I0.7 与整个电路并联

正确。

I1.4 与 I3.2、T37 组成的串并联电路,"上轻下重",上面支路尽管只有一个触点,却需要并联一个串联支路,必须使用块并联 OLD 指令

正确。

I3.2、T37 与 I1.4 组成的串并联电路,"上重下轻",直接组成串并联块,不需要使用 OLD 指令

梯形图采用"上重下轻"所对应的语句表比采用"上轻下重"时简单

例 10.7 将表 10.7 中的语句表程序编制成梯形图程序,并通过 STEP7-Micro/WIN 软

件验证所编制的梯形图程序是否正确。

表 10.7 含有块并联、块串联指令的语句表编译成梯形图

语句表程序	梯形图程序	验证结果及说明
块串联 { LDN I1.4 / A I0.3 / LD I3.2 / AN T37 } 块并联 / OLD / LDN C24 / ON I1.2 / ALD / O Q3.4 / = Q5.3	I1.4 I0.3 C24 Q5.3 I3.2 T37 I1.2 Q3.4	正确。 执行 OLD 指令后成为一个块数据存入栈顶;执行 ALD 指令时,按后进先出调用两个块数据"与",并将结果存入栈顶
块串联 { LD I0.0 / O Q2.5 / AN I2.3 / LDN M4.5 / O Q0.3 / A T33 } 块并联 / LDN M5.6 / A C5 / OLD / ALD / O M3.2 / = Q0.3	I0.0 I2.3 M4.5 T33 Q0.3 Q2.5 Q0.3 M5.6 C5 M3.2	正确。 连续排列 3 个电路块,压入堆栈,执行 OLD 指令时,只能调用后进栈的两个块数据先出栈运算,并存入栈顶;执行 ALD 时,再调用栈内的两个块数据出栈运算,并存入栈顶;最后 M3.2 与栈顶数据"或"

(三)逻辑入栈、逻辑读栈、逻辑出栈指令及语句表

利用堆栈操作,执行逻辑入栈、逻辑读栈、逻辑出栈指令,如图 10.2 所示。

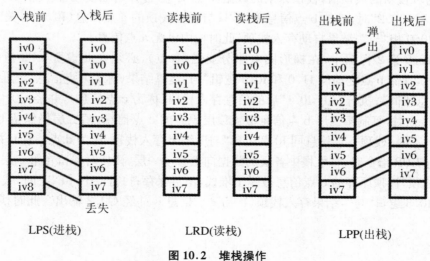

图 10.2 堆栈操作

逻辑入栈 LPS(Logic Push)指令:把栈顶值(iv0)复制后压入堆栈,堆栈中原来的数据依

次向下一层推移(顶层和第二层都存储了 iv0),栈底值压出丢失。

逻辑读栈 LRD(Logic Read)指令:将堆栈中第 2 层(顶层数据读栈前已被更换)的数据复制到栈顶。第 2~9 层的数据不变,原栈顶值消失。

逻辑出栈 LPP(Logic Pop)指令:使堆栈中各层的数据向上移动一层,第 2 层的数据成为堆栈新的栈顶值,栈顶原来的数据从栈内消失。

装载堆栈 LDS N(Load Stack,N=1~8)指令:复制堆栈内第 N 层的值到栈顶。堆栈中原来的数据依次向下一层推移,栈底值被推出丢失。这条指令很少使用。

例 10.8 将表 10.8 中的梯形图程序编制成语句表程序,并通过 STEP7-Micro/WIN 软件验证所编制的语句表程序是否正确。

在表 10.8 第 1 行图中,在梯形图电路分支处(a 点),必须在此设置 LPS 指令。执行 LPS 指令时,存储 a 点之前的逻辑运算结果(如 I0.0)信息于堆栈的第二层(顶层信息相同)。

其实 PLC 运行至 a 点前已自动将信息压入堆栈顶层,为何还要执行 LPS 指令呢?原因很简单,因为执行后续指令(如 A I0.1)时,栈顶 I0.0 数据要出栈与 I0.1 数据作逻辑"与"运算,并将新结果压入栈顶。若仅在栈顶存储 I0.0 信息,则栈内已无 I0.0 信息可调用。当 I0.2 需要与 I0.0 串联,即需要 I0.0 信息参与逻辑"与"运算时,无法进行。

LPS 指令执行的过程:执行"LD I0.0"指令时已将 I0.0 的数据信息压入栈顶;执行 LPS 指令时,就是复制栈顶的值(I0.0 的数据)后再将其压入栈顶,而原在栈顶的 I0.0 的数据被推至第二层,这样第二层和顶层(栈顶)都存储了 I0.0 数据。

执行完"A I0.1"指令和"= Q0.0"后,栈顶值为 I0.1 与 I0.0 相"与"的结果(b 点信息)。那么使用语句表指令如何明确表达才能区别第二条支路(I0.2)是接在 b 点还是 a 点呢?

两者的区别:

若在"= Q0.0"后直接用"AN I0.2"指令,表示接 b 点,需用 b 点栈顶信息;若在"= Q0.0"后用 LPP 指令,表示接 a 点,需用 a 点在执行 LPS 指令时存储在堆栈第二层的数据信息。

LPP 指令执行的过程:将堆栈中各层的数据向上移动一层,被 LPS 存入第 2 层的数据(I0.0)成为堆栈新的栈顶值,栈顶原来的数据(b 点信息)被弹出堆栈,从栈内消失。

执行"AN I0.2"时,已与 b 点信息无关,只与现在栈顶的 a 点信息(I0.0)有关。I0.2 与出栈信息 I0.0 相"与",结果自动存入栈顶,此时栈内已无 a 点信息。

在表 10.8 第 2 行图中,在梯形图电路分支处(b 点),必须在此设置 LPS 指令。执行 LPS 指令时,存储 b 点之前的 I1.0 和 I0.0 逻辑"与"运算结果(称为 b 点信息)于堆栈的第二层(顶层信息相同);执行"AN I0.1"后的信息存入栈顶(称为 c 点信息),并经 Q0.0 输出;执行"LRD"指令时,复制第二层 b 点信息覆盖顶层原有的 c 点信息,第二层仍保留 b 点信息;执行"A I0.2"时,栈顶 b 点信息同 I0.2 逻辑"与",结果存入栈顶(称为 d 点信息),并经 Q0.1 输出;执行 LPP 指令时,将堆栈中各层的数据向上移动一层,读栈时保留在第二层的 b 点信息被推至栈顶,栈顶原存的 d 点信息被弹出堆栈,不再保存;执行"AN I0.3"时,栈顶 b 点信息出栈同 I0.3 逻辑"与",结果存入栈顶(称为 e 点信息),并经 Q0.2 输出。此时栈内已无 b 点信息。

表 10.8　含有分支电路的梯形图程序编译成语句表

梯形图程序	语句表程序	验证结果及说明
 理论上说两个线圈最终并联,但我们不需要并联后的信息,只需要 Q0.0 和 Q0.1 两个不同的输出信息,所以 a 点之后为分支电路	LD　　I0.0 LPS A　　　I0.1 =　　　Q0.0 LPP AN　　I0.2 =　　　Q0.1	正确。 　a 点为分支处,执行 LPS 指令时,存储 a 点之前的逻辑运算结果(如 I0.0)信息于堆栈的第二层。Q0.0 输出后,回头执行下一条支路的指令时,依靠 LPP 指令,明确下一条支路接在设置了 LPS 之处
 梯形图特点:b 点有 3 个分支电路	LD　　I1.0 A　　　I0.0 LPS AN　　I0.1 =　　　Q0.0 LRD A　　　I0.2 =　　　Q0.1 LPP AN　　I0.3 =　　　Q0.2	正确。 　b 点为分支处,执行 LPS 指令时,存储 b 点之前的 I1.0 和 I0.0 逻辑"与"运算结果信息于堆栈的第二层。Q0.0 输出后,回头执行下一条支路的指令时,依靠 LRD 指令,明确 I0.2 接在 b 点,而不是 a 点;回头执行下一条支路的指令时,依靠 LPP 指令,明确 I0.3 仍接在 b 点

经验技巧

LPS:将需要保存的结果重复压入堆栈,相当于给文件做了一次"备份";

LRD:读取堆栈中原来保存的结果,读后堆栈中仍保存着原来的结果,相当于"复制"备份文件;

LPP:最后一次读取堆栈中保存的结果,读后堆栈中原来保存的结果临时保存在栈顶,执行下一条指令时弹出,运算后消失,相当于"剪切"备份文件。

有两条分支电路时,执行第一条支路指令前,必须加入 LPS 指令;执行第二条支路指令前,必须加入 LPP 指令;

有两条以上分支电路时,执行第一条支路指令前,必须加入 LPS 指令;执行最后一条支路指令前,必须加入 LPP 指令;多次执行中间若干条支路指令前,每次必须加入 LRD 指令。

用编程软件将梯形图程序转换为语句表程序时,编程软件会自动加入 LPS、LRD 和 LPP 指令。用户直接编制语句表程序时,必须由用户来写入 LPS、LRD 和 LPP 指令。

S7-200 有一个 9 层的堆栈,字节号为 0～8,参见图 10.2 所示。0 号字节即栈顶用来存储逻辑运算的结果,下面的 8 层用来存储中间运算结果。堆栈操作指令利用堆栈遵循"先进后出即后进先出"的原则,可以重复使用逻辑入栈、逻辑读栈、逻辑出栈指令,相当于堆栈指令程序"嵌套"。即在使用 LPP 指令前,已多次使用 LPS 指令,然后再陆续使用相同次数的 LPP 指令。例如先后对 A、B、C 信息执行 LPS 指令:第一次对栈顶 A 执行 LPS,A 被压入第

二层;第二次对栈顶 B 执行 LPS,B 被压入第二层,而 A 又被压入第三层;第三次对栈顶 C
执行 LPS,C 被压入第二层,而 B 又被压入第三层,A 又被压入第四层;堆栈中存储的数据信
息只能是"后进先出"。此时多次执行 LRD 指令时,只能读到位于第二层的信息 C;第一次
执行 LPP 指令时,信息 A、B、C 都向上移动一层,分别位于第三、二、一层,即执行后续的指
令时,也只能将信息 C 出栈;同理,第二次执行 LPP 指令时,信息 B 被推至栈顶;第三次执行
LPP 指令时,才能将信息 A 推至栈顶,执行后续的指令时,信息 A 最后出栈。可见,连续使
用 LPS 指令不能超过 8 次。若连续第九次执行 LPS 指令,则已压至位于第九层的信息 A 会
被丢失,参见图 10.2 所示。即在一块独立电路中,使用 LPS 同时保存在动作的中间运算结
果不能超过 8 个。

例 10.9　将图 10.3(a)中含有 a、b 两个分支处及含有多个分支的梯形图程序编制成语
句表程序,并通过 STEP7-Micro/WIN 软件验证所编制的语句表程序是否正确。

图例解读

将图 10.3(a)中含有 a、b 两个分支处及含有多个分支的梯形图程序编制成语句表程序,
如图 10.3(b)或(c)所示;具体介绍、重点分析如表 10.9 所示。

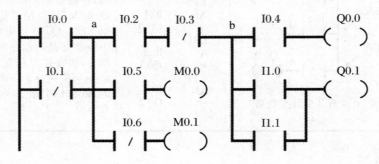

(a) 梯形图

LD	I0.0		LD	I0.0
ON	I0.1		ON	I0.1
LPS			LPS	
A	I0.2		A	I0.2
AN	I0.3		AN	I0.3
LPS			LPS	
A	I0.4		A	I0.4
=	Q0.0		=	Q0.0
LPP			LPP	
LD	I1.0		LD	I1.0
O	I1.1		O	I1.1
ALD			ALD	
=	Q0.1		=	Q0.1
LRD			LPP	
A	I0.5		LPS	
=	M0.0		A	I0.5
LPP			=	M0.0
AN	I0.6		LPP	
=	M0.1		AN	I0.6
			=	M0.1

(b) 语句表(方法一)　　　　(c) 语句表(方法二)

图 10.3　含有多个分支处的梯形图与语句表

表 10.9　含有多个分支处梯形图程序编制成语句表程序重点分析

梯形图程序	语句表程序	用堆栈说明
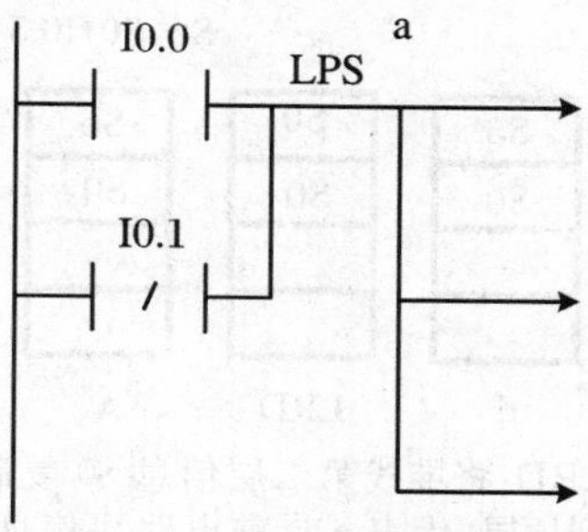	 　　LD　　I0.0 　　ON　　I0.1 a　LPS	$S0=I0.0+\overline{I0.1}$ 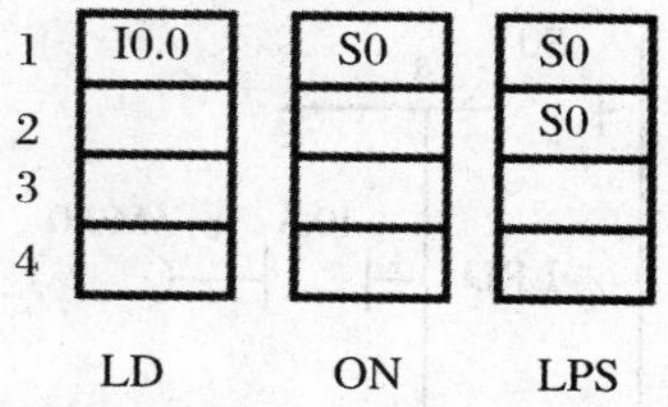 LPS：Sa = S0，复制 S0，压入堆栈
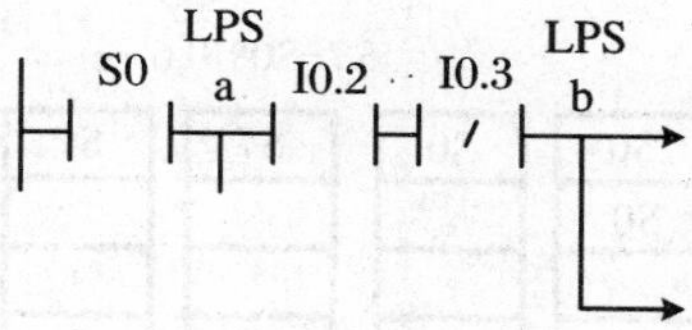	a　LPS 　　A　　I0.2 　　AN　　I0.3 b　LPS	$S1=S0*I0.2$　　$S2=S1*\overline{I0.3}$ 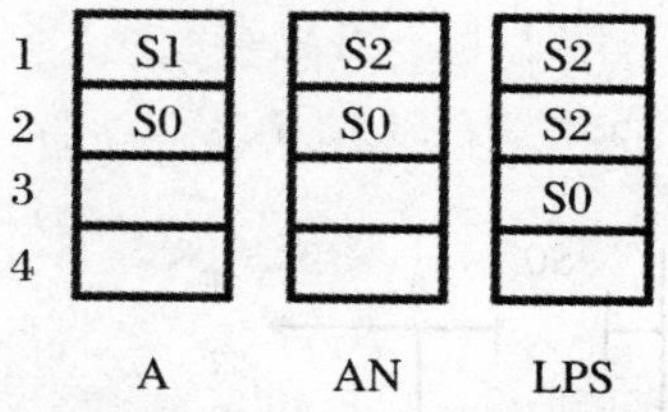 LPS：Sb = S2，复制 S2，压入堆栈
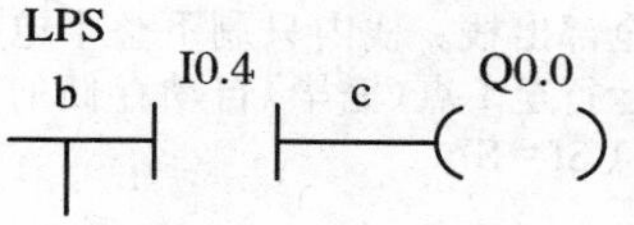	b　LPS 　　A　　　I0.4 　　=　　　Q0.0	$S3=S2*I0.4$ 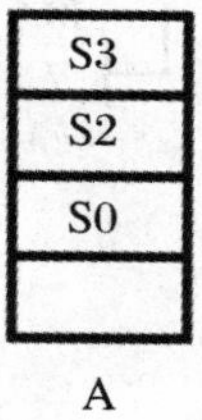 A 输出 Sc = S3
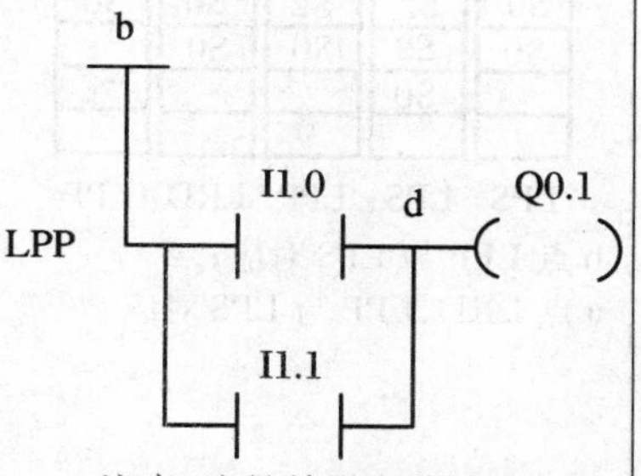 注意：这是并联电路块（S4）！ 　I1.0 同 I1.1 先并联，再与 b 点前电路块（Sb = S2）组成"块串 联"	c　LPP　──→ b 　　LD　　I1.0 　　O　　I1.1 　　ALD 　　=　　Q0.1 即 块　┌ LPP　──→ Sb 串　│ LD　　I1.0 联　└ O　　I1.1 　　ALD 　　=　　Q0.1	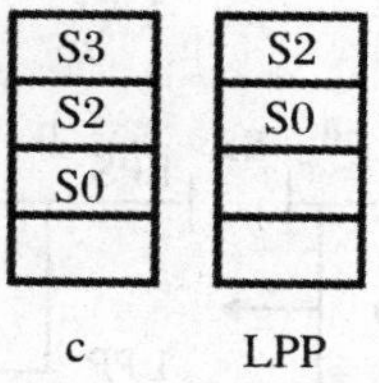 c　　　　LPP $S5=S2*S4$ $S4=I1.0+I1.1$ 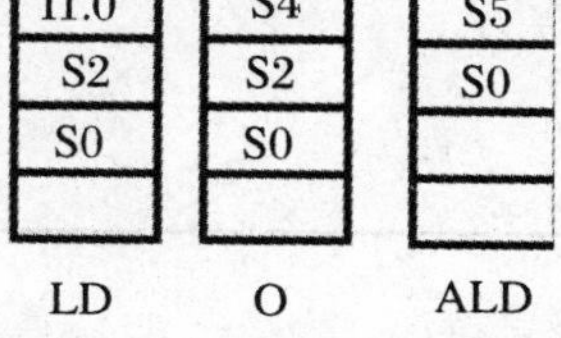 LD　　O　　ALD LPP：推 S2 至顶层，代表 b 点前电路块数据 S2 将与并联电路块数据 S4 相"与"。输出 Sd = S5

梯形图程序	语句表程序	用堆栈说明

行1：

```
    S0    a
   ┤ ├──┤ ├────►
         I0.5  e  M0.0
  LRD   ┤ ├──┤ ├──( )
        └────────►
```

第一种方法：

```
d  LRD ──────► a
   A        I0.5
   =        M0.0
```

S6=S0*I0.5

S5		S0		S6	
S0		S0		S0	

d   LRD   A

LRD：将堆栈第二层信息 S0 复制到顶层，代表 a 点前电路块信息，将同后续支路"与"。输出 Se = S6

行2：

```
    S0    a
   ┤ ├──┤ ├────►
        ────────►
         I0.6  f  M0.1
  LPP   ┤/├──┤ ├──( )
```

第一种方法：

```
e  LPP ──────► a
   AN       I0.6
   =        M0.1
```

S7=S0*I0.6

S6		S0		S7		S7	
S0							

e   LPP   A   f

LPP：将堆栈中各层数据向上推一层，即 S0 被推至顶层，最后出栈运算，至此，利用 LPS 入栈的信息已全部出栈。栈内只剩下整个电路运行至 f 点（完毕）自动存储的信息 Sf = S7

行3：

```
    S0   LPS  a  S2   LPS  b
   ┤ ├──┤ ├──┤ ├──┤ ├────►
            LRD      ────►
                    LPP ──►
            LPP
```

第一种方法：

a 点运算堆栈指令 {
```
  LPS
  A
  AN
  LPS
  A
  =
  LPP
  LD
  O
  ALD
  =
  LRD
  A
  =
  LPP
  AN
  =
```
} b 点运算堆栈指令

a		b		b		a		a	
S0		S2		S2		S0		S0	
S0		S2		S0		S0			
		S0							

LPS   LPS   LPP   LRD   LPP

b 点 LPP 与 LPS 对应；
a 点 LRD、LPP 与 LPS 对应

续表

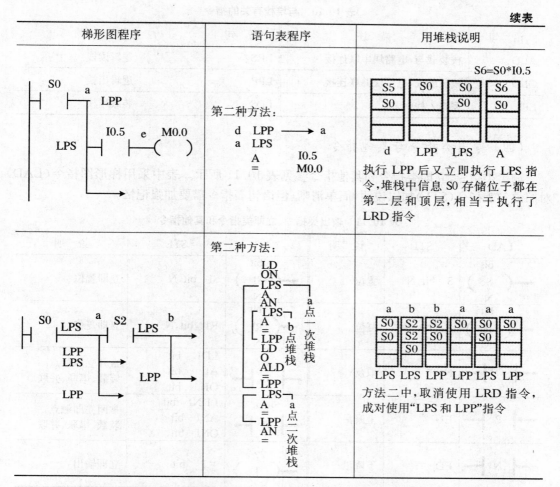

梯形图程序	语句表程序	用堆栈说明

图 10.3(a)梯形图程序的电路特点:在一个网络中,含有 a、b 两个分支处,且 a 点第一条支路中"嵌套"b 分支处;a 点有 3 条支路,b 点有 2 条支路。

将含有多个分支处及含有多个分支的梯形图程序编制成语句表程序需要多次使用 LPS 指令,借助于堆栈指令和堆栈概念,才能理解复杂电路的语句表程序。在 a 点使用 LPS 指令后,执行 a 点第一条支路程序时,遇到 b 点又有分支。此时,a 点堆栈信息尚未出栈(第二条、第三条支路程序尚未执行),在 b 点再次使用 LPS 指令,称为连续使用入栈指令。

如图 10.3(b)所示为采用第一种方法编制的语句表:执行完 b 分支处第一条支路程序后,第一次使用 LPP 指令,明确后续支路是接在 b 点;然后第一次使用 LRD 指令时,明确后续支路是接在 a 点;最后使用 LPP 指令时,明确后续支路仍是接在 a 点。

如图 10.3(c)所示为采用第二种方法编制的语句表:执行完 b 分支处第一条支路程序后,第一次使用 LPP 指令,明确后续支路是接在 b 点;然后没有使用 LRD 指令,直接使用 LPP 指令,将位于第二层的 a 的信息推至栈顶。但没有运算,即栈顶没有更新信息,就第三次使用 LPS 指令(注意:不是连续第三次使用 LPS 指令),将栈顶的 a 的信息重新堆栈存储,然后执行后续第一条支路指令(实际是 a 点分支处第二条支路)。最后使用 LPP 指令时,明确后续支路仍是接在 a 点。

加强堆栈的基本概念,总结归纳与堆栈有关的指令如表 10.10 所示。

表 10.10　与堆栈有关的指令

语　句	描　述	语　句	描　述
ALD	栈装载与,电路块串联连接	LRS	逻辑读栈
OLD	栈装载或,电路块并联连接	LPP	逻辑出栈
LPS	逻辑入栈	LDS　N	装载堆栈

(四) 输出类指令与其他指令

输出类指令、立即类指令和其他指令参见表 10.11 所示。表中采用梯形图指令(LAD)对照语句表指令(STL)加以说明,简单清晰,但语句表指令需要加强记忆。

表 10.11　输出类指令、立即类指令和其他指令

LAD	STL	说　明	LAD	STL	说　明
bit ─(S)N	S　bit,N	置位	bit ─(SI)N	SI　bit,N	立即置位
bit ─(R)N	R　bit,N	复位	bit ─(RI)N	RI　bit,N	立即复位
─|NOT|─	NOT	取反	??.? ─| I |─	LDI　　bit AI　　bit OI　　bit	常开立即触点 装载、串联、并联
─| P |─	EU	上升沿	??.? ─| /I |─	LDNI　bit ANI　bit ONI　bit	常闭立即触点 装载、串联、并联
─| N |─	ED	下降沿	??.? ─(I)─	= I　bit	立即输出

1. 输出类指令与其他指令

置位、复位指令和取反、跳变指令及其应用在第六章中已经介绍,这里不再重复叙述。

2. 立即类指令

立即(Immediate)类指令是指执行指令时不受 S7 - 200 循环扫描工作方式的影响,而对实际的 I/O 点立即进行读写操作。分为立即读(立即触点)指令和立即输出指令两大类。

立即读指令只能用于输入量 I 触点,立即读指令读取实际输入点的状态时,并不更新该输入点对应的输入映像存储器的值。如:当实际输入点(位)是 1 时,其对应的立即触点立即接通;当实际输入点(位)是 0 时,其对应的立即触点立即断开。

立即输出指令用于输出 Q 线圈,执行指令时,立即将新值写入实际输出点和对应的输出映像存储器。

立即类指令除了执行速度更快以外,立即输入类与立即输出类指令比较,指令之间还存在区别:立即输出类指令更新输出印像存储器的值,而立即输入类指令不会更新输入映像存储器的值。

立即类指令与非立即类指令的主要区别:立即输入类指令使程序直接从 I/O 模块取值,而非立即指令仅将新值读或写入输入/输出印像存储器。

二、S7-200 PLC 定时器、计数器指令

定时器和计数器的语句指令如表 10.12 所示。

表 10.12　定时器与计数器语句指令

语　句	描　述	语　句	描　述
TON　Txxx,PT	接通延时定时器	CTU　Cxxx,PV	加计数器
TOF　Txxx,PT	断开延时定时器	CTD　Cxxx,PV	减计数器
TONR　Txxx,PT	保持型接通延时定时器	CTUD　Cxxx,PV	加减计数器
BITIM　OUT	触发时间间隔	CITIM　IN,OUT	计算时间间隔

例 10.10　将图 10.4 中 3 种定时器的梯形图程序编制成语句表程序。编制结果见图 10.4。

例 10.11　将图 10.5 中 3 种计数器的梯形图程序编制成语句表程序。编制结果见图 10.5。

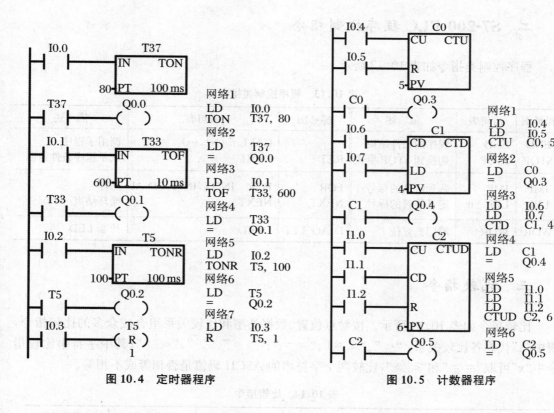

图 10.4　定时器程序　　　　　　　　　　　图 10.5　计数器程序

第二节　S7-200 PLC 功能指令

一、使能输入与使能输出

语句表(STL)中没有 EN 输入,执行 STL 指令的条件是堆栈的栈顶值为1。与梯形图中的 ENO 相对应,语句表用 ENO 位来产生与功能块的 ENO 相同的效果,可以用 AENO (And ENO)指令访问 ENO 位。

在编写语句表指令时,在两个功能块的语句表之间加上 AENO 指令,则将语句表转换为梯形图时,两个功能块为串联;如果取消 AENO 指令,再将语句表转换为梯形图时,两个功能块将由串联变为并联。

语句指令 AENO 还可以用在一个功能块的指令中,详见例 10.12。

二、S7-200 PLC 程序控制指令

程序控制类指令如表 10.13 所示。

表 10.13　程序控制类指令

梯形图	语句表	描　　述	梯形图	语句表	描　　述
END STOP	END STOP	程序的条件结束 切换到 STOP 模式	— RET	CALL n (N1,…) CRET	调用子程序 从子程序条件返回
JMP LBL	JMP LBL　n	跳到定义的标号 定义跳转的标号	FOR NEXT	FOR　INDX,INIT,FINAL NEXT	循环 循环结束
WDR	WDR	看门狗复位	DIAG_LED	DLED	诊断 LED

三、比较指令

比较指令如表 10.14 所示。按触点位置、数据类型和比较关系组合成众多的比较指令,表中"x"代表各比较关系:"<"、"<="、"=="、">="、">"、"<>";其中字符串比较指令中"x"可取"=="和"<>",比较两个字符串的 ASCII 码值是否相等或不相等。

表 10.14　比较指令

触点类型	字节比较	整数比较	双字整数比较	实数比较	字符串比较
起始的比较触点	LDBx　IN1,IN2	LDWx　IN1,IN2	LDDx　IN1,IN2	LDRx　IN1,IN2	LDSx　IN1,IN2
串联的比较触点	ABx　IN1,IN2	AWx　IN1,IN2	ADx　IN1,IN2	ARx　IN1,IN2	ASx　IN1,IN2
并联的比较触点	OBx　IN1,IN2	OWx　IN1,IN2	ODx　IN1,IN2	ORx　IN1,IN2	OSx　IN1,IN2

四、数据处理指令

（一）数据传送指令

数据传送指令如表 10.15 所示。

表 10.15　传送指令

梯形图	语句表	描　述	梯形图	语句表	描　述
MOV_B	MOVB　IN,OUT	传送字节	MOV_BIW	BIW　IN,OUT	字节立即写
MOV_W	MOVW　IN,OUT	传送字	BLKMOV_B	BMB　IN,OUT,N	传送字节块
MOV_DW	MOVD　IN,OUT	传送双字	BLKMOV_W	BMW　IN,OUT,N	传送字块
MOV_R	MOVR　IN,OUT	传送实数	BLKMOV_D	BMD　IN,OUT,N	传送双字块
MOV_BIR	BIR　IN,OUT	字节立即读	SWAP	SWAP　IN	字节交换

（二）移位指令

移位指令如表 10.16 所示。

表 10.16　移位指令

梯形图	语句表	描　述	梯形图	语句表	描　述
SHR_B	SRB　OUT,N	字节右移位	ROR_B	RRB　OUT,N	字节循环右移
SHL_B	SLB　OUT,N	字节左移位	ROL_B	RLB　OUT,N	字节循环左移
SHR_W	SRW　OUT,N	字右移位	ROR_W	RRW　OUT,N	字循环右移
SHL_W	SLW　OUT,N	字左移位	ROL_W	RLW　OUT,N	字循环左移
SHR_DW	SRD　OUT,N	双字右移位	ROR_DW	RRD　OUT,N	双字循环右移
SHL_DW	SLD　OUT,N	双字左移位	EOL_DW	RLD　OUT,N	双字循环左移
SHRB	SHRB　DATA,S_BIT,N	移位寄存器			

（三）数据转换指令

数据转换指令如表 10.17 所示。

表 10.17　数据转换指令

梯形图	语句表	描　述	梯形图	语句表	描　述
I_BCD	IBCD　OUT	整数转换为 BCD 码	I_S	ITS　IN,OUT,FMT	整数转换为字符串
BCD_I	BCDI　OUT	BCD 码转换为整数	DI_S	DTS　IN,OUT,FMT	双整数转换为字符串
B_I	BTI　OUT	字节转换为整数	R_S	RTS　IN,OUT,FMT	实数转换为字符串
I_B	ITB　IN,OUT	整数转换为字节	S_I	STI　IN,INDX,OUT	子字符串转换为整数
I_DI	ITD　IN,OUT	整数转换为双字整数	S_DI	STD　IN,INDX,OUT	子字符串转换为双整数
DI_I	DTI　IN,OUT	双字整数转换为整数	S_R	STR　IN,INDX,OUT	子字符串转换为实数
DI_R	DTR　IN,OUT	双字整数转换为实数			

续表

梯形图	语句表	描　述	梯形图	语句表	描　述
ROUND	ROUND　IN,OUT	实数四舍五入为双整数	ATH	ATH　IN,OUT,LEN	ASCII 码转换为 16 进制数
TRUNC	TRUNC　IN,OUT	实数截位取整为双整数	HTA	HTA　IN,OUT,LEN	16 进制数转换为 ASCII 码
SEG	SEG　IN,OUT	7 段译码	ITA	ITA　IN,OUT,FMT	整数转换为 ASCII 码
DECO	DECO　IN,OUT	译码	DTA	DTA　IN,OUT,FMT	双整数转换为 ASCII 码
ENCO	ENCO　IN,OUT	编码	RTA	RTA　IN,OUT,FMT	实数转换为 ASCII 码

五、数学运算指令与逻辑运算指令

（一）加减乘除指令

加减乘除指令如表 10.18 所示。

表 10.18　加减乘除指令

梯形图	语句表	描　述	梯形图	语句表	描　述
ADD_I	+ I　IN,OUT	整数加法	DIV_DI	/D　IN1,OUT	双整数除法
SUB_I	− I　IN,OUT	整数减法	ADD_R	+ R　IN1,OUT	实数加法
MUL_I	* I　IN,OUT	整数乘法	SUB_R	− R　IN1,OUT	实数减法
DIV_I	/I　IN,OUT	整数除法	MUL_R	* R　IN1,OUT	实数乘法
ADD_DI	+ D　IN,OUT	双整数加法	DIV_R	/R　IN1,OUT	实数除法
SUB_DI	− D　IN,OUT	双整数减法	MUL	MUL　IN1,OUT	整数乘法产生双整数
MUL_DI	* D　IN,OUT	双整数乘法	DIV	DIV　IN1,OUT	带余数的整数除法

（二）递增和递减指令

递增和递减指令（加 1 和减 1 指令）如表 10.19 所示。

表 10.19　加 1 减 1 指令

梯形图	语句表	描　述	梯形图	语句表	描　述
INC_B	INCB　IN	字节加 1	DEC_W	DECW　IN	字减 1
DEC_B	DECB　IN	字节减 1	INC_D	INCD　IN	双字加 1
INC_W	INCW　IN	字加 1	DEC_D	DECD　IN	双字减 1

（三）浮点数函数运算指令

浮点数函数运算指令如表 10.20 所示。

表 10.20　浮点数函数运算指令

梯形图	语句表	描　述	梯形图	语句表	描　述
SIN	SIN　　IN1,OUT	正弦	SQRT	SQRT　IN,OUT	平方根
COS	COS　　IN1,OUT	余弦	LN	LN　　IN1,OUT	自然对数
TAN	TAN　　IN1,OUT	正切	EXP	EXP　　IN1,OUT	自然指数

（四）逻辑运算指令

取反指令与逻辑运算指令如表 10.21 所示。

表 10.21　逻辑运算指令

梯形图	语句表	描　述	梯形图	语句表	描　述
INV_B	INVB　　OUT	字节取反	WAND_W	ANDW　IN1,OUT	字与
INV_W	INVW　　OUT	字取反	WOR_W	ORW　　IN1,OUT	字或
INV_DW	INVD　　OUT	双字取反	WXOR_W	XORW　IN1,OUT	字异或
WAND_B	ANDB　IN1,OUT	字节与	WAND_DW	ANDD　IN1,OUT	双字与
WOR_B	ORB　　IN1,OUT	字节或	WOR_DW	ORD　　IN1,OUT	双字或
WXOR_B	XORB　IN1,OUT	字节异或	WXOR_DW	XORD　IN1,OUT	双字异或

例 10.12　计算 $10 \div 2 \times 8 = ?$

将数学运算的梯形图程序与语句表程序互相翻译并作比较。梯形图、语句表如图 10.6 和图 10.7 所示。

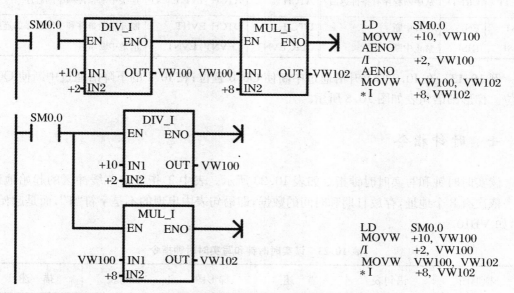

图 10.6　梯形图程序转换成语句表程序

在图 10.6 中，"DIV_I"和 "MUL_I"两个功能块串联,语句表使用了使能输出 AENO 指令；"DIV_I"和 "MUL_I"两个功能块并联,省略了使能输出 AENO 指令。两个整数数据 10 和 2 相除,语句表也使用了 AENO 指令。将右侧的语句表翻译成梯形图时,与左侧梯形图结构一样。

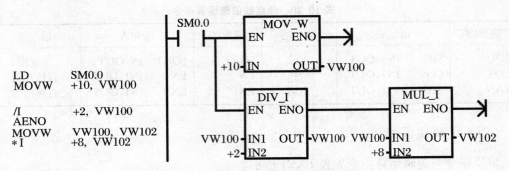

```
LD      SM0.0
MOVW    +10, VW100

/I      +2, VW100
AENO
MOVW    VW100, VW102
*I      +8, VW102
```

图 10.7   语句表程序转换成梯形图程序

在图 10.7 中,两个整数数据 10 和 2 相除,省略了使能输出 AENO 指令,翻译成梯形图时,梯形图的结构发生了变化。若整个语句表不用使能输出 AENO 指令,则所有功能块并联,如图 10.6 所示。

六、与中断相关联指令

与中断相关联的指令如表 10.22 所示。

表 10.22   与中断相关联指令

梯形图	语句表	描 述	梯形图	语句表	描 述
RETI	CRETI	从中断程序有条件返回	ATCH	ATCH INT,EVNT	连接中断事件和中断程序
ENI	ENI	允许中断	DTCH	DTCH EVNT	断开中断事件和中断程序的连接
DISI	DISI	禁止中断	CLR_EVNT	CEVNT EVNT	清楚中断事件

例 10.13   在 I0.0 的上升沿通过中断使 Q0.0 置位;在 I0.1 的下降沿通过中断使 Q0.0 复位。梯形图语句表如图 10.8 所示。

七、时钟指令

读实时时钟和写实时时钟指令如表 10.23 所示。表中 T 指 8 字节缓冲区的起始地址,代表依次有 8 个地址,存放日期和时间的数据,即语句表中出现的不是字符"T",而是起始地址,如 VB10。

表 10.23   读实时时钟和写实时时钟指令

梯形图	语句表	描 述	梯形图	语句表	描 述
READ_RTC	TODR T	读实时时钟	SET_RTC	TODW T	写实时时钟

例 10.14   出现事故时,I0.0 的上升沿产生中断,使输出 Q1.0 立即置位(报警),同时将事故发生的日期和时间保存在 VB10~VB17 中。

梯形图语句表如图 10.9 所示。

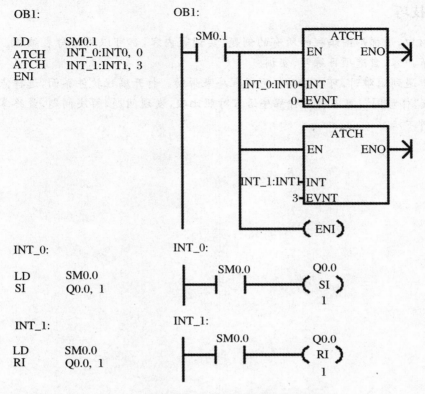

OB1:

```
LD    SM0.1
ATCH  INT_0:INT0, 0
ATCH  INT_1:INT1, 3
ENI
```

INT_0:

```
LD    SM0.0
SI    Q0.0, 1
```

INT_1:

```
LD    SM0.0
RI    Q0.0, 1
```

图 10.8 采用语句表编制与中断相关联的程序

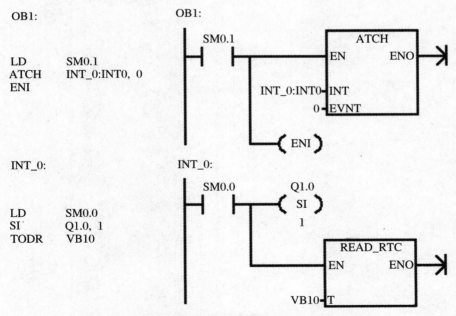

OB1:

```
LD    SM0.1
ATCH  INT_0:INT0, 0
ENI
```

INT_0:

```
LD    SM0.0
SI    Q1.0, 1
TODR  VB10
```

图 10.9 事故报警及事故时刻记录

经验技巧

　　本教材中,用梯形图编程的所有的例题、实训等内容,都可以用语句表编程。初学者可以对照章节内容,自选项目练习、实训。

　　实训中遇到困难时,可以借助梯形图程序来帮助。打开编程软件界面,选择点击"查看"→"STL"或"梯形图",可以将两种程序语言对照比较,发现问题,解决问题,最终掌握语句表编程的各种方法。

第十一章 S7-200 PLC 编程案例

西门子 S7-200 PLC 作为小型自动控制装置的典型代表,广泛应用于工业生产之中。鉴于 PLC 是一门实践性非常强的技术,在学习 PLC 基本结构、基本原理和基本指令、功能指令的基础上,通过典型应用项目的编程作为案例学习,进一步理解 S7-200 PLC 的编程与应用。

项目 1 两台电动机顺序控制

项目要求

两台电动机顺序控制要求设定起、停间隔时间,两台电动机起、停的顺序要求是:

起动:1# 电动机先起动,8 s 后 2# 电动机才起动;

停机:2# 电动机先停机,10 s 后 1# 电动机后停机。

根据顺序控制工艺要求,无论 2# 电动机是正常还是因故障先停机,1# 电动机都可以延时后再停机;但若 1# 电动机因故障先停机,2# 电动机应立即自动停机;遇有短路、过载故障时应能立即自动停机;任何时候发现生产设备等有问题,可以手动紧急停机。

项目分析

在第八章电动机顺序控制的基础上,增加实际功能:

动力设备以电动机为代表,电动机运行必须设置保护装置,以过载保护为代表。生产过程中,生产设备出现问题是常见现象,必要时实行紧急停机。增设紧急停机按钮 SB3 和 SB4,分别安装在控制室和现场两地,以便出现紧急情况时,就近操作紧急停机。外部电路各元件对应的 PLC 内部元件参见表 11.1。

表 11.1　电动机顺序控制 S7-200 系列 PLC 控制 I/O 分配表

输入信号及地址编号			输出信号及地址编号		
名　称	代号	输入点地址编号	名　称	代号	输出点地址编号
起动按钮	SB1	I0.0	M1 控制接触器	KM1	Q0.0
停机按钮	SB2	I0.1	M2 控制接触器	KM2	Q0.1
紧急停机按钮	SB3	I0.2			
紧急停机按钮	SB4				
M1 热继电器	FR1	I0.3			
M2 热继电器	FR2	I0.4			

我们发现在第一台电动机起动至第二台起动前期间,S0.1 为活动步,若发现生产设备

等有问题，也可以手动按下正常停机按钮 I0.1 或紧急停机按钮 I0.2 实现第一台电动机紧急停机。所以只要在 S0.1 对应的 SCR 段程序中，加上 I0.1 和 I0.2 作为返回 S0.0 对应的 SCR 段程序的并列转换条件即可。当任何一个转换条件满足时，返回 S0.0 对应的 SCR 段，S0.0 为活动步，Q0.0 复位，1#电动机停机。同时，S0.1 变为非活动步，T37 停止计时。

我们发现两台电动机正常运行期间，S0.2 始终为活动步，即 S0.2 对应的 SCR 段被执行后，因转换条件 I0.1 不满足，始终未转换到下一步。

所以，只要在 S0.2 对应的 SCR 段程序中，加上 SB3 和 SB4、FR2 和 FR1 对应的 I0.2、I0.4 和 I0.3 作为转换条件，就能够实现紧急停机和过载保护功能且满足工艺要求。其中若 2#电动机过载保护动作，可以按正常停机顺序停机，所以 I0.4 与 I0.1 并列，转换至 S0.3 对应的 SCR 段；若 1#电动机的过载保护动作去停 1#电动机，则应联动停止 2#电动机运行，所以 I0.3 与 I0.2 并列，转换至 S0.0 对应的 SCR 段即可。

程序展示

按以上思路设计的两台电动机顺序控制的外部接线图、顺序功能图和梯形图如图 11.1 和图 11.2 所示。

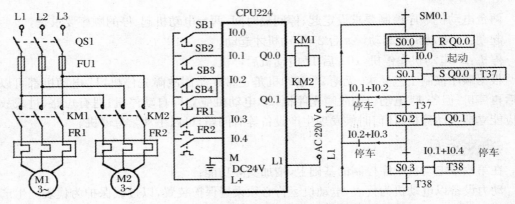

图 11.1　两台电动机顺序控制的外部接线图、顺序功能图

分析思考

两台电动机顺序控制的外部接线图和顺序功能图如图 11.3 所示。

比较图 11.1 与图 11.3，你能发现两者在项目要求上有何区别？你能参考图 11.2 设计出图 11.3 对应的梯形图吗？

若电动机改由低压断路器控制和保护，可以取消图 11.3 中过载保护及 I0.3 继电器，你能参考图 11.3 设计出顺序功能图且参考图 11.2 设计出梯形图吗？

项目 2　组合机床动力头进给运动控制

项目要求

使用顺序控制设计法设计图 11.4 所示组合机床动力头的进给运动示意。图中，动力头初始位置停在左边，由限位开关 I0.3 指示，按下启动按钮 I0.0，由 Q0.0 和 Q0.1 控制动力头向右快进，到达限位开关 I0.1 后，由 Q0.1 控制转入工作进给，到达限位开关 I0.2 后，

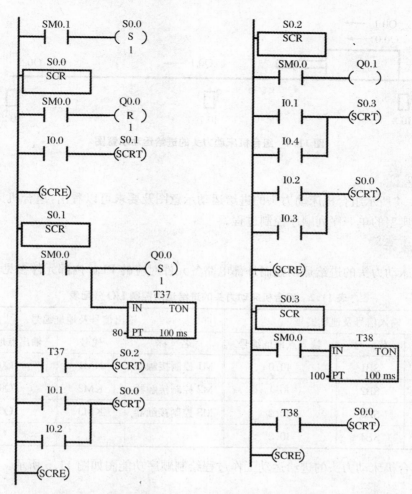

图 11.2　两台电动机顺序（定时限）起、停控制的梯形图（有过载保护和紧急停机程序）

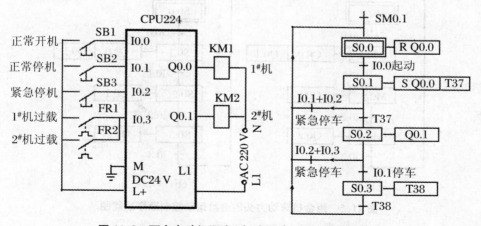

图 11.3　两台电动机顺序（定时限）起、停控制的梯形图

由 Q0.2 控制快速返回至初始位置（I0.3）停下。再按一次启动按钮，动作过程重复。

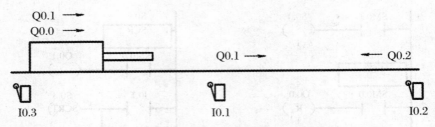

图 11.4　组合机床动力头的进给运动示意图

项目分析

　　由图 11.4 所示组合机床动力头的进给运动示意图及要求可以看出,组合机床动力头的进给运动是典型的单一序列顺序控制过程。

程序展示

　　组合机床动力头的进给运动控制外部电路各元件对应的 PLC 内部元件参见表 11.2。

表 11.2　组合机床动力头的进给运动控制 I/O 分配表

输入信号及地址编号			输出信号及地址编号		
名　称	代　号	输入点地址编号	名　称	代号	输出点地址编号
起动按钮	SB1	I0.0	M1 控制接触器	KM1	Q0.0
限位开关	SB2	I0.1	M2 控制接触器	KM2	Q0.1
限位开关	SB3	I0.2	M3 控制接触器	KM3	Q0.2
限位开关	SB4	I0.3			

　　按照组合机床动力头的进给运动工作过程绘制顺序功能图如图 11.5 所示。

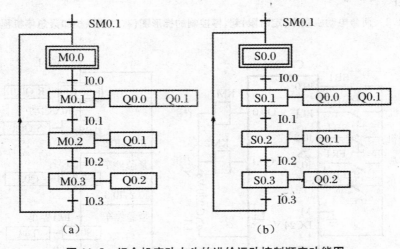

图 11.5　组合机床动力头的进给运动控制顺序功能图

　　对于图 11.5 所示的单一序列顺序功能图,可以采用 3 种编程方法来实现。

　　第一种编程方法:根据图 11.5(a)顺序功能图,使用触点和线圈指令编制的起、保、停电路梯形图如图 11.6 所示。

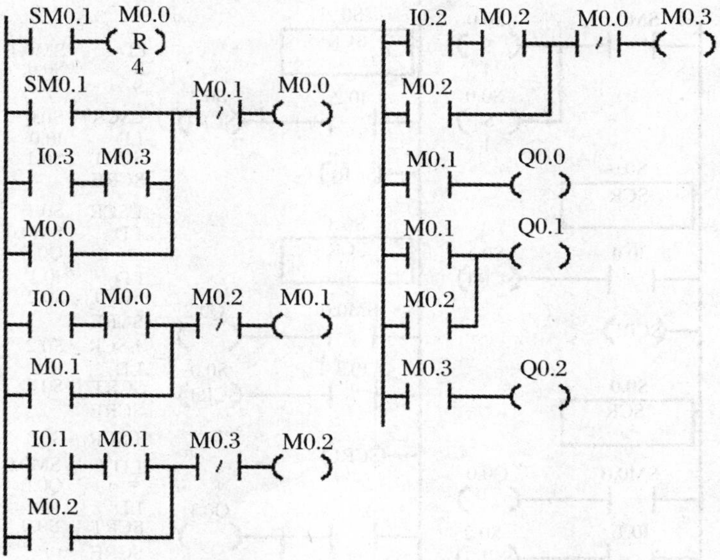

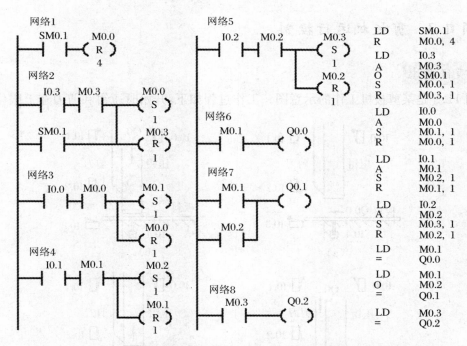

图 11.6　组合机床动力头的进给运动控制梯形图(方法一)

第二种编程方法:根据图 11.5(a)顺序功能图,使用置位、复位指令编制的梯形图如图 11.7 所示。

```
LD   SM0.1
R    M0.0, 4
LD   I0.3
A    M0.3
O    SM0.1
S    M0.0, 1
R    M0.3, 1
LD   I0.0
A    M0.0
S    M0.1, 1
R    M0.0, 1
LD   I0.1
A    M0.1
S    M0.2, 1
R    M0.1, 1
LD   I0.2
A    M0.2
S    M0.3, 1
R    M0.2, 1
LD   M0.1
=    Q0.0
LD   M0.1
O    M0.2
=    Q0.1
LD   M0.3
=    Q0.2
```

图 11.7　组合机床动力头的进给运动控制梯形图(方法二)和语句表

第三种编程方法:根据图 11.5(b)顺序功能图,使用 SCR 指令编制的顺序控制梯形图如图 11.8 所示。

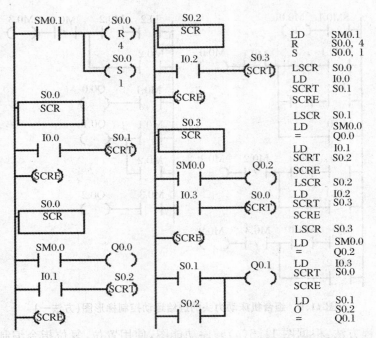

图 11.8　组合机床动力头的进给运动控制梯形图(方法三)和语句表

项目 3　剪板机运行控制

项目要求

图 11.9 是某剪板机工作的示意图。工作过程如下:开始时压钳和剪刀在上限位置,限

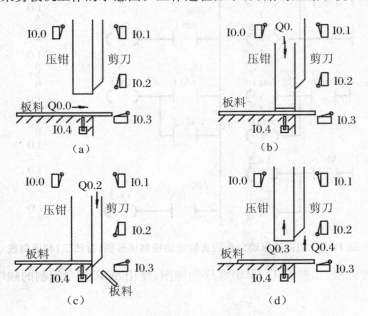

图 11.9　剪板机工作示意图

位开关 I0.0＝1 和 I0.1＝1；按下起动按钮，I1.0＝1，Q0.0＝1，首先板料右行至限位开关 I0.3 动作，Q0.0＝0，Q0.1＝1，然后压钳下行，压紧板料后，压力继电器 I0.4＝1，压钳保持压紧；Q0.2＝1，剪刀开始下行。剪断板料后，I0.2＝1，Q0.3＝1 和 Q0.4＝1，Q0.2＝0，压钳和剪刀同时上行，它们分别碰到限位开关 I0.0 和 I0.1 后停止上行；都停止后，又开始下一周期的工作。剪完 3 块料后加计数器 C0 使剪板机停止工作，并停在初始状态。

项目分析

根据项目要求及剪板机工作的示意图可知，周期性循环工作，顺序功能图需用选择序列；压钳和剪刀同时上行，顺序功能图需用并行序列。加计数器 C0 用来控制剪料的次数，每经过一次工作循环（以剪刀下行剪板为准），C0 的当前值加 1。C0 的设定值应为 3。

程序展示

剪板机运行控制外部电路各元件对应的 PLC 内部元件参见表 11.3。

表 11.3　剪板机运行控制 I/O 分配表

PLC 继电器 地址编号	说　明	PLC 继电器 地址编号	说　明
I1.0	起动按钮	Q0.0	Q0.0＝1 时，板料右行
I0.0	压钳上行限位开关	Q0.1	Q0.1＝1 时，压钳下行
I0.1	剪刀上行限位开关	Q0.2	Q0.2＝1 时，剪刀下行
I0.2	剪刀下行限位开关	Q0.3	Q0.3＝1 时，压钳上行
I0.3	板料右行限位开关	Q0.4	Q0.4＝1 时，剪刀上行
I0.4	压力继电器	C0	加计数器

剪板机运行控制系统的顺序功能图如图 11.10 所示。

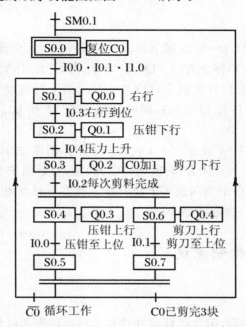

图 11.10　剪板机运行控制系统的顺序功能图

剪板机运行控制系统的梯形图如图 11.11 所示。

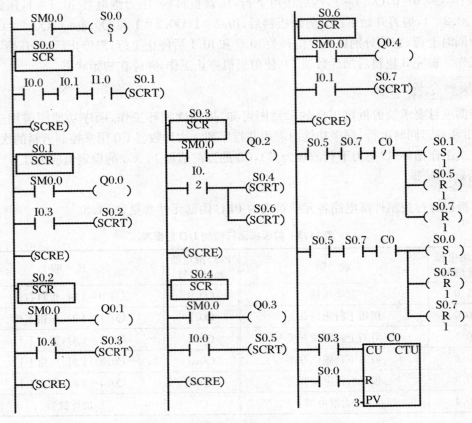

图 11.11 剪板机运行控制系统的梯形图

程序解读

① SM0.1→S0.0 段;I1.0→S0.1 段:Q0.0=1,板料右行。至设计位置时限位开关 I0.3=1→S0.2 段:Q0.0=0,板料停止右行。Q0.1=1,压钳下行。压紧时,压力继电器 I0.4=1→S0.3 段:等效压钳下行限位开关动作,Q0.1=0,压钳下行电动机停。Q0.2=1,剪刀下行,至剪断板料位置,限位开关 I0.2=1,同时转换至 S0.4 和 S0.6 段:Q0.3=1→压钳和 Q0.4→剪刀同时上行。

② 取 S0.3=1 或 S0.4=1 或 S0.6=1 代表一个工作循环,加计数器 C0 加 1;C0 的当前值小于设定值 3 时,其常闭触点闭合,转换条件$\overline{C0}$满足,将返回步 S0.1,重新开始下一周期的工作。剪完 3 块料后,C0 的当前值等于设定值 3,其常开触点闭合,转换条件 C0 满足,将返回初始步 S0.0,等待下一次起动命令。

项目 4　交通灯控制系统

项目要求

如图 11.12 所示,起动后,南北红灯亮并维持 25 s。在南北红灯亮的同时,东西绿灯也亮,1 s 后,东西车灯即甲亮。到 20 s 时,东西绿灯闪亮,3 s 后熄灭,在东西绿灯熄灭后东西黄灯亮,同时甲灭。东西黄灯亮 2 s 后灭,东西红灯亮。与此同时,南北红灯灭,南北绿灯亮。1 s 后,南北车灯即乙亮。南北绿灯亮了 25 s 后闪亮,3 s 后熄灭,同时乙灭,南北黄灯亮 2 s 后熄灭,南北红灯亮,东西绿灯亮,循环。

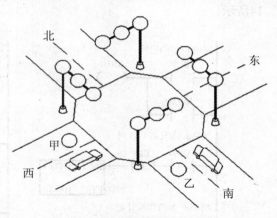

图 11.12　交通灯控制示意图

项目分析

根据交通信号灯的时序图要求,设计顺序功能图,然后选择设计方法。

本例要求按经验设计法,只能用触点、线圈和定时器设计梯形图程序。

程序展示

根据控制要求首先画出十字路口交通信号灯的时序图,如图 11.13 所示。交通灯 PLC控制 I/O 分配表见表 11.4。

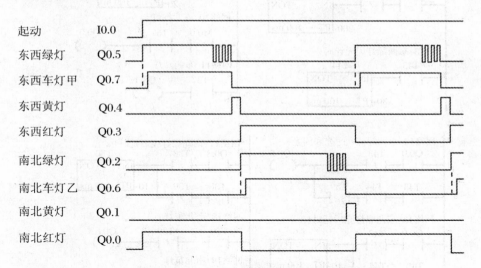

图 11.13　十字路口交通信号灯的时序图

表 11.4　交通灯 PLC 控制 I/O 分配表

输入点及地址编号		输出点及地址编号			
名　称	地址编号	名　称	地址编号	名　称	地址编号
起动开关	I0.0	南北红灯	Q0.0	东西红灯	Q0.3
		南北黄灯	Q0.1	东西黄灯	Q0.4
		南北绿灯	Q0.2	东西绿灯	Q0.5
		南北车灯	Q0.6	东西车灯	Q0.7

根据十字路口交通信号灯的时序图,用基本逻辑指令设计的信号灯控制梯形图如图 11.14所示。

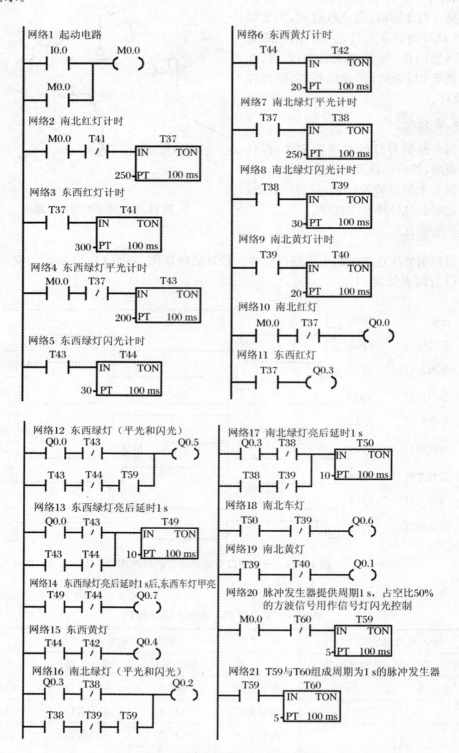

图 11.14　十字路口交通信号灯控制梯形图

程序解读

首先,找出南北方向和东西方向灯的关系:南北红灯亮(灭)的时间=东西红灯灭(亮)的时间,南北红灯亮 25 s(T37 计时)后,东西红灯亮 30 s(T41 计时)。

其次,找出东西方向的灯的关系:东西红灯亮 30 s 后灭(T41 复位)→东西绿灯平光亮 20 s(T43 计时)后→东西绿灯闪光 3 s(T44 计时)后,绿灯灭→东西黄灯亮 2 s(T42 计时)。

再其次,找出南北向灯的关系:南北红灯亮 25 s(T37 计时)后灭→南北绿灯平光 25 s(T38 计时)后→南北绿灯闪光 3 s(T39 计时)后,绿灯灭→南北黄灯亮 2s(40 计时)。

最后,找出车灯的时序关系:东西车灯是在东西绿灯亮(南北红灯亮)后开始延时(T49 计时)1 s 后,东西车灯亮,直至东西绿灯闪光灭(T44 延时到);南北车灯是在南北绿灯(东西红灯)亮后开始延时(T50 计时)1 s 后,南北车灯亮,直至南北绿灯闪光灭(T39 延时到)。

分析思考

本例根据交通信号灯的时序图要求,可以先设计顺序功能图,然后选择其他方法设计。闪光装置除了用定时器组成脉冲发生器外,还可采用特殊存储器 SM0.5 提供周期为 1 s 的时钟脉冲。

项目 5　机械手的控制

项目要求

图 11.15 为传送工作的机械手的工作示意图,其任务是将工件从传送带 A 搬运到传送带 B。

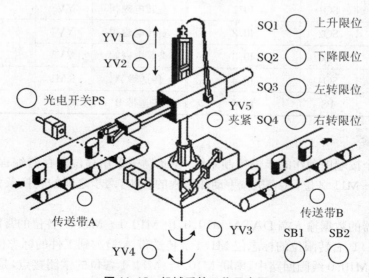

图 11.15　机械手的工作示意图

按起动按钮后,传送带 A 运行直到光电开关 PS 检测到物体才停止,同时机械手下降。下降到位后机械手夹紧物体,2 s 后开始上升,而机械手保持夹紧。上升到位左转,左转到位下降,下降到位机械手松开,2 s 后机械手上升。上升到位后,传送带 B 开始运行,同时机械手右转,右转到位,传送带 B 停止,此时传送带 A 运行直到光电开关 PS 再次检测到物体才停止,如此循环。

机械手的上升、下降和左转、右转的执行,分别由双线圈二位电磁阀控制汽缸的运动控制。当下降电磁阀通电,机械手下降,若下降电磁阀断电,机械手停止下降,保持现有的动作状态。当上升电磁阀通电时,机械手上升。同样左转/右转也是由对应的电磁阀控制。夹紧/放松则是由单线圈的二位电磁阀控制汽缸的运动来实现,线圈通电时执行夹紧动作,断掉时执行放松动作。并且要求只有当机械手处于上限位置时才能进行左/右移动,因此在左右转动时用上限条件作为连锁保护。由于上下运动、左右转动采用双线圈两位电磁阀控制,两个线圈不能同时通电,因此在上/下、左/右运动的电路中须设置互锁环节。

为了保证机械手的动作准确,机械手上安装了限位开关 SQ1、SQ2、SQ3、SQ4,分别对机械手进行下降、上升、左转、右转等动作的限位,并给出动作到位的信号。光电开关 PS 负责检测传送带 A 上的工件是否到位,到位后机械手开始动作。

程序展示

机械手 PLC 控制 I/O 分配表如表 11.5 所示。机械手 PLC 控制梯形图如图 11.16 所示。

表 11.5　机械手 PLC 控制 I/O 分配表

输入信号及地址编号			输出信号及地址编号		
名　称	代号	输入点地址编号	名　称	代号	输出点地址编号
起动按钮	SB2	I0.0	上升电磁阀	YV1	Q0.1
停止按钮	SB1	I0.5	下降电磁阀	YV2	Q0.2
上升限位	SQ1	I0.1	左转电磁阀	YV3	Q0.3
下降限位	SQ2	I0.2	右转电磁阀	YV4	Q0.4
左转限位	SQ3	I0.3	夹紧电磁阀	YV5	Q0.5
右转限位	SQ4	I0.4	传送带 A	KM1	Q0.6
光电开关	PS	I0.6	传送带 B	KM2	Q0.7

程序解读

本例是一个按顺序动作的步进控制系统,在此例中采用移位寄存器编程方法。用移位寄存器 M10.1～M11.2 位,代表机械手动作流程的各步,两步之间的转换条件满足时,进入下一步。

移位寄存器的数据输入端 DATA(M10.0)由 M10.1～M11.1 各位的常闭接点、上升限位的标志位 M1.1、右转限位的标志位 M1.4 及传送带 A 检测到工件的标志位 M1.6 串联组成(网络 6),在 M10.0 线圈回路中,串联 M10.1～M11.1 各位的常闭接点,是为了防止机械手在还没有回到原位的运行过程中移位寄存器的数据输入端再次置 1,因为移位寄存器中的"1"信号在 M10.1～M11.1 之间依次移动时,各步状态位对应的常闭接点总有一个处于断开状态。当"1"信号移位到第十位(即最后一位)M11.2 时,机械手已上升回到上限位置且右转至右限位置(称为原位),此时移位寄存器的数据输入端可以重新置 1。

从移位寄存器指令 SHRB 中可知:N = 10,需要 M10.0～M11.1 的常开触点分别分 10

次闭合,向移位寄存器的能流输入端输入 10 次脉冲。

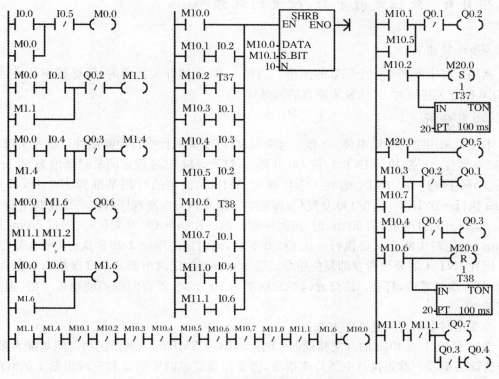

图 11.16 机械手 PLC 控制梯形图

当机械手处于原位,各工步未起动时,若光电开关 PS 检测到工件,则(网络 6 为 M10.0 的起动条件)M10.0=1,这作为输入的数据,同时这也作为一个运动周期内的第一个移位脉冲信号。以后的移动脉冲信号由代表步位状态中间继电器的常开接点和代表处于该步位的转换条件接点串联支路依次并联组成(网络 7)。

从第一个移位脉冲信号 M10.0=1 开始输入,移位使 M10.1=1。M10.1 常开闭合(相当于当前步)与转换条件 I0.2 串联,当实现转换的条件满足时,形成第二个脉冲,第二次移位是 M10.2=1,以此类推,M11.1 与 I0.6 串联是为形成第 10 个脉冲,第十次移位使 M11.2=1。当机械手上升回到上限位置且右转至右限位置(称为原位)时,为机械手一个运动周期结束。

若起动电路保持接通(M0.0=1),当最后移位至 M11.2 时,M11.1=0,则(网络 6)M10.0 又自动为 1,机械手将重复工作。

若按下停止按钮 I0.5 后机械手的动作仍然继续进行,直到一个周期的动作完成后,回到原位时才停止工作。即因 M0.0=0→M10.0=0,无法产生系列脉冲。

工艺要求只有当机械手处于上限位置时才能进行左/右移动,因此控制左右转动的 Q0.3 和 Q0.4 线圈的前面用上限条件 I0.1=1 作为连锁保护。而梯形图中却分别是 M10.4 和 M11.0,仔细分析(网络 7)电路可见,只有上限条件 I0.1=1 后,才能移位,即才能使 M10.4=1 和 M11.0=1,效果一样。

项目 6 处理定时中断，改变闪烁频率

项目要求

利用定时中断产生一个闪烁的频率。当输入 I0.1 的开关接通时，闪烁频率减半；当输入 I0.0 的开关接通时，又恢复成原有的闪烁频率。

项目分析

本项目采用定时中断事件 10 和定时中断事件 11 周期性执行中断事件。执行 INT _0，使 Q0.0 置位，灯亮；执行 INT_1，使 Q0.0 复位，灯灭。SMB34 设定的时间基准为 50 ms，即每隔 50ms 执行一次 INT _0，使 Q0.0 置位；SMB35 设定的时间基准为 100 ms，即每隔 100ms 执行一次 INT _1，使 Q0.0 复位；即定时中断 0 执行中断程序的频率是定时中断 1 的 2 倍。运行开始计时后，第 50 ms 时，定时中断 0 第一次执行 Q0.0 置位；又经过 50 ms 即第 100 ms 时，定时中断 0 又要执行一次 Q0.0 置位，同时定时中断 1 却要执行 Q0.0 复位，矛盾！因此 INT_1 需要设置立即复位指令。第 150 ms 时，定时中断 0 第 3 次执行中断程序，Q0.0 第二次被置位，灯亮。即灯光闪烁的周期为 100 ms。若将闪烁周期延长 1 倍，则闪烁频率减半。

改变定时中断时间基准的方法：

当输入 I0.1 或 I0.2 的开关接通时，无论 SMB34、SMB35 原来设定的时间基准为多少，一律清除后重设。首先执行中断分离指令，再重新设置定时中断 0 和定时中断 1 的时间基准，然后将定时中断 0 和定时中断 1 分别与中断程序 INT_0 和 INT_1 建立关联。定时中断功能按新的定时值重新开始定时。

程序展示

改变闪烁频率梯形图程序如图 11.17 所示。

项目 7 读写 S7-200 实时时钟

项目要求

读写 S7-200 实时时钟。

项目分析

本程序涉及到关于实时时钟的两种特殊指令：读和写日期及时钟时间指令（TODR 和 TODW）。为了进行这些操作，需要有以地址 T 起始的 8 个字节的时间缓冲区。为了读或写方便，这些数据用 BCD 码存储。当操作开关 I0.0＝1 时，将预定日期和时间写入实时时钟。为了显示当前的秒值，将其值复制到输出字节 QB0。当 I0.1＝1 时，则用 BCD 码显示。例如，将 2014 年 03 月 01 日 12：00 时 00 分 00 秒，星期六写入实时时钟。

程序展示

读写 S7-200 实时时钟程序如图 11.18 所示。

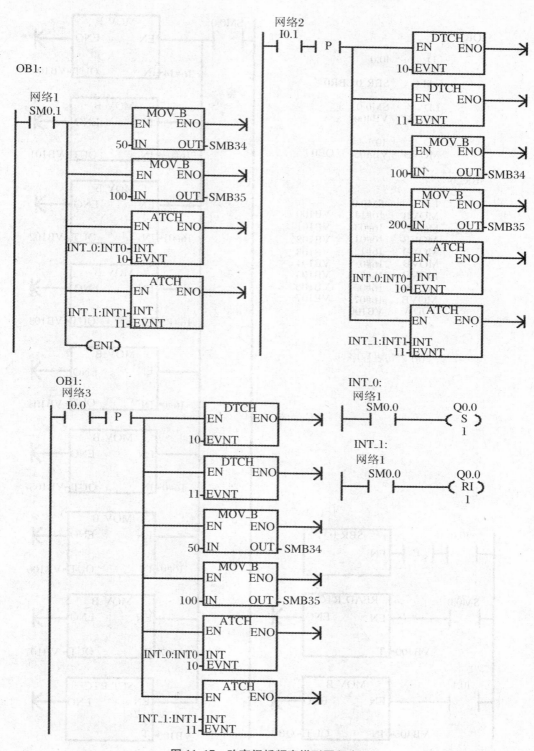

图 11.17 改变闪烁频率梯形图程序

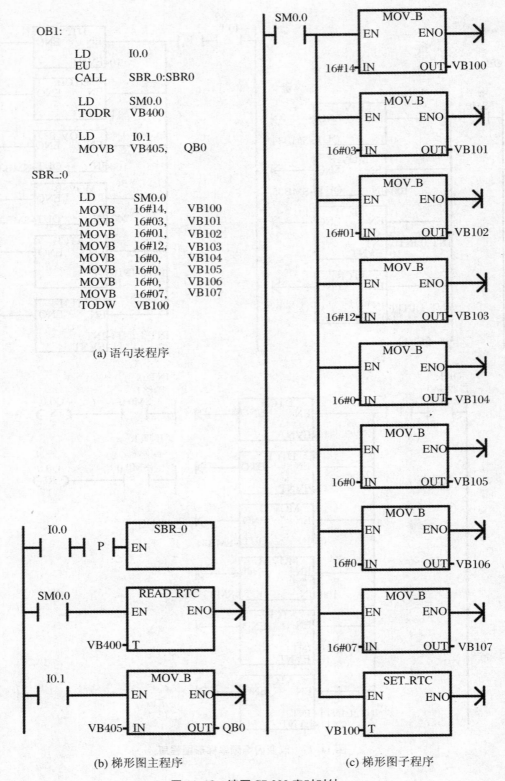

OB1:
```
        LD      I0.0
        EU
        CALL    SBR_0:SBR0

        LD      SM0.0
        TODR    VB400

        LD      I0.1
        MOVB    VB405,   QB0

SBR_:0

        LD      SM0.0
        MOVB    16#14,   VB100
        MOVB    16#03,   VB101
        MOVB    16#01,   VB102
        MOVB    16#12,   VB103
        MOVB    16#0,    VB104
        MOVB    16#0,    VB105
        MOVB    16#0,    VB106
        MOVB    16#07,   VB107
        TODW    VB100
```

(a) 语句表程序

(b) 梯形图主程序

(c) 梯形图子程序

图 11.18 读写 S7-200 实时时钟

项目 8　统计一台设备的运行时间

项目要求

记录一台设备(如开关、电动机等)运行的时间。

当设备运行时,输入 I0.0 为高电平,当设备不工作时,I0.0 为低电平。

项目分析

I0.0 为 1 时,开始测量时间;I0.0 为 0 时,中断时间的测量,直到 I0.0 重新为 1 时继续测量,显然可以采用保持型接通延时定时器 TONR 来累计统计设备运行时间,但 T5 最长累计时间不得超过 3 276.7 s。因此需要扩展时间累计容量。

测量时间的小时数存在字 VW0 中,分钟数存在字 VW2 中,秒数存在字 VW4 中。

采用加 1 指令,由 T5 等组成脉冲发生器,脉冲周期为 1 s,即每秒加 1,存入秒存储器 VW4。

每 60 s 进位为 1 min,每 60 分钟进位为 1 h,所以采用比较指令和传送指令。

VW4 满 60 秒时,比较指令触点通,分钟存储器 VW2 加 1,同时 VW4 被清零,比较指令触点断,VW4 重新累计秒数;VW2 满 60 min 时,比较指令触点通,小时存储器 VW0 加 1,同时 VW2 被清零,比较指令触点断,VW2 重新累计分钟数。

采用读实时时钟指令 TODR,设置 VB0 为起始地址,则 VB5 为对应的实时时钟秒,输出 QB0 的 LED 显示当前的秒数。

程序展示

统计一台设备运行时间的程序如图 11.19 所示。

分析思考

如果需要记录一台设备连续运行的时间,则应该如何处理?(提示:将定时器类型改为接通延时定时器,且在 I0.0 的上升沿将 VW0、VW2、VW4 单元清零。)

项目 9　3 条运输带的控制

项目要求

3 条运输带的控制为 3 台电动机顺序控制,为了避免运送的物料在 1 号和 2 号运输带上堆积,按下起动按钮后,1 号运输带开始运行,10 s 后 2 号运输带自动起动,再过 10 s 后 3 号运输带自动起动。停机的顺序与起动的顺序正好相反,即按下停机按钮后,先停 3 号运输带,10 s 后停 2 号运输带,再过 10 s 停 1 号运输带。

在起动任何一条运输带时,若发现设备有异常情况,都应立即停止该条运输带运行;之前若有已正常起动的运输带,运行已无意义,也应正常停止运行。

项目分析

3 台电动机的电源开关采用低压断路器,即电动机的保护依靠低压断路器来完成;电动机的开停机依靠接触器来完成。

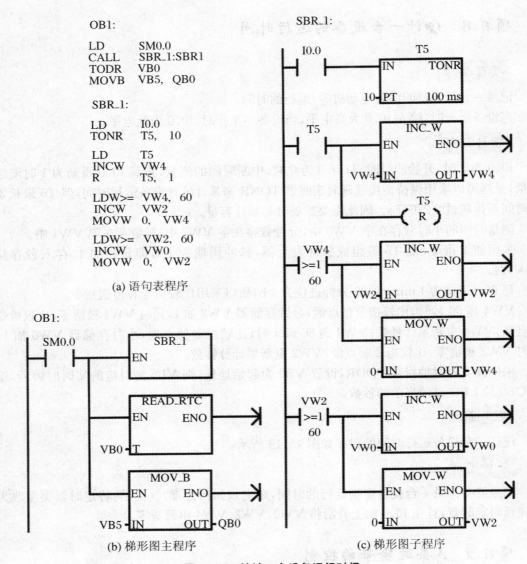

(a) 语句表程序

(b) 梯形图主程序　　　　　(c) 梯形图子程序

图 11.19　统计一台设备运行时间

仅按照 3 台电动机顺序控制的要求,设计顺序功能图为单一序列;但按照起动任何一台电动机可能遇到设备有异常情况,顺序功能图改设为选择序列。

程序展示

表 11.6　3 台电动机顺序控制 S7-200 系列 PLC 控制 I/O 分配表

输入信号及地址编号			输出信号及地址编号		
名　称	代号	输入点地址编号	名　称	代号	输出点地址编号
起动按钮	SB1	I0.0	M1 控制接触器	KM1	Q0.0
停机按钮	SB2	I0.1	M2 控制接触器	KM2	Q0.1
			M3 控制接触器	KM3	Q0.2

按以上思路设计的 3 台电动机顺序控制的外部接线图、顺序功能图和梯形图如图 11.20、图 11.21 和图 11.22 所示。

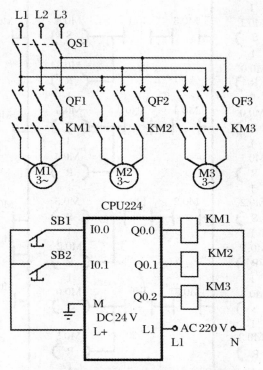

图 11.20　3 台电动机顺序控制的外部接线图

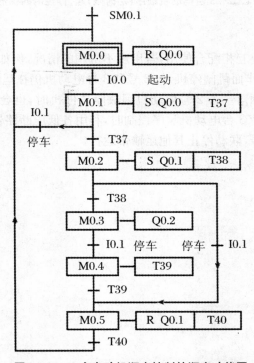

图 11.21　3 台电动机顺序控制的顺序功能图

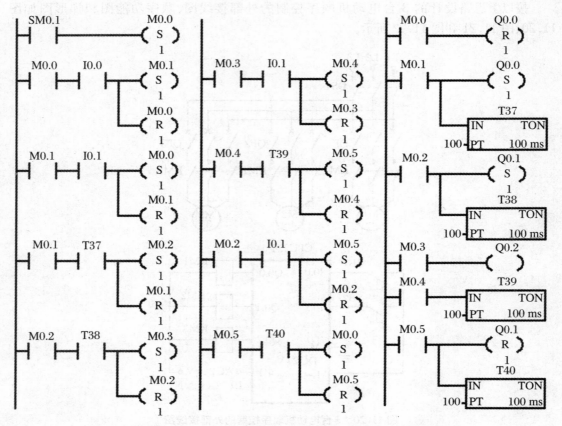

图 11.22　3 台电动机顺序（定时限）起、停控制的梯形图

分析思考

因为 3 条运输带需要互相配合使用，若出现不协调的情况，例如 1 号电动机因故障被低压断路器 QF1 的保护动作而跳闸停机，但 2 号和 3 号电动机仍在运行，则会发生运送的物料在 1 号运输带上堆积而洒落。若 2 号电动机因故障先停机时，也会发生物料在 2 号运输带上堆积而洒落。请你设计 3 台电动机顺序控制时，利用各低压断路器的辅助触点，在断路器自动跳闸时作为输入信号，联动停止其他运输带运行。

附 录

附录 A S7-200 的特殊存储器(SM)标志位

特殊存储器位提供大量的状态和控制功能,用来在 CPU 和用户程序之间交换信息,特殊存储器能以位、字节、字或双字的方式使用。

(1) SMB0:状态位。各位的作用如表 A.1 所示。在每个扫描周期结束时,由 CPU 更新这些位。

表 A.1 特殊存储器字节 SMB0

SM 位	描　　述
SM0.0	此位始终为 1
SM0.1	首次扫描时为 1(即此位在第一个扫描周期接通,其他扫描时间为 0),可以用于调用初始化子程序
SM0.2	如果断电保存的数据丢失,此位在一个扫描周期中为 1。可用作错误存储器位,或用来调用特殊启动顺序功能
SM0.3	开机后进入 RUN 方式,该位将 ON 一个扫描周期。可以用于起动操作之前给设备提供预热时间
SM0.4	此位提供高低电平各 30 s,周期为 1 min 的时钟脉冲
SM0.5	此位提供高低电平各 0.5 s,周期为 1 s 的时钟脉冲
SM 0.6	此位为扫描时钟,本次扫描时为 1,下次扫描时为 0,可以用作扫描计数器的输入
SM0.7	此位指示工作方式开关的位置,0 为 TERM 位置,1 为 RUN 位置。开关在 RUN 位置时,该位可以使自由端口通信模式有效,转换至 TERM 位置时,CPU 可以与编程设备正常通信

(2) SMB1:状态位。SMB1 包含了各种潜在的错误提示,这些位因指令的执行被置位或复位(见表 A.2)。

表 A.2 特殊存储器字节 SMB1

SM 位	描　　述
SM1.0	零标志,当执行某些指令的结果位 0 时,该位置 1
SM1.1	错误标志,当执行某些指令的结果溢出或检测到非法数值时,该位置 1
SM1.2	负数标志,数学运算的结果为负时,该位置 1
SM1.3	试图除以 0 时,该位置 1
SM1.4	执行 ATT(Add to Table)指令时超出表的范围,该位置 1

SM 位	描　　述
SM1.5	执行 LIFO 或 FIFO 指令时试图从空表读取数据，该位置 1
SM1.6	试图将非 BCD 数值转换成二进制数值时，该位置 1
SM1.7	ASCⅡ 数值无法被转换成有效的十六进制数值时，该位置 1

（3）SMB2：自由端口接收字符缓冲区，在自由端口模式下从端口 0 或端口 1 接收的每个字符均被存于 SMB2，便于梯形图程序存取。

（4）SMB3：自由端口奇偶校验错误位。接收到的做法有奇偶校验错误时，SM3.0 被置 1，根据该位来丢弃错误的信息。SM3.1～SM3.7 位保留。

（5）SMB4：队列溢出。SMB4 包含中断队列溢出位、中断允许标志位和发送空闲位（见表 A.3）。队列溢出表示中断发生的速率高压 CPU 处理的速率，或中断已经被全局中断禁止指令关闭。只能在中断程序中使用状态位 SM4.0、SM4.1 和 SM4.2，队列为空并且返回主程序时，这些状态位被复位。

表 A.3　特殊存储器字节 SMB4

SM 位	描　　述	SM 位	描　　述
SM4.0	通信中断队列溢出时，该位置 1	SM4.4	全局中断允许位，允许中断时该位置 1
SM4.1	输入中断队列溢出时，该位置 1	SM4.5	端口 0 发生器空闲时，该位置 1
SM4.2	定时中断队列溢出时，该位置 1	SM4.6	端口 1 发生器空闲时，该位置 1
SM4.3	在运行时发现编程有问题，该位置 1	SM4.7	发生强制时，该位置 1

（6）SMB5：I/O 错误状态。SMB5 包含 I/O 系统里检测到的错误状态位（见表 A.4）。

表 A.4　特殊存储器字节 SMB5

SM 位	描　　述
SM5.0	有 I/O 错误时，该位置 1
SM5.1	I/O 总线上连接了过多的数字量 I/O 点时，该位置 1
SM5.2	I/O 总线上连接了过多的模拟量 I/O 点时，该位置 1
SM5.3	I/O 总线上连接了过多的智能 I/O 模块时，该位置 1
SM5.4～SM5.6	保留
SM5.7	DP 标准总线出现错误时，该位置 1

（7）SMB6：CPU 标识（ID）寄存器。SM6.4～SM6.7 用于识别 CPU 的类型，详细信息见系统手册。

（8）SMB8～SMB21：I/O 模块标识与错误寄存器，以字节对的（组织）形式用于 0 至 6 号扩展模块。每个对的偶数字节是模块标识寄存器，用于标记模块的类型、I/O 类型、输入和输出的点数。每个对的奇数字节是模块错误寄存器，提供该模块 I/O 的错误，详细信息见系统手册。

（9）SMW22～SMW26：分别是以 ms 为单位提供扫描时间信息：SMW22：最后（上一次）

扫描时间；SMW24：从进入 RUN 方式后开始记录的最短扫描时间；SMW26：从进入 RUN 方式后开始记录的最长扫描时间。

(10) SMB28 和 SMB29：模拟电位器。它们中的数字分别对应于模拟电位器 0 和模拟电位器 1 动触点的位置（只读）。在 STOP/RUN 方式下，每次扫描时更新该值。

(11) SMB30 和 SMB130：自由端口控制寄存器，分别控制自由端口 0 和自由端口 1 的通信方式，用于设置通信的波特率和奇偶校验等，并提供选择自由端口方式或使用系统支持的 PPI 通信协议。详细信息见系统手册。

(12) SMB31 和 SMB32：永久性内存（EEPROM）写控制。在用户程序的控制下，将 V 存储器中的数据写入 EEPROM，可以永久保存。先将要保存的数据的地址存入 SMW32，然后将写入命令存入 SMB31 中。

(13) SMB34 和 SMB35：定时中断的时间间隔寄存器，分别用来定义定时中断 0 与定时中断 1 的时间间隔（1～255 ms）。若为定时中断事件分配了中断程序，CPU 将在设定的时间间隔执行中断程序。

(14) SMB36～SMB65：HSC0、HSC1 和 HSC2 寄存器，用于监视和控制高速计数器 HSC0～HSC2，详细信息见系统手册。

(15) SMB 66～SMB85：PTO/PWM 寄存器，用于控制和监视脉冲输出（PTO）和脉宽调制（PWM）功能，详细信息见系统手册。

(16) SMB86～SMB94；SMB186～SMB194：端口 0 接收信息控制；端口 1 接收信息控制。详细信息见系统手册。

(17) SMW 98：扩展总线错误计数器，当扩展总线出现校验错误时加 1，系统得电清零或用户写入零时清零。

(18) SMB130：见 SMB30。

(19) SMB136～SMB165：高速计数器寄存器，用于监视和控制高速计数器 HSC3～HSC5 的操作（读/写），详细信息见系统手册。

(20) SMB166～SMB185：PTO 0 和 PTO 1 配置文件定义表。用于显示现用配置文件步骤数和概要表在 V 内存中的地址。详细信息见系统手册。

(21) SMB186～SMB194：见 SMB86～SMB94。

(22) SMB200 ～ SMB549：智能模块状态，预留给智能扩展模块（例如 FM 277PROFIBUS-DP 模块）的状态信息。SMB200～SMB249 预留给系统的第一个扩展模块（离 CPU 最近的模块）；从 SMB250 开始，给每个智能模块预留 50 字节。

附录 B　S7-200 的 SIMATIC 指令集简表

布　尔　指　令		
LD	N	装载（电路开始的常开触点）
LDI	N	立即装载
LDN	N	取反后装载（电路开始的常闭触点）
LDNI	N	取反后立即装载

布　尔　指　令		
A	N	与(串联的常开触点)
AI	N	立即与
AN	N	取反后与(串联的常闭触点)
ANI	N	取反后立即与
O	N	或(并联的常开触点)
OI	N	立即或
ON	N	取反后或(并联的常闭触点)
ONI	N	取反后立即或
LDBx	N1,N2	装载字节比较的结果,N1(x:$<$,$<=$,$==$,$>=$,$>$,$<>$)N2
ABx	N1,N2	与字节比较的结果,N1(x:$<$,$<=$,$==$,$>=$,$>$,$<>$)N2
OBx	N1,N2	或字节比较的结果,N1(x:$<$,$<=$,$==$,$>=$,$>$,$<>$)N2
LDWx	N1,N2	装载字比较的结果,N1(x:$<$,$<=$,$==$,$>=$,$>$,$<>$)N2
AWx	N1,N2	与字比较的结果,　N1(x:$<$,$<=$,$==$,$>=$,$>$,$<>$)N2
OWx	N1,N2	或字比较的结果,N1(x:$<$,$<=$,$==$,$>=$,$>$,$<>$)N2
LDDx	N1,N2	装载双字比较的结果,N1(x:$<$,$<=$,$==$,$>=$,$>$,$<>$)N2
ADx	N1,N2	与双字比较的结果,N1(x:$<$,$<=$,$==$,$>=$,$>$,$<>$)N2
ODx	N1,N2	或双字比较的结果,N1(x:$<$,$<=$,$==$,$>=$,$>$,$<>$)N2
LDRx	N1,N2	装载实数比较的结果,N1(x:$<$,$<=$,$==$,$>=$,$>$,$<>$)N2
ARx	N1,N2	与实数比较的结果,N1(x:$<$,$<=$,$==$,$>=$,$>$,$<>$)N2
ORx	N1,N2	或实数比较的结果,N1(x:$<$,$<=$,$==$,$>=$,$>$,$<>$)N2
NOT		栈顶值取反
EU		上升沿检测
ED		下降沿检测
=	Bit	赋值(线圈)
=I	Bit	立即赋值
S	Bit,N	置位一个区域
R	Bit,N	复位一个区域
SI	Bit,N	立即置位一个区域
RI	Bit,N	立即复位一个区域
LDSx	IN1,IN2	装载字符串比较结果,N1(x:$==$,$<>$)N2
ASx	IN1,IN2	与字符串比较结果,N1(x:$==$,$<>$)N2
OSx	IN1,IN2	或字符串比较结果,N1(x:$==$,$<>$)N2
ALD		与装载(电路块串联)
OLD		或装载(电路块并联)

布　尔　指　令		
LPS		逻辑入栈
LRD		逻辑读栈
LPP		逻辑出栈
LDS	N	装载堆栈
AENO		对 ENO 进行与操作

数学、加 1 减 1 指令		
+ I	IN1,OUT	整数加法,IN1 + OUT = OUT
+ D	IN1,OUT	双整数加法,IN1 + OUT = OUT
+ R	IN1,OUT	实数加法,IN1 + OUT = OUT
− I	IN1,OUT	整数减法,OUT − IN1 = OUT
− D	IN1,OUT	双整数减法,OUT − IN1 = OUT
− R	IN1,OUT	实数减法,OUT − IN1 = OUT
MUL	IN1,OUT	整数乘整数得双整数
* I	IN1,OUT	整数乘法,IN1 * OUT = OUT
* D	IN1,OUT	双整数乘法,IN1 * OUT = OUT
* R	IN1,OUT	实数乘法,IN1 * OUT = OUT
DIV	IN1,OUT	整数除整数得 16 位余数(高位)和 16 位商(低位)
/I	IN1,OUT	整数除法,OUT/ IN1 = OUT
/D	IN1,OUT	双整数除法,OUT/IN1 = OUT
/R	IN1,OUT	实数除法,OUT/IN1 = OUT
SQRT	IN,OUT	平方根
LN	IN,OUT	自然对数
EXP	IN,OUT	自然指数
SIN	IN,OUT	正弦
COS	IN,OUT	余弦
TAN	IN,OUT	正切
INCB	OUT	字节加 1
INCW	OUT	字加 1
INCD	OUT	双字加 1
DECB	OUT	字节减 1
DECW	OUT	字减 1
DECD	OUT	双字减 1
PID	Table,Loop	PID 回路

		定时器和计数器指令	
TON	Txxx,PT		接通延时定时器
TOF	Txxx,PT		断开延时定时器
TONR	Txxx,PT		保持型接通延时定时器
BITIM	OUT		起动间隔定时器
CITIM	IN,OUT		计算间隔定时器
CTU	Cxxx,PV		加计数器
CTD	Cxxx,PV		减计数器
CTUD	Cxxx,PV		加/减计数器
		实时时钟指令	
TODR	T		读实时时钟
TODW	T		写实时时钟
TODRX	T		扩展读实时时钟
TODWX	T		扩展写实时时钟
		程序控制指令	
END			程序的条件结束
STOP			切换到 STOP 模式
WDR			看门狗复位(300 ms)
JMP	N		跳到指定的标号
LBL	N		定义一个跳转的标号
CALL	N(N1,…)		调用子程序,可以有 16 个可选参数
CRET			从子程序条件返回
FOR	INDX,INIT,FINAL		For/Next 循环
NEXT			
LSCR	N		顺序控制继电器段的启动
SCRT	N		顺序控制继电器段的转换
CSCRE			顺序控制继电器段的条件结束
SCRE			顺序控制继电器段的结束
DLED	IN		诊断 LED
		传送、移位、循环和填充指令	
MOVB	IN,OUT		字节传送
MOVW	IN,OUT		字传送
MOVD	IN,OUT		双字传送
MOVR	IN,OUT		实数传送
BIR	IN,OUT		立即读取物理输入字节
BIW	IN,OUT		立即写物理输出字节

		传送、移位、循环和填充指令
BMB	IN,OUT,N	字节块传送
BMW	IN,OUT,N	字块传送
BMD	IN,OUT,N	双字块传送
SWAP	IN	交换字节
SHRB	DATA,S_BIT,N	移位寄存器
SRB	OUT,N	字节右移 N 位
SRW	OUT,N	字右移 N 位
SRD	OUT,N	双字右移 N 位
SLB	OUT,N	字节左移 N 位
SLW	OUT,N	字左移 N 位
SLD	OUT,N	双字左移 N 位
RRB	OUT,N	字节循环右移 N 位
RRW	OUT,N	字循环右移 N 位
RRD	OUT,N	双字循环右移 N 位
RLB	OUT,N	字节循环左移 N 位
RLW	OUT,N	字循环左移 N 位
RLD	OUT,N	双字循环左移 N 位
FILL	IN,OUT,N	用指定的元素填充存储器空间
		逻辑操作
ANDB	IN1,OUT	字节逻辑与
ANDW	IN1,OUT	字逻辑与
ANDD	IN1,OUT	双字逻辑与
ORB	IN1,OUT	字节逻辑或
ORW	IN1,OUT	字逻辑或
ORD	IN1,OUT	双字逻辑或
XORB	IN1,OUT	字节逻辑异或
XORW	IN1,OUT	字逻辑异或
XORD	IN1,OUT	双字逻辑异或
INVB	OUT	字节取反
INVW	OUT	字取反
INVD	OUT	双字取反
		字符串指令
SLEN	IN,OUT	求字符串长度
SCAT	IN,OUT	连接字符串
SCPY	IN,OUT	复制字符串
SSCPY	IN,INDX,N,OUT	复制子字符串
CFND	IN1,IN2,OUT	在字符串中查找一个字符
SFND	IN1,IN2,OUT	在字符串中查找一个子字符串

表、查找和转换指令		
ATT	TABLE,DATA	把数据加到表中
LIFO	TABLE,DATA	从表中取数据,后入先出
FIFO	TABLE,DATA	从表中取数据,先入先出
FND=	TBL,PATRN,INDX	在表 TBL 中查找等于比较推荐 PATRN 的数据
FND<>	TBL,PATRN,INDX	在表 TBL 中查找不等于比较推荐 PATRN 的数据
FND<	TBL,PATRN,INDX	在表 TBL 中查找小于比较推荐 PATRN 的数据
FND>	TBL,PATRN,INDX	在表 TBL 中查找大于比较推荐 PATRN 的数据
BCDI	OUT	BCD 码转换为整数
IBCD	OUT	整数转换为 BCD 码
BTI	IN,OUT	字节转换为整数
ITB	IN,OUT	整数转换为字节
ITD	IN,OUT	整数转换为双整数
DTI	IN,OUT	双整数转换为整数
DTR	IN,OUT	双整数转换为实数
ROUND	IN,OUT	实数四舍五入为双整数
TRUNC	IN,OUT	实数截位取整为双整数
ATH	IN,OUT,LEN	ASCII 码转换为十六进制数
HTA	IN,OUT,LEN	十六进制数转换为 ASCII 码
ITA	IN,OUT,FMT	整数转换为 ASCII 码
DTA	IN,OUT,FMT	双整数转换为 ASCII 码
RTA	IN,OUT,FMT	实数转换为 ASCII 码
DECO	IN,OUT	译码
ENCO	IN,OUT	编码
SEG	IN,OUT	7 段译码
ITS	IN,FMT,OUT	整数转换为字符串
DTS	IN,FMT,OUT	双整数转换为字符串
RTS	IN,FMT,OUT	实数转换为字符串
STI	STR,INDX,OUT	子字符串转换为整数
STD	STR,INDX,OUT	子字符串转换为双整数
STR	STR,INDX,OUT	子字符串转换为实数
中断指令		
CRETI		从中断程序有条件返回
ENI		允许中断
DISI		禁止中断
ATCH	INT,EVENT	给中断事件分配中断程序
DTCH	EVENT	解除中断事件

通信指令		
XMT	TABLE,PORT	自由端口发送
RCV	TABLE,PORT	自由端口接收
NETR	TABLE,PORT	网络读
NETW	TABLE,PORT	网络写
GPA	ADDR,PORT	获取端口地址
SPA	ADDR,PORT	设置端口地址
高速计数器指令		
HDEF	HSC,MODE	定义高速计数器模式
HSC	N	激活高速计数器
PLS	X	脉冲输出

参 考 文 献

［1］ 陈化刚.企业供配电［M］.北京:中国水利水电出版社,2003.

［2］ 胡孔忠.供配电技术［M］.合肥:安徽科学技术出版社,2007.

［3］ 杨静生.电工电子技术［M］.北京:机械工业出版社,2004.

［4］ 张宁.数控机床电气控制［M］.北京:中国水利水电出版社,2010.

［5］ 廖常初.S7-200 PLC 基础教程［M］.2 版.北京:机械工业出版社,2012.

［6］ 刘华波.西门子 S7-200 PLC 编程案例［M］.北京:机械工业出版社,2012.